案例视频精讲系列

FLUENT 18.0 案例分析视频精讲

云杰漫步科技 CAX 教研室

张云杰　尚　蕾　编著

電子工業出版社

Publishing House of Electronics Industry

北京 • BEIJING

内 容 简 介

本书主要针对用FLUENT软件进行流体分析和计算的广大用户，依托FLUENT 18.0软件的实用功能，以精选案例为主线，介绍FLUENT的前处理几何建模、网格划分、模拟计算和后处理分析的全过程，重点介绍FLUENT 18.0经典实用案例的操作步骤，主要包括平板移动仿真、二维翼形绕流仿真、二维齿轮泵仿真、二维圆柱绕流仿真、三维离心风机仿真、燃烧器仿真、U形管内流动仿真、三维冷热水混合器仿真、三维滑动轴承仿真、两相混合搅拌器仿真、水库溃坝仿真和多孔介质内流动与换热仿真等多个实用案例，同时结合案例依次介绍各类型分析的操作流程，以及复杂综合案例的操作演示。本书通过“精选案例+视频精讲”的方式，配备交互式多媒体教学视频，便于读者学习和理解。

本书结构严谨、内容翔实、知识全面、可读性强、案例专业性强、步骤明确，是广大读者快速掌握FLUENT的自学指导书，同时适合作为职业培训学校和大专院校计算机辅助设计课程的指导教材，也可供上述领域的科研人员、企业研发人员，特别是从事应用计算的人员学习。

图书在版编目（CIP）数据

FLUENT 18.0案例分析视频精讲 / 张云杰，尚蕾编著. —北京：电子工业出版社，2018.12
（案例视频精讲系列）
ISBN 978-7-121-35691-9

Ⅰ. ①F… Ⅱ. ①张… ②尚… Ⅲ. ①工程力学—流体—力学—有限元分析—应用软件 Ⅳ. ①TB126-39

中国版本图书馆CIP数据核字（2018）第277187号

策划编辑：许存权（QQ：76584717）
责任编辑：许存权　　　特约编辑：谢忠玉 等
印　　刷：北京虎彩文化传播有限公司
装　　订：北京虎彩文化传播有限公司
出版发行：电子工业出版社
　　　　　北京市海淀区万寿路173信箱　邮编 100036
开　　本：787×1 092　1/16　印张：22.5　字数：576千字
版　　次：2018年12月第1版
印　　次：2023年9月第2次印刷
定　　价：79.00元

凡所购买电子工业出版社图书有缺损问题，请向购买书店调换。若书店售缺，请与本社发行部联系，联系及邮购电话：（010）88254888，88258888。

质量投诉请发邮件至 zlts@phei.com.cn，盗版侵权举报请发邮件至 dbqq@phei.com.cn。

本书咨询联系方式：（010）88254484，xucq@phei.com.cn。

Preface/前 言

本书是“案例视频精讲系列”丛书中的一本。丛书是在云杰漫步科技 CAX 教研室和众多 CAE、CFD 软件公司长期密切合作的基础上，通过继承和发展各公司内部培训方法，并吸收和细化了其在培训过程中客户需求的经典案例，从而推出的一套专业案例讲解图书。本书本着服务读者的理念，通过大量的经典实用案例，对 FLUENT 这个 CFD 软件的实际应用进行讲解，并配备案例视频讲解，使读者全面提升 FLUENT 的应用水平。

FLUENT 软件是目前市场上最流行的 CFD 软件，它在美国的市场占有率高达 60%。它具有丰富的物理模型、先进的数值计算方法和强大的后处理功能，其应用领域可以从空气流动到熔炉燃烧，从鼓泡塔到玻璃制造，从血液流动到半导体生产，从洁净室设计到污水处理设备设计，另外，还扩展了在旋转机械、气动噪声、内燃机、多相流系统等领域的应用。目前，ANSYS 公司推出的 FLUENT 18.0 版本，它集分析应用之大成，代表了当今该领域技术的巅峰。本书主要针对用 FLUENT 进行应用分析和计算的广大用户，依托 FLUENT 18.0 软件的实用功能，以精选的案例为主线，介绍 FLUENT 的前处理几何建模、网格划分、模拟计算和后处理分析的全过程，重点介绍 FLUENT 18.0 经典实用案例的操作步骤，主要包括平板移动仿真、二维翼形绕流仿真、二维齿轮泵仿真、二维圆柱绕流仿真、三维离心风机仿真、燃烧器仿真、U 形管内流动仿真、三维冷热水混合器仿真、三维滑动轴承仿真、两相混合搅拌器仿真、水库溃坝仿真和多孔介质内流动与换热仿真等多个实用案例，同时结合案例依次介绍各类型仿真分析的操作流程和实际演示。书中的每个范例都是作者独立设计分析的真实作品，每一章都提供了独立、完整的操作过程，每个操作步骤都有详细的文字说明和精美的图例展示。本书通过“精选案例+视频精讲”的方式，配备交互式多媒体教学视频，便于读者学习和理解。

笔者的 CAX 教研室长期从事 FLUENT 的专业设计和教学，数年来承接了大量项目，参与 FLUENT 的教学和培训工作，积累了丰富的实践经验。本书就像一位专业工程师，将项目运作时的思路、流程、方法和技巧、操作步骤，面对面地与读者交流，是广大读者快速掌握 FLUENT 18.0 的自学指导书，同时适合作为职业培训学校和大专院校计算机辅助设计课程的指导教材，也可供上述领域的科研人员、企业研发人员，特别是从事应用计算的人员学习。

本书配有从教多年的专业讲师全程多媒体语音视频，同时还提供了所有实例的源文件，以便读者练习使用。另外，本书还提供了网络免费技术支持，欢迎读者到云杰漫步多媒体科技的网上技术论坛进行交流（http://www.yunjiework.com/bbs）。论坛分为多个专业板块，可以为读者提供实时的软件技术支持，解答问题。

本书由云杰漫步科技 CAX 教研室编著，参加编写工作的主要有张云杰、尚蕾，另外，靳翔、张云静、郝利剑、贺安、郑晔、刁晓永、贺秀亭、乔建军、周益斌、马永健等也参与了部分章节的编写。书中的设计范例、多媒体效果均由北京云杰漫步多媒体科技公司设计制作，同时感谢电子工业出版社的编辑和老师们的大力协助。

由于本书编写时间紧张，编写人员的水平有限，在编写过程中难免有不足之处，在此，编写人员对广大读者表示歉意，望广大读者不吝赐教，对书中的不足之处给予指正。

编著者

Contents/目 录

第1章　平板移动仿真案例

本章导读

流体力学是力学的一个重要分支，流体运动和流体力学在多种运动和传热中需要进行计算和仿真。随着计算机技术的发展，使用软件对流体模型进行建模和仿真越来越多，目前比较常用的方式是采用 GAMBIT 软件进行建模或模型处理，然后使用 FLUENT 软件进行仿真。本章就是以一个较为简单的案例，讲解使用 GAMBIT 软件建模后再使用 FLUENT 软件进行仿真的方法，使读者能够从案例中掌握基本的仿真手段。

学习要求	知识点 \ 学习目标	了解	理解	应用	实践
	流体力学基本知识		√		
	创建模型的方法		√	√	√
	划分网格方法		√	√	√
	基本的仿真设置过程		√	√	√

1.1　案例分析

1.1.1　知识链接

在接触流体分析前，首先介绍一下流体力学的基本知识。

（1）连续介质模型

气体和液体都属于流体，从微观角度讲，无论是气体还是液体，分子间都存在间隙，同时由于分子的随机运动，导致流体的质量不但在空间上分布不连续，而且在任意空间点上流体物理量相对时间也不连续。但是从宏观角度上考虑，流体的结构和运动又表现出明显的连续性和确定性，而流体力学研究的正是流体的宏观运动。在流体力学中，正是用宏观流体模型来代替微观有空隙的分子结构。1753 年，欧拉首先采用“连续介质”作为宏观流体模型，将流体看作由无限多流体质点所组成的稠密而无间隙的连续介质，这个模型称为连续介质模型。

（2）流体的基本性质

- 流体的压缩性：流体体积会随着作用于其上的压强增大而减小。
- 流体的膨胀性：流体体积会随着温度的升高而增大。
- 流体的粘性：在做相对运动的两流体层的接触面上，存在着一对等值且反向的力阻碍两相邻流体层的相对运动。
- 流体的导热性：流体对热量的传递主要是热传导的导热。

（3）作用在流体上的力

作用在流体上的力主要可以分为质量力和表面力两类。所谓质量力（或称体积力）是指作用在体积内每一液体质量（或体积）上的非接触力，其大小与流体质量成正比。重力、惯性力、电磁力都属于质量力。

所谓表面力是指作用在所取流体体积表面上的力，它是由与这块流体相接触的流体或物体的直接作用而产生的。

（4）流体分析基础

在研究流体运动时有两种不同的方法：拉格朗日法和欧拉法。拉格朗日法是从分析流体的各个质点的运动入手，来研究整个流体的运动。欧拉法是从分析流体所占据的空间中各固定点处的流体运动入手，来研究整个流体的运动。

在任意空间点上，流体质点的全部流动参数，例如速度、压强、密度等都不随时间的改变而改变，这种流动称为定常流动；若流体质点的全部或部分流动参数随时间的变化而改变，则称为非定常流动。

通常大家采用迹线或流线的概念来描述流场。迹线是任何一个流体质点在流场中的运动轨迹，它是某一流体质点在一段时间内所经过的路径，在同一流体质点不同时刻所在位置的连线；流线是某一瞬间时各流体质点的运动方向线，在该曲线上各点的速度矢量相切于这条曲线。

1.1.2 设计思路

如图 1-1 所示的方形区域，上方和下方均为一块无限长的平板（取一个截面后平板为一条直线），两块平板中间的区域充满水，上部平板为移动平板，以 0.01m/s 的速度沿 X 轴正向移动，下侧平板为固定平板。

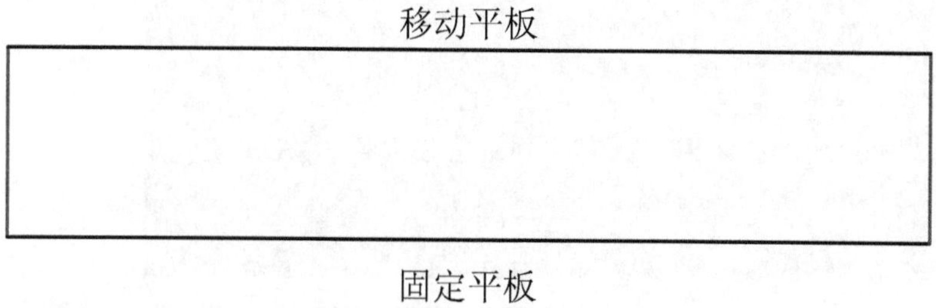

图 1-1　模型

本例的模型比较简单，直接使用 GAMBIT 建模并划分网格，而后使用 FLUENT 进行流体仿真。

1.2　案例操作

本例模型为标准长方形，不需进行切分，即可划分出规则四边形网格，但由于本例仿真的是平板移动对流体的影响，需要对平板附近划分边界层网格，然后再进行仿真。

本案例文件：ywj/01/EX1-Moving_Plate 相关文件

多媒体教学路径：多媒体教学→第 1 章

1.2.1 创建模型

Step1 打开 GAMBIT 软件，创建点，如图 1-2 所示。

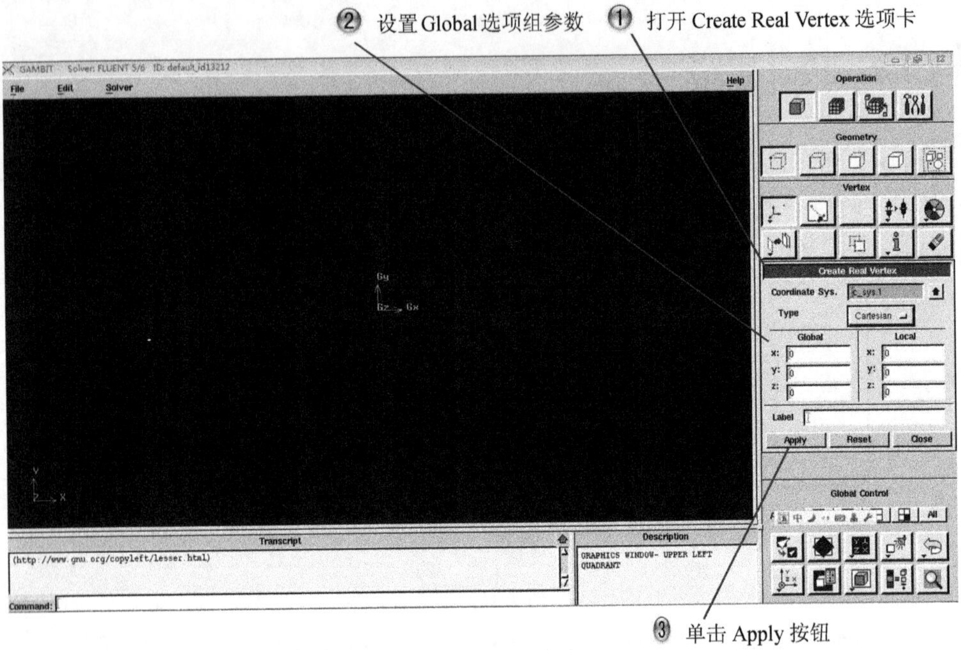

图 1-2　创建点

Step2 连接点，如图 1-3 所示。

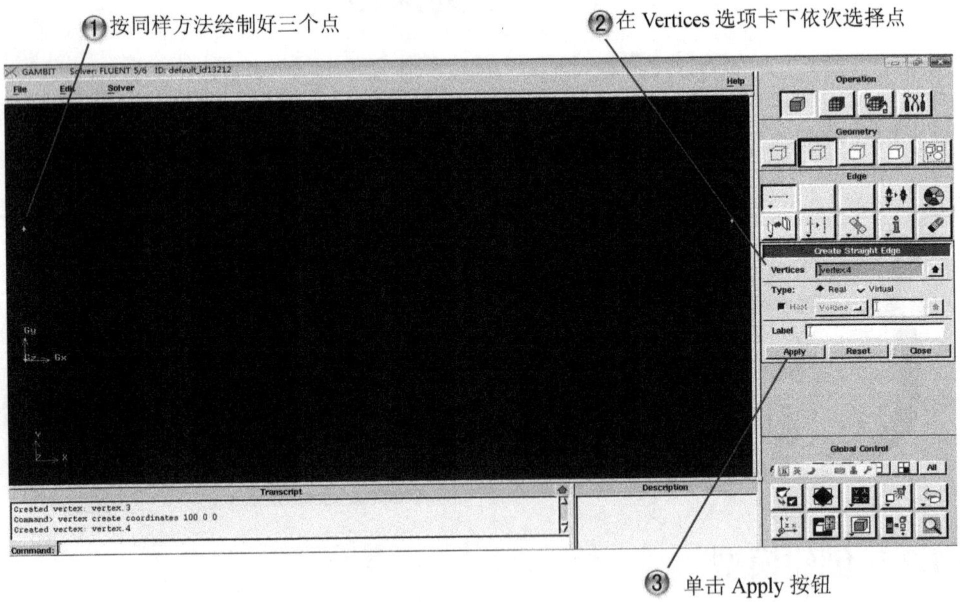

图 1-3　连接点

Step3 生成平面，如图 1-4 所示。

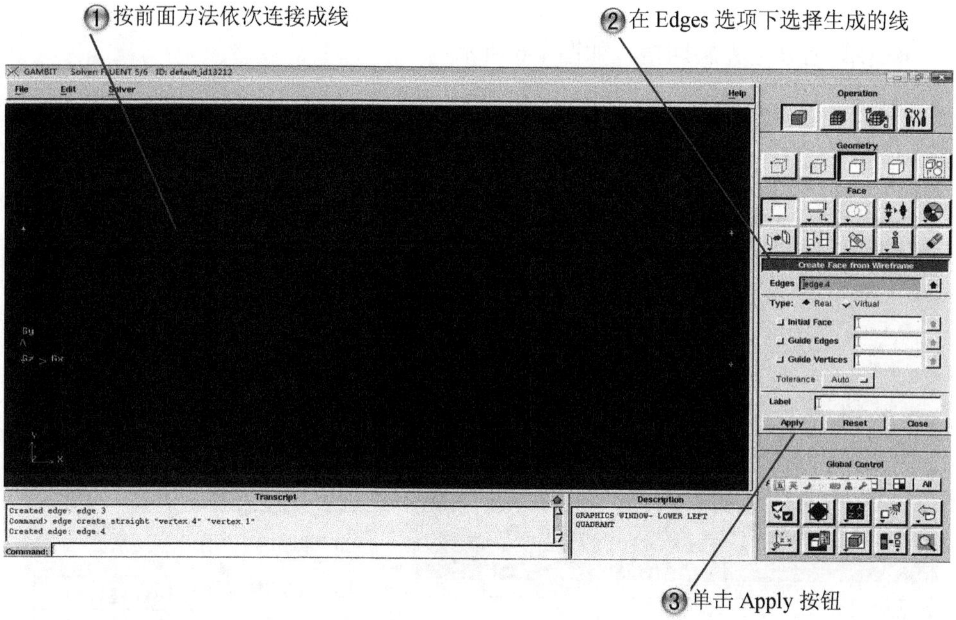

图 1-4　生成平面

1.2.2　划分网格和设定边界

Step1 划分线网格，如图 1-5 所示。

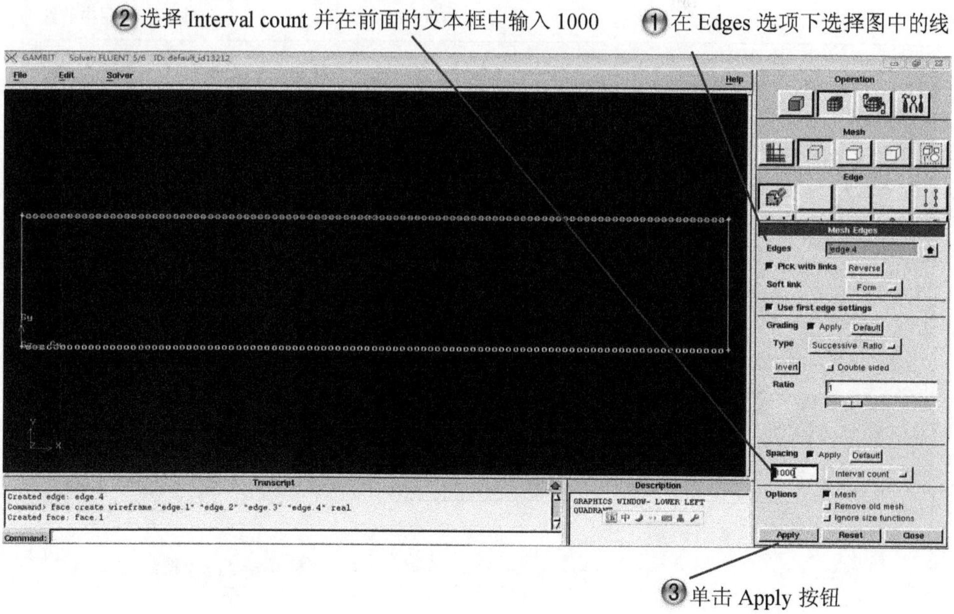

图 1-5　划分线网格

Step2 划分边界层网格，如图 1-6 所示。

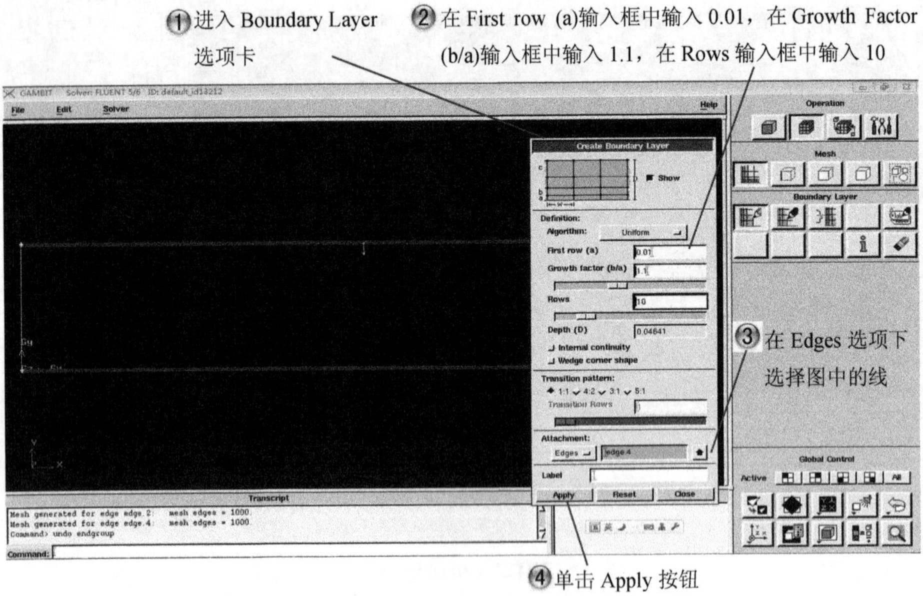

图 1-6 划分边界层网格

Step3 划分线网格，如图 1-7 所示。

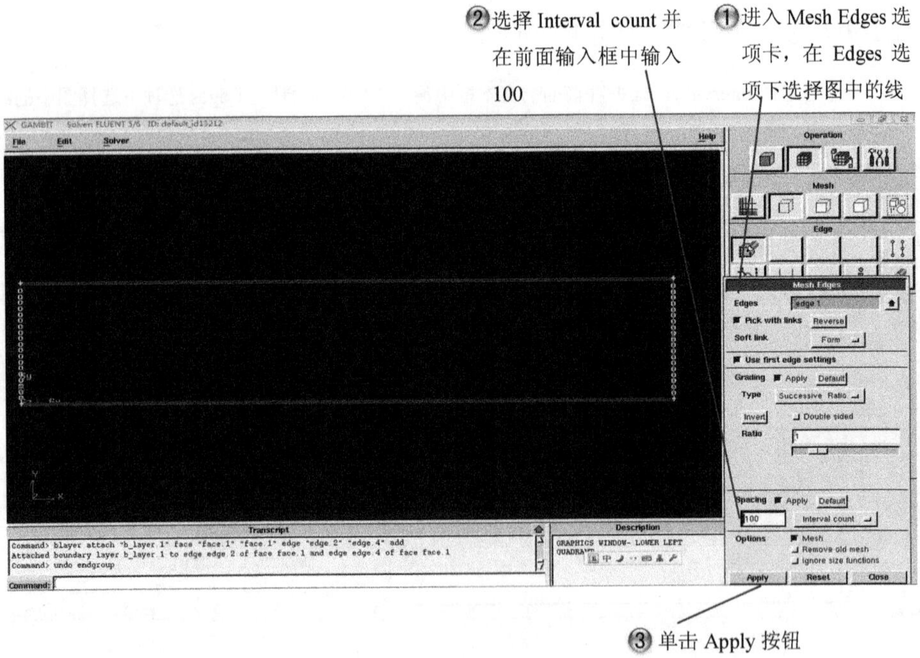

图 1-7 划分线网格

Step4 划分面网格，如图 1-8 所示。

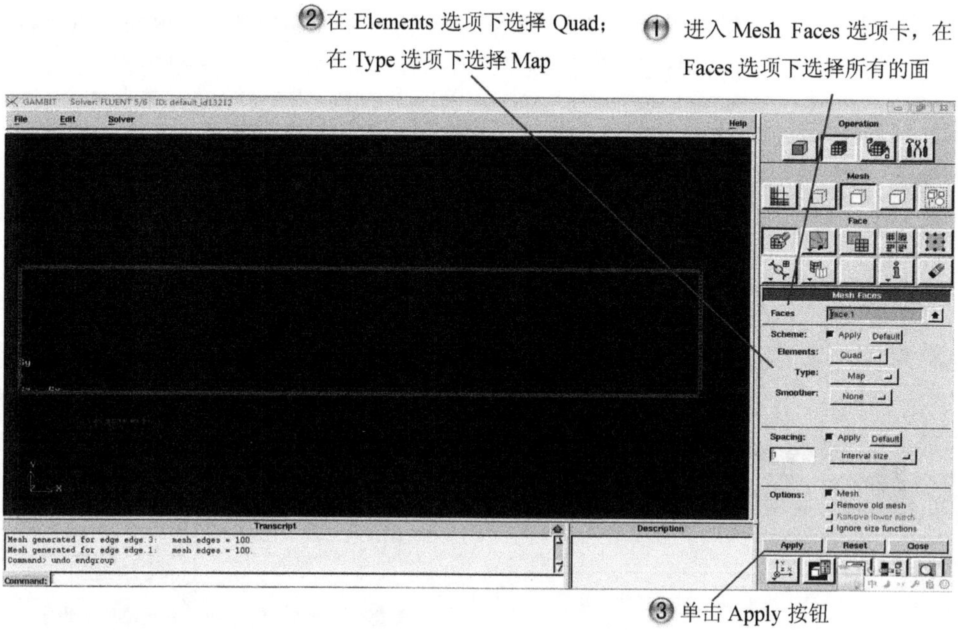

图 1-8　划分面网格

Step5 隐藏网格，如图 1-9 所示。

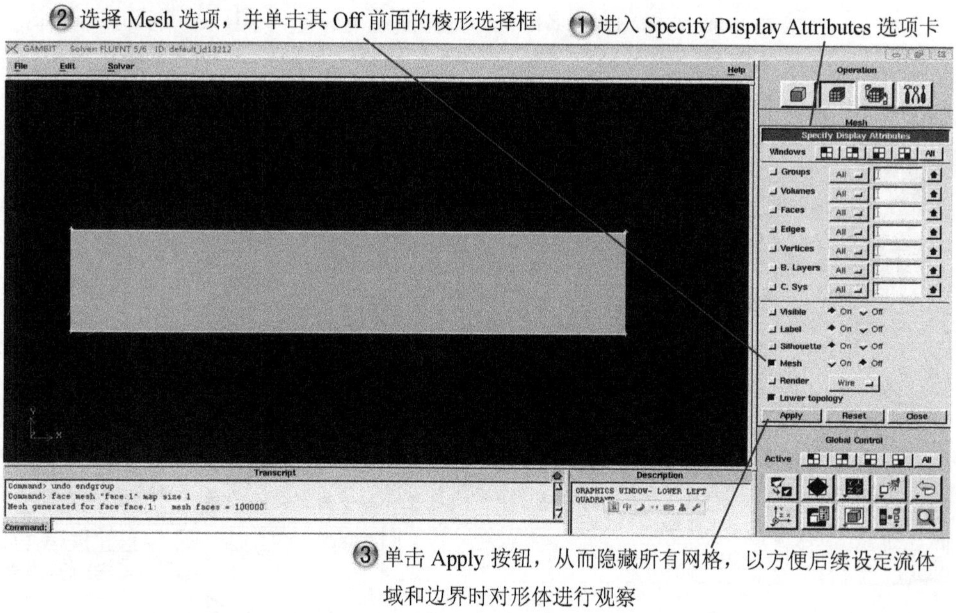

图 1-9　隐藏网格

Step6 设定流体域，如图 1-10 所示。

②在 Name 文本框中输入流体域名称为 fluid；在 Faces 选项下选择所有的面

①进入 Specify Continuum Types 选项卡

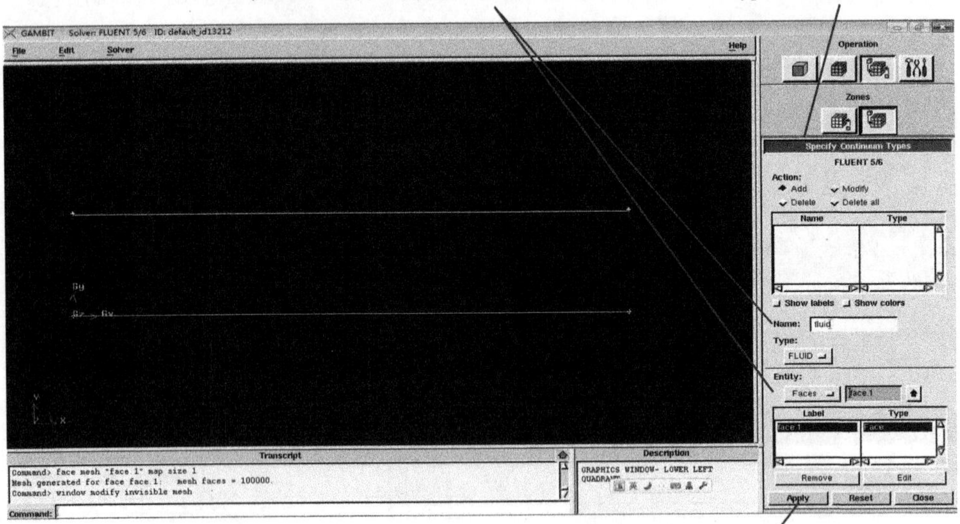

③单击 Apply 按钮，完成流体域设定

图 1-10　设定流体域

Step7 设定移动平板边界，如图 1-11 所示。

②在 Name 文本框中输入名称为 moingplate；在 Type 选项下选择 WALL；在 Edges 选项下选择红线

①进入 Specify Boundary Types 选项卡

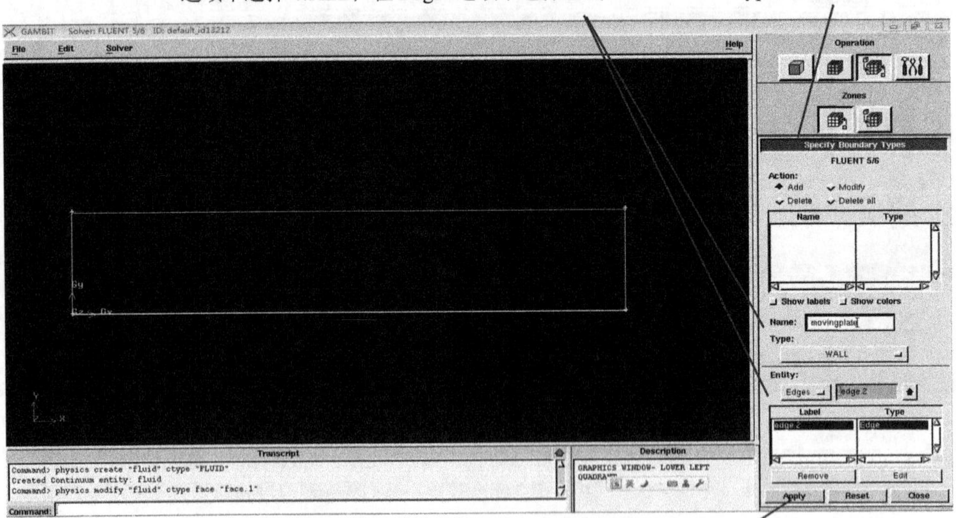

③单击 Apply 按钮

图 1-11　设定移动平板边界

Step8 设定固定平板边界，如图 1-12 所示。

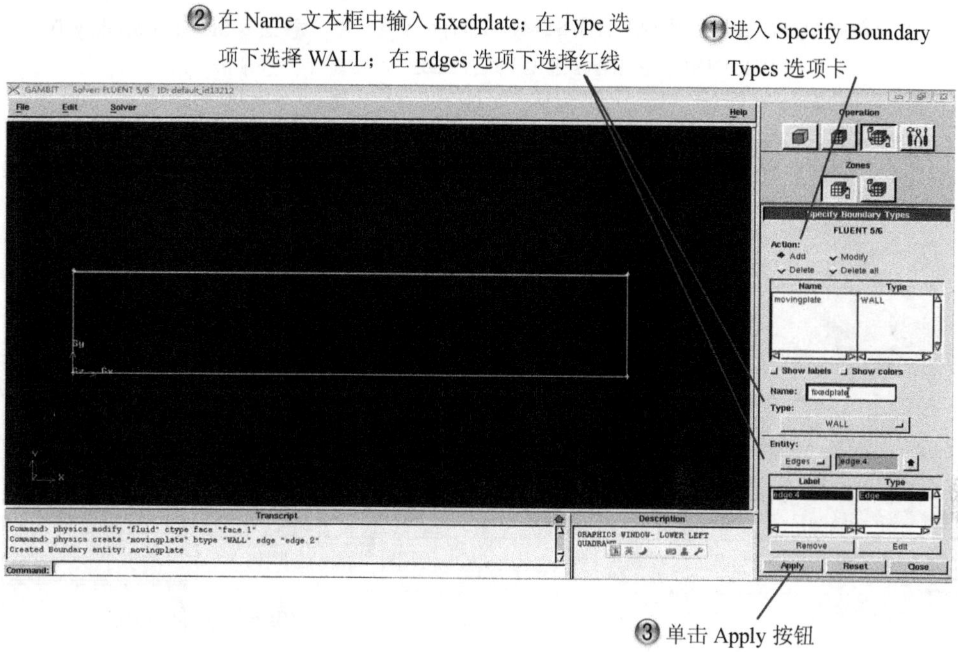

图 1-12　设定固定平板边界

Step9 链接线网格，如图 1-13 所示。

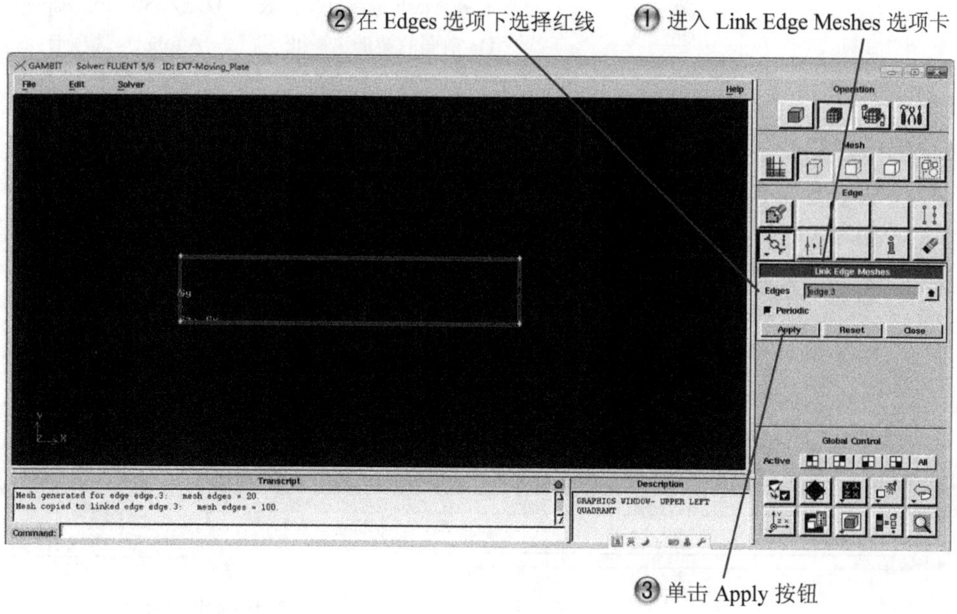

图 1-13　链接线网格

Step10 设定周期边界，如图 1-14 所示。

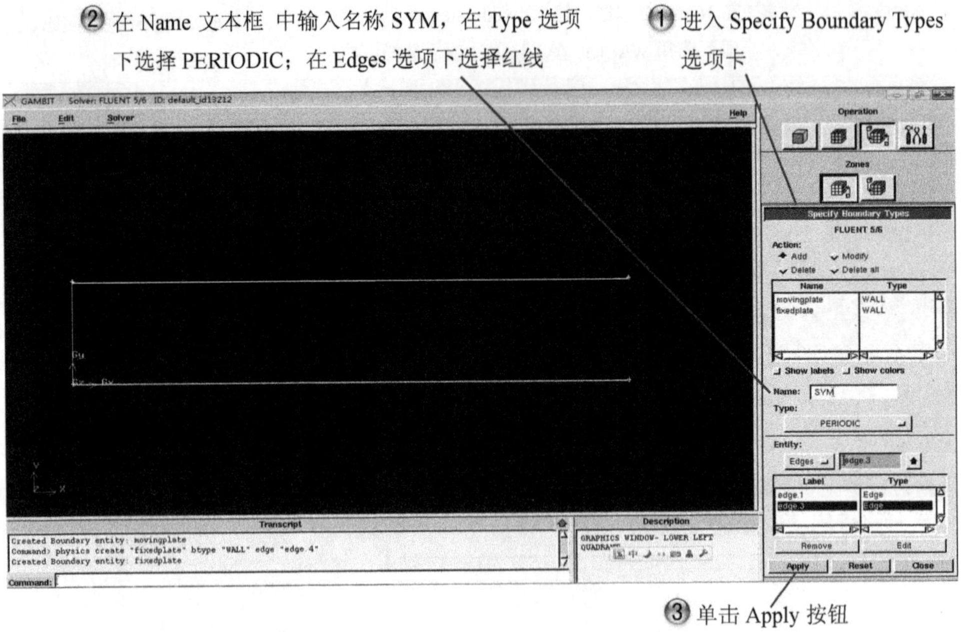

图 1-14　设定周期边界

Step11 显示网格，如图 1-15 所示。

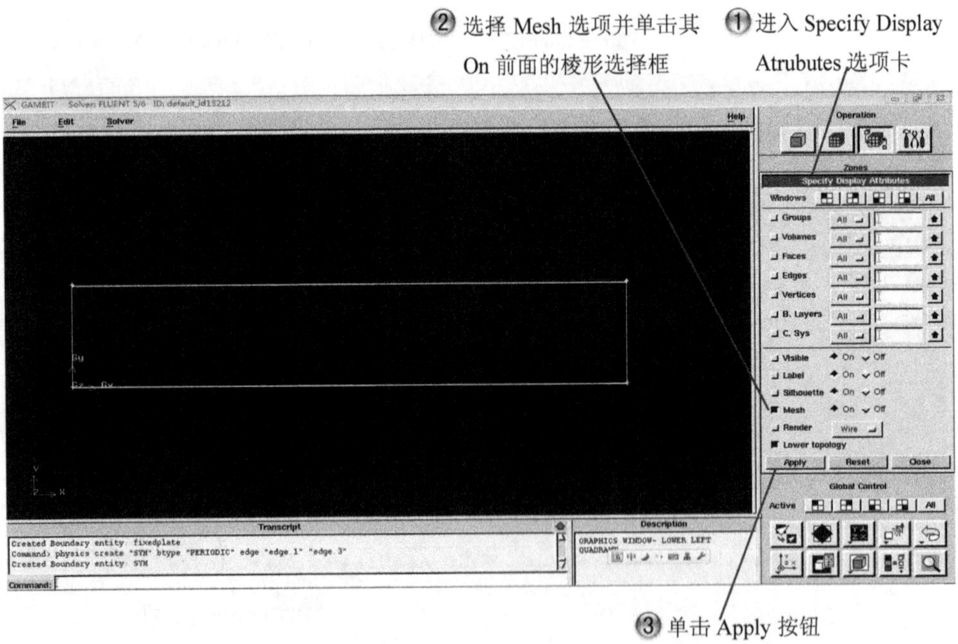

图 1-15　显示网格

Step12 保存网格，如图 1-16 所示。

① 选择 File|Save As...菜单命令，打开 Save Session As 对话框

② 在 ID 文本框中输入需要保存的名称 EX7-Moving_Plate

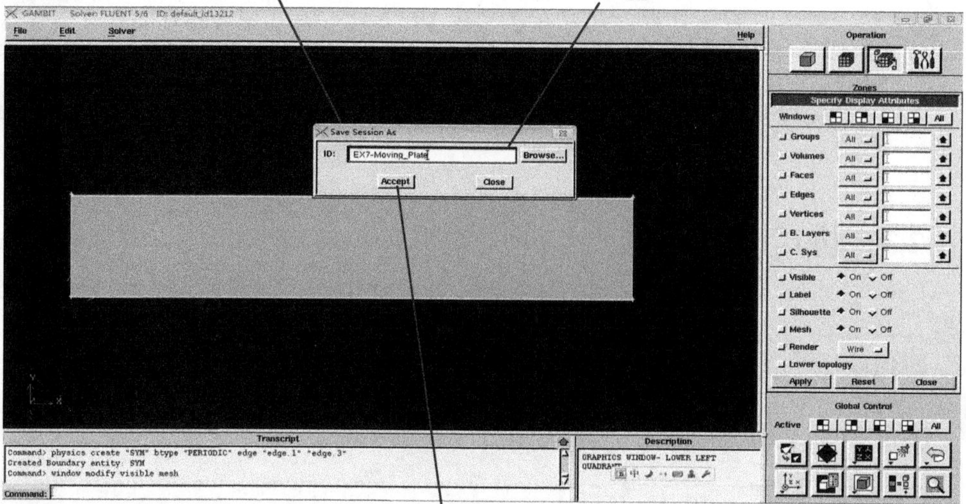

③ 单击 Accept 按钮，即可将网格保存为名称为 EX7-Moving_Plate、扩展名为.dbs 的网格源文件

图 1-16　保存网格

Step13 导出网格，如图 1-17 所示。

① 选择 File|Export...|Mesh...菜单命令，打开 Export Mesh File 对话框

② 在 File Name 文本框中输入需要导出的名称 EX7-Moving_Plate

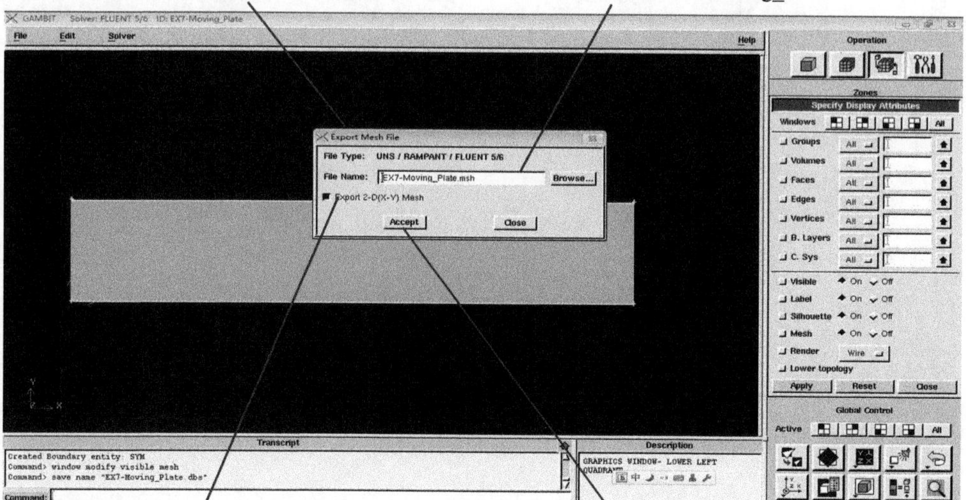

③ 启用 Export 2-D(X-Y) Mesh 复选框

④ 单击 Accept 按钮，即可将网格导出名称为 EX7-Moving_Plate、扩展名为.msh 的网格文件

图 1-17　导出网格

提示

该格式的网格文件是后续 FLUENT 仿真中需要使用的网格文件。

1.2.3　仿真设置过程

Step1 打开 FLUENT18.0 软件，读取网格文件，如图 1-18 所示。

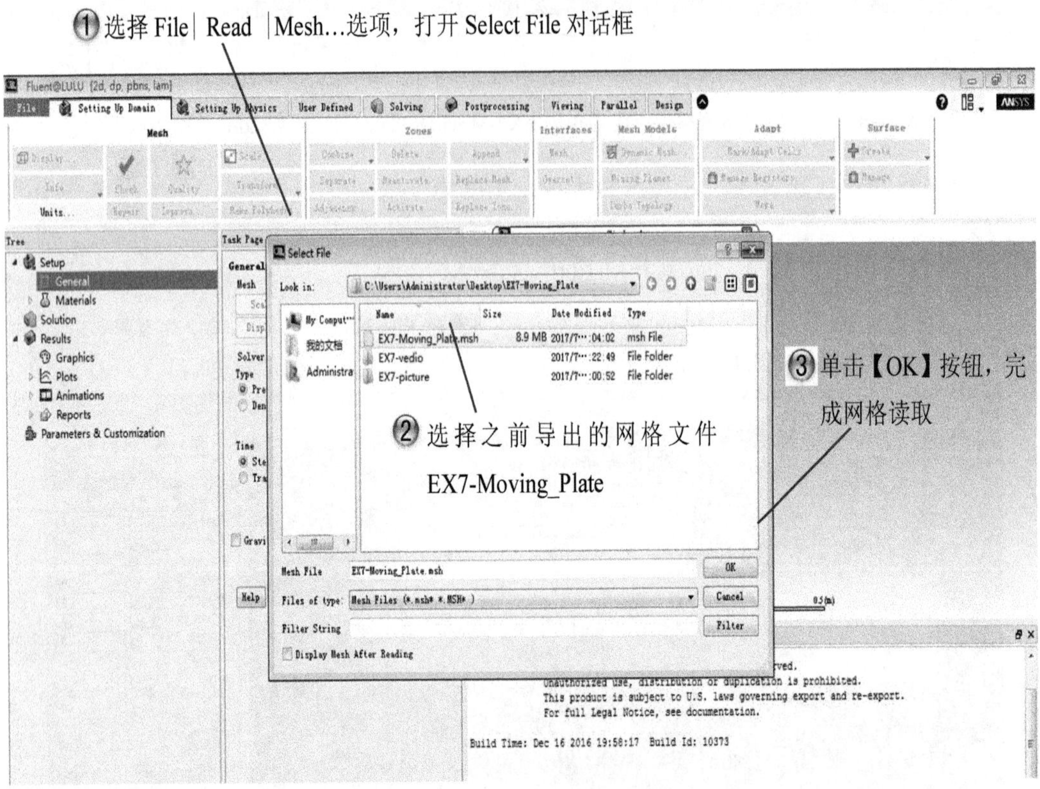

图 1-18　读取网格文件

Step2 显示网格，如图 1-19 所示。

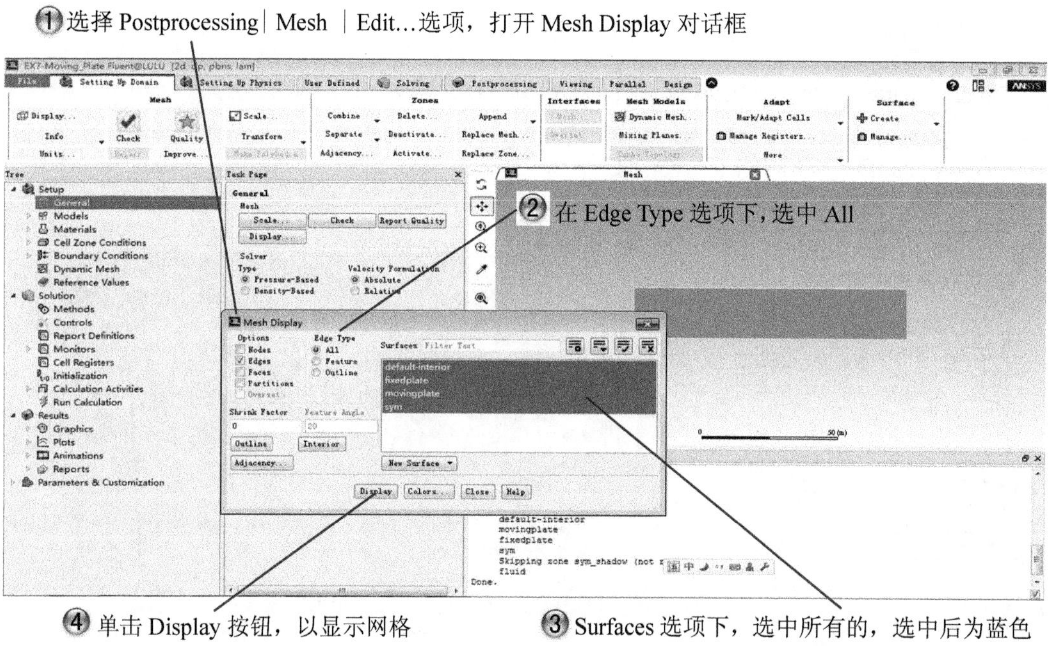

图 1-19　显示网格

Step3 检查网格，如图 1-20 所示。

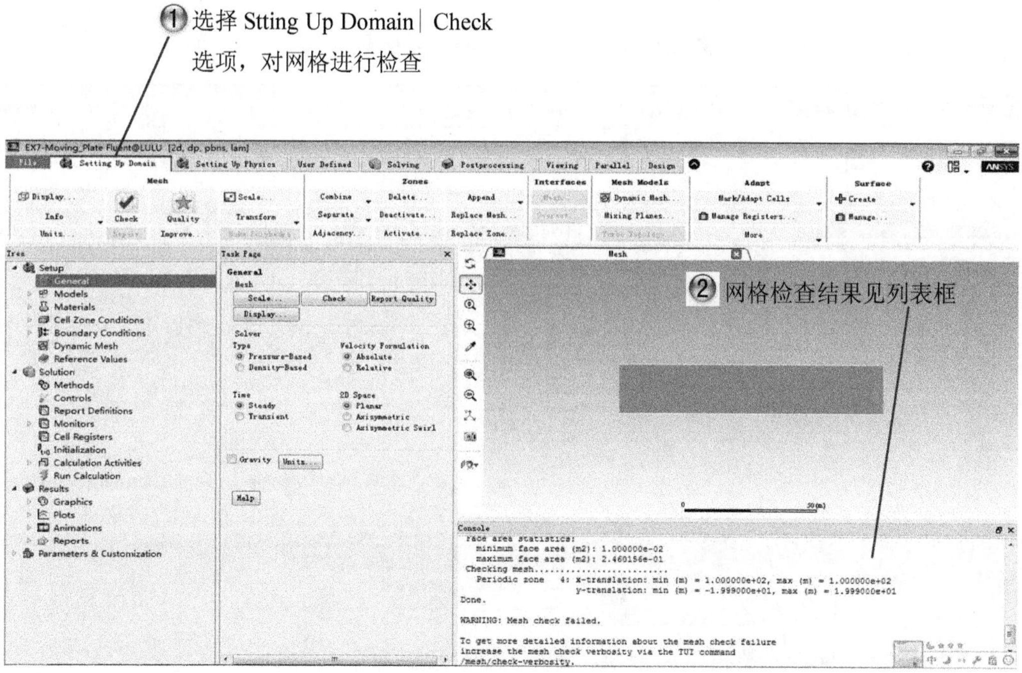

图 1-20　检查网格

Step4 网格质量检测，如图 1-21 所示。

① 选择 Stting Up Domain | Quality 选项，对网格质量进行检测

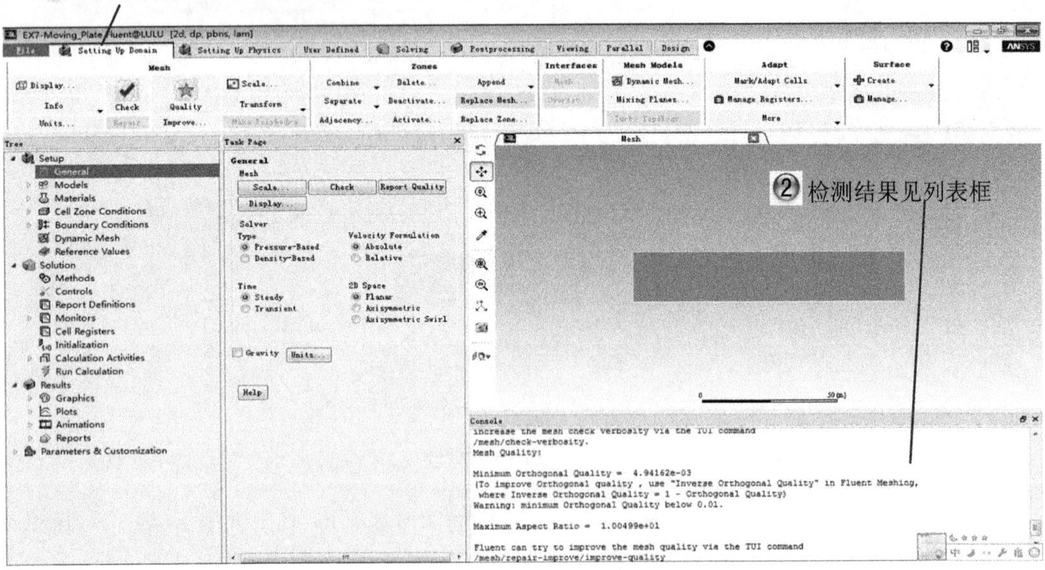

图 1-21　网格质量检测

Step5 调整尺寸单位，如图 1-22 所示。

① 选择 Stting Up Domain | Scale...选项，打开 Scale Mesh 对话框

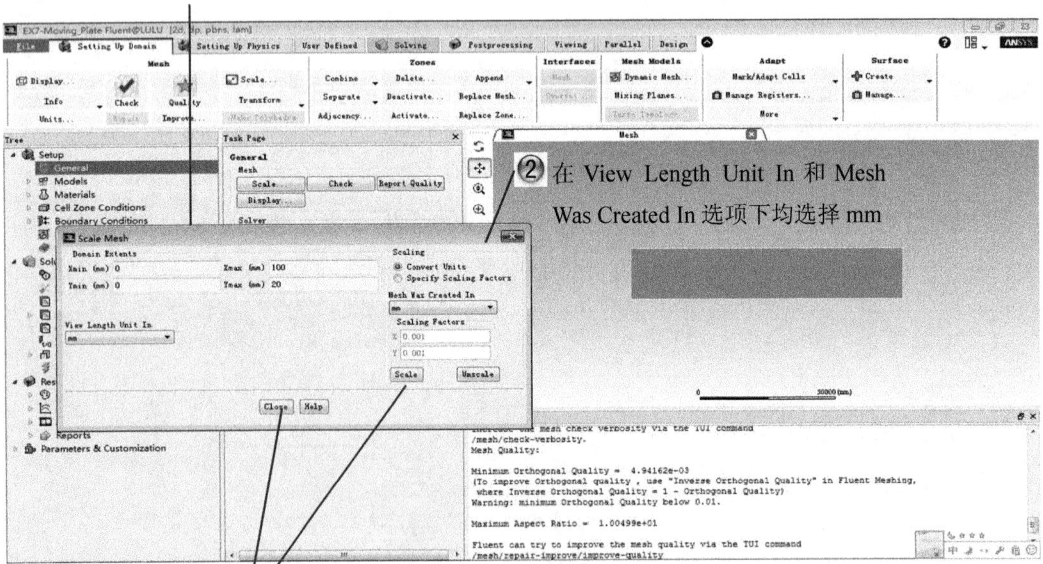

③ 依次单击 Scale 按钮和 Close 按钮，退出，从而将模型单位调整为 mm

图 1-22　调整尺寸单位

Step6 求解器设置，如图 1-23 所示。

①单击 General，进入 General 选项卡

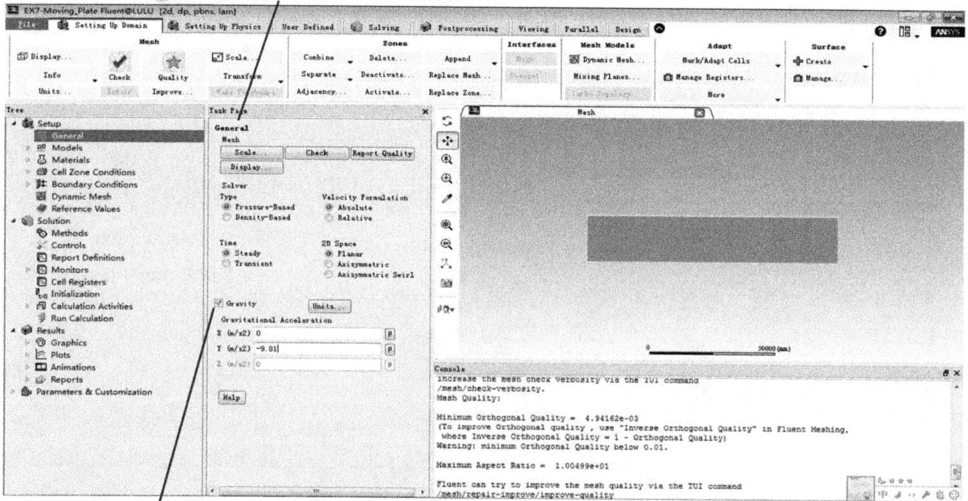

②选中 Pressure-Based 以使用基于压力基的求解；选中 Steady，使用稳态计算；启用 Gravity，并在 Y（m/s2）文本框中输入−9.81

图 1-23　设置求解器

Step7 添加材料水，如图 1-24 所示。

①选择 Materials|Fluid|Create/Edit 选项，打开 Create/Edit Materials 对话框。单击 Fluent Database 按钮，打开 Fluent Database Material 对话框

④单击 Close 按钮

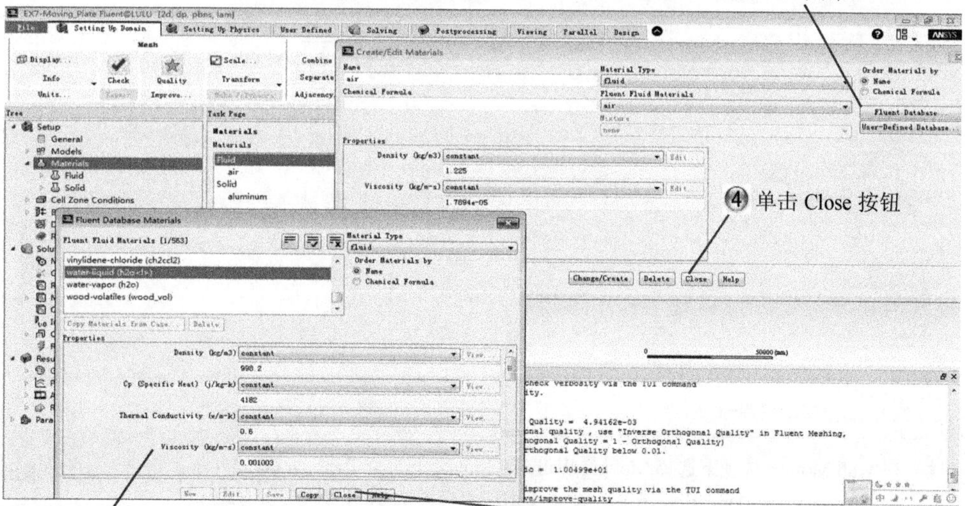

②在 Material Type 选项下选择 fluid；在 Fluent Database Material [1/563]列表框中选择 water-liquid(h2o<l>)

③单击 Copy 按钮，再单击 Close 按钮，返回 Create/Edit Materials 对话框

图 1-24　添加材料水

Step8 选择流体域材料，如图 1-25 所示。

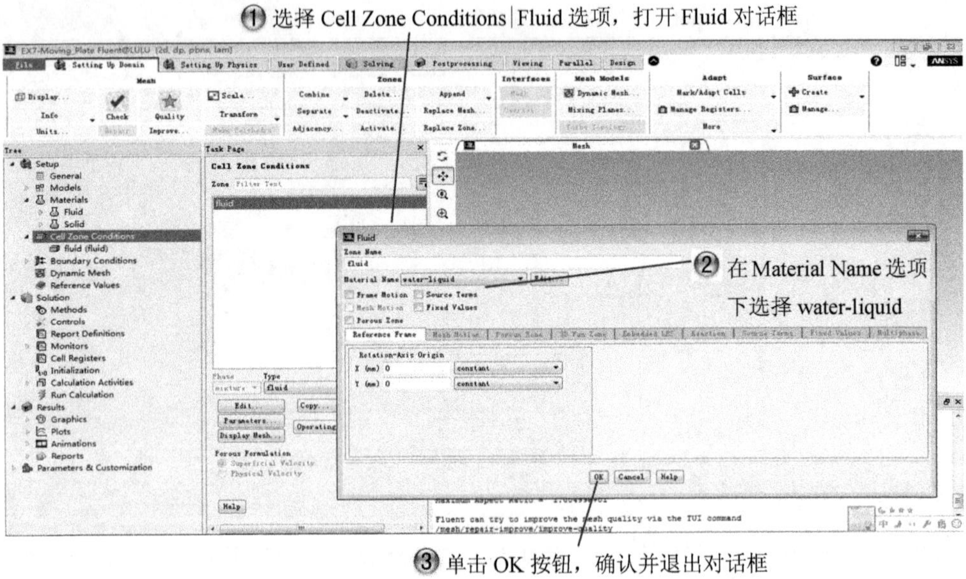

图 1-25　选择流体域材料

Step9 移动平板设置，如图 1-26 所示。

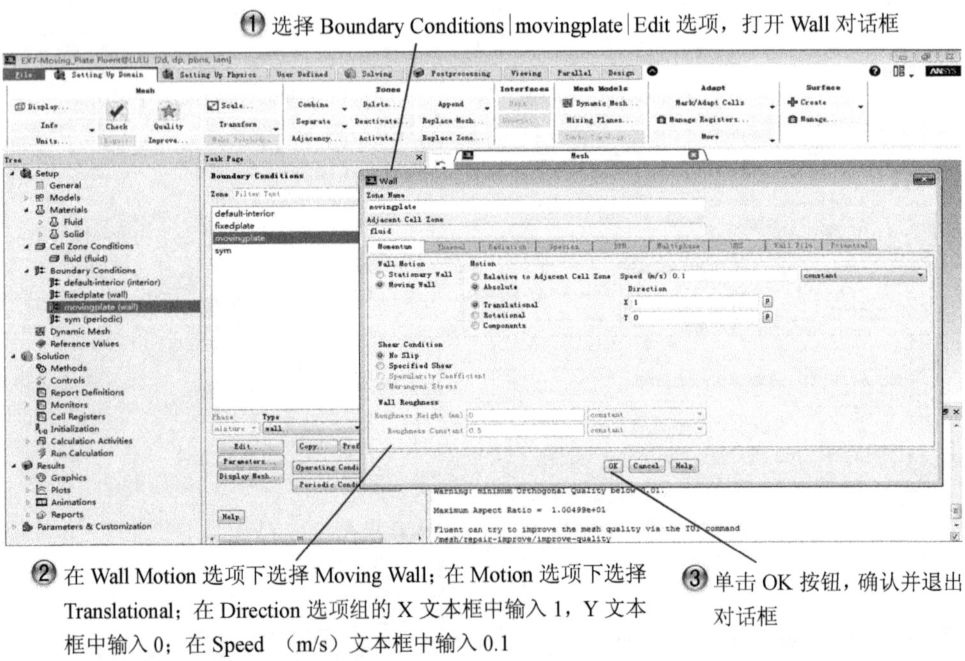

图 1-26　设置移动平板

Step10 流场初始化，如图 1-27 所示。

① 选择 Initialization 选项，进入 Solutin Initialization 选项卡

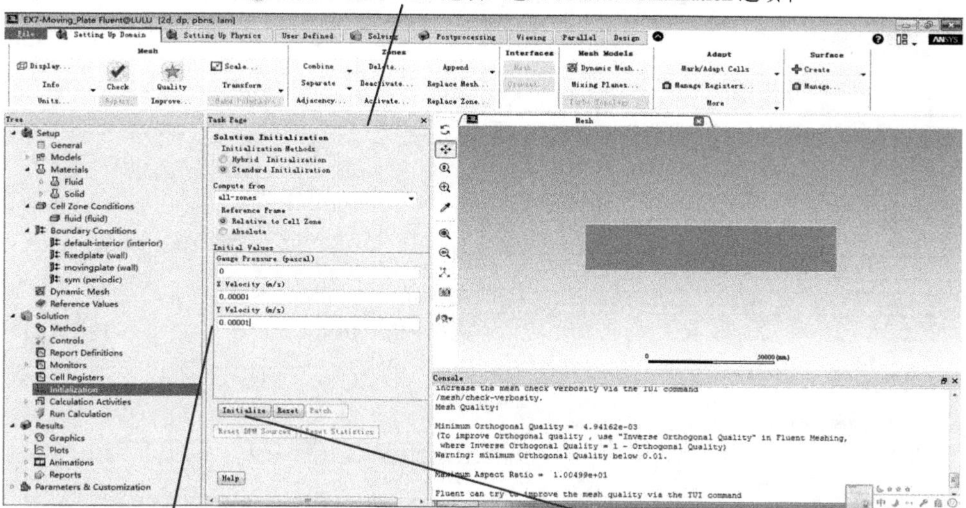

② 在 Initialization Methods 选项下选择 Standard Initialization；在 Compute from 列表中选择 all zones；在 X Velocity (m/s)和 Y Velocity (m/s)文本框中均输入 0.00001

③ 单击 Initialize 按钮，完成流场初始化

图 1-27　流场初始化

Step11 收敛因子，如图 1-28 所示。

① 选择 Solution|Controls 选项，进入 Solution Controls 选项卡

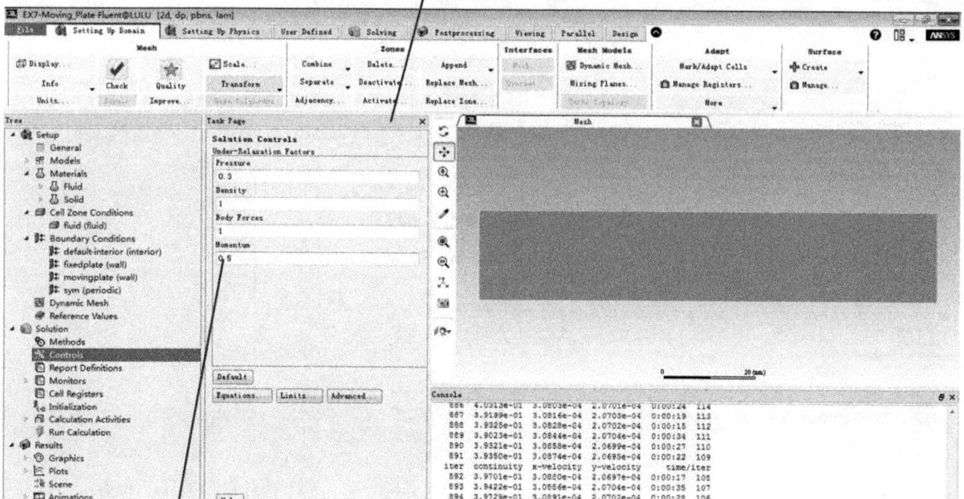

② 在 Under-Relaxation Factors 选项下的 Momentum 文本框中输入 0.5

图 1-28　收敛因子

Step12 稳态求解计算，如图 1-29 所示。

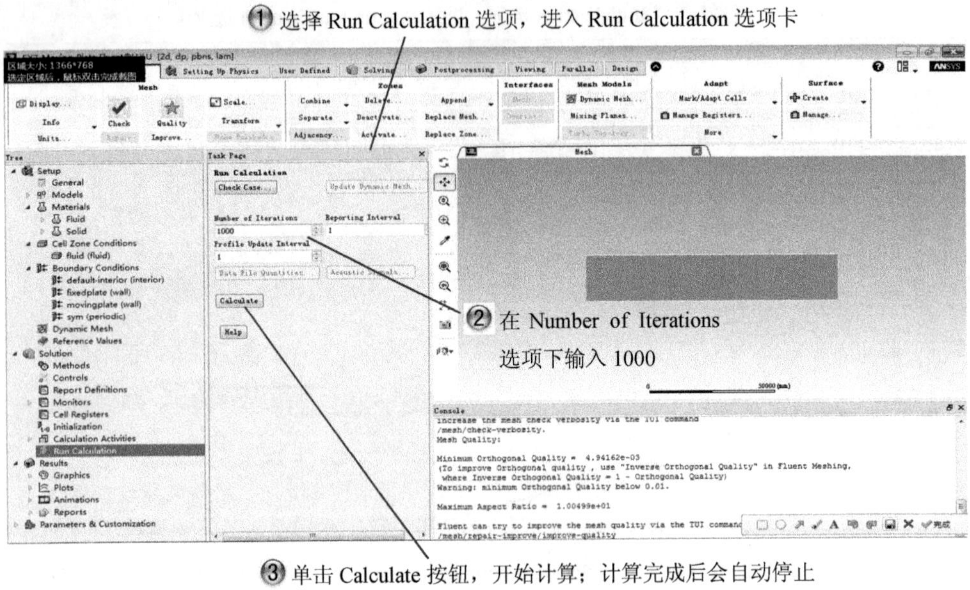

图 1-29 稳态求解计算

Step13 保存计算结果，如图 1-30 所示。

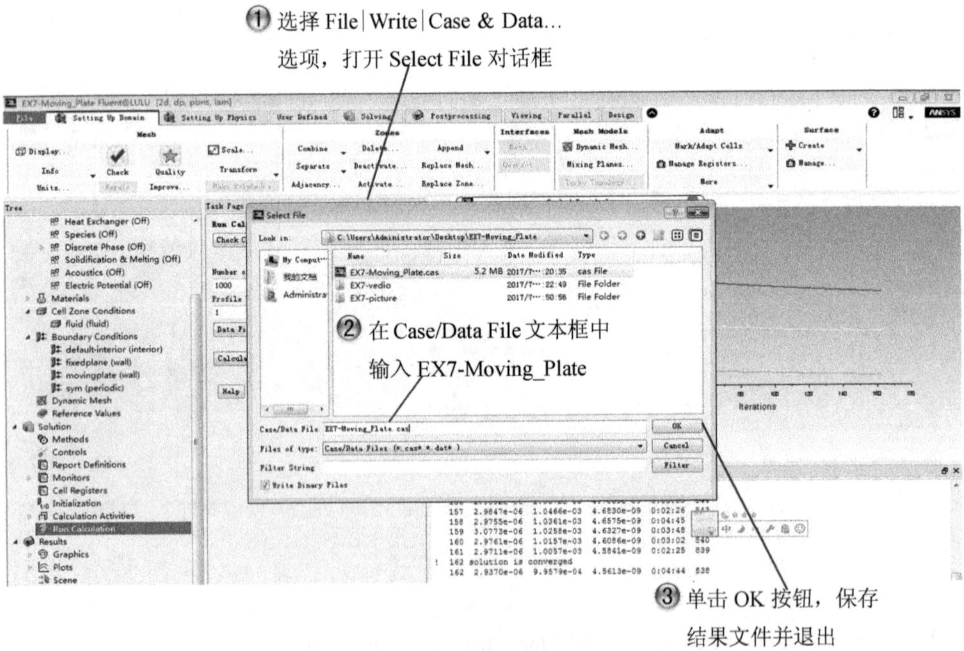

图 1-30 保存计算结果

Step14 保存残差曲线，如图 1-31 所示。

① 选择 File|Save Picture...选项，打开 Save Picture 对话框。在 Fromat 选项下选择 JPEG，Coloring 选项下选择 Color，Options 选项下启用 White Backgruond

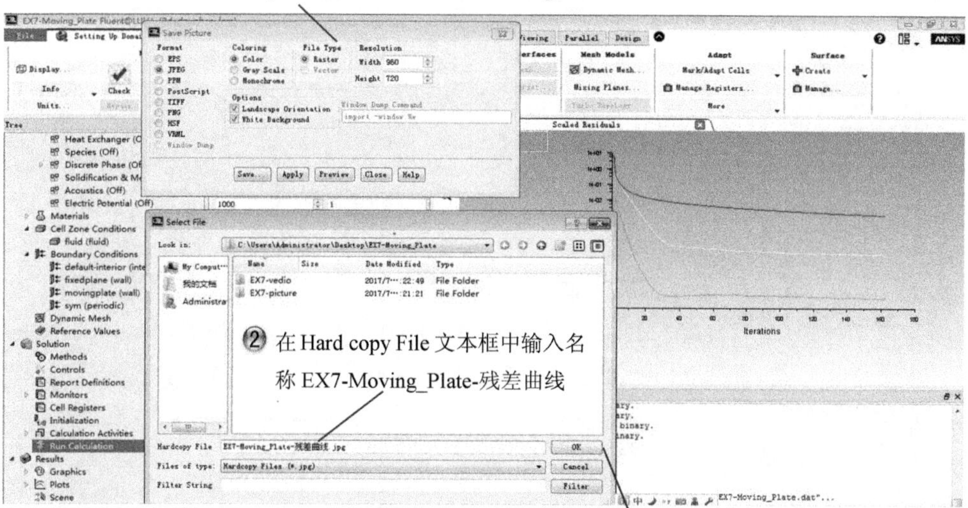

③ 单击 OK 按钮，保存残差曲线，此时保存的残差曲线是白色前景下 JPEG 格式的彩色图片

图 1-31　保存残差曲线

Step15 速度分布云图，如图 1-32 所示。

① 选择 Graphics|Contours 选项，打开 Contours 对话框

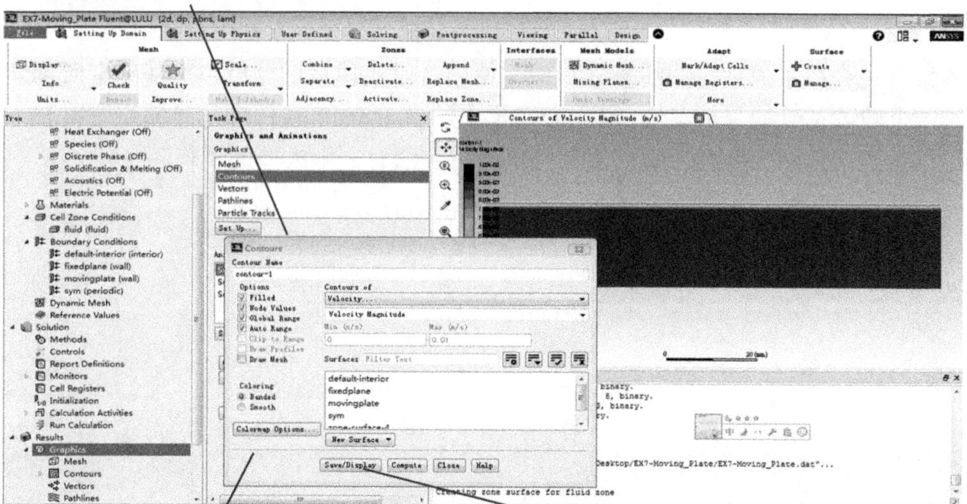

② 在 Options 选项下启用 Filled，在 Contours of 选项下选择 Velocity 和 Velocity Magnitude，其余保持默认

③ 单击 Save/Display 按钮，按照 Step14 的方法保存速度云图

图 1-32　速度分布云图

Step16 速度矢量图，如图 1-33 所示。

① 选择 Graphics|Vectors 选项，打开 Vectors 对话框

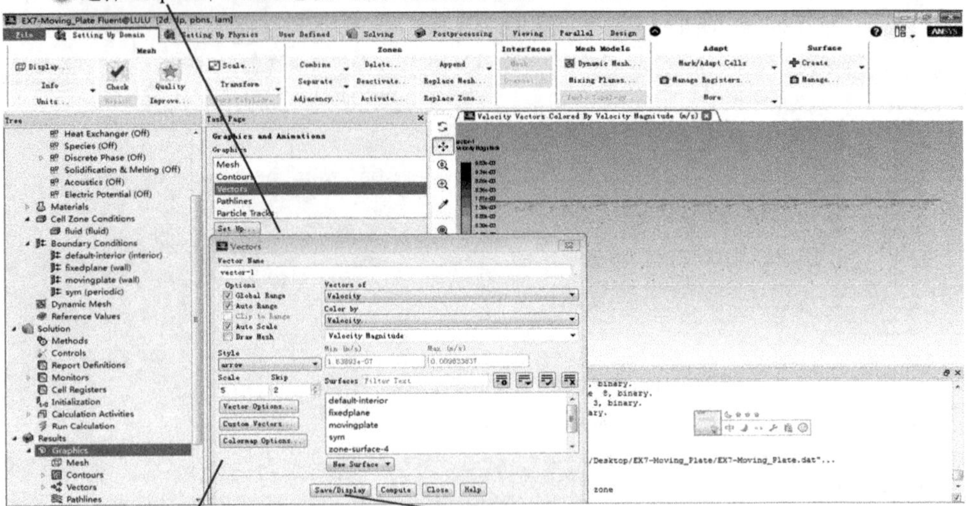

② 在 Vectors of 选项下选择 Velocity 和 Velocity Magnitude，在 Scale 文本框中输入 5，其余保持默认

③ 单击 Save/Display 按钮，以显示速度矢量图，按照 Step14 的方法保存速度矢量图

图 1-33　速度矢量图

1.3　案例小结

本章首先介绍了流体运动的基础知识，使读者对流体运动分析建立基础有所理解。之后通过一个较为基础的分析案例，着重介绍了采用 GAMBIT 软件进行建模和使用 FLUENT 软件进行仿真，力图使读者从基础部分对该分析方法有一个大概的了解。

第 2 章　二维翼型绕流仿真案例

本章导读

网格是 FLUENT 进行仿真时的基础，网格的生成是一个漫长又复杂的过程，经常需要大量的工作才能完成，因此使用网格生产软件可以减少工作量，并为后面的仿真工作打下基础。本章通过空气绕流给定的机翼的仿真案例，讲解 GAMBIT 创建模型的过程，并介绍后续使用 FLUENT 进行空气绕流的仿真过程。

学习目标 知识点	了解	理解	应用	实践
CFD 基本知识和网格知识		√		
创建二维翼形		√	√	√
划分网格和设定边界的方法		√	√	√
绕流仿真的设置方法		√	√	√

2.1　案例分析

2.1.1　知识链接

由于传统流体力学的控制方程在大多数情况下无法得出其解析解，所以在解决复杂工程实际问题时受到了很多限制。随着计算机技术的发展，一种新的求解流体动力学的方法——CFD（Computational Fluid Dynamics）得到了发展。CFD 的基本思想可以归结为：把原来在时间域及空间域上连续的物理量的场（如速度场和压力场），用有限个离散点上的变量值的集合来代替，通过一定的原则和方式创建关于这些离散点上场变量之间关系的代数方程组，然后求解代数方程组获得场变量的近似值。CFD 软件是专门用来进行流场分析、流场计算、流场预测的软件。通过 CFD 软件，可以分析并且显示发生子流场中的现象，在比较短的时间内，能预测性能，并通过改变各种参数，达到最佳设计效果。

CFD 的数值模拟，能使我们更加深刻地理解问题产生的机理，为实验提供指导，节省实验所需的人力、物力和时间，并对实验结果的整理和规律的得出起到很好的指导作用。随着计算机硬件和软件技术的发展和数值计算方法的日趋成熟，出现了基于现有流动理论的商用 CFD 软件。商用 CFD 软件使许多不擅长 CFD 的其他专业研究人员能够轻松地进行流动数值计算，从而把研究人员从编制复杂、重复性的程序中解放出来，将更多的精力投入到考虑所计算的流动问题的物理性质、问题的提法、边界（初值）条件、计算结果的合理解释等重要方面，这样最大地发挥了商用 CFD 软件开发人员和其他专业研究人员各自的智力优势，为解决实际工程问题提供了条件。

CFD 软件计算的特点如下：

在研究流体动力学问题时，除了少数流动，传统的理论计算几乎不可能得到解析解，大大限制了其运用的范围。通过实验研究得到的结果虽然能够直接反映物理现象，但实验往往受到模型尺寸、测量精度、人身安全、实验经费和周期等限制。而 CFD 软件的运用，克服了上述两种方法的缺点。通过 CFD 软件的计算得到数值解，不会受到实验条件的种种限制，能够很好地指导实验研究，并且还可以模拟实验中只能接近而无法达到的理想条件。

当然，由于 CFD 方法是一种离散近似的计算方法，其计算精度受到物理模型、网格情况、计算方法、边界条件等影响，同时 CFD 计算常需要高配置的计算机，这也是 CFD 计算的局限性。

在现实研究中，我们应该把传统的理论分析、实验分析和 CFD 软件分析三者有机地结合起来，取长补短，为我们的研究服务。

计算流体力学的本质就是对控制方法在所规定的区域上进行点离散或区域离散，从而转变为在各网格节点或子区域上定义的代数方程组，最后用线性代数的方法迭代求解。网格生成技术是离散技术中的一个关键步骤，网格质量对 FLUENT 计算精度和计算效率有直接的影响。对于复杂问题的 FLUENT 计算，划分网格是一个极为耗时又容易出错的步骤，有时要占用整个软件使用时间的 80%。因此，我们有必要对网格生成技术予以足够的关注。

2.1.2 设计思路

如图 2-1 所示的方形区域，空气绕流给定的机翼（NACA 0012），如图 2-1 所示。假设来流的速度为 V=50m/s，攻角为 5 度；流动设为定常流动。来流空气使用 FLUENT 中默认的 air 属性。问题：求解空气绕流机翼流场和升力、阻力。

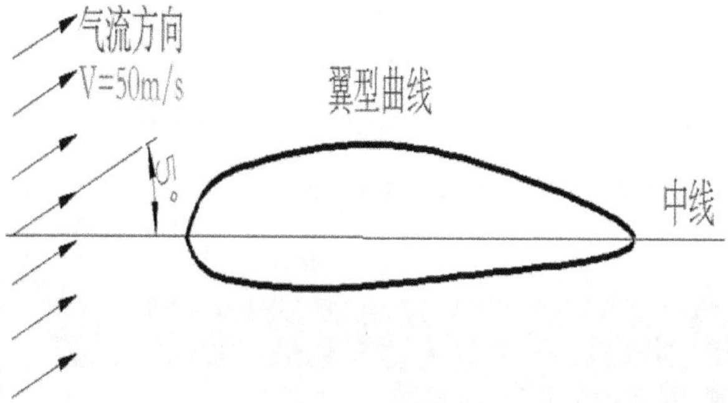

图 2-1　模型

本例的建模及网格见对应的 mesh 文件，划分好网格之后，将网格导入到 FLUENT 中进行网格划分。建模需要先使用专业的翼型生成软件 Profili 生成翼型文件，该文件内展示的是一系列点的坐标，这些坐标点构成了翼型的实际轮廓，本例中使用的是 NACA 0012 翼型，对应的文件名为“NACA 0012.dat”，将其导入 GAMBIT 之后创建外围流体域即可完成翼型绕流领域流体域的创建。

2.2　案例操作

为了能够在整个区域生成高质量的结构网格，需要对空气域进行切分，将每一部分均切分为可以简化为四边形的形状。网格划分过程中先划分每条边的线网格，最后直接生成整体的结构网格，然后进行划分网格，并进行仿真设置。

本案例文件：ywj/02/ EX2-airfoil 相关文件

多媒体教学路径：多媒体教学→第 2 章

2.2.1 创建模型

Step1 打开 GAMBIT 软件，导入翼型文件，如图 2-2 所示。

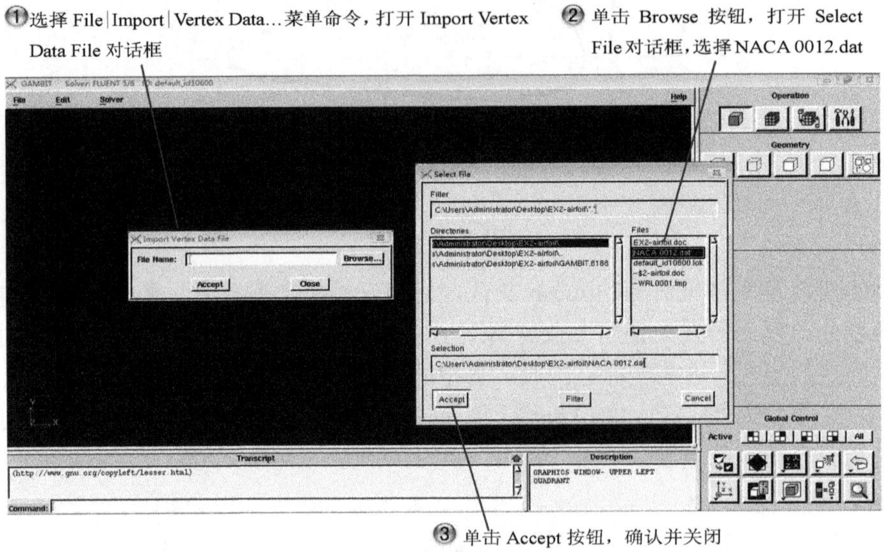

图 2-2　导入翼型文件

Step2 连接点生成翼型弧线，如图 2-3 所示。

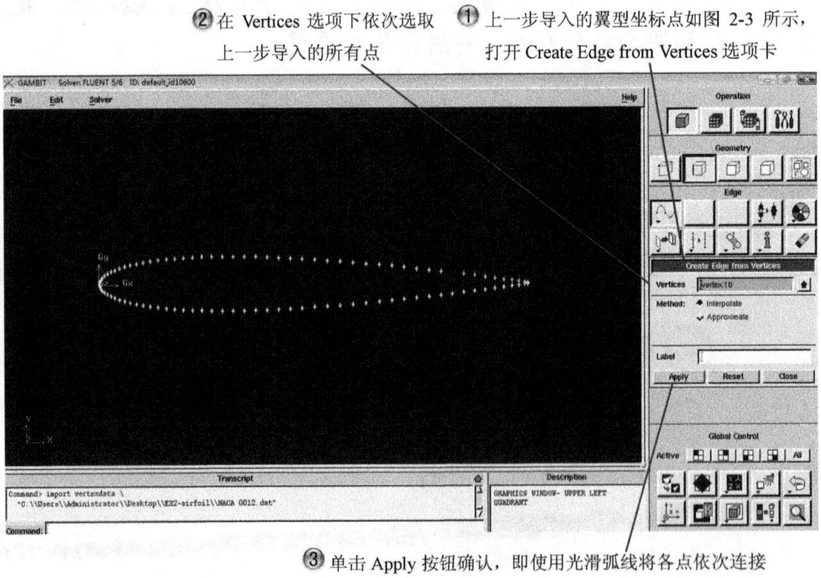

图 2-3　连接点生成翼型弧线

注意

这里选取点的时候必须按顺序依次选择，不能随意选取，也不能使用框选。

Step3 连接点生成翼尾直线，如图 2-4、图 2-5 所示。

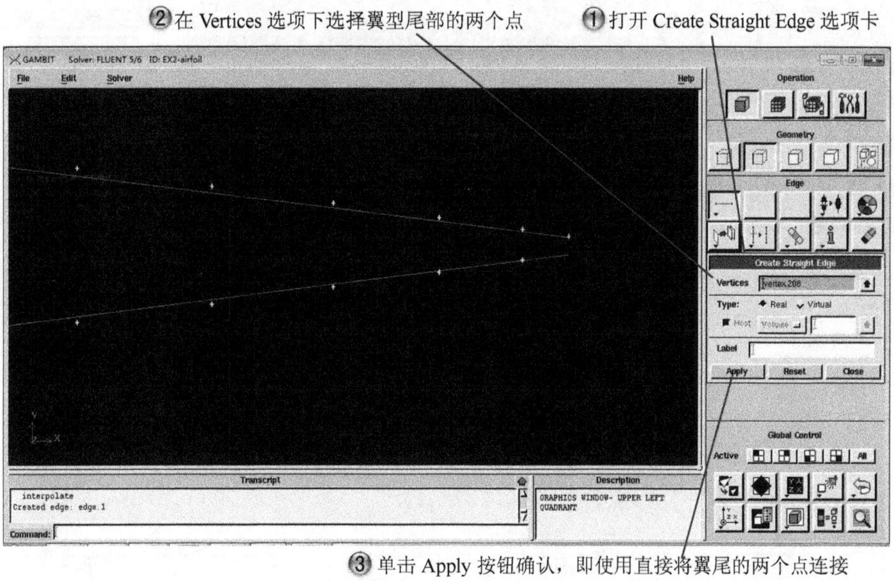

图 2-4　连接点

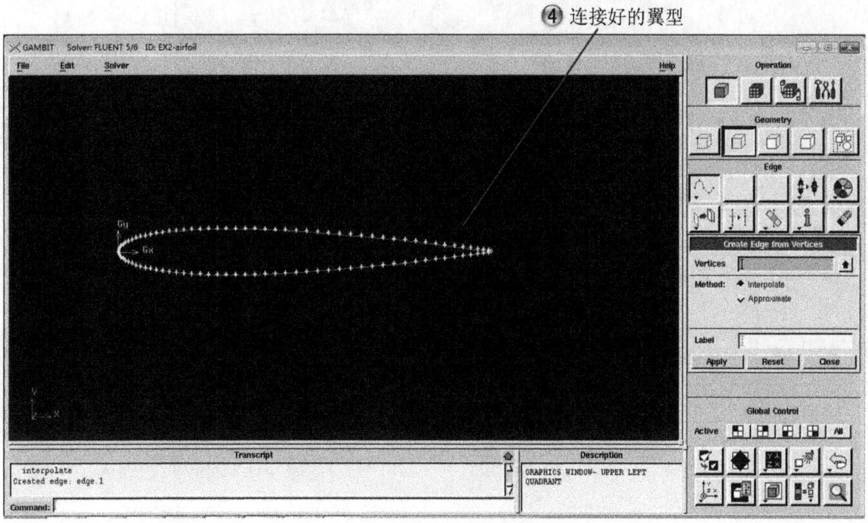

图 2-5　生成翼尾直线

Step4 生成翼型面，如图 2-6 所示。

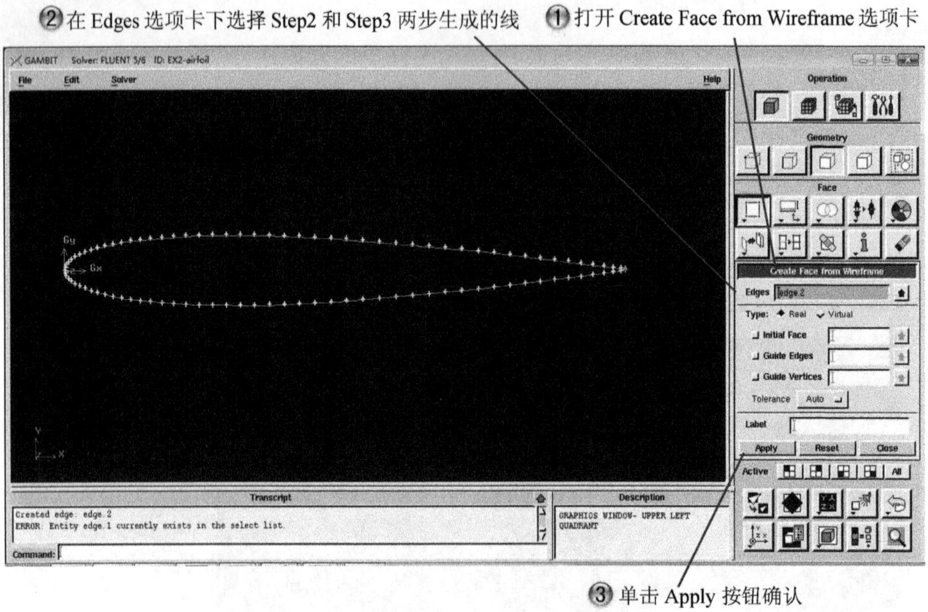

图 2-6　生成翼型面

Step5 删除翼型坐标点，如图 2-7 所示。

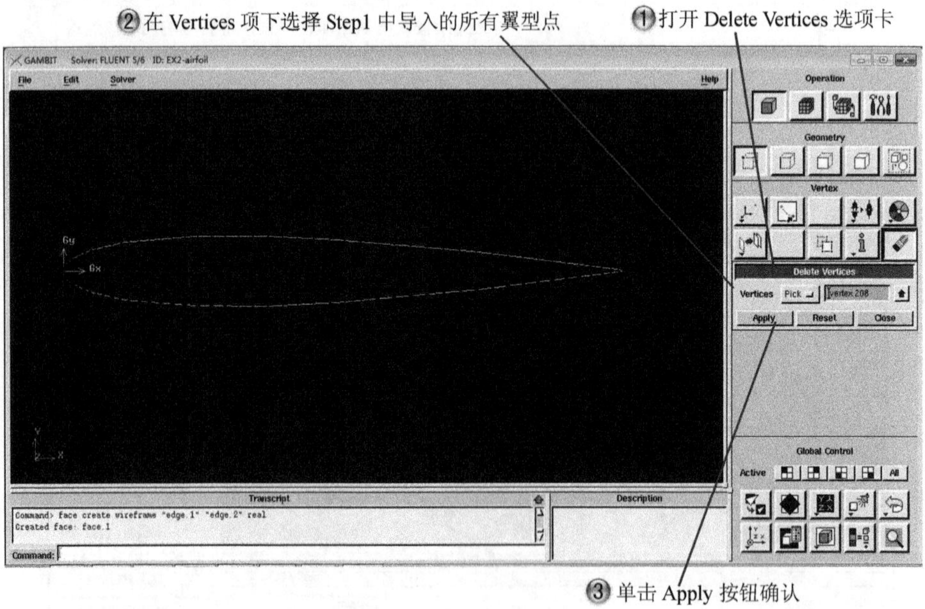

图 2-7　删除翼型坐标点

Step6 移动翼型面，如图 2-8 所示。

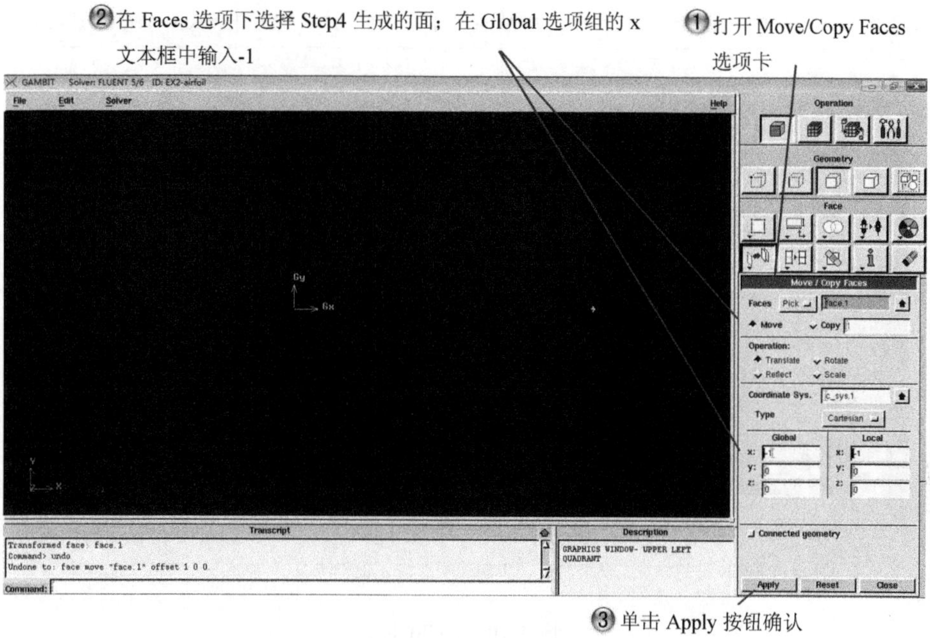

图 2-8 移动翼型面

Step7 创建空气域的第一个点，如图 2-9 所示。

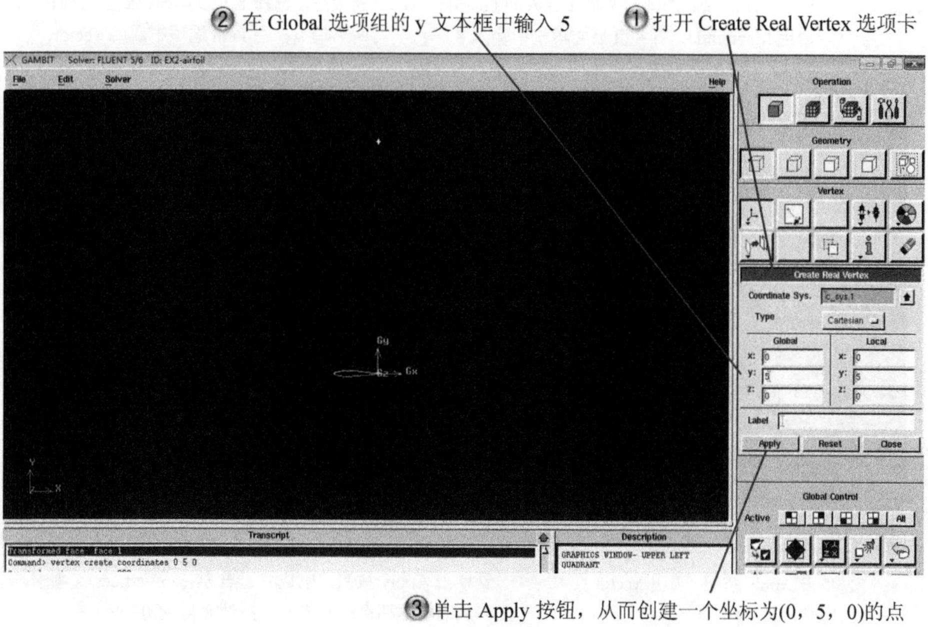

图 2-9 创建空气域的第一个点

Step8 创建圆弧，如图 2-10 所示。

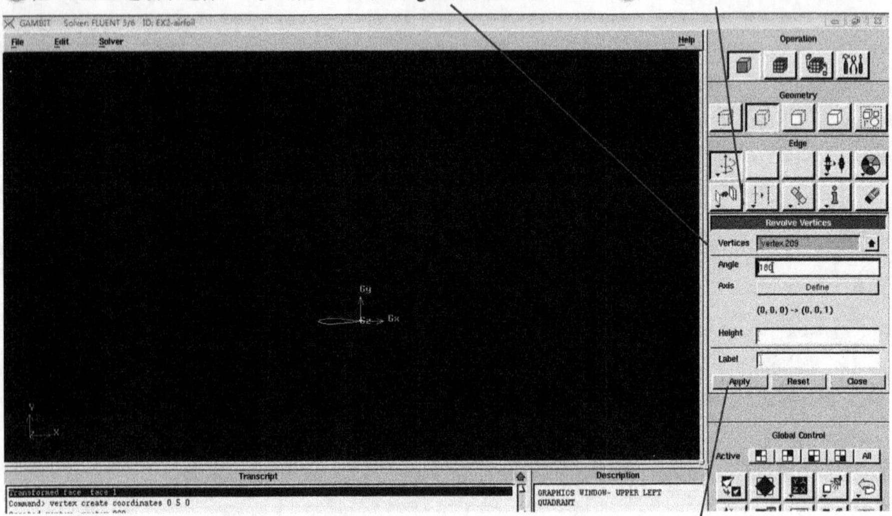

图 2-10　创建圆弧

Step9 拉伸圆弧的两个端点，如图 2-11 所示。

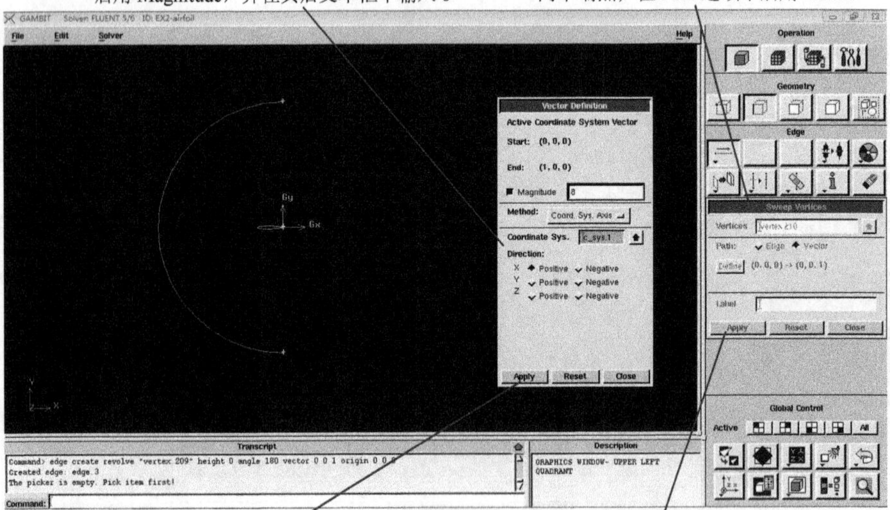

图 2-11　拉伸圆弧的两个端点

Step10 连接直线的两个端点，如图 2-12 所示。

②在 Vertices 选项下，选择上一步得到的直线的右侧两个端点 ①打开 Create Straight Edge 选项卡

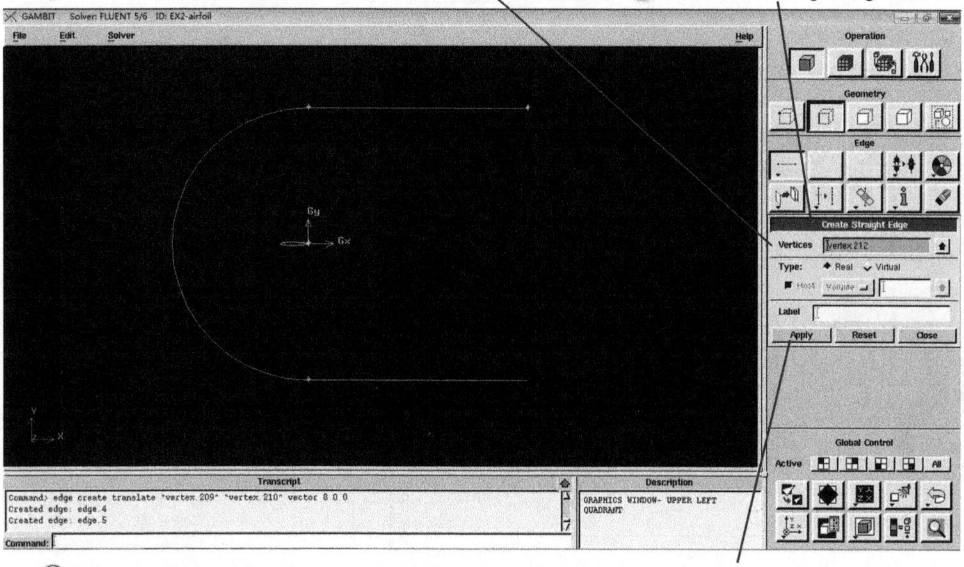

③单击 Apply 按钮，确认并退出 Create Straight Edge 选项卡，从而将这两个端点连成一条直线

图 2-12　连接直线的两个端点

Step11 生成平面，如图 2-13 所示。

②在 Edges 选项下选择 Step8-Step10 生成的线 ①打开 Create Face from Wireframe 选项卡

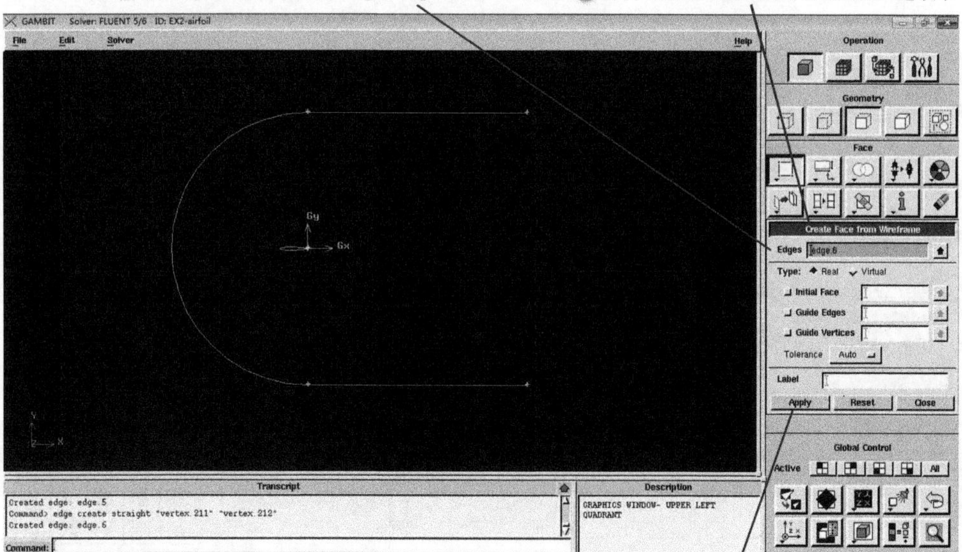

③单击 Apply 按钮，确认并退出 Create Face from Wireframe 选项卡，从而创建一个平面

图 2-13　生成平面

Step12 生成流体域，如图 2-14 所示。

②在 Face 选项下分别选择 Step11 和 Step4 生成的平面　①打开 Spit Face 选项卡

③单击 Apply 按钮，确认并退出 Spit Face 选项卡，从而生成翼型外围的空气域

图 2-14　生成流体域

Step13 删除翼型面，如图 2-15 所示。

②在 Faces 选项下选择 Step4 生成的翼型平面　①打开 Delete Faces 选项卡

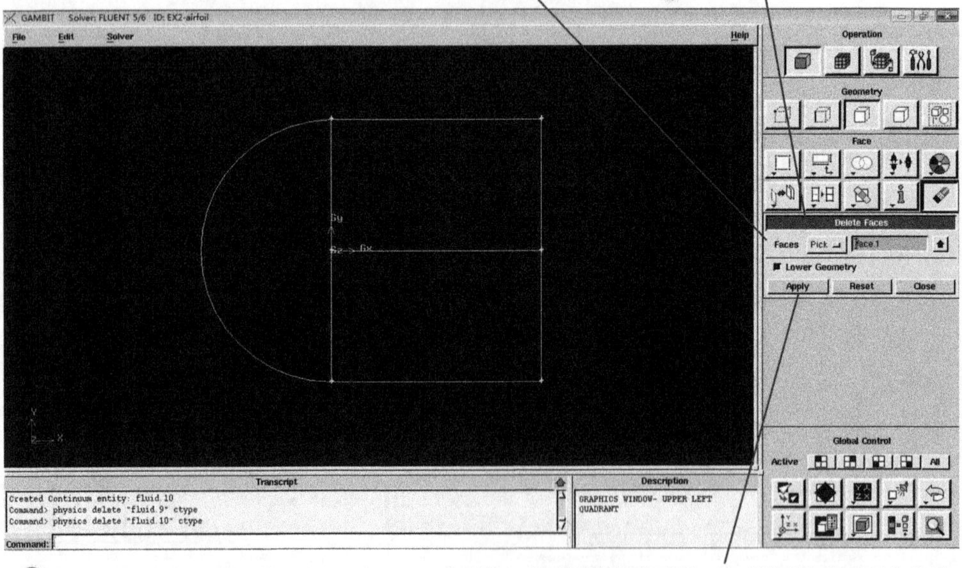

③单击 Apply 按钮，确认并退出 Delete Faces 选项卡，从而删除翼型平面，此时模型中只剩下空气域

图 2-15　删除翼型面

2.2.2 划分网格和设定边界

Step1 对空气域进行切分，创建第一条和第二条辅助线，如图 2-16、图 2-17 所示。

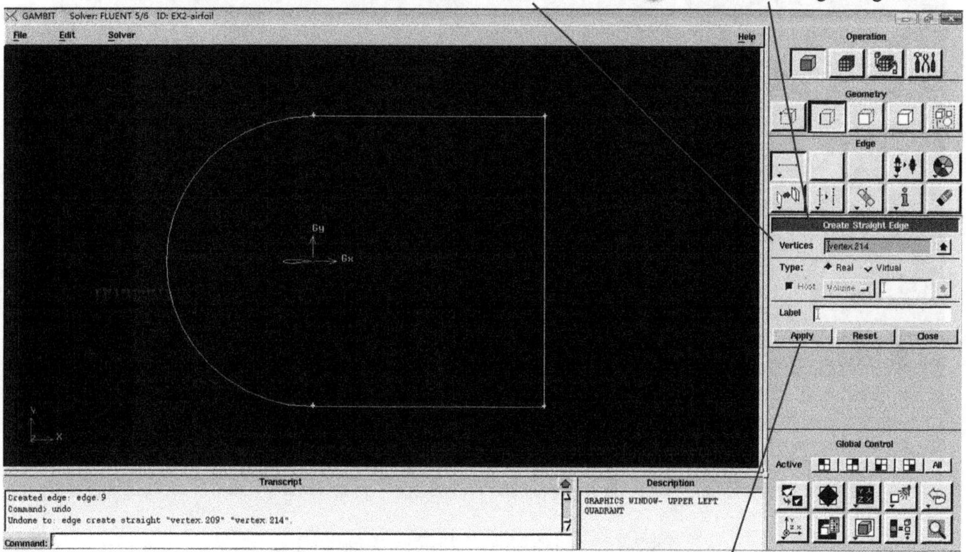

图 2-16　对空气域进行切分，创建第一条辅助线

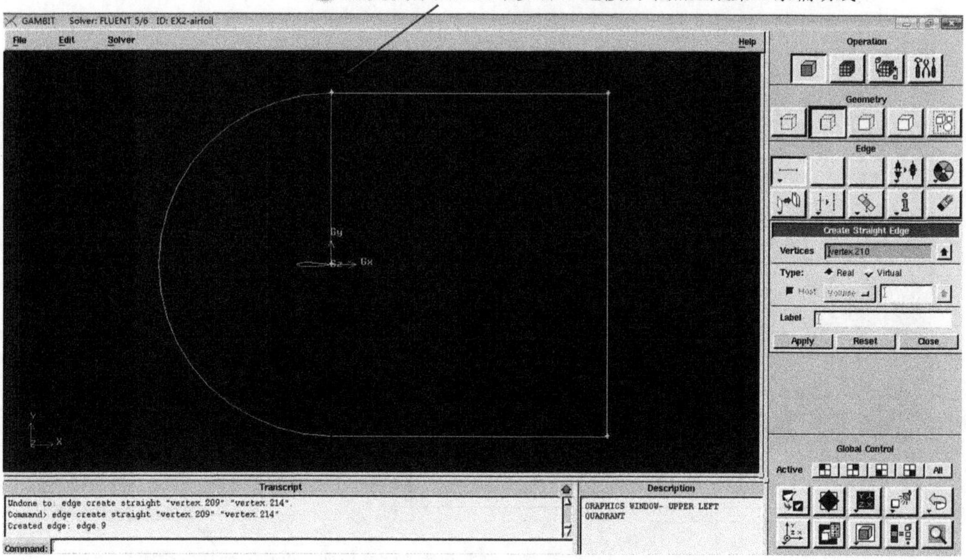

图 2-17　创建第二条辅助线

Step2 创建第三条和第四条辅助线，如图 2-18 所示。

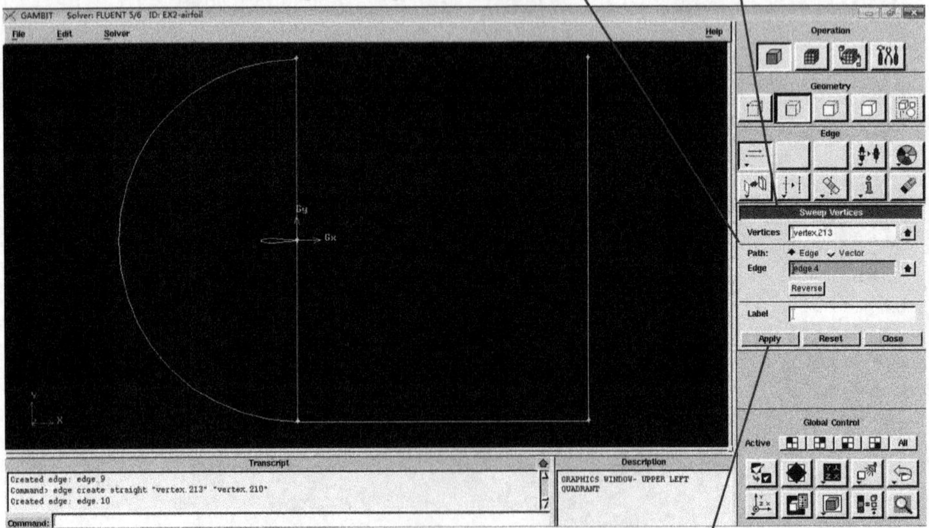

图 2-18　创建第三条和第四条辅助线

Step3 使用前两步生成的四条线，分别对空气域进行切分，如图 2-19、图 2-20 所示。

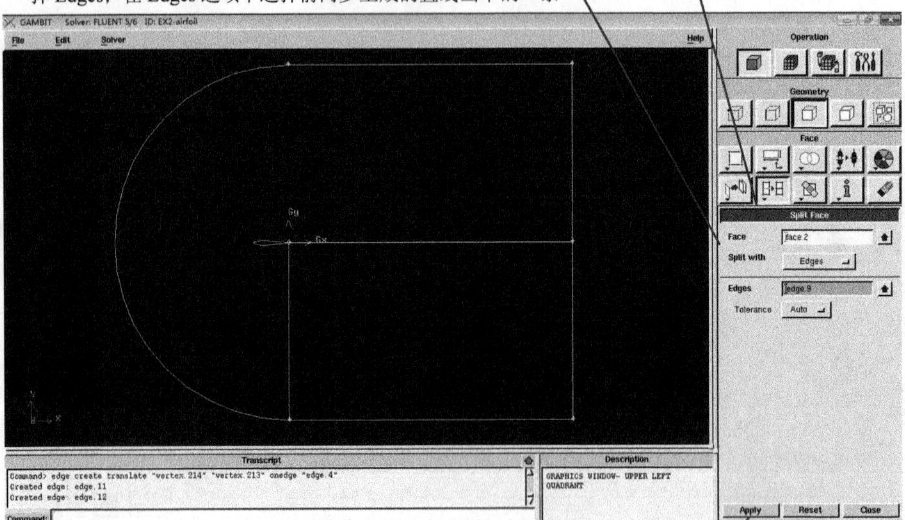

图 2-19　切分空气域

④重复以上操作，在 Edges 选项下分别选择另外三条直线，即完成另外三条直线对空气域的切分

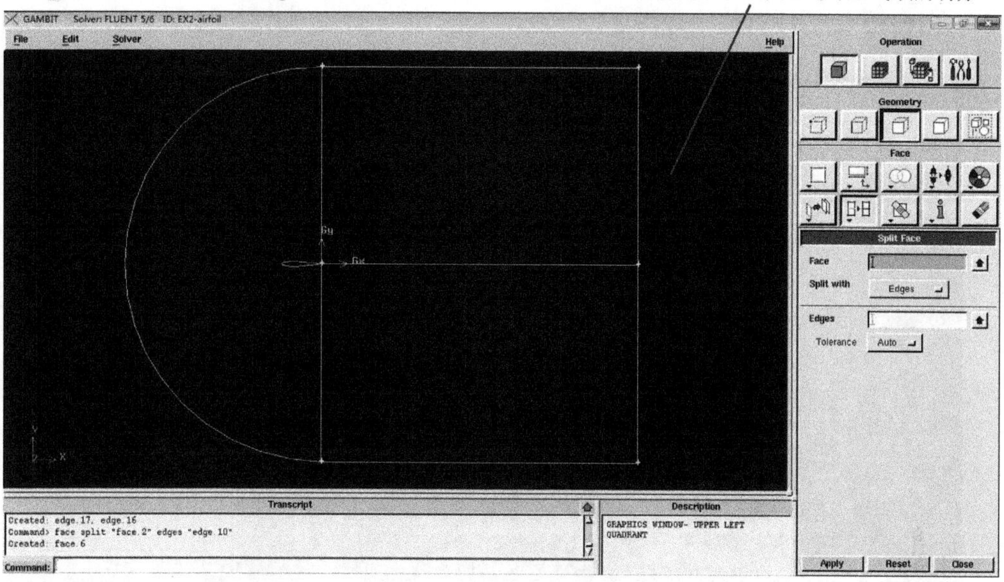

图 2-20　空气域切分效果

Step4 划分线网格，如图 2-21 所示。

②在 Edges 选项下选择图中所示的两条弧线　①打开 Mesh Edges 选项卡

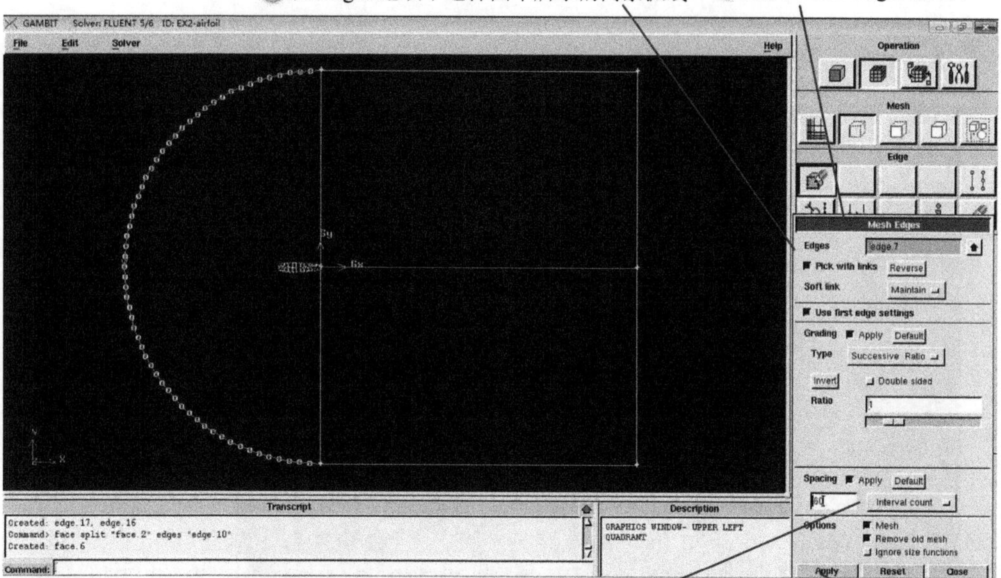

③单击 Interval size 复选按钮，选择 Interval count 并在其前面的文本框中输入 60　④单击 Apply 按钮

图 2-21　划分线网格

Step5 划分线网格，如图 2-22 所示。

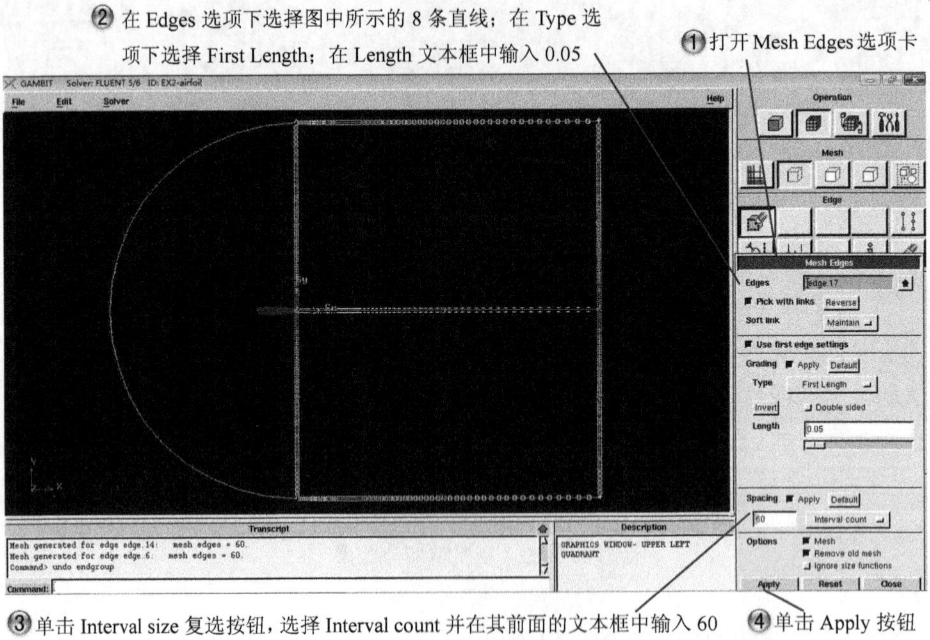

图 2-22　划分线网格

Step6 划分线网格，如图 2-23 所示。

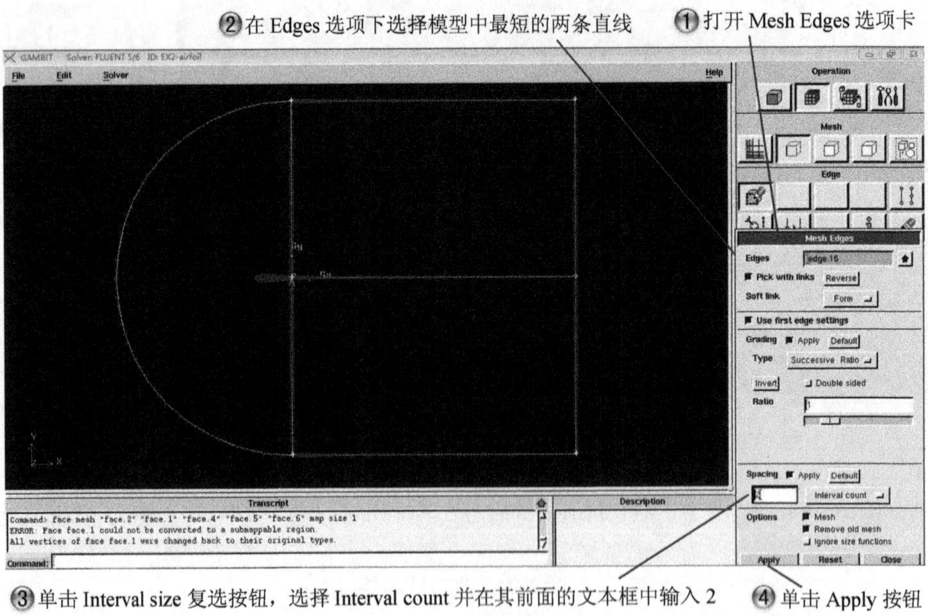

图 2-23　划分线网格

Step7 划分线面网格，如图 2-24、图 2-25 所示。

② 在 Faces 选项下选择所有的面；在 Elements 选项下选择 Quad；在 Type 选项下选择 Map

① 打开 Mesh Faces 选项卡

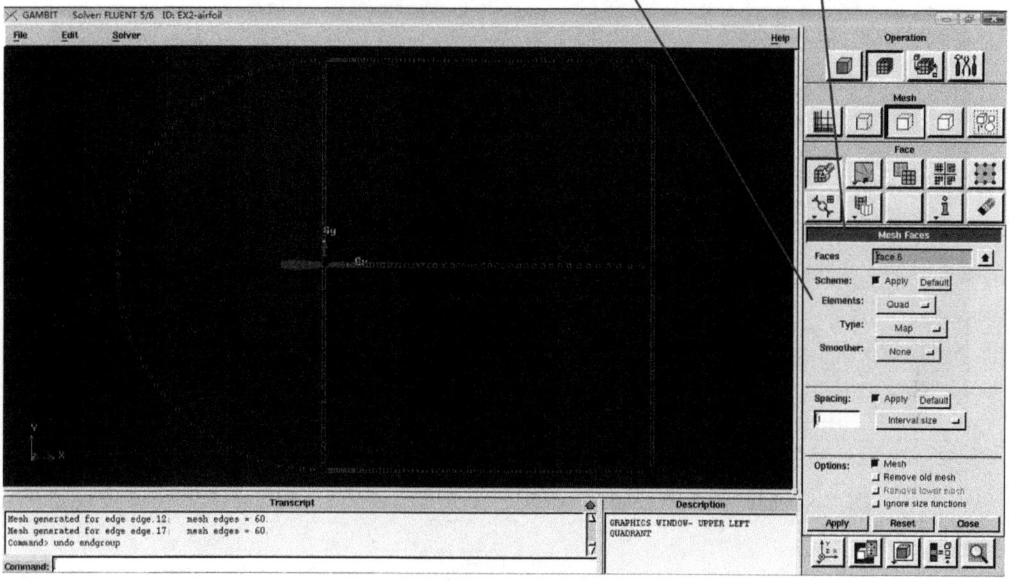

图 2-24　划分线面网格

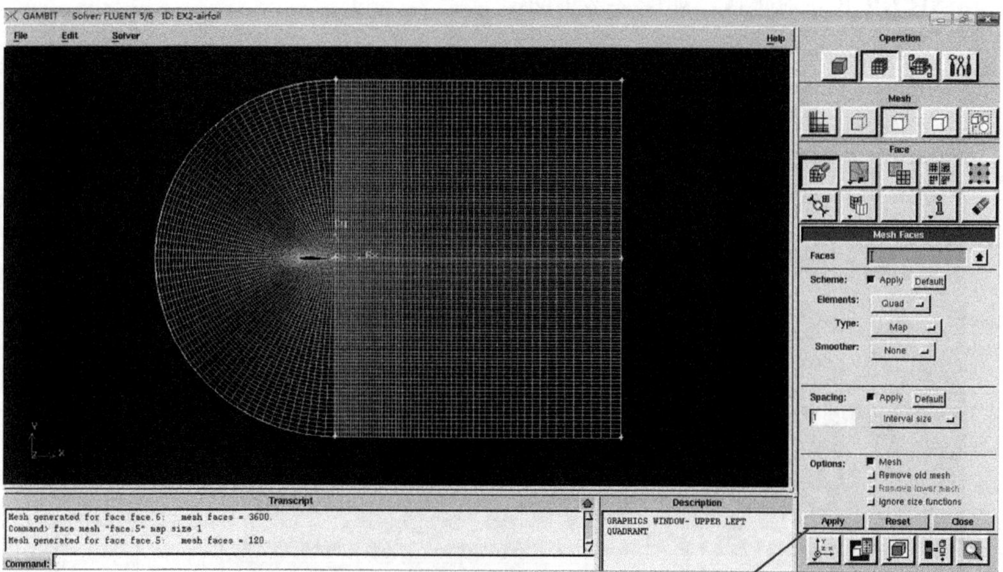

③ 单击 Apply 按钮，完成面网格划分

图 2-25　划分完成的线面网格

Step8 隐藏网格，如图 2-26 所示。

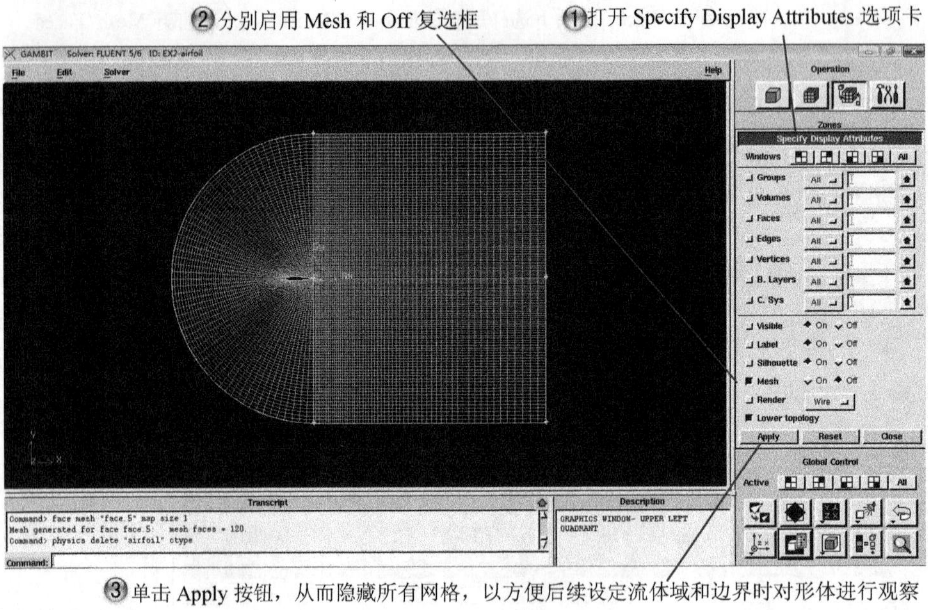

图 2-26　隐藏网格

Step9 设定流体域，如图 2-27 所示。

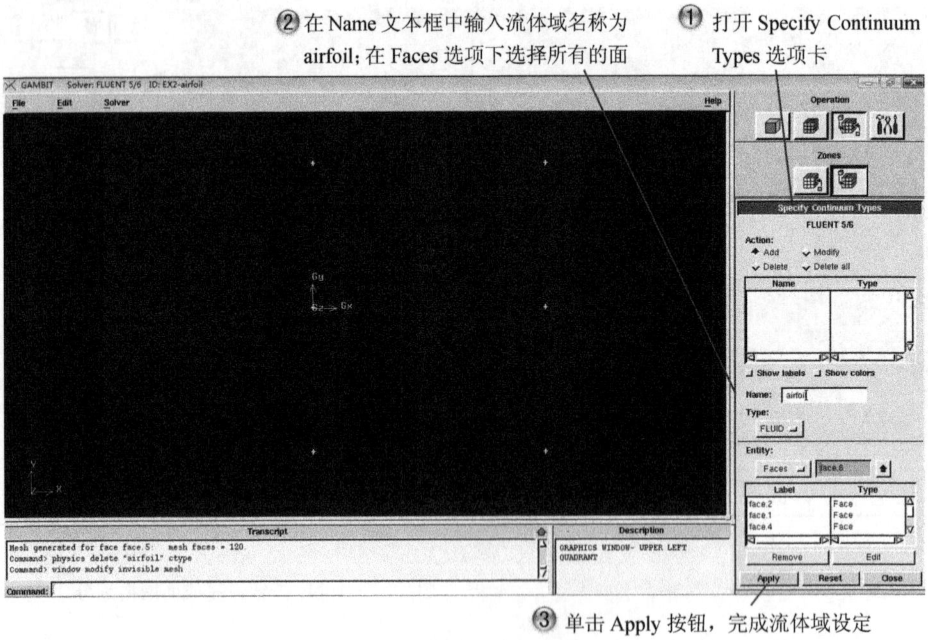

图 2-27　设定流体域

Step10 设定左侧入口边界，如图 2-28 所示。

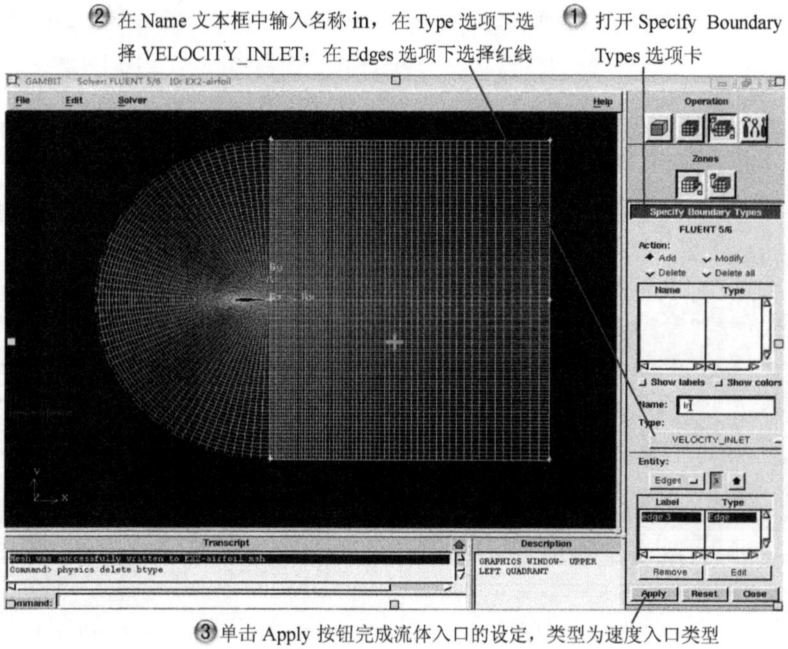

图 2-28　设定左侧入口边界

Step11 设定底部入口边界，如图 2-29 所示。

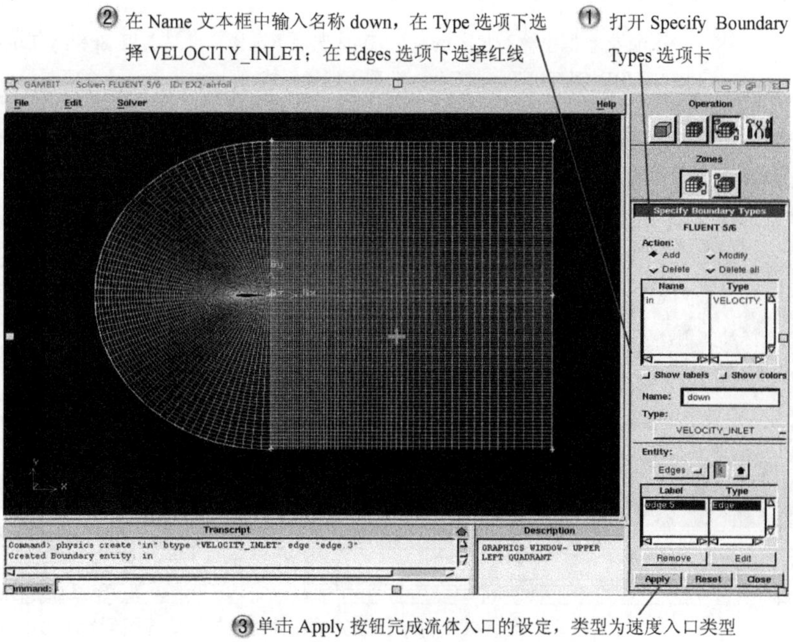

图 2-29　设定底部入口边界

Step12 设定顶部出口边界，如图 2-30 所示。

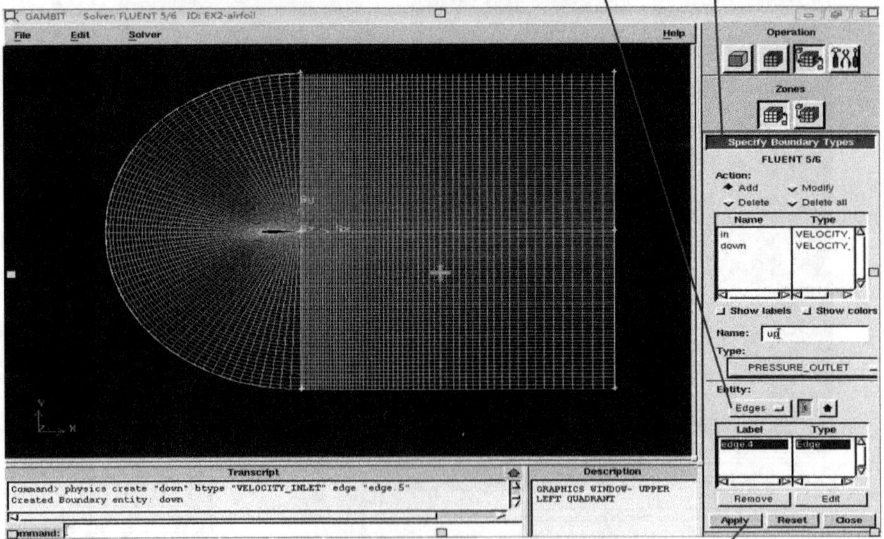

图 2-30　设定顶部出口边界

Step13 设定右侧出口边界，如图 2-31 所示。

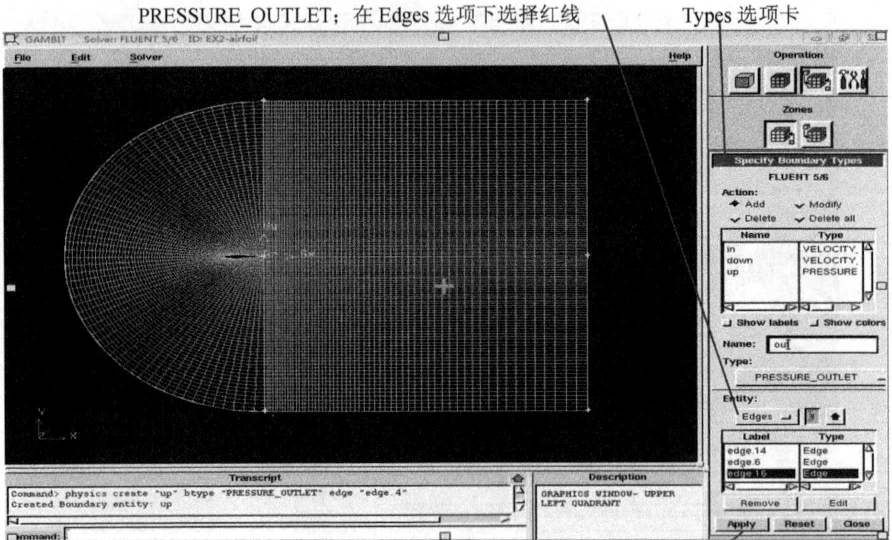

图 2-31　设定右侧出口边界

Step14 设定翼型边界，如图 2-32 所示。

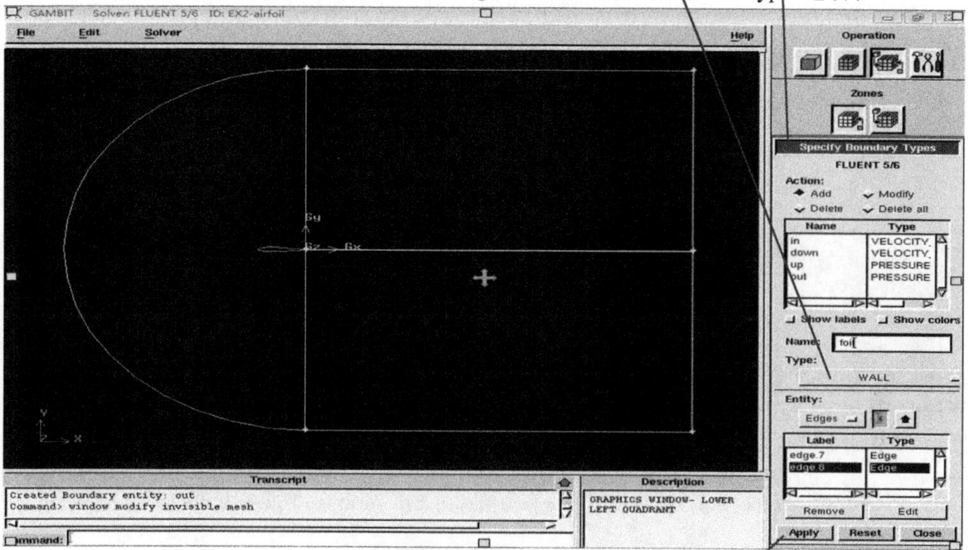

图 2-32　设定翼型边界

Step15 显示网格，如图 2-33 所示。

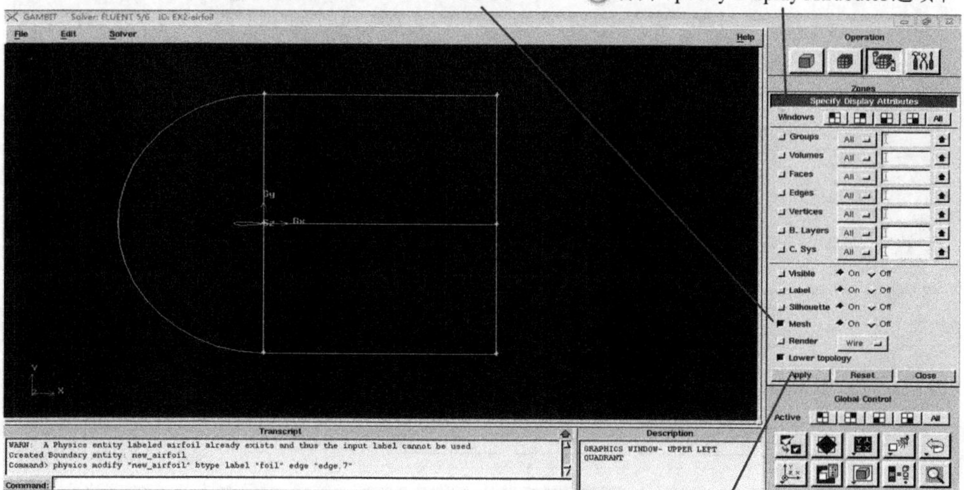

图 2-33　显示网格

Step16 保存网格，如图 2-34 所示。

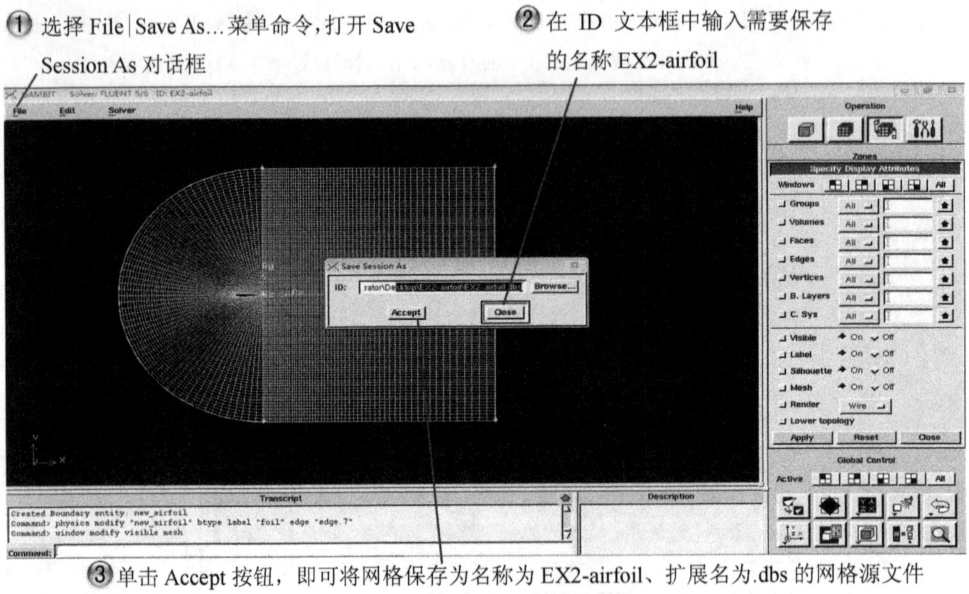

图 2-34　保存网格

Step 17 导出网格，如图 2-35 所示。

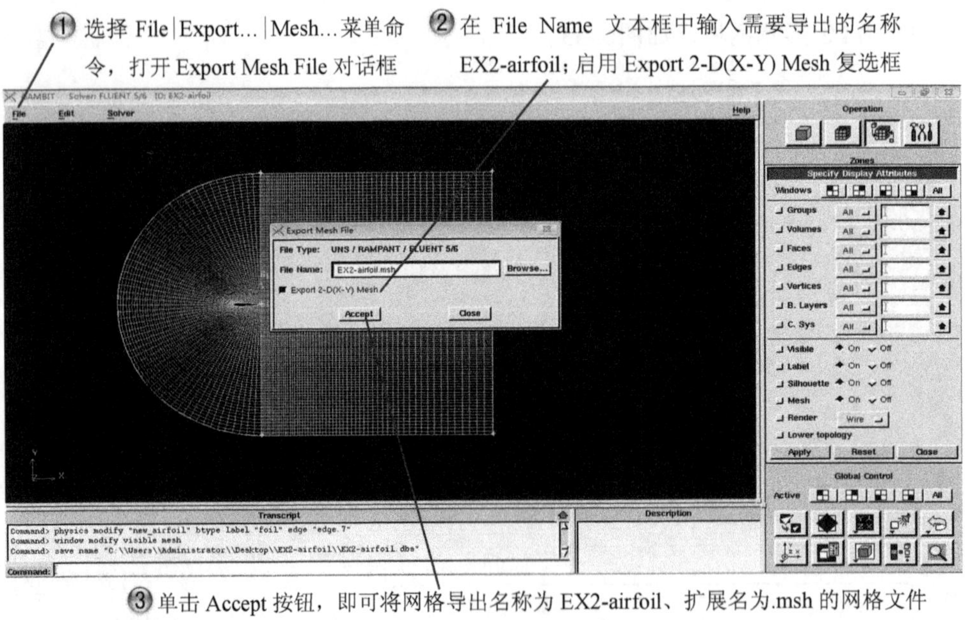

图 2-35　导出网格

2.2.3 仿真设置过程

Step1 打开 FLUENT18.0，读入网格文件，如图 2-36 所示。

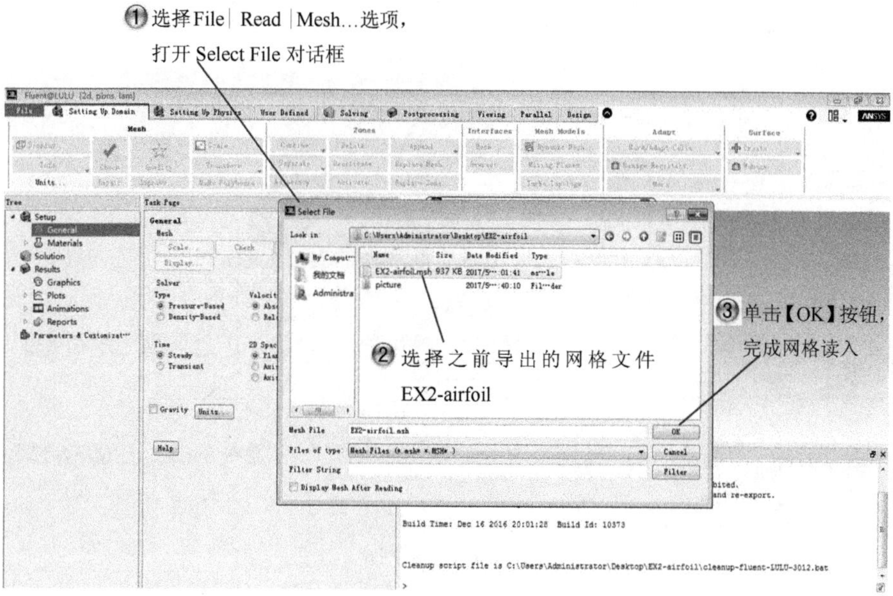

图 2-36　读入网格文件

Step2 检查网格，如图 2-37 所示。

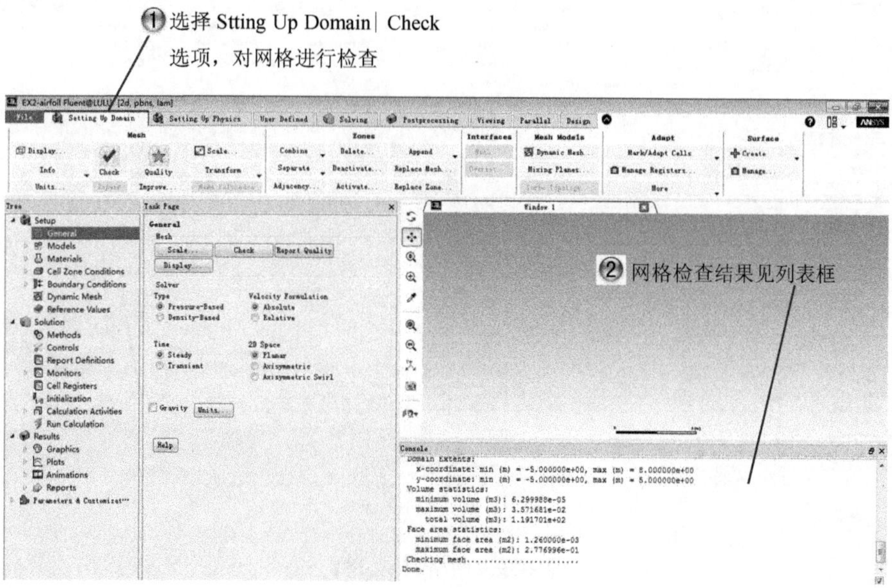

图 2-37　检查网格

Step3 显示网格，如图 2-38 所示。

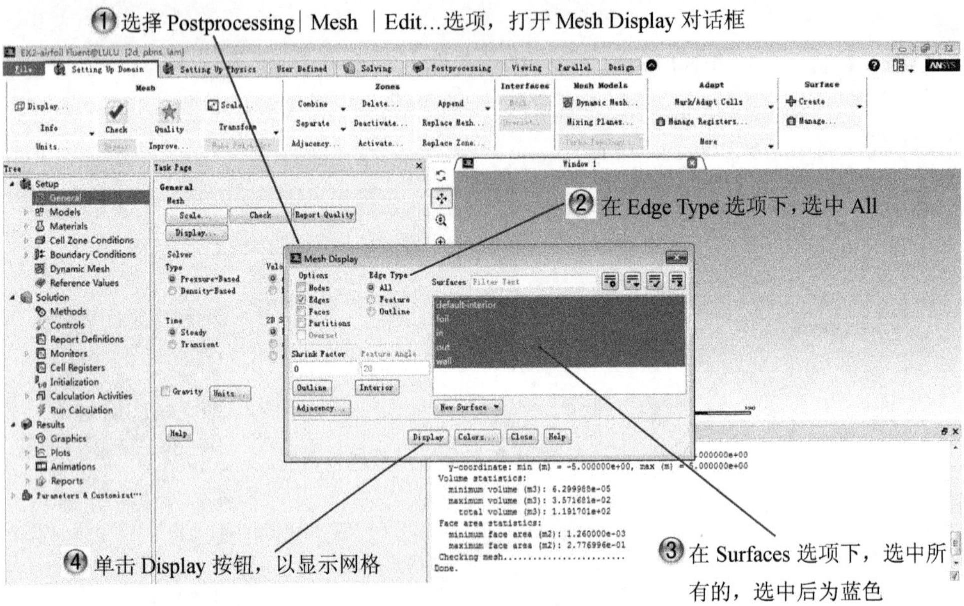

图 2-38　显示网格

Step4 网格质量检测，如图 2-39 所示。

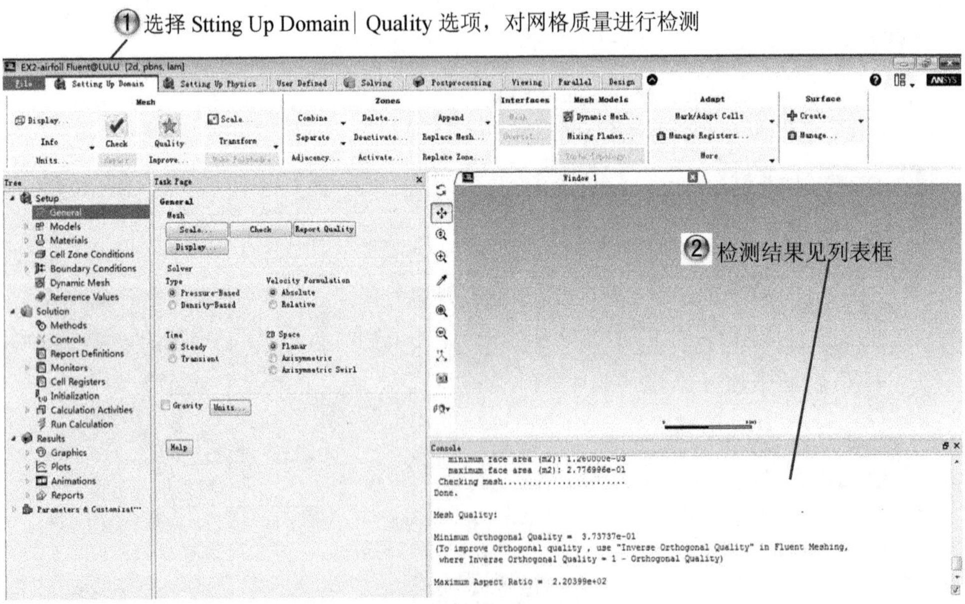

图 2-39　网格质量检测

Step5 调整尺寸单位，如图 2-40 所示。

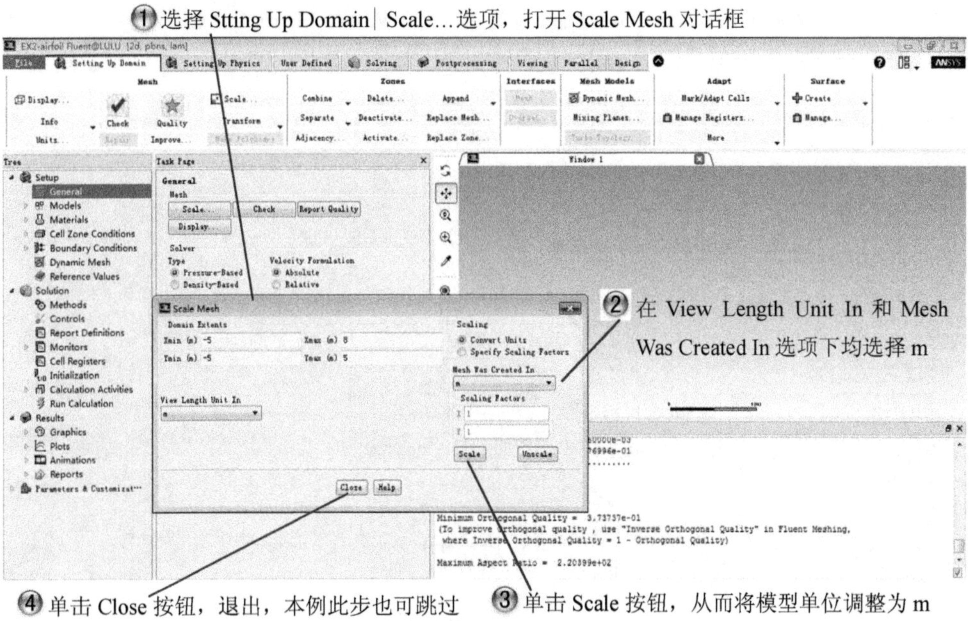

图 2-40 调整尺寸单位

Step6 求解器设置，如图 2-41 所示。

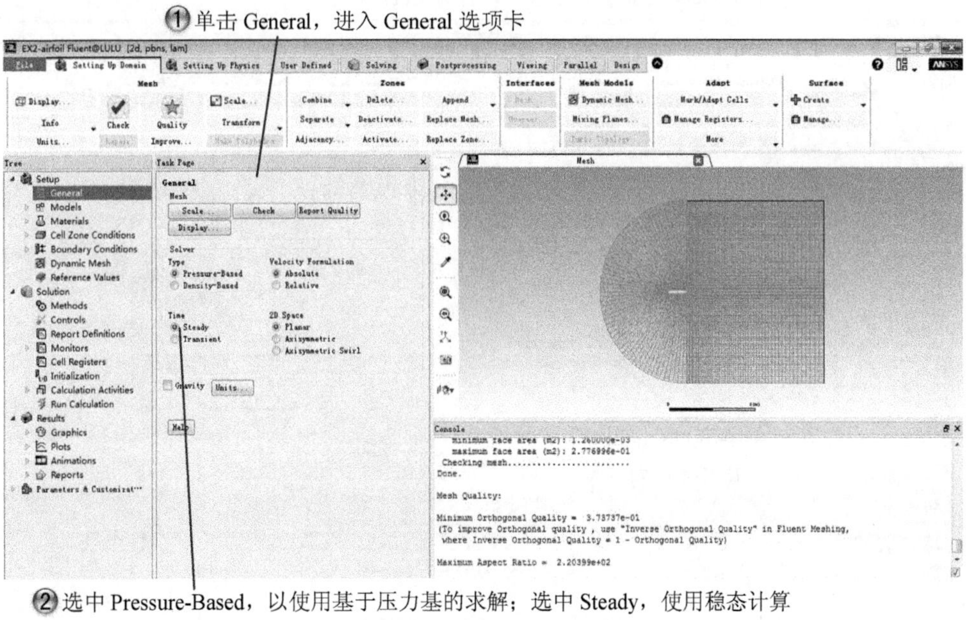

图 2-41 求解器设置

Step7 湍流模型设置，如图 2-42 所示。

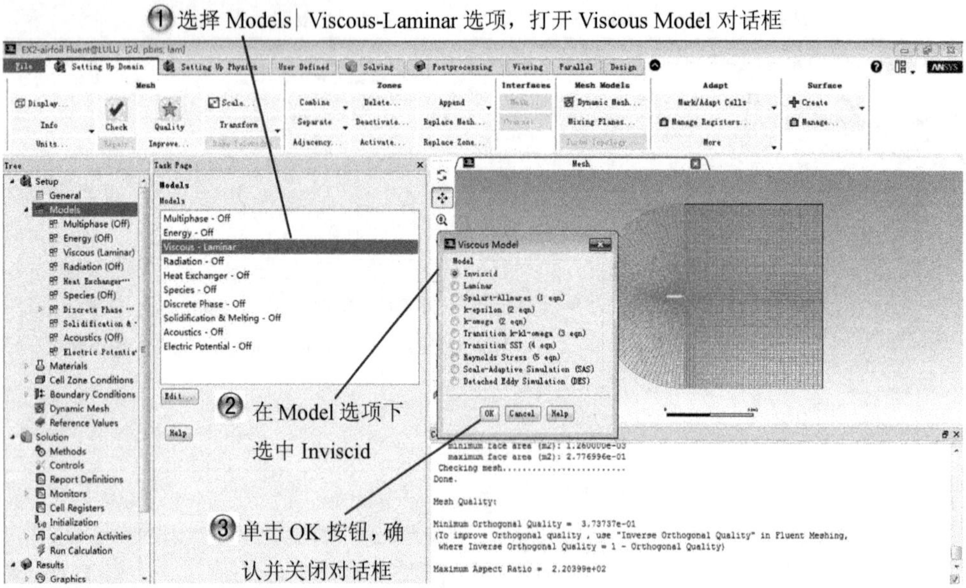

图 2-42　湍流模型设置

Step8 保持能量方程不启用，如图 2-43 所示。

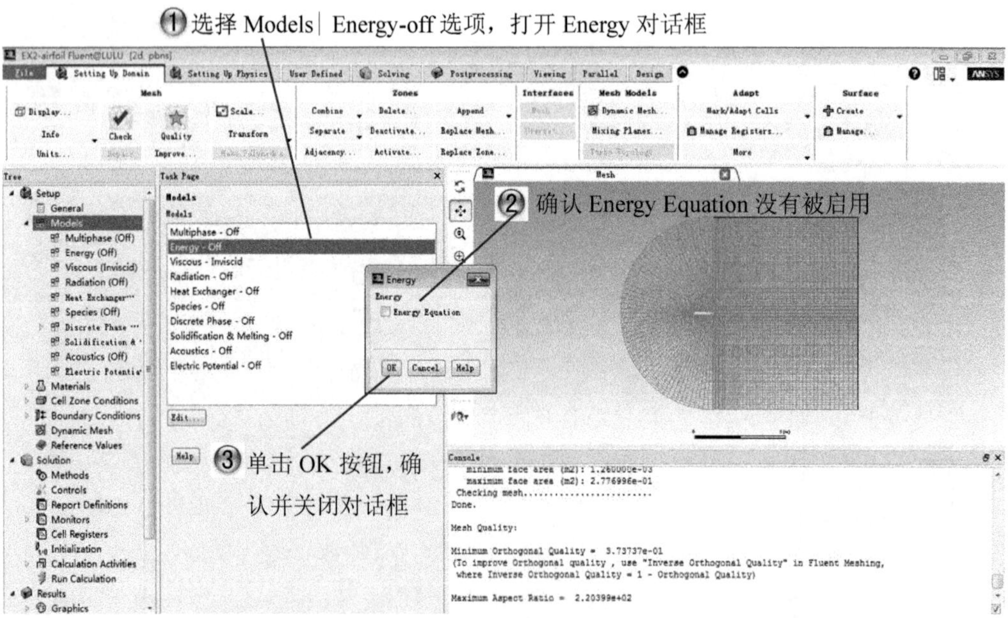

图 2-43　保持能量方程不启用

提示

一般来说，音速约为 340m/s，本例中的来流速度为 50m/s，马赫数为 0.147。当来流马赫数小于 0.3 时，可以认为是不可压缩流动，故不使用能量方程。（马赫数=来流速度/音速）

Step9 确认流体材料，如图 2-44 所示。

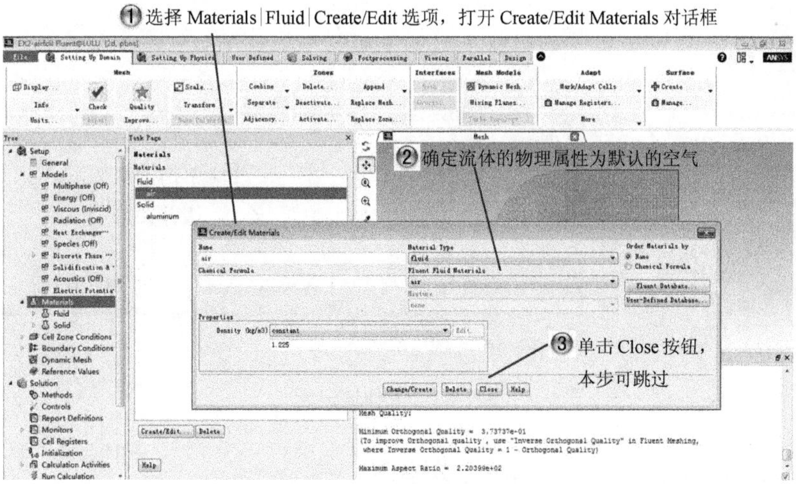

图 2-44　确认流体材料

Step10 确定工作压强，如图 2-45 所示。

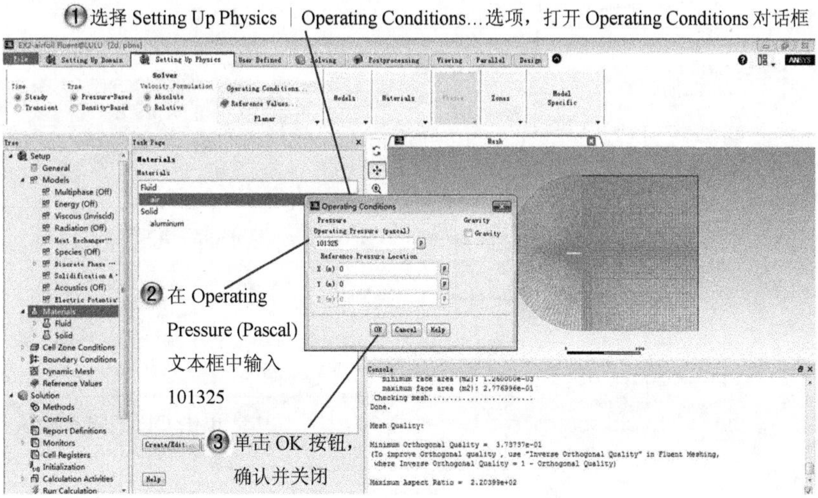

图 2-45　确定工作压强

Step11 流体域设置，如图 2-46 所示。

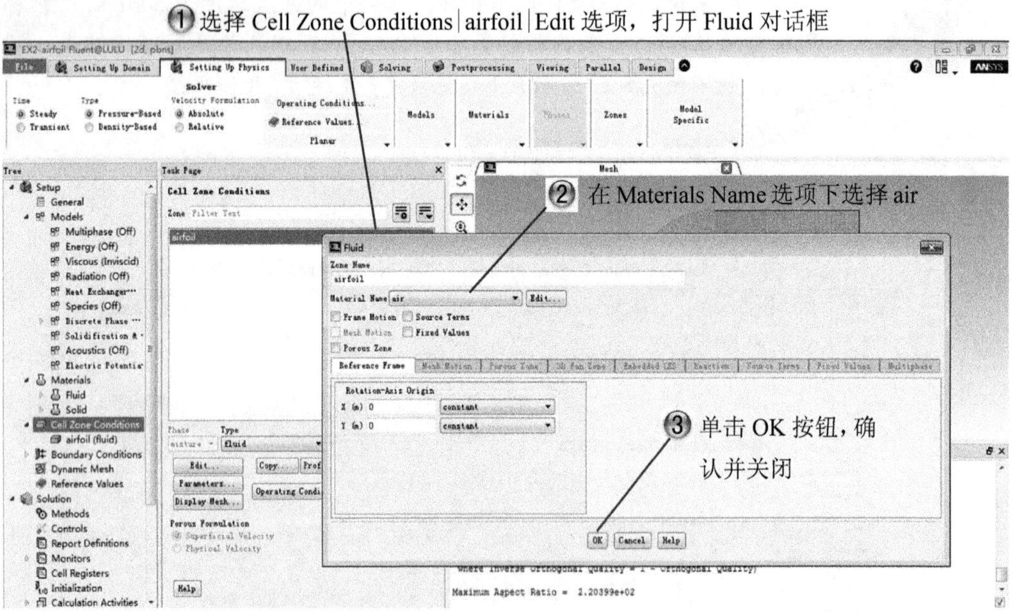

图 2-46　流体域设置

Step12 左侧入口设置，如图 2-47 所示。

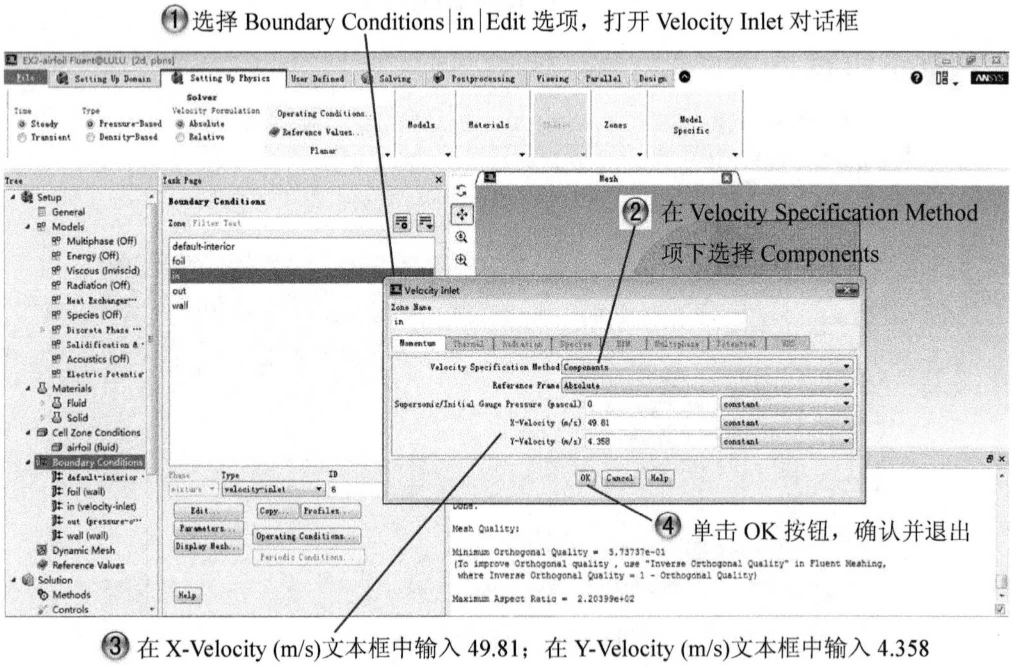

图 2-47　左侧入口设置

提示

将入口速度分解到 x 方向和 y 方向：

$$V_x = 50 \times \cos 5^\circ = 49.81\text{m/s}$$

$$V_y = 50 \times \sin 5^\circ = 4.358\text{m/s}$$

Step13 底侧入口设置，如图 2-48 所示。

① 选择 Boundary Conditions|down|Edit 选项，打开 Velocity Inlet 对话框

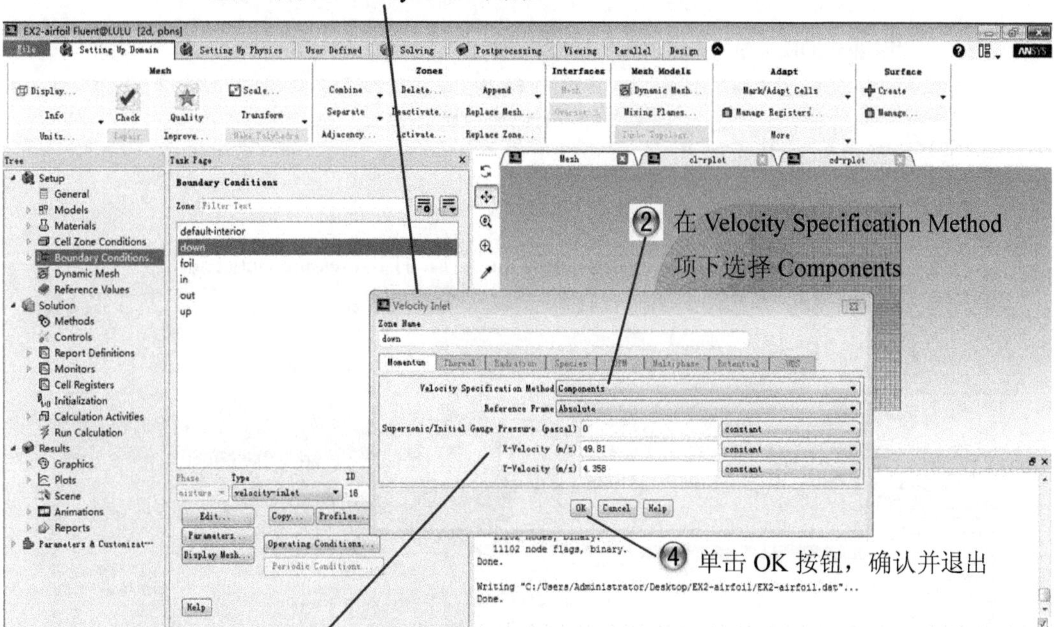

③ 在 X-Velocity (m/s)文本框中输入 49.81；在 Y-Velocity (m/s)文本框中输入 4.358

图 2-48　底侧入口设置

Step14 右侧出口设置，如图 2-49 所示。

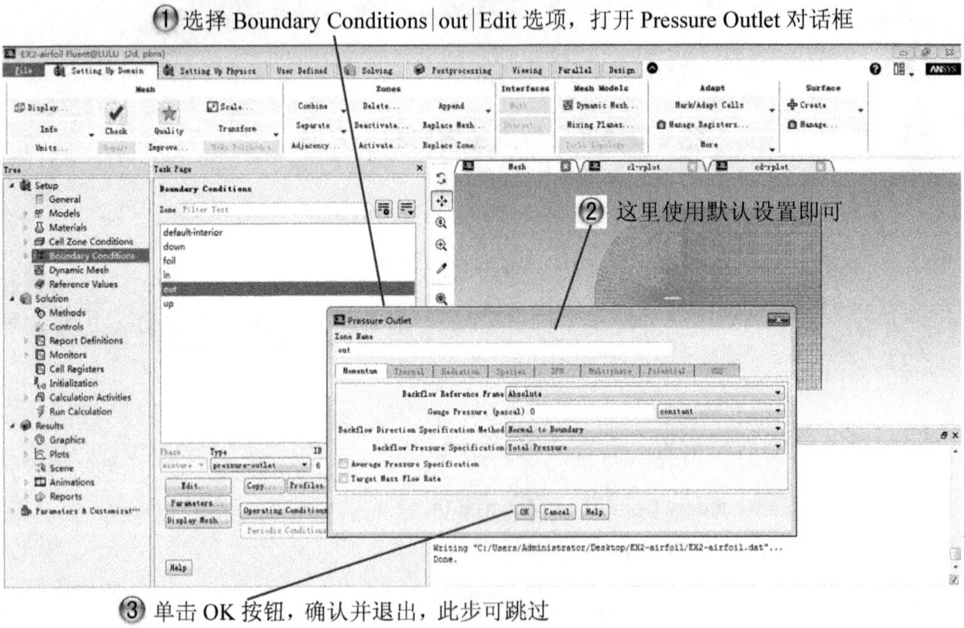

图 2-49　右侧出口设置

Step15 顶部出口设置，如图 2-50 所示。

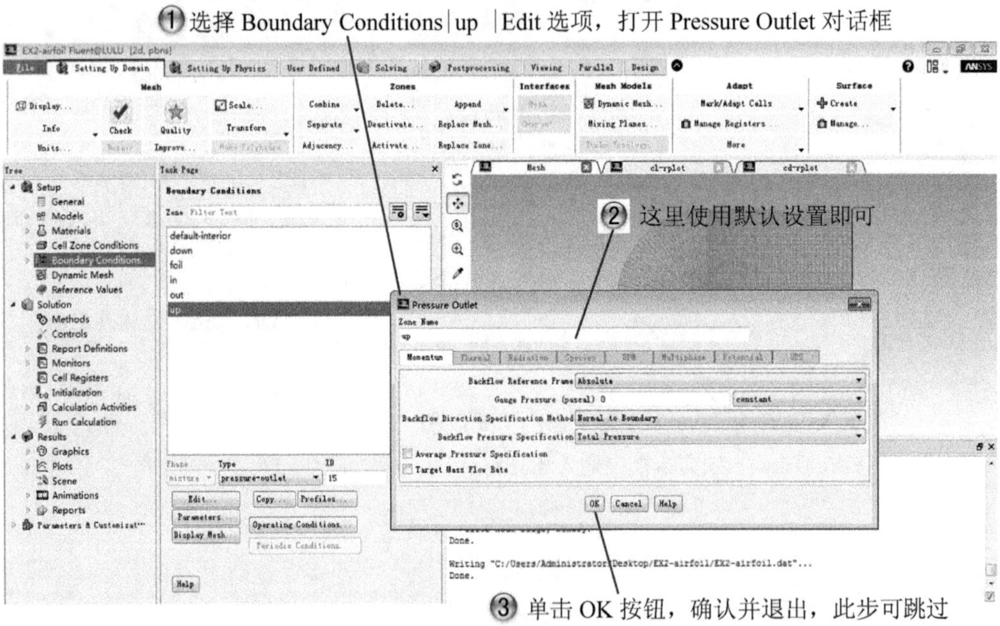

图 2-50　顶部出口设置

Step16 求解设置，如图 2-51 所示。

①双击 Method 选项，打开 Solution Methods 选项卡

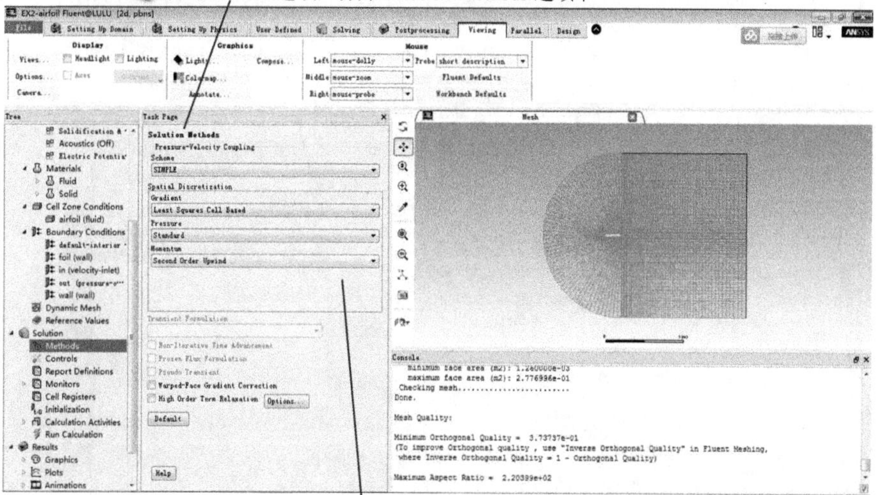

②在 Spatial Discretization 选项组的 pressure 选项中选择 standard，在 Momentum 选项中选择 Second Order Upwind

图 2-51　求解设置

Step17 阻力监测和输出设置，如图 2-52 所示。

①选择 Monitor|Report Files 选项，打开 Report File Definition 对话框。单击 New 按钮，弹出 New Report File 对话框

③在 Name 文本框中输入 cd，在 Force Vector 选项组的 X、Y、Z 文本框中分别输入 1、0、0，在 Report Output Type 选项下选中 Drag Force，在 Wall Zones 选项下选择 foil；在 Create 选项下启用 Report File 和 Report Plot

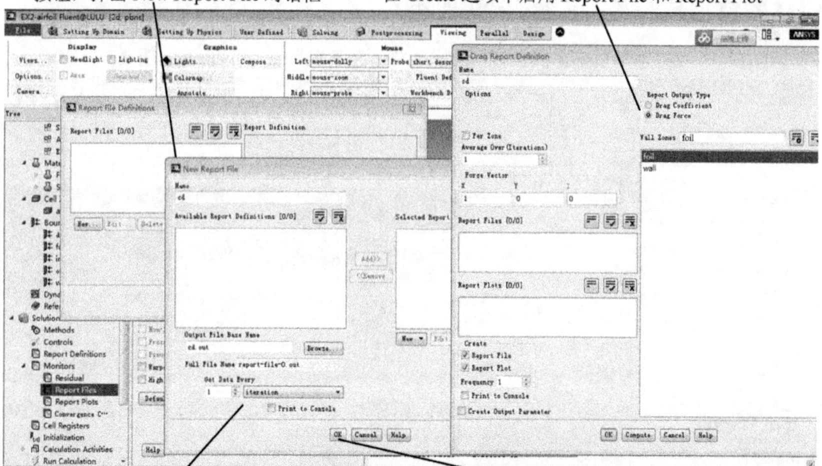

②在 Name 文本框中输入 cd，在 Output File Base Name 文本框中输入 cd.out 。单击 New|Force Report|Drag 按钮，弹出 Drag Report Definition 对话框

④依次单击 Drag Report Definition 和 New Report File 对话框中 OK 按钮。再单击 New Report File 对话框中的 OK 按钮

图 2-52　阻力监测和输出设置

Step18 升力监测和输出设置，如图 2-53 所示。

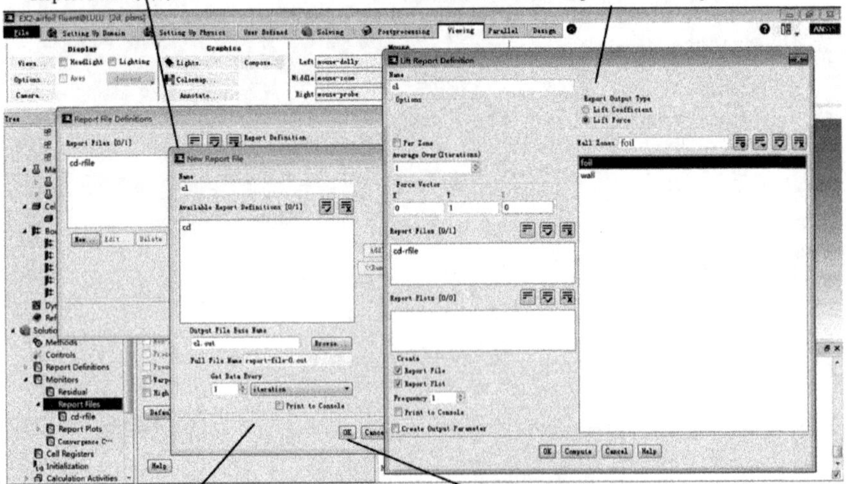

图 2-53 升力监测和输出设置

Step19 流场初始化，如图 2-54 所示。

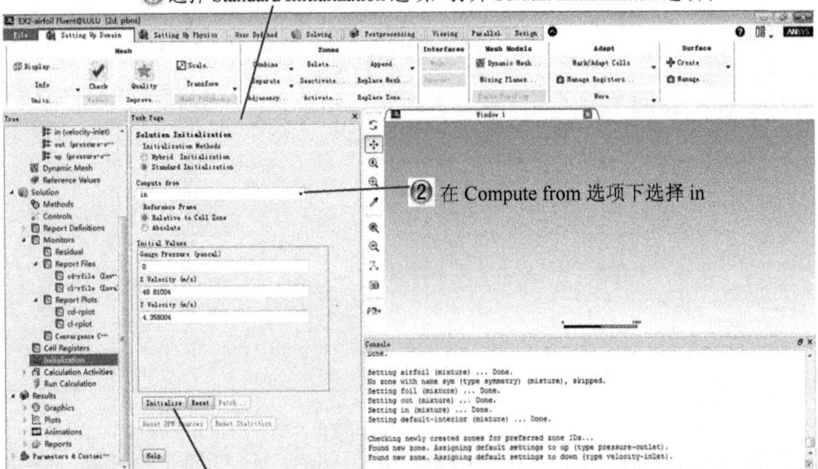

图 2-54 流场初始化

Step20 求解计算，如图 2-55 所示。

①选择 Run Calculation 选项，打开 Run Calculation 选项卡。在 Number of Interations 文本框中输入 1000

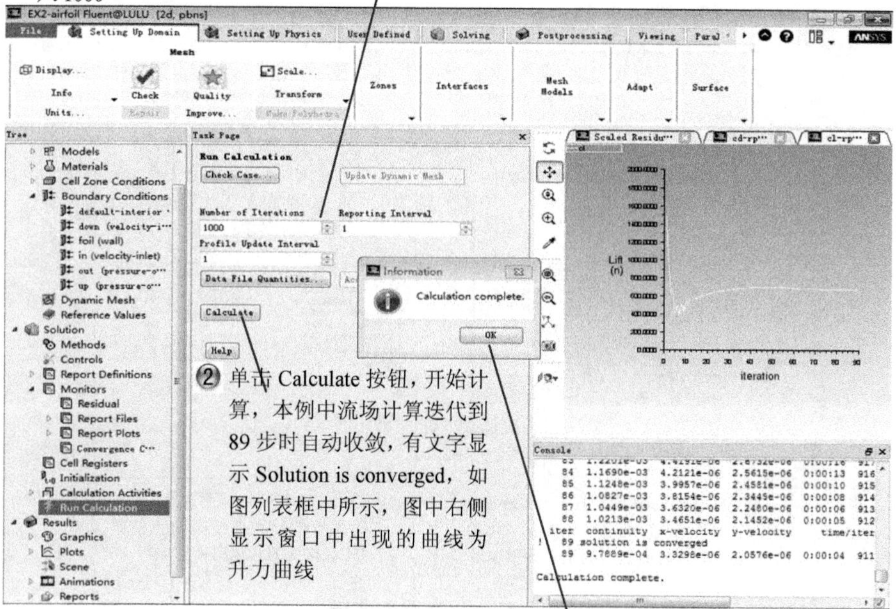

③单击 Information 提示窗中的 OK 按钮，确认并停止计算

图 2-55　求解计算

Step21 保存计算结果，如图 2-56 所示。

①选择 File|Write|Case & Data...选项，打开 Select File 对话框

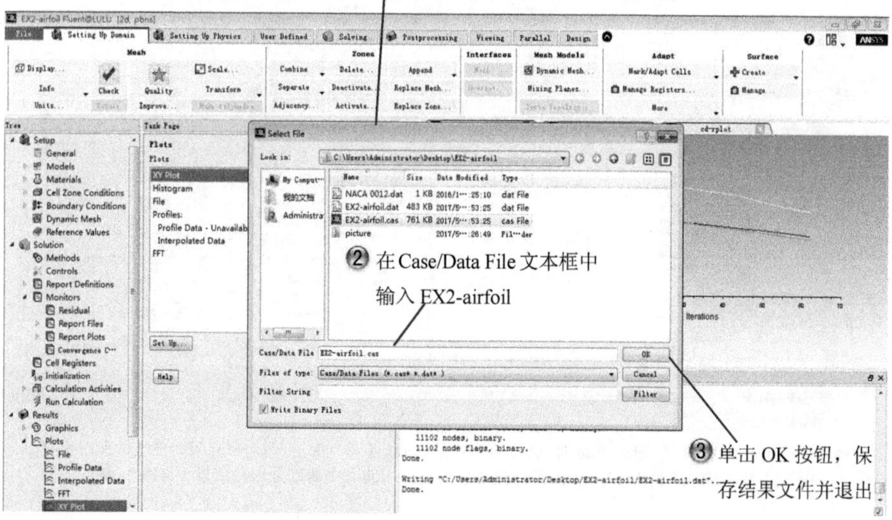

图 2-56　保存计算结果

Step22 保存残差曲线，如图 2-57 所示。

① 在显示窗中单击 Scaled Residual，使残差曲线显示窗显示到最前

② 选择 File|Save Picture...选项，打开 Save Picture 对话框。在 Fromat 选项下选择 JPEG，在 Coloring 选项下选择 Color，在 Options 选项下启用 White Backgruond

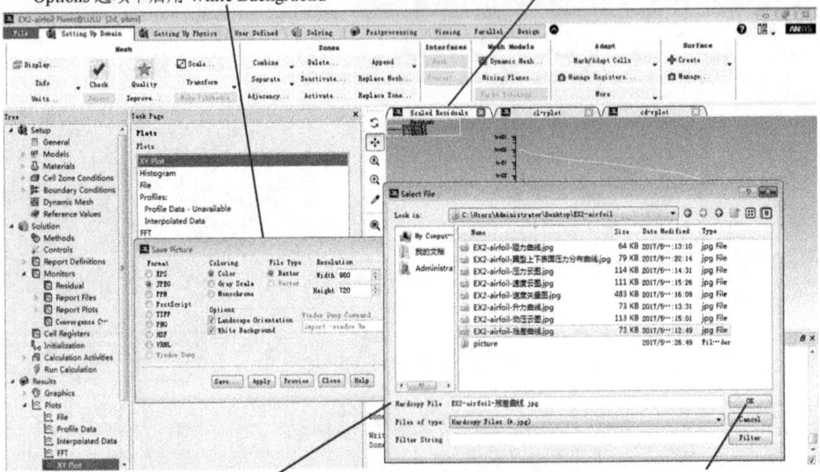

③ 单击 Save 按钮，打开 Select File 对话框，在 Hard Copy File 文本框中输入名称 EX2-airfoil-残差曲线

④ 单击 OK 按钮，保存残差曲线，此时保存的残差曲线是白色前景下 JPEG 格式的彩色图片

图 2-57　保存残差曲线

Step23 保存阻力曲线，如图 2-58 所示。

①在显示窗中点击 cd-rplot，使阻力曲线显示窗显示到最前

②选择 File|Save Picture...选项，打开 Save Picture 对话框。在 Fromat 选项下选择 JPEG，在 Coloring 选项下选择 Color，在 Options 选项下启用 White Backgruond

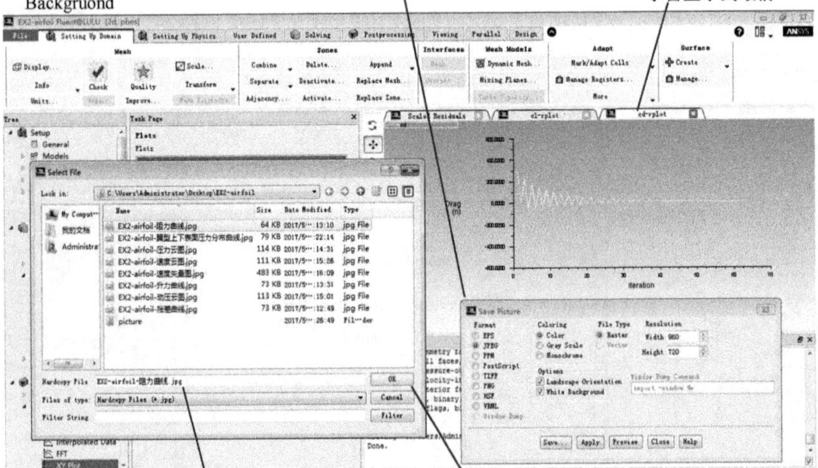

③单击 Save 按钮，打开 Select File 对话框，在 Hardcopy File 文本框中输入名称 EX2-airfoil-阻力曲线

④单击 OK 按钮，保存阻力曲线，此时保存的阻力曲线是白色前景下 JPEG 格式的彩色图片

图 2-58　保存阻力曲线

Step24 保存升力曲线，如图 2-59 所示。

①在显示窗中单击 cl-rplot，使升力曲线显示窗显示到最前

②选择 File|Save Picture...选项，打开 Save Picture 对话框。在 Fromat 选项下选择 JPEG，在 Coloring 选项下选择 Color，在 Options 选项下启用 White Backgruond

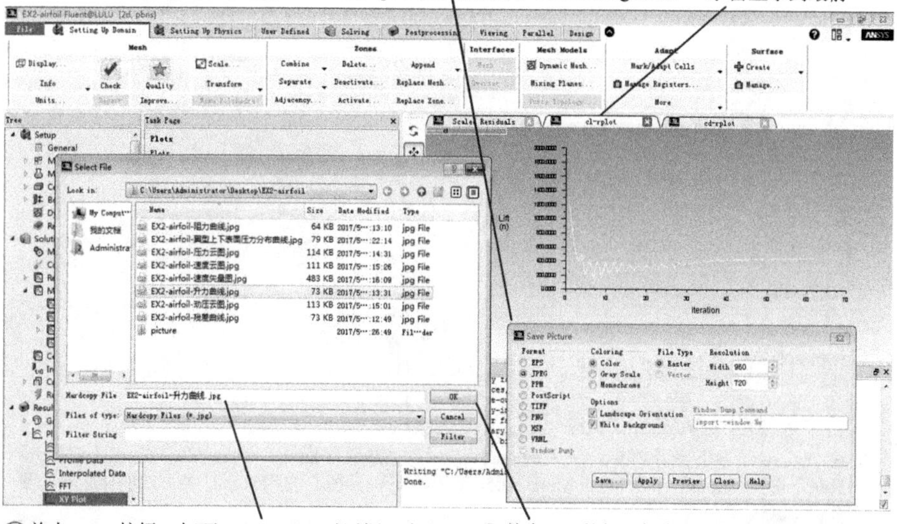

③单击 Save 按钮，打开 Select File 对话框，在 Hard copy File 文本框中输入名称 EX2-airfoil-升力曲线

④单击 OK 按钮，保存升力曲线，此时保存的升力曲线是白色前景下 JPEG 格式的彩色图片

图 2-59 保存升力曲线

Step25 静压分布云图，如图 2-60 所示。

① 选择 Graphics|Contours 选项，打开 Contours 对话框

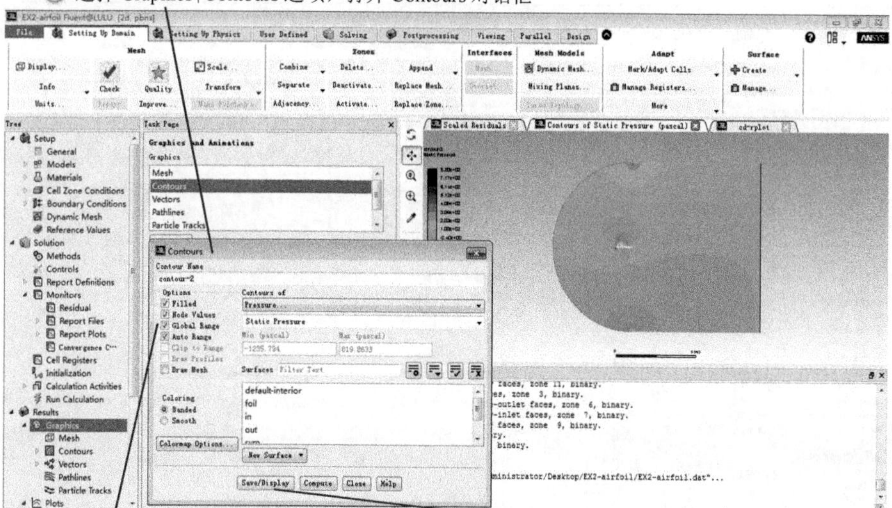

② 在 Options 选项组启用 Filled，在 Contours of 选项下选择 Pressure 和 Static Pressure，其余保持默认

③单击 Save/Display 按钮以显示静压分布云图，按照 Step22 的方法保存静压分布云图

图 2-60 静压分布云图

Step26 速度分布云图，如图 2-61 所示。

① 选择 Graphics | Contours 选项，打开 Contours 对话框

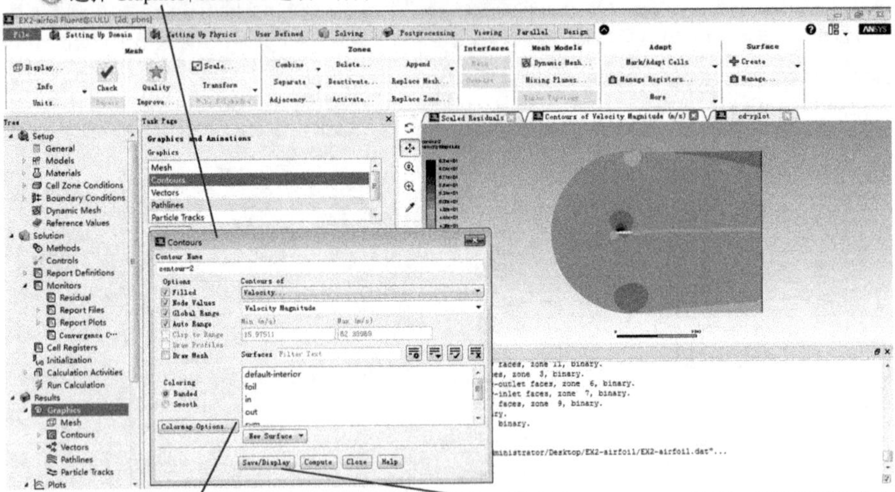

② 在 Options 选项下启用 Filled，在 Contours of 选项下选择 Velocity 和 Velocity Magnitude，其余保持默认

③ 单击 Save/Display 按钮，以显示速度分布云图，按照 Step22 的方法保存速度云图

图 2-61　速度分布云图

Step27 速度矢量图，如图 2-62 所示。

① 选择 Graphics | Vectors 选项，打开 Vectors 对话框

② 在 Vectors of 选项下选择 Velocity 和 Velocity Magnitude，其余保持默认

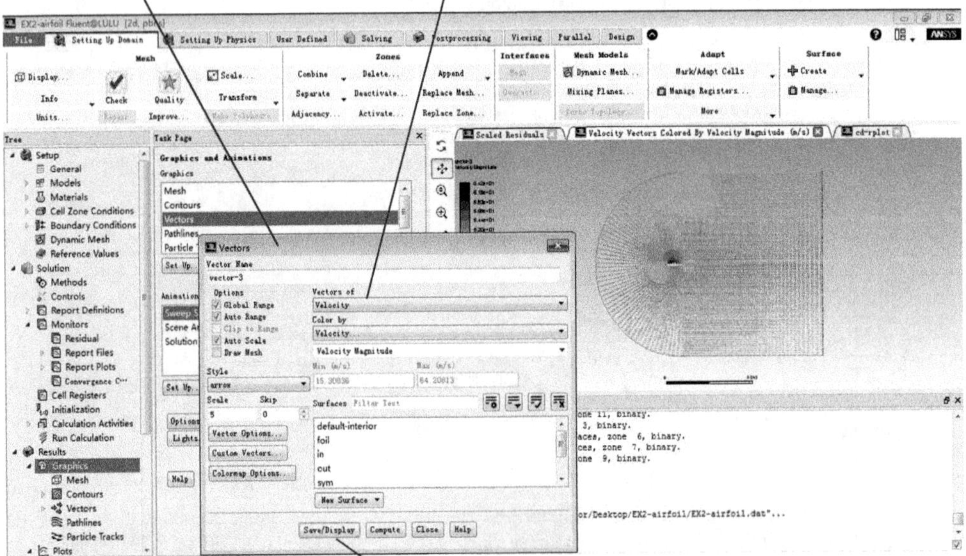

③ 单击 Save/Display 按钮，以显示速度矢量图，按照 Step22 的方法保存速度矢量图

图 2-62　速度矢量图

Step28 翼型表面压力分布曲线，如图 2-63 所示。

① 选择 Plots|XY Plot 选项，打开 Solution XY Plot 对话框

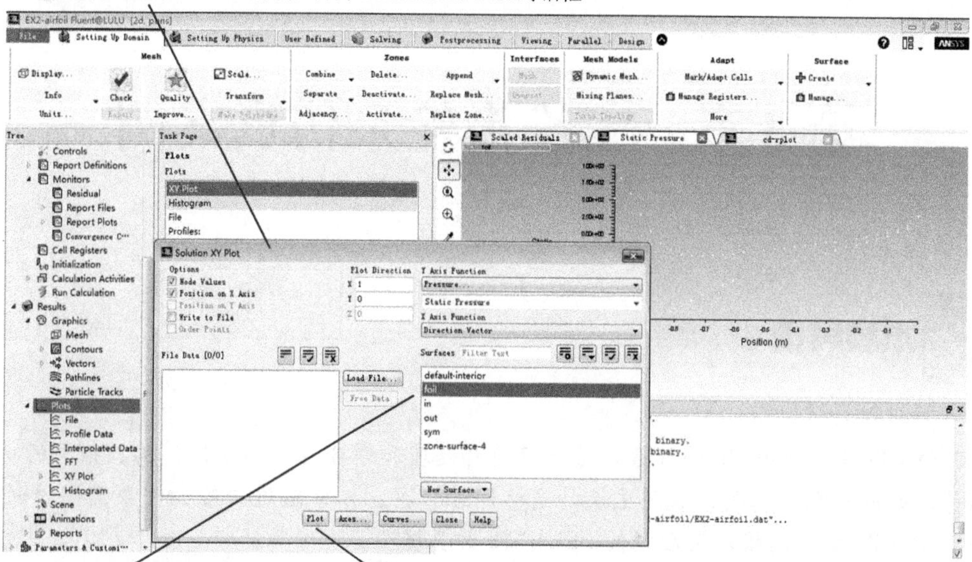

② 在 Surfaces 选项下选择 foil；在 Y Axis Function 选项下选择 Pressure；在 Plot Direction 选项组的 X 文本框中输入 1

③ 单击 Plot 按钮，以显示翼型表面压力分布曲线，按照 Step22 的方法保存翼型表面压力分布曲线

图 2-63 翼型表面压力分布曲线

2.3 案例小结

本章首先介绍了 CFD 计算流体和网格的基本概念，之后通过一个二维翼型绕流仿真案例，着重介绍了网格划分和仿真软件的使用方法，力图使读者从基础部分对软件和方法有一个进一步的了解。

第 3 章　二维齿轮泵仿真案例

本章导读

GAMBIT 是 FLUENT 进行仿真时专门的前处理和划分网格的软件，其以强大的功能、灵活易用的网格划分工具，成为主流的网格划分工具。本章通过二维齿轮泵案例的创建，讲解 GAMBIT 划分网格以及后续的 FLUENT 仿真过程。

学习要求	知识点 \ 学习目标	了解	理解	应用	实践
	GAMBIT 的基本知识		√		
	模型处理及网格划分方法		√	√	√
	齿轮泵仿真设置方法		√	√	√
	输出动画		√	√	√

3.1　案例分析

3.1.1　知识链接

网格划分是仿真的重要基础，首先来介绍一下网格单元的分类。单元是构成网格的基本要素。在二维（2D）空间中，可以使用的单元有三角形和四边形单元，在三维（3D）空间中，可以使用的是四面体、六面体、凌锥和楔形单元。

（1）网格类型

计算网格按网格节点之间的邻近关系可分为结构网格、非结构网格和混合网格。

结构网格的网格节点之间的邻近关系是有序且规则的，除了边界点外，内部网格节点都有相同的邻近网格数，其单元是二维的四边形和三维的六面体。采用结构网格的优点是可以方便准确地处理边界条件，计算精度高，并且可以采用许多高效隐式算法和多重网格法，计算效率也较高；其缺点是对复杂外形的网格生成较难，甚至难以实现，即使生成多块结构网格，块与块之间的界面也十分复杂，因而在使用上受到限制。

（2）多连域的O形和C形网格

网格区域分为单连域和多连域两种。所谓单连域是指求解区域边界线内不包含非求解区域；而多连域则是求解区域边界线内包含非求解区域。所有的绕流问题都是多连域问题，典型的有圆柱绕流、机翼绕流、透平机械中叶片的绕流等。对于多连域网格，有O形和C形两种。O形网格像一个变形的圆，一圈一圈地围绕着实体；C形网格像一个变形的C字，围绕在实体外面。

（3）CAMBIT网格划分特点介绍

FLUENT有专门的前处理划分网格的软件，其中CAMBIT前处理软件以其强大的功能、灵活易用的网格划分工具和快速的更新性质，在目前所有的CFD前处理软件中，稳居上游。

CAMBIT的主要功能包括构造几何模型、划分网格和指定边界三个方面。其中，划分网格是其最主要的功能，它最终生成包含边界信息的网格文件。CAMBIT主要有以下一些特点：

① 完全非结构化的网格能力

CAMBIT之所以被认为是商用CFD软件最优秀的前置处理器，完全得益于其突出的非结构化的网格生成能力。CAMBIT能够针对极其复杂的几何外形生成三维四面体、六面体的非结构化网格及混合网格，且有数十种网格生成方法，生成网格过程又具有很强的自动化能力，因而大大减少了用户的工作量。

② 强大的几何建模能力和丰富的CAD接口

CAMBIT包含全面的几何建模能力，即可以在CAMBIT内直接创建点、线、面、体的几何模型，只要模型不太复杂，一般可以直接在CAMBIT中完成几何建模。但对于复杂的几何模型，尤其是复杂的三维模型，CAMBIT 可以从 Preo/E、UG、I-DEAS、CATIA、SolidWorks、ANSYS、PATRAN等主流的CAD/CAE系统中导入几何和网格。CAMBIT与CAD软件之间的直接接口和强大的布尔运算能力为创建复杂的几何模型提供了极大的方便。

③ 混合网格与附面层内的网格功能

CAMBIT提供了对复杂几何模型生成边界层内网格的重要功能（边界层是流动变化最为剧烈的区域，因而边界层网格对计算的精度有很大影响），而且边界层内的贴体网格能很好地与主流区域的网格自动衔接，大大提高了网格的质量。另外，CAMBIT能自动地将四面体、六面体、三棱柱体和金字塔形网格混合起来，这对复杂几何外形来说尤为重要。

④ 网格检查

CAMBIT拥有多种简捷的网格检查技术，使用户能快捷地检查已生成的网格质量。该模块可以对网格单元的体积、扭曲率、长细比等影响收敛和稳定的参数进行报告。用户可以直观而方便地定位质量较差的网格单元从而进一步优化网格。

（4）CAMBIT的基本操作步骤

对于一个给定的CFD问题，用CAMBIT生成网格文件，需要三个步骤，即构造几何模型、划分网格、指定边界类型和区域类型。

① 构造几何模型

此环节既可利用 CAMBIT 提供的功能直接完成，也可以在其他 CAD 软件中生成几何模型后，导入至 CAMBIT 中。在 CAMBIT 中创建几何模型，一般分成二维和三维两类。对于二维模型的创建一般要遵循从点到线，再从线到面的原则；三维建模与二维建模的思路有较大的区别，三维建模更像搭积木，由不同的三维造型基本要素拼凑而成，因此在建模过程中更多地用到了布尔运算。

② 划分网格

此环节需要输入一系列参数，如单元类型、网格类型及有关选项等，这是生成网格过程中最关键的环节。对于简单的 CFD 问题，这个过程只是单击几次鼠标，而对于复杂的问题，特别是三维问题，就需要精心策划、细心实施。

③ 指定边界类型和区域类型

CFD 求解器定义了多种不同的边界，如壁面边界、入口边界、出口边界、对称边界等，因此在 CAMBIT 中需要先指定所使用的求解器名称，然后指定网格模型中的各边界类型。如果模型中包含多个区域，如同时有流体区域和固体区域，或者是静止区域和动坐标系区域，则必须指定区域的类型和边界。

3.1.2 设计思路

如图 3-1 所示的齿轮油泵，左侧齿轮逆时针旋转，右侧齿轮顺时针旋转，转速均为 750r/min。

本例的模型由于涉及标准化零件齿轮，其建模使用 GAMBIT 有所不便，因此使用的是专业的二维成图软件 CAD 绘制的齿轮模型，将该模型输出为 SAT 格式，然后导入到 GAMBIT 中划分网格，最后使用 FLUENT 进行网格划分。

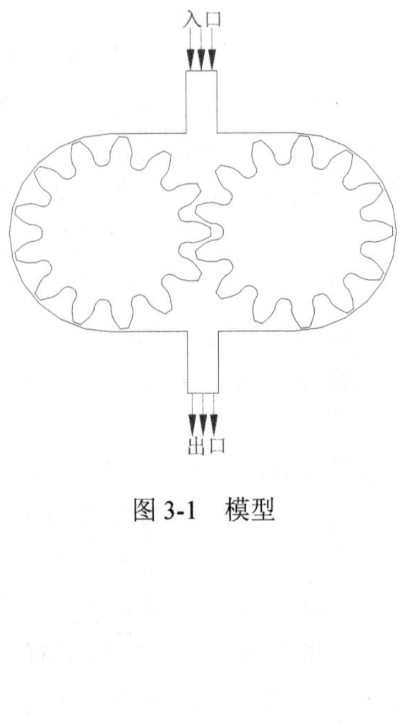

图 3-1 模型

3.2 案例操作

将 CAD 软件输出的齿轮泵二维模型导入 GAMBIT，然后进行切分操作，抽出流体域模型（面），使用非结构的三角形网格划分整体网格，设定好边界名称，然后输出网格。然后。为了得到在齿轮转动过程中可以输出动画文件来直观地观察油泵的动态效果，这里输出动画文件使用的是 CFD-POST18.0。

本案例文件：ywj/03/EX3-gear 相关文件和动画文件

多媒体教学路径：多媒体教学→第 3 章

3.2.1 模型处理及网格划分

Step1 打开 GAMBIT，导入模型，如图 3-2 所示。

① 选择 File|Import|ACIS…菜单命令，打开 Import ACIS File 对话框

② 单击 Browse 按钮，打开 Select File 对话框，选择 EX3-gear

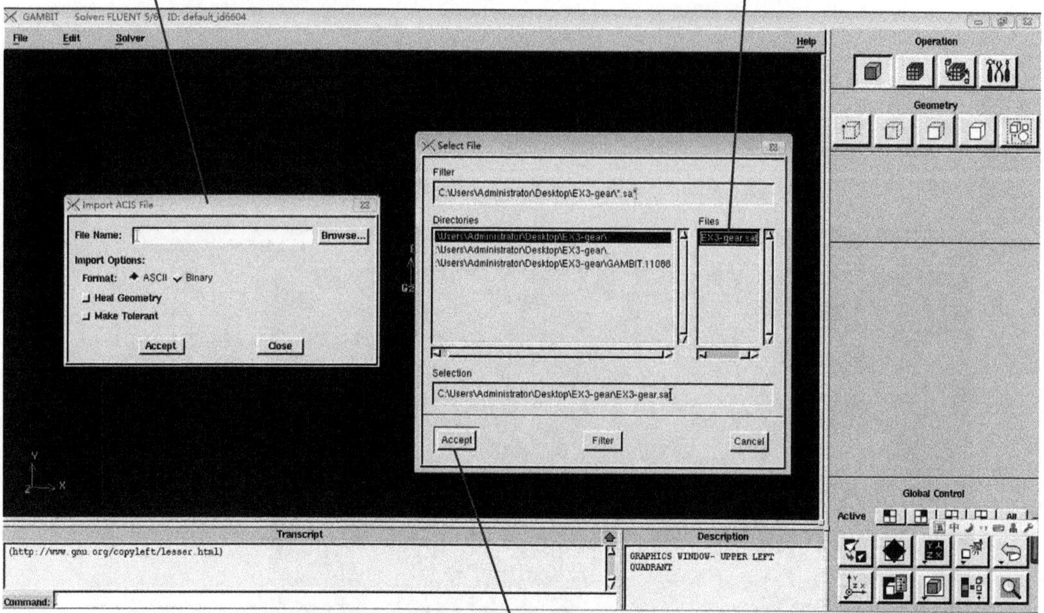

③ 单击 Accept 按钮，确认并关闭

图 3-2　导入文件

Step2 模型处理，得到流体域，如图 3-3 所示。

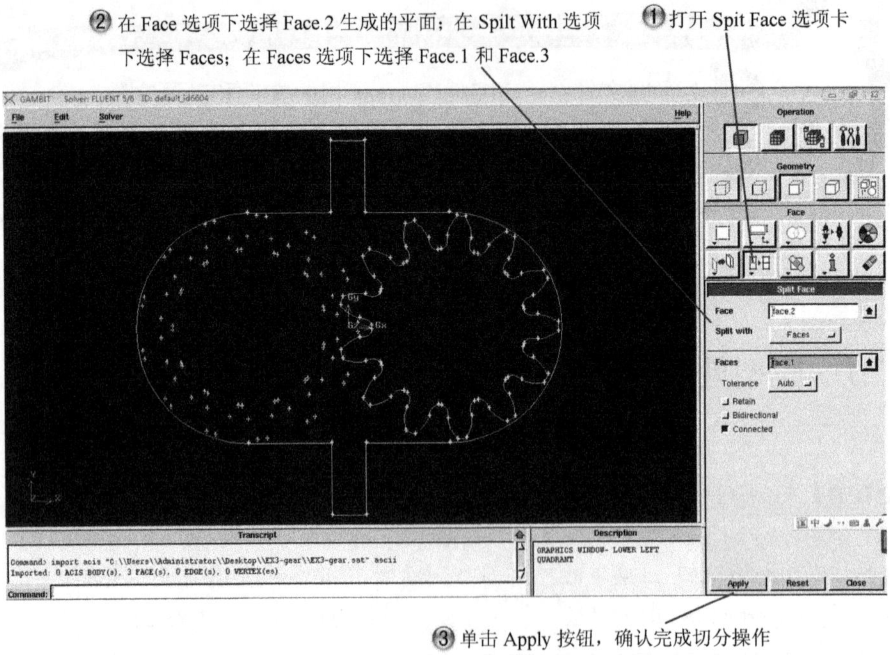

图 3-3　模型处理，得到流体域

Step3 删除齿轮模型，如图 3-4 所示。

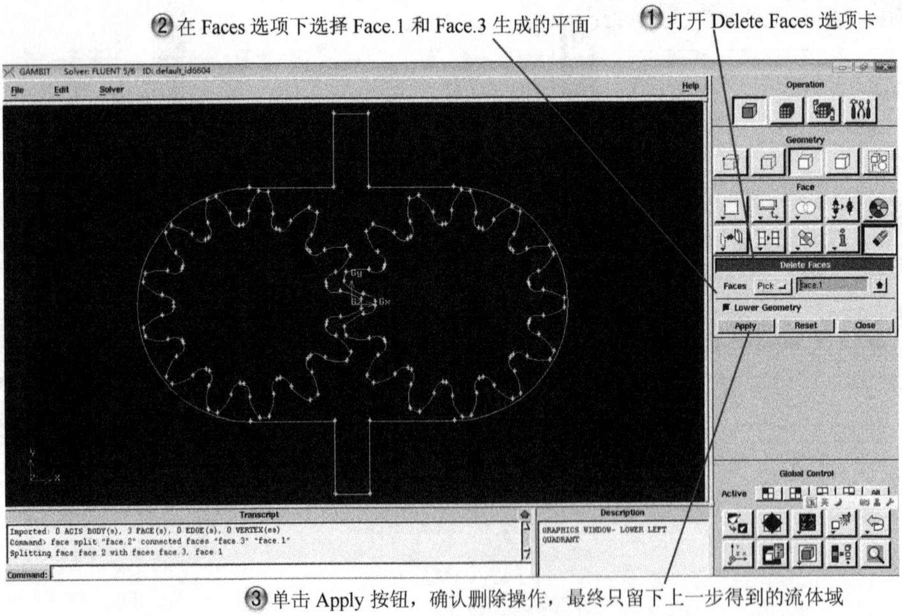

图 3-4　删除齿轮模型

Step4 划分线网格，如图 3-5 所示。

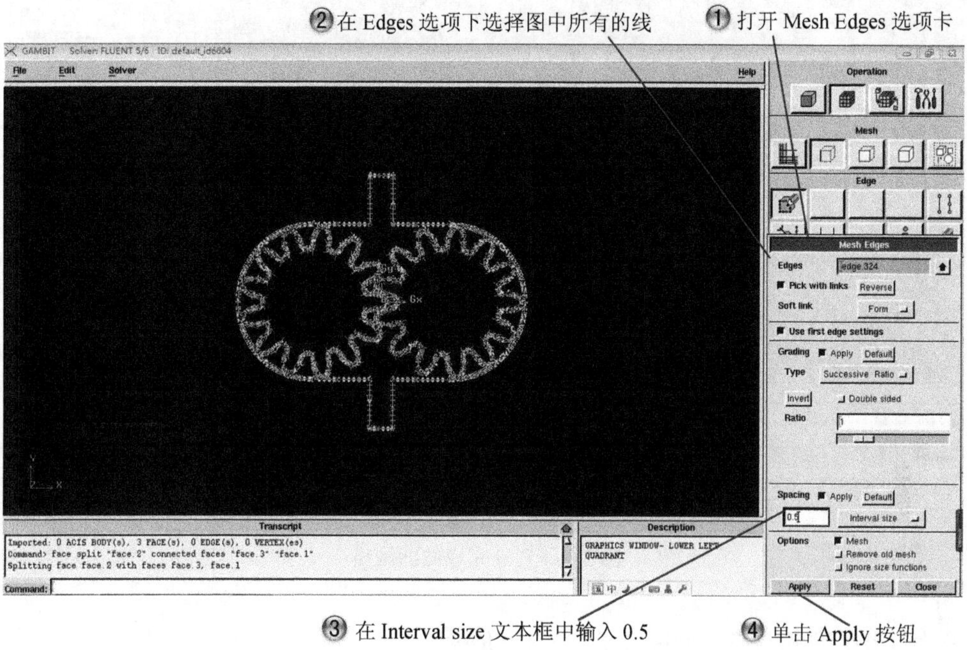

图 3-5　划分线网格

Step5 划分面网格，如图 3-6、图 3-7 所示。

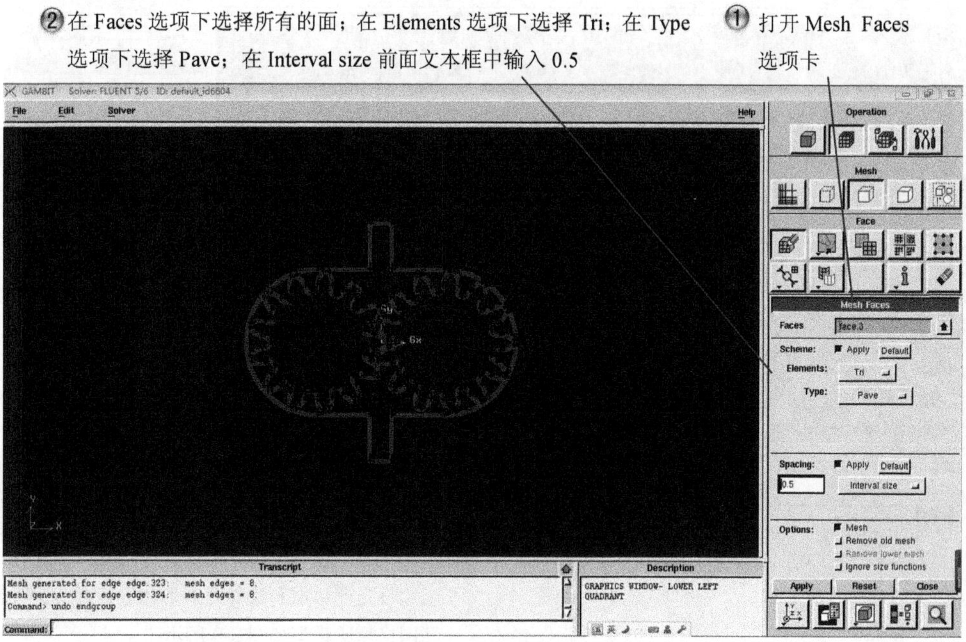

图 3-6　面网格划分

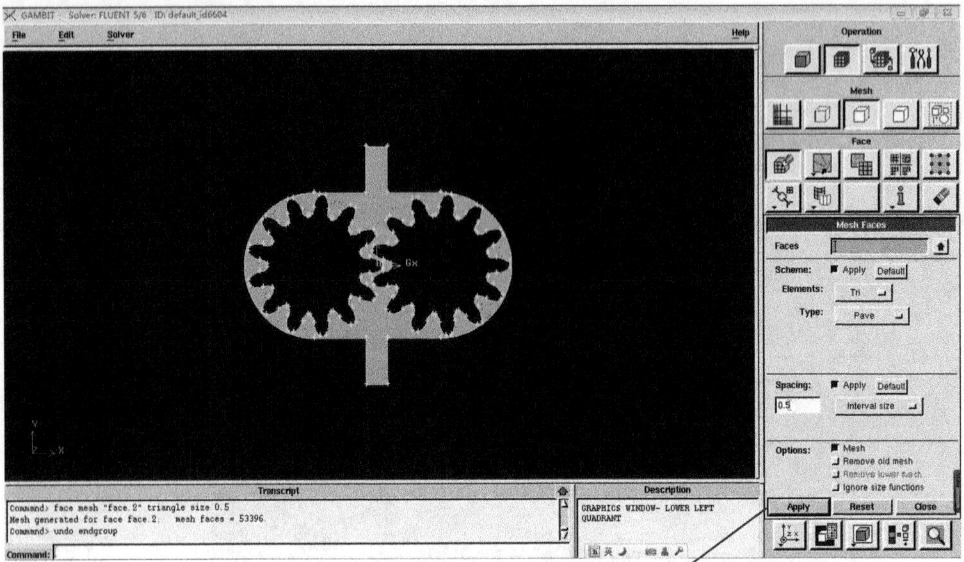

③ 单击 Apply 按钮，完成面网格划分

图 3-7　划分完成的面网格

Step6 隐藏网格，如图 3-8、图 3-9 所示。

② 分别启用 Mesh 和 Off 复选框

① 打开 Specify Display Attributes 选项卡

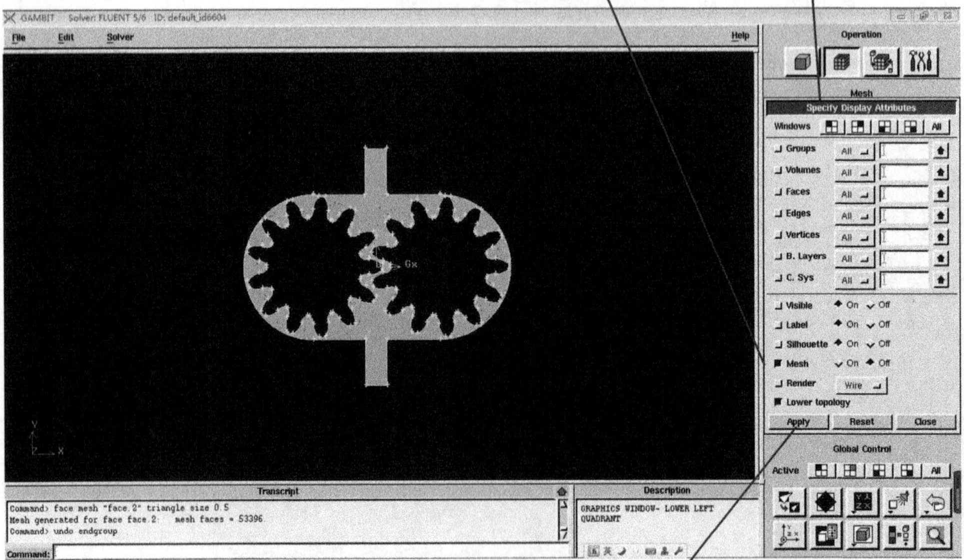

③ 单击 Apply 按钮，从而隐藏所有网格，以方便后续设定流体域和边界时对形体进行观察。隐藏网格后的模型如图 3-9 所示

图 3-8　隐藏网格

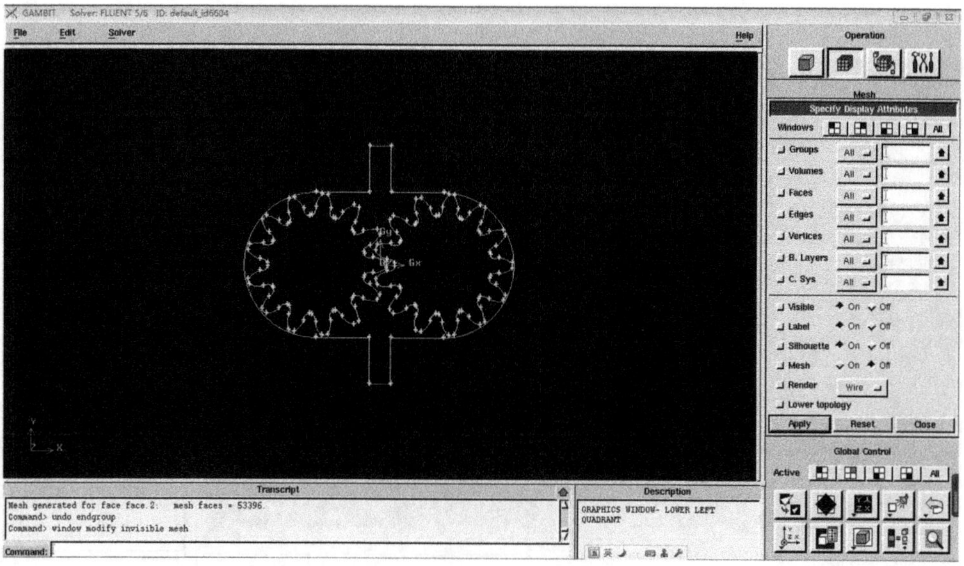

图 3-9　隐藏网格后的模型

Step7 设定流体域，如图 3-10、图 3-11 所示。

② 在 Name 文本框中输入流体域名称为 gear；在 Faces 选项下选择所有的面

① 打开 Specify Continuum Types 选项卡

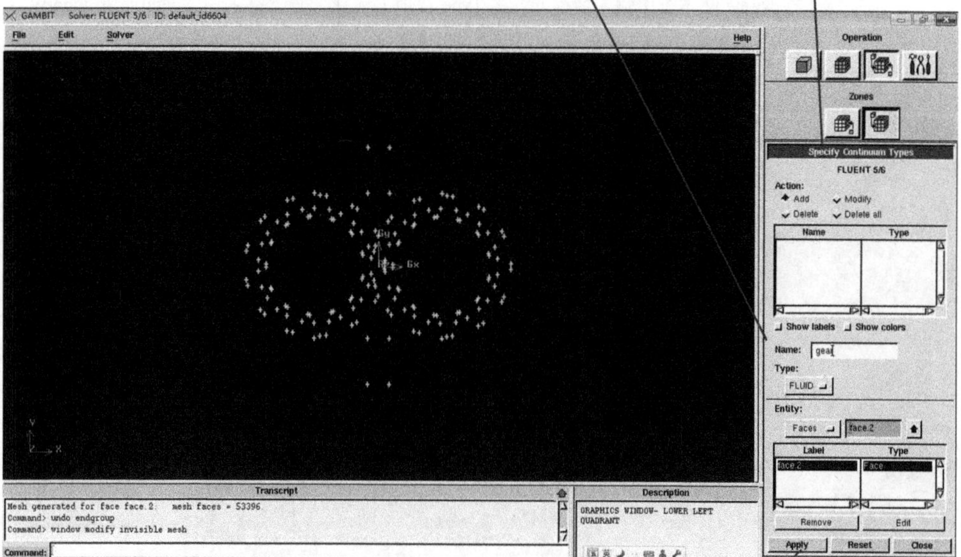

③ 单击 Apply 按钮完成流体域设定，设定好的流体域如图 3-11 所示

图 3-10　设定流体域

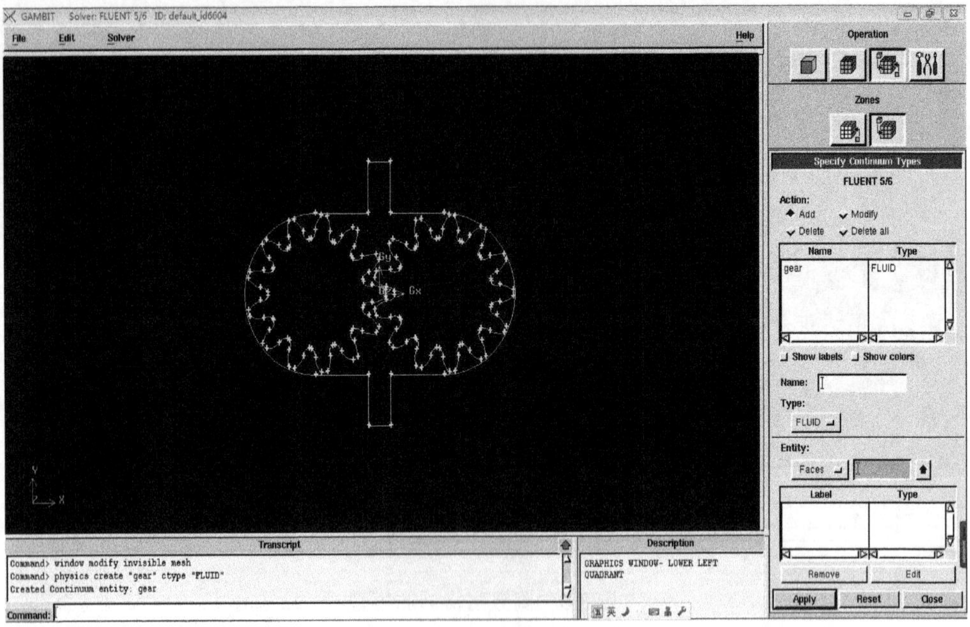

图 3-11　设定好的流体域

Step8 设定顶部入口边界，如图 3-12 所示。

② 在 Name 文本框中输入名称 in，在 Type 选项下选择 PRESSURE_INLET；在 Edges 选项下选择红线

① 打开 Specify Boundary Types 选项卡

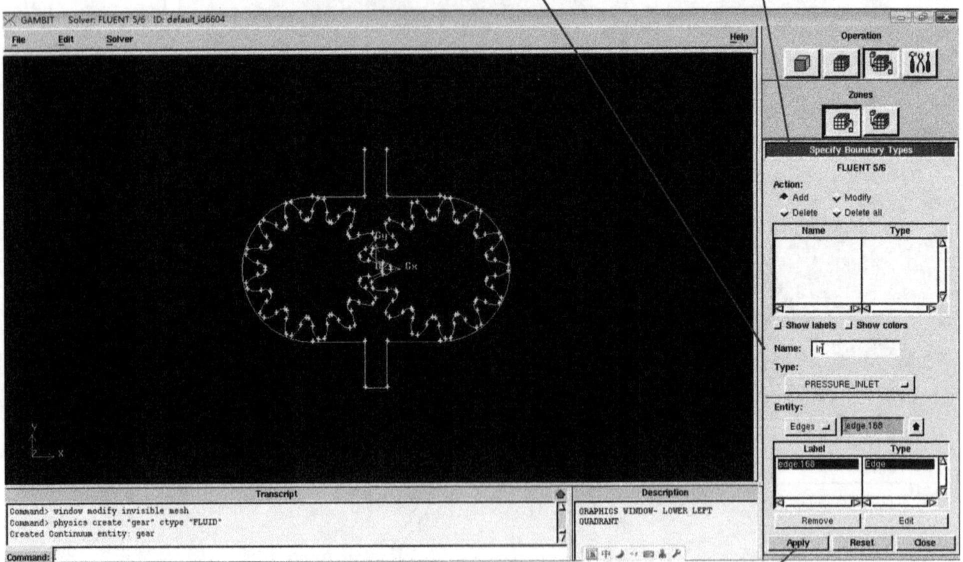

③ 单击 Apply 按钮完成流体入口的设定，类型为压力入口类型

图 3-12　设定顶部入口边界

Step9 设定底部出口边界，如图 3-13 所示。

① 打开 Specify Boundary Types 选项卡

② 在 Name 文本框中输入名称 out，在 Type 选项下选择 PRESSURE_OUTLET；在 Edges 选项下选择红线

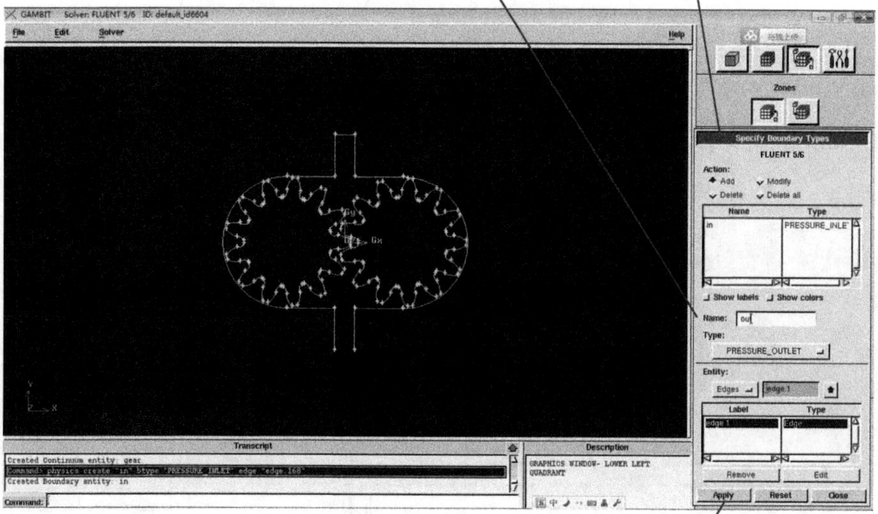

③ 单击 Apply 按钮完成流体出口的设定，类型为压力出口类型

图 3-13　设定底部出口边界

Step10 设定左侧齿轮 WALL 边界，如图 3-14 所示。

① 打开 Specify Boundary Types 选项卡

② 在 Name 文本框中输入名称 w_l，在 Type 选项下选择 WALL；在 Edges 选项下选择红线

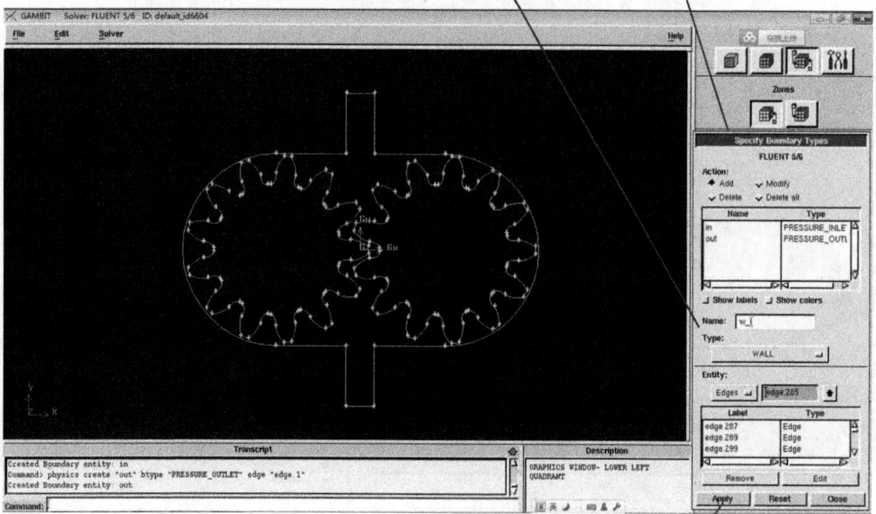

③ 单击 Apply 按钮，完成左侧齿轮 WALL 边界的设定

图 3-14　设定左侧齿轮 WALL 边界

Step11 设定右侧齿轮 WALL 边界，如图 3-15 所示。

② 在 Name 文本框中输入名称 w_r，在 Type 选项下选择 WALL；在 Edges 选项下选择红线

① 打开 Specify Boundary Types 选项卡

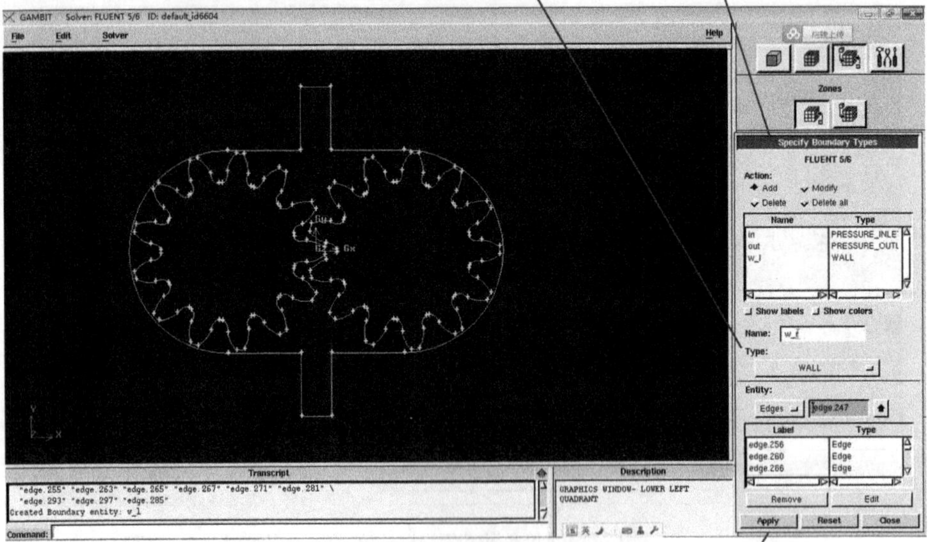

③ 单击 Apply 按钮，完成右侧齿轮 WALL 边界的设定

图 3-15 设定右侧齿轮 WALL 边界

Step12 设定壁面边界，如图 3-16 所示。

② 在 Name 文本框中输入名称 WALL，在 Type 选项下选择 WALL；在 Edges 选项下选择红线

① 打开 Specify Boundary Types 选项卡

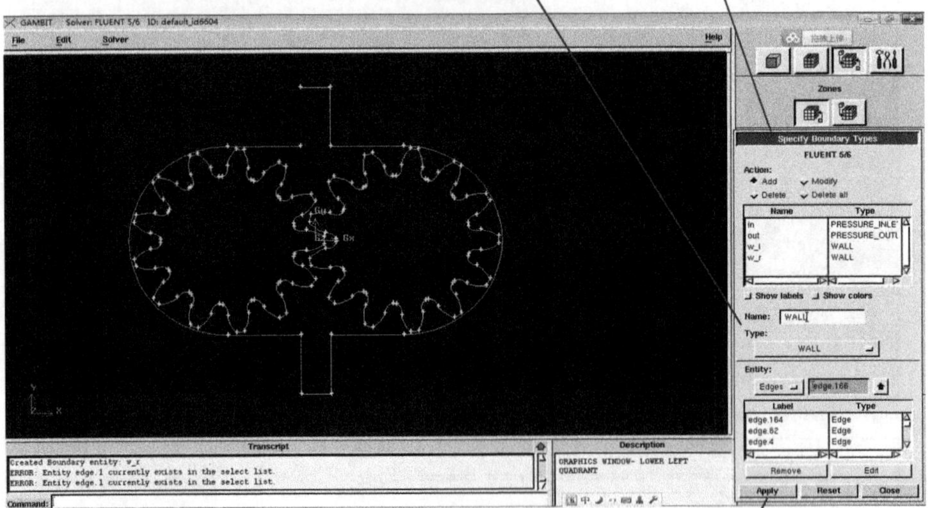

③单击 Apply 按钮，完成壁面边界设定，类型为壁面

图 3-16 设定壁面边界

Step13 显示网格，如图 3-17 所示。

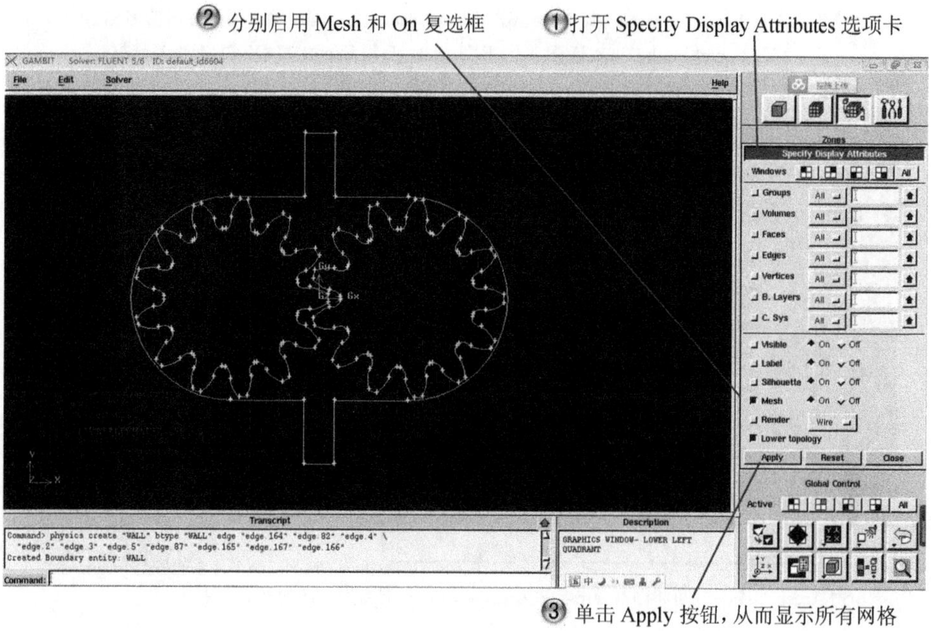

图 3-17 显示网格

Step14 保存网格，如图 3-18 所示。

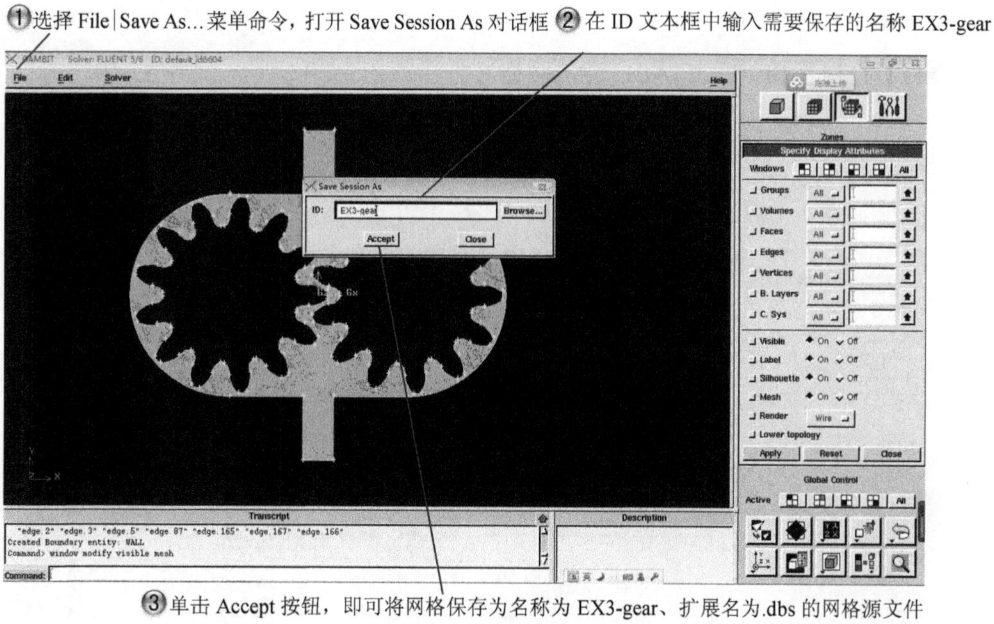

图 3-18 保存网格

Step15 导出网格，如图 3-19 所示。

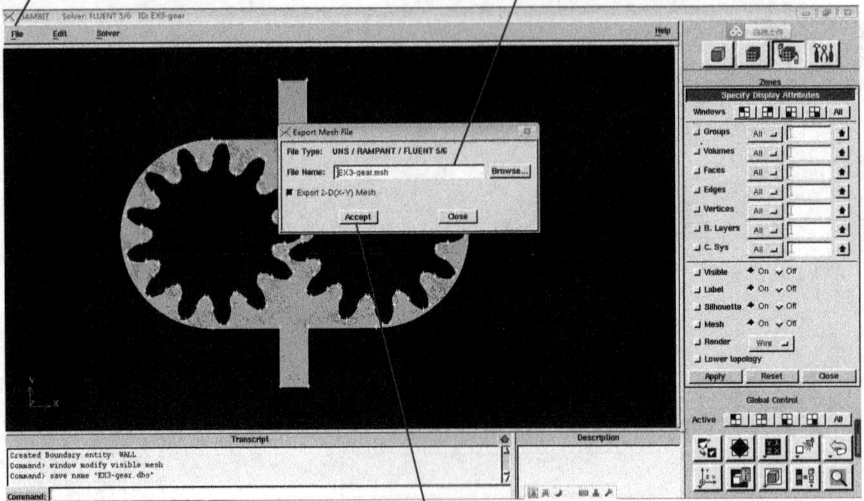

图 3-19　导出网格

3.2.2　仿真设置过程

Step1 打开 FLUENT18.0，读入网格文件，如图 3-20 所示。

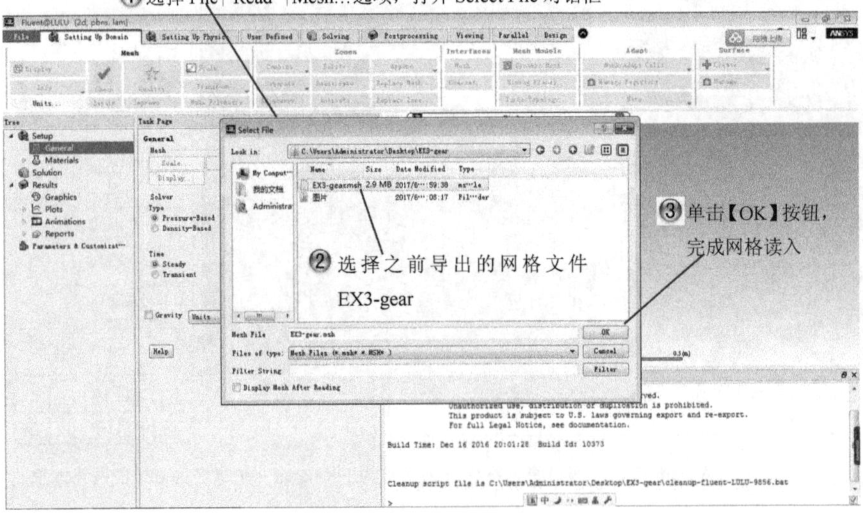

图 3-20　读入网格文件

Step2 显示网格，如图 3-21 所示。

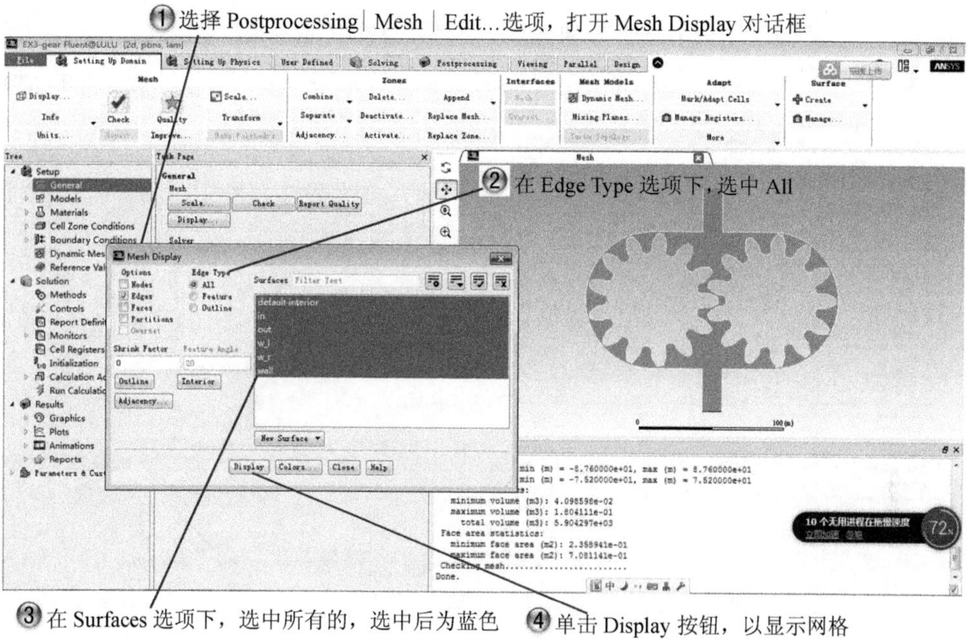

图 3-21　显示网格

Step3 检查网格，如图 3-22 所示。

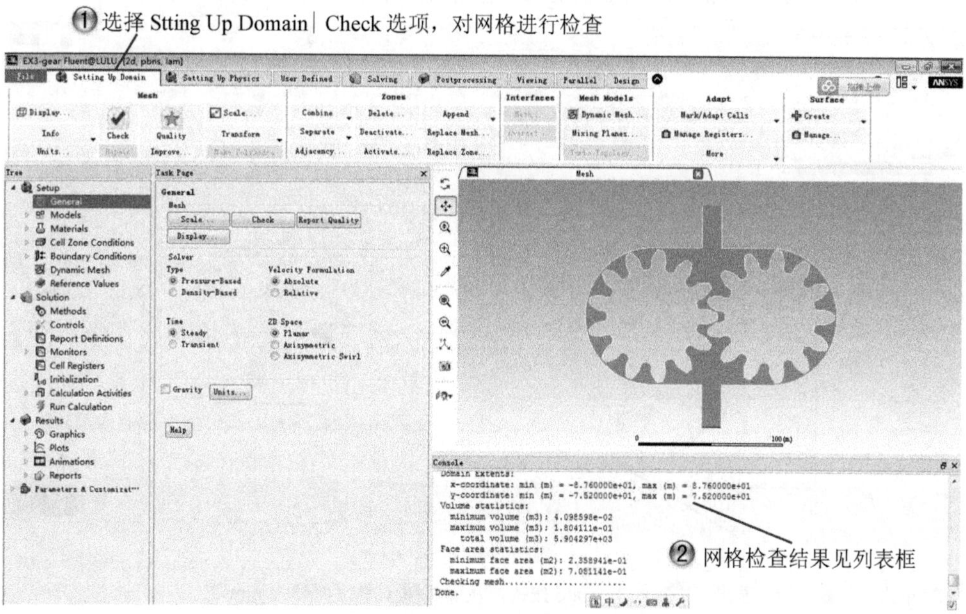

图 3-22　检查网格

Step4 网格质量检测，如图 3-23 所示。

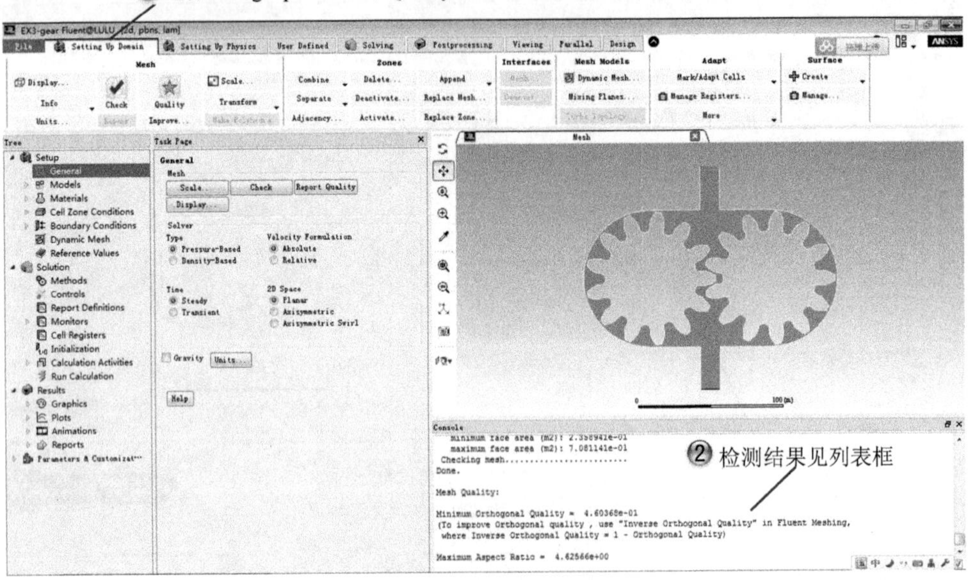

图 3-23 网格质量检测

Step5 调整尺寸单位，如图 3-24 所示。

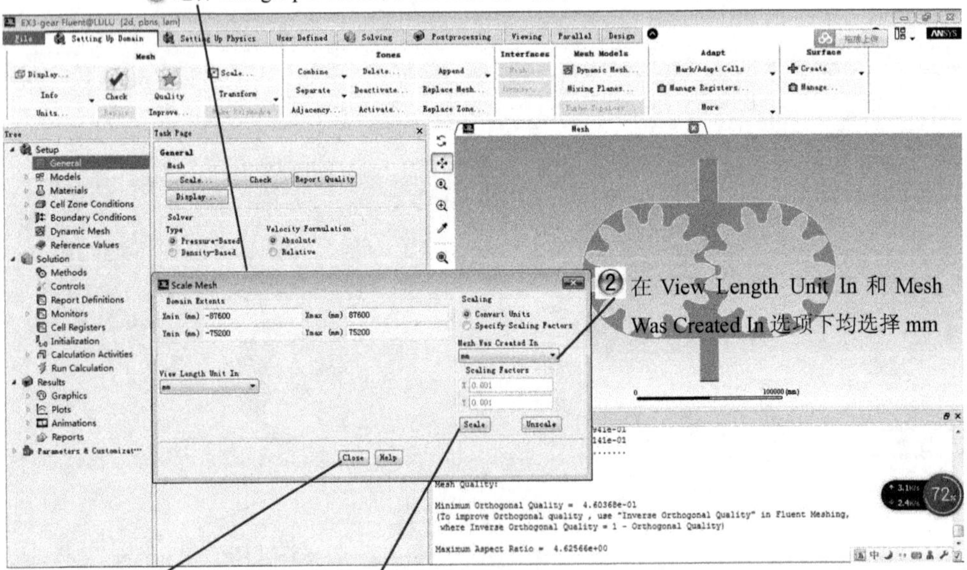

图 3-24 调整尺寸单位

Step6 求解器设置，如图 3-25 所示。

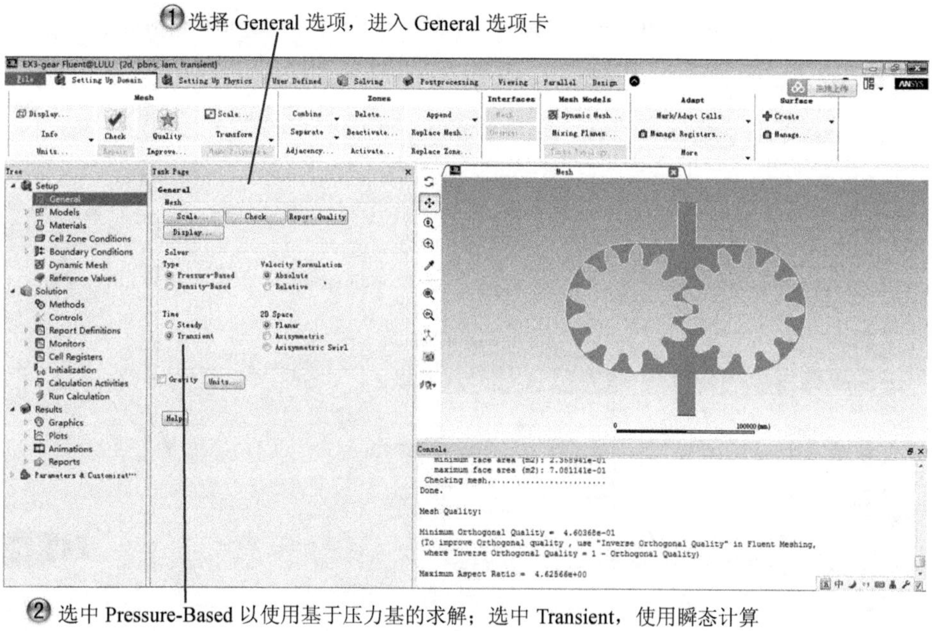

图 3-25　求解器设置

Step7 湍流模型设置，如图 3-26 所示。

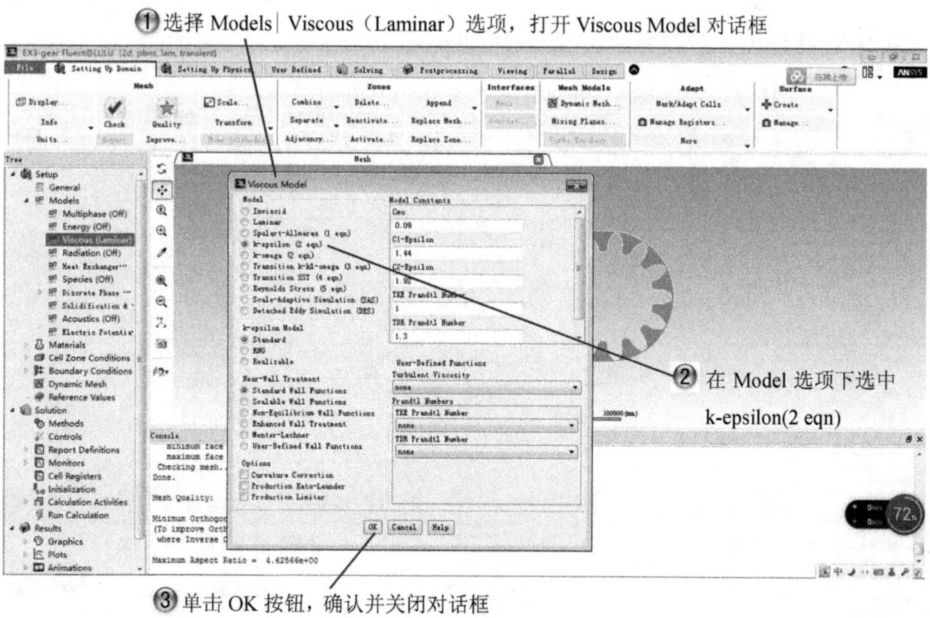

图 3-26　湍流模型设置

Step8 选择流体材料（工程油），如图 3-27 所示。

① 选择 Materials|Fluid|Create/Edit 选项，打开 Create/Edit Materials 对话框。单击 Fluent Database 按钮，弹出 Fluent Database Material 对话框

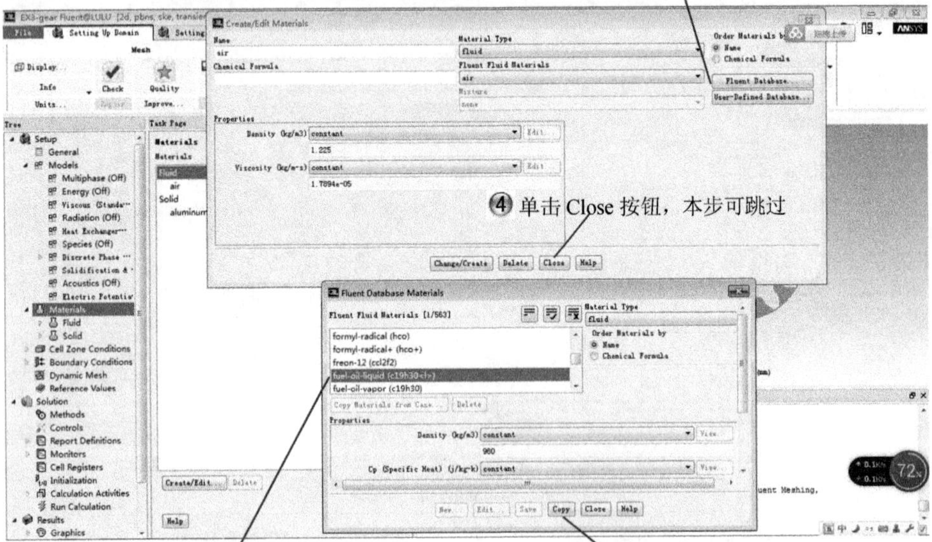

② 在 Fluent Database Material [1/563]选项下选择 fuel-oil-fluid(c19h30<l>)

③ 单击 Copy 按钮，再单击 Close 按钮，返回 Create/Edit Materials 对话框

图 3-27　选择流体材料（工程油）

Step9 选择流体域材料，如图 3-28 所示。

① 选择 Cell Zone Conditions|Fluid 选项，打开 Fluid 对话框

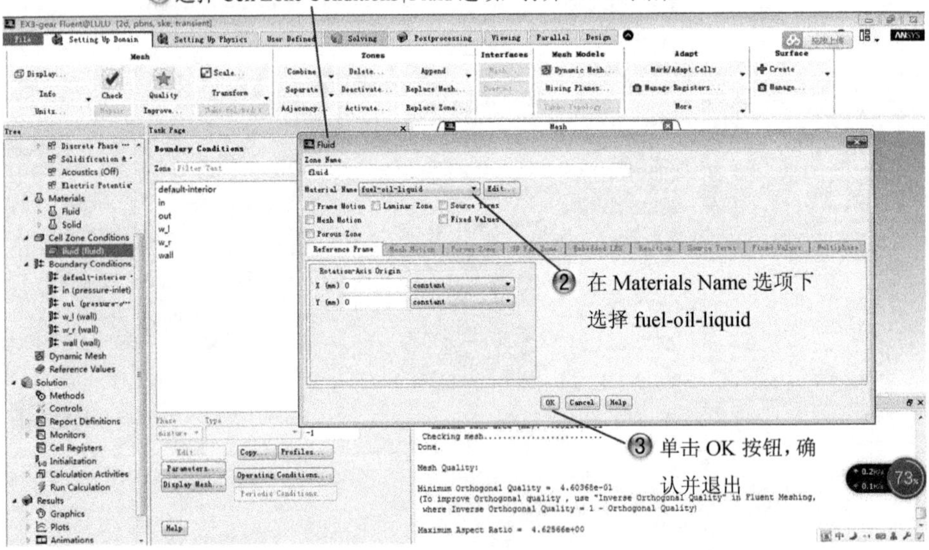

图 3-28　选择流体域材料

Step10 顶部入口设置，如图 3-29 所示。

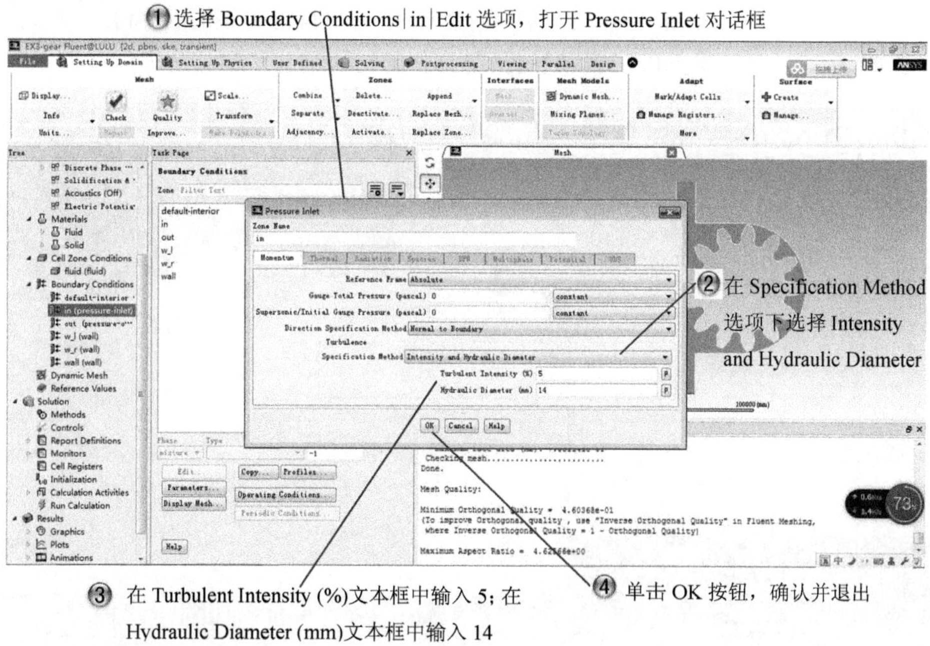

图 3-29 顶部入口设置

Step11 底侧出口设置，如图 3-30 所示。

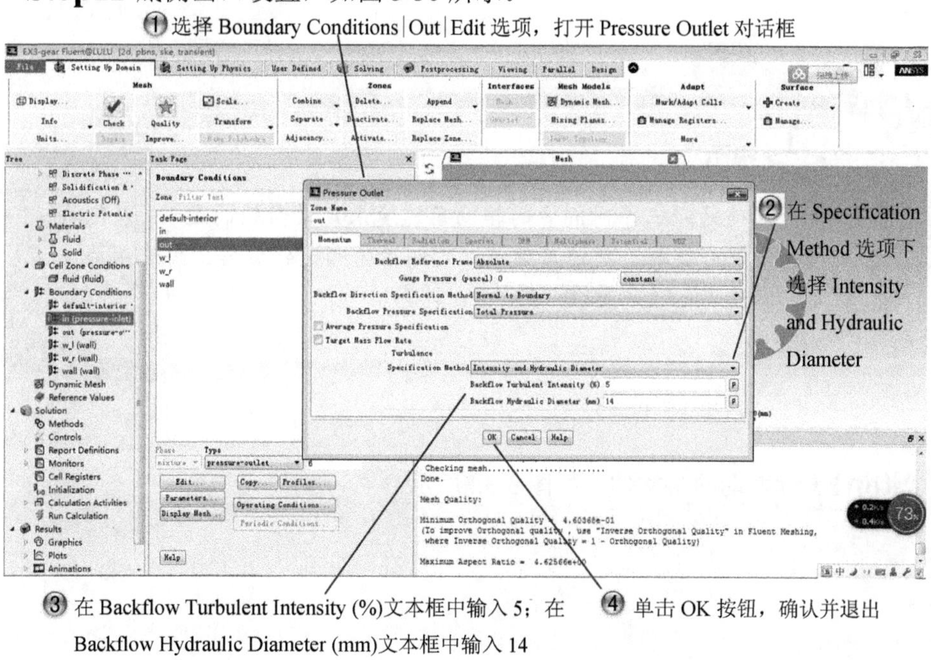

图 3-30 底侧出口设置

Step12 分别编写两个齿轮的动网格文件，如图 3-31 所示。

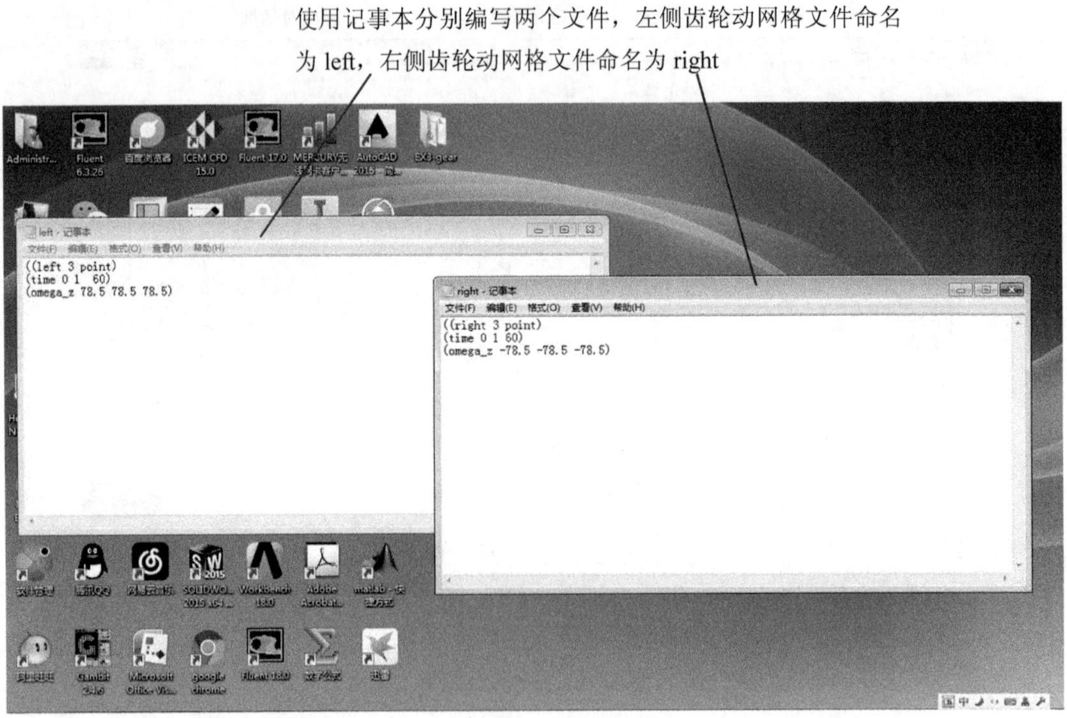

图 3-31　编写两个齿轮的动网格文件

提示

此处是以三个时间点的转动角速度来定义齿轮的运动，左侧齿轮逆时针旋转，角速度为正，右侧齿轮顺时针旋转，角速度为负；角速度的大小根据 750r/min 计算。

Step13 读取动网格文件，如图 3-32 所示。

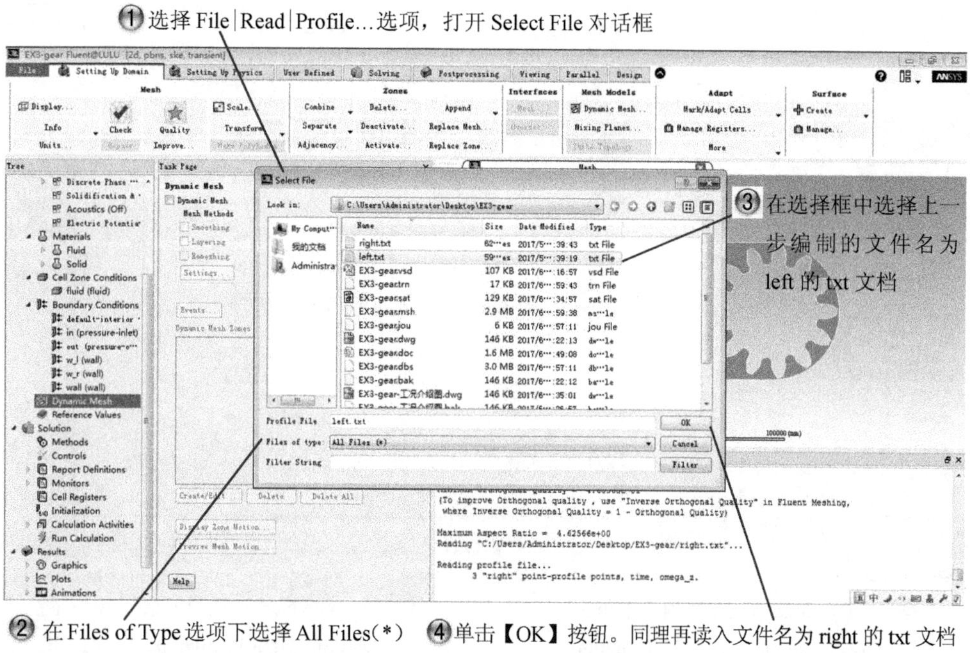

图 3-32　读取动网格文件

Step14 动网格设置，如图 3-33~图 3-37 所示。

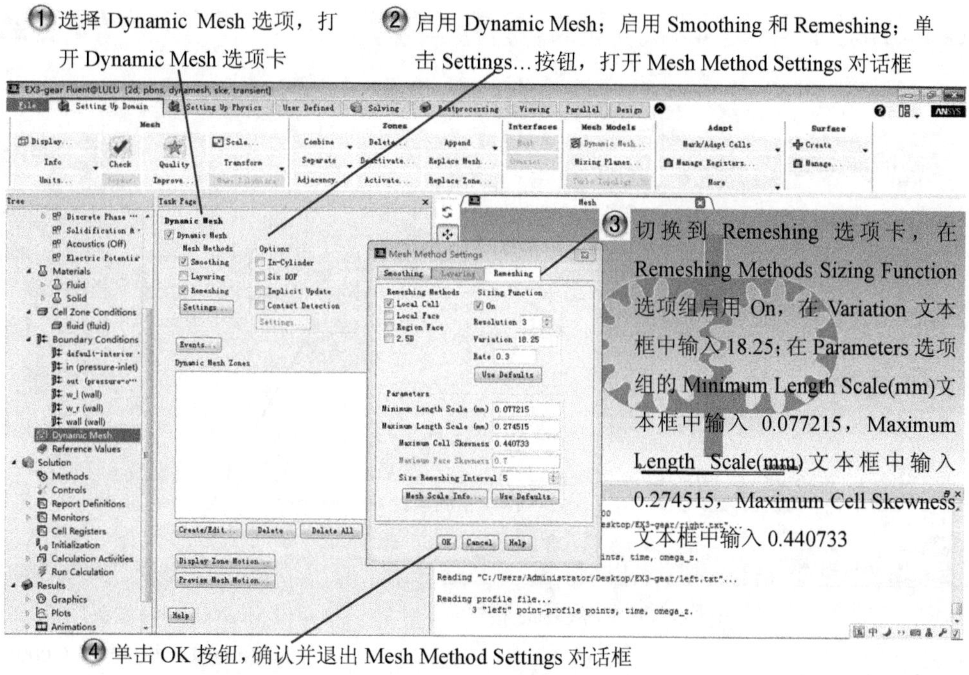

图 3-33　动网格设置（1）

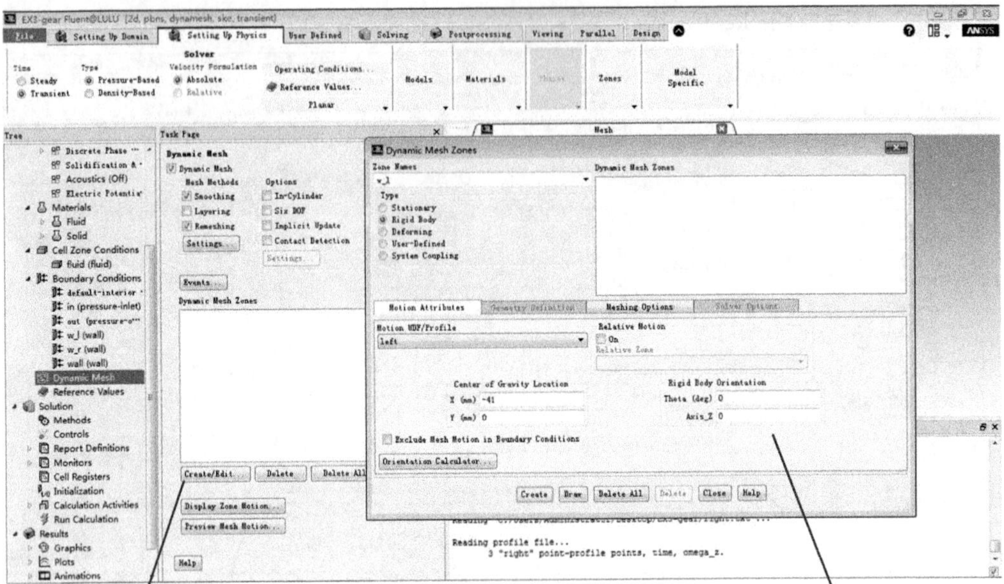

⑤ 在 Dynamic Mesh 选项卡中单击 Create/Edit 按钮，打开 Dynamic Mesh Zones 对话框

⑥ 在 Zone Names 选项下选择 w_l；在 Motion UDF/Profile 选项下选择 left；在 Center of Gravity Location 选项组的 X（mm）文本框中输入-41

图 3-34 动网格设置（2）

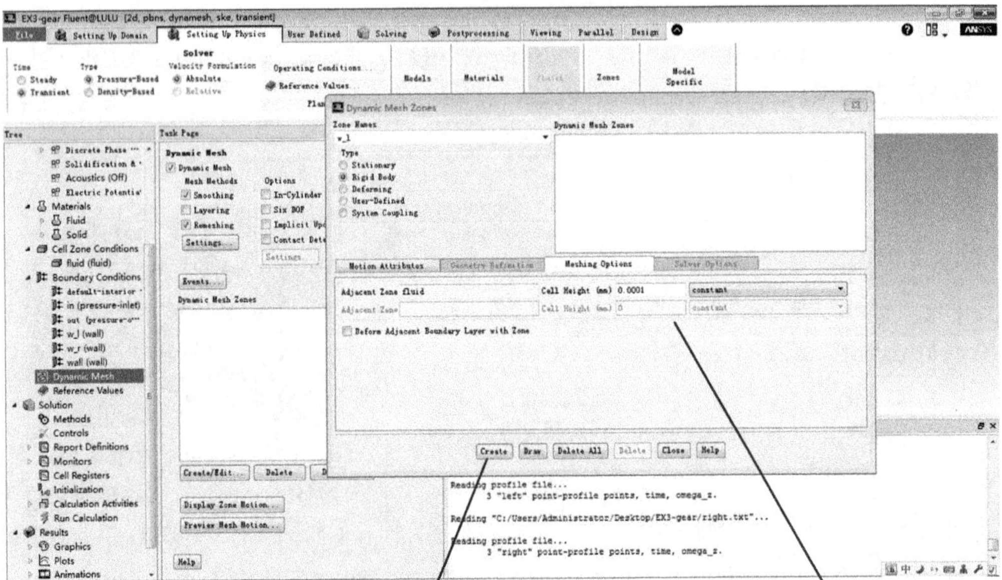

⑧ 单击 Create 按钮

⑦ 单击 Mesh Options 按钮，在 Cell Height(mm)文本框中输入 0.0001

图 3-35 动网格设置（3）

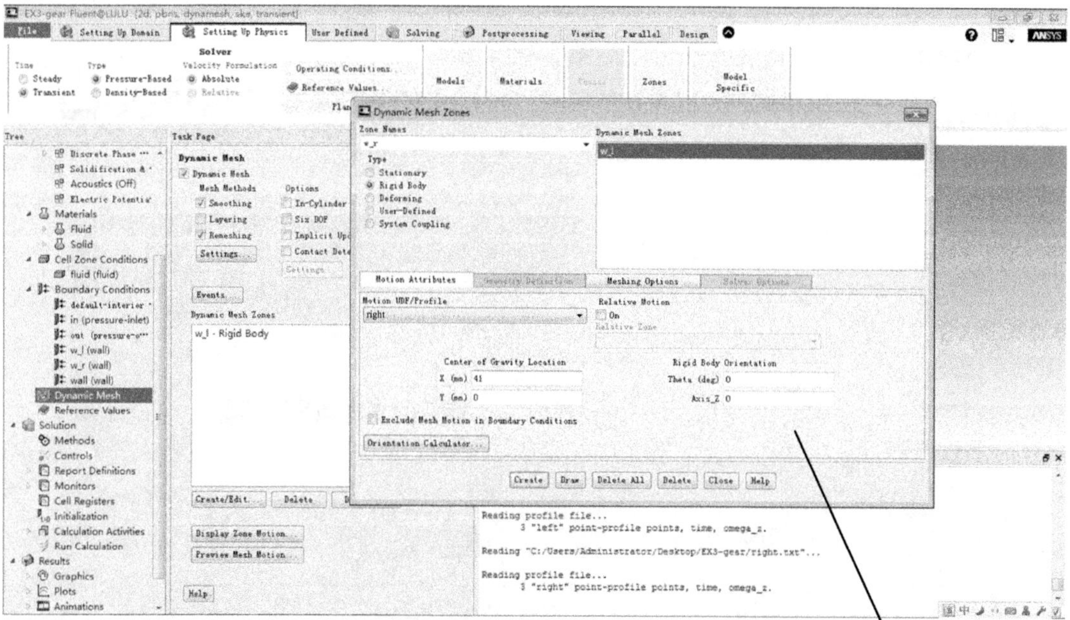

⑨在 Zone Names 选项下选择 w_r；在 Motion UDF/Profile 选项下选择 right；在 Center of Gravity Location 选项组的 X（mm）文本框中输入 41

图 3-36　动网格设置（4）

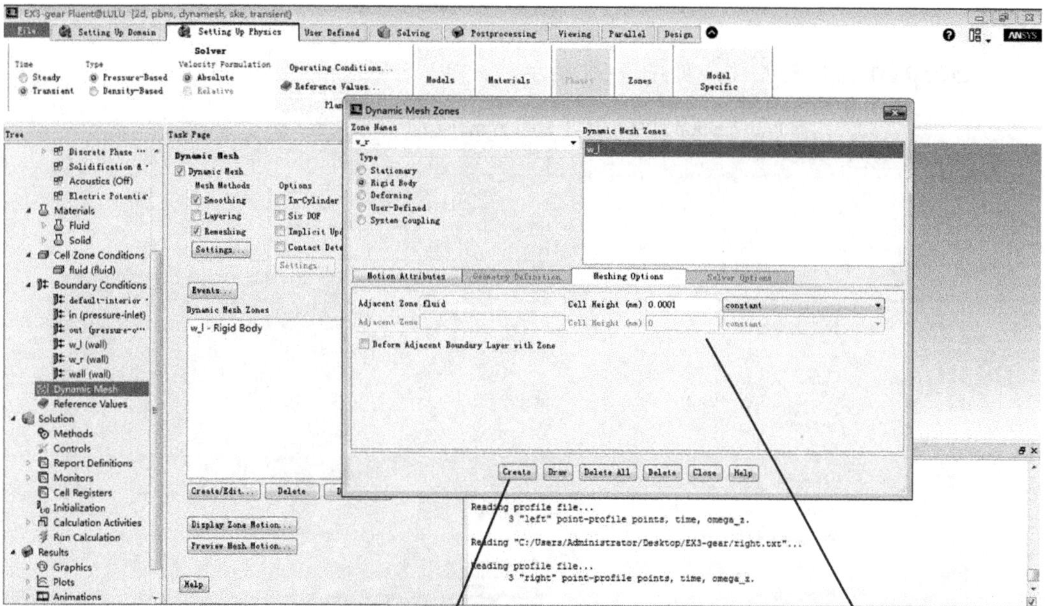

⑪单击 Creat 按钮

⑩单击 Mesh Options 按钮，在 Cell Height(mm)文本框中输入 0.0001

图 3-37　动网格设置（5）

Step15 齿轮运动效果预览，如图 3-38 所示。

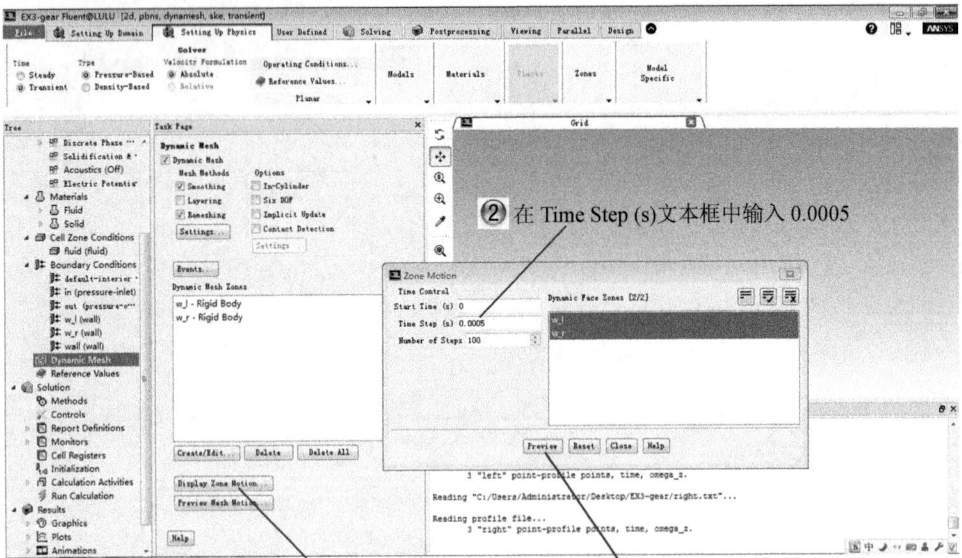

图 3-38　齿轮运动效果预览

Step16 流场初始化，如图 3-39 所示。

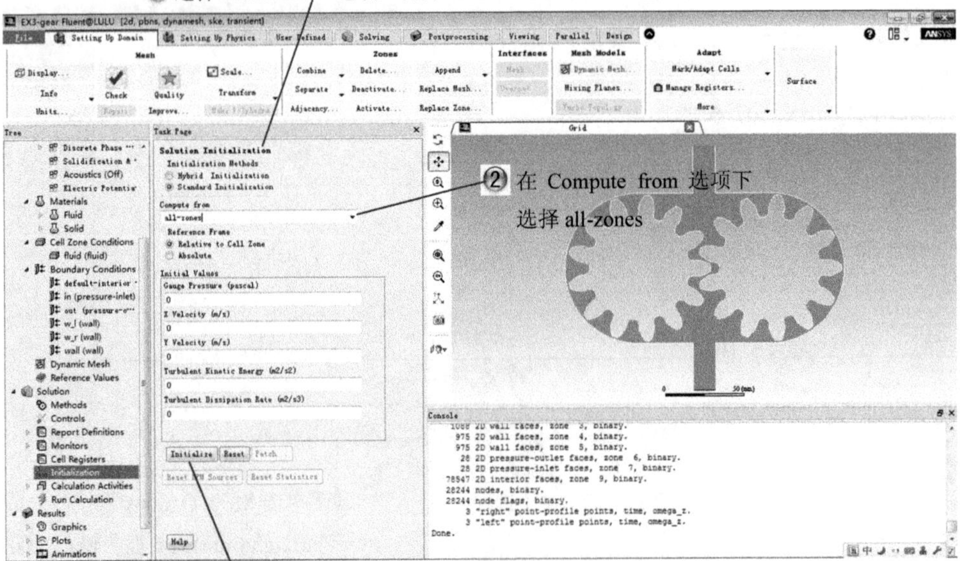

图 3-39　流场初始化

Step17 设置自动保存，如图 3-40 所示。

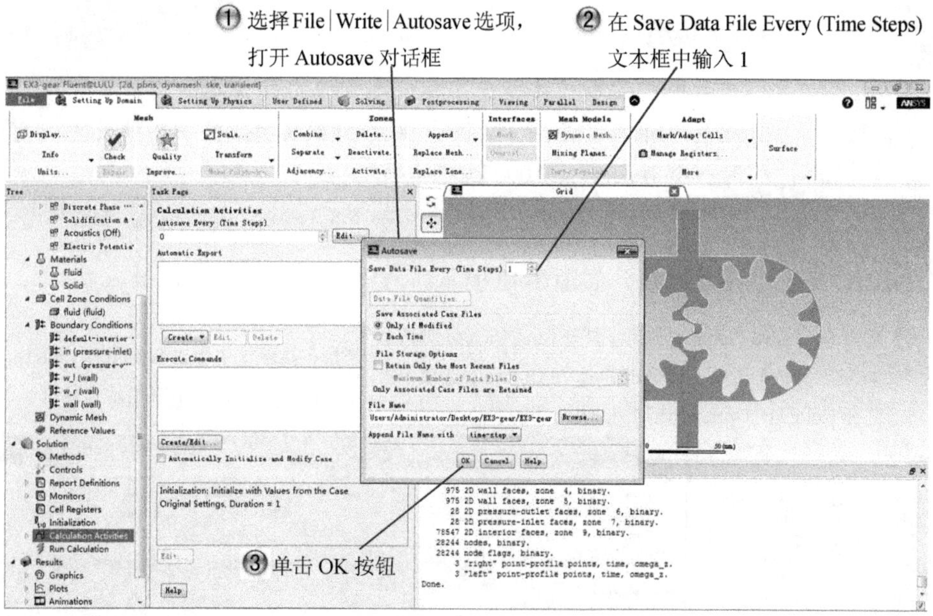

图 3-40　设置自动保存

Step18 求解计算，如图 3-41 所示。

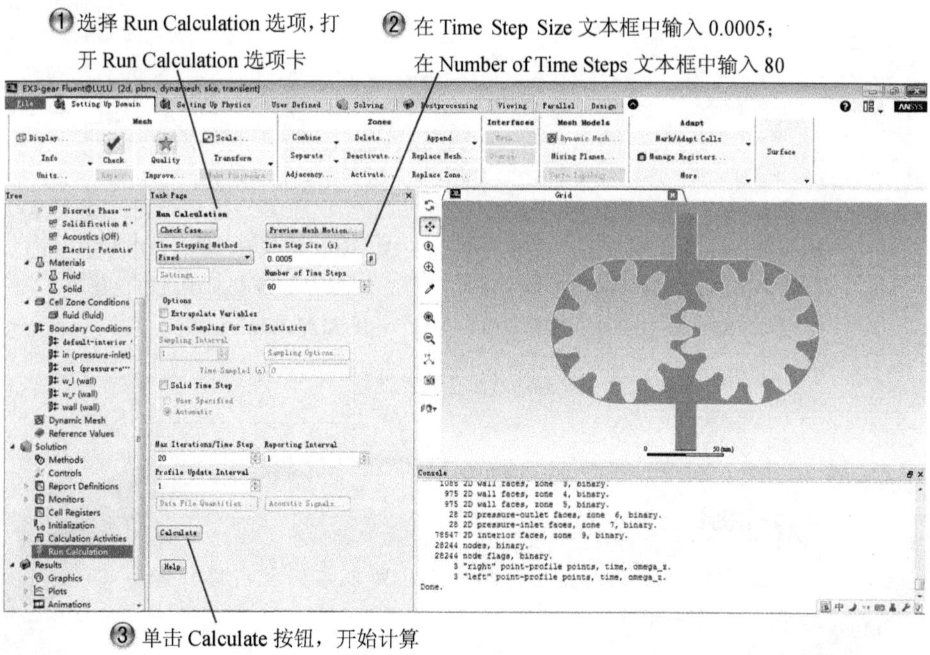

图 3-41　求解计算

提示

由于前一步已经设置了每一个步长自动保存一次结果，因此最终计算完成会自动保存 80 个结果文件，每一个结果间隔为一个时间步长 0.0005s。

Step19 保存残差曲线，如图 3-42 所示。

① 在显示窗中单击 Scaled Residual，使残差曲线显示窗显示到最前

② 选择 File|Save Picture...选项，打开 Save Picture 对话框。在 Fromat 选项下选择 JPEG，在 Coloring 选项下选择 Color，在 Options 选项下启用 White Backgruond

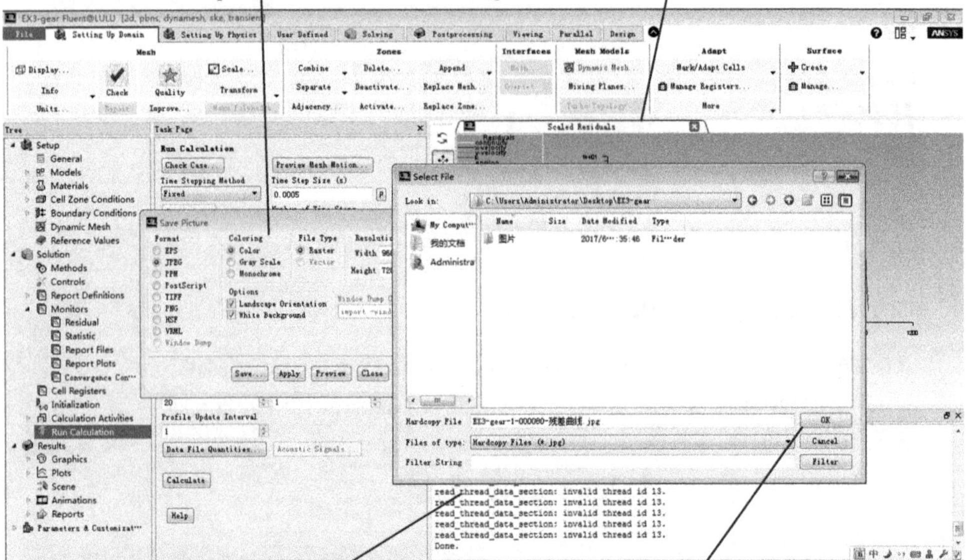

③ 单击 Save 按钮，打开 Select File 对话框，在 Hardcopy File 文本框中输入名称 EX3-gear-1-000080-残差曲线

④ 单击 OK 按钮，保存残差曲线，此时保存的残差曲线是白色前景下 JPEG 格式的彩色图片

图 3-42　保存残差曲线

说明

由于前面已经设置了自动保存，所以本例就省略掉保存结果文件这一步了。

Step20 生成静压分布云图，如图 3-43 所示。

① 选择 Graphics | Contours 选项，打开 Contours 对话框

② 在 Options 选项组启用 Filled ，在 Contours of 选项下选择 Pressure 和 Static Pressure，其余保持默认

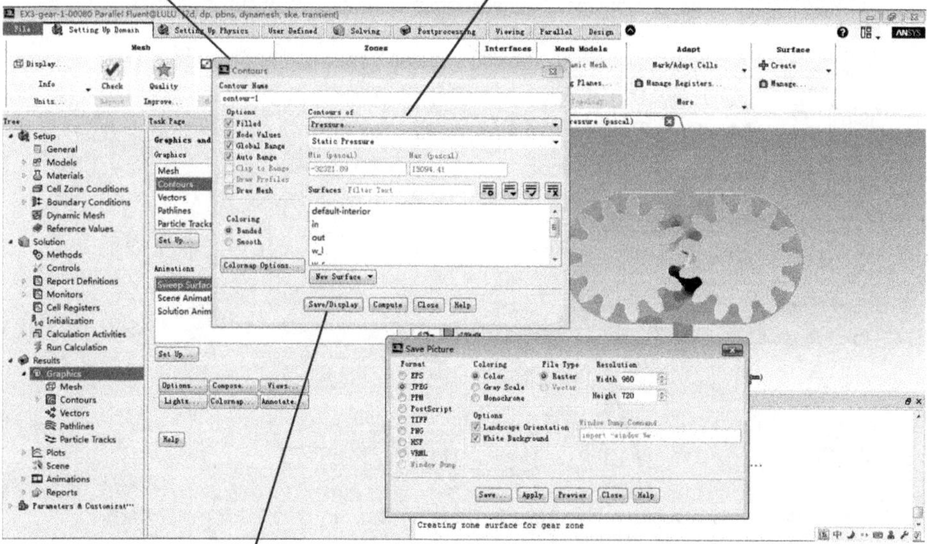

③ 单击 Save/Display 按钮以显示静压分布云图，按照 Step19 的方法保存静压分布云图

图 3-43　静压分布云图

Step21 生成速度分布云图，如图 3-44 所示。

① 选择 Graphics | Contours 选项，打开 Contours 对话框

② 在 Options 选项下启用 Filled ，在 Contours of 选项下选择 Velocity 和 Velocity Magnitude，其余保持默认

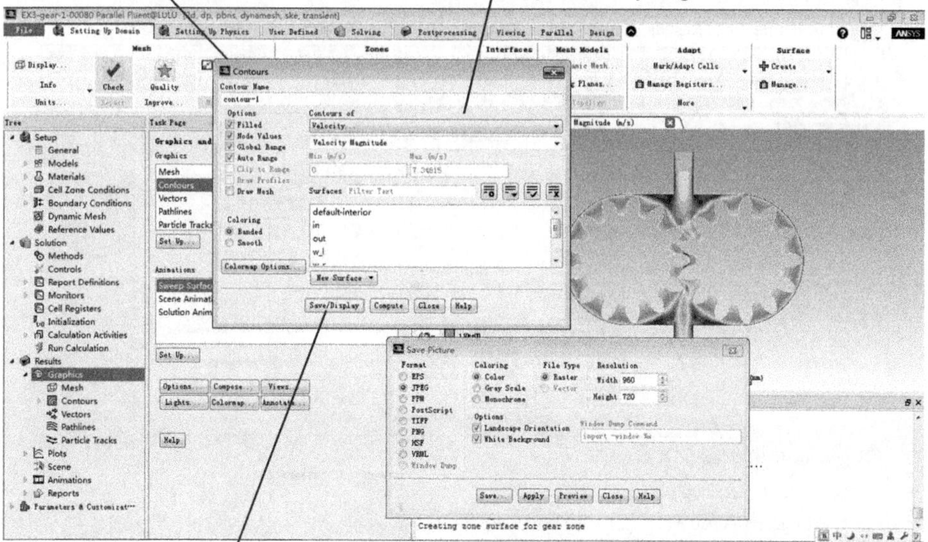

③ 单击 Save/Display 按钮，以显示速度分布云图，按照 Step19 的方法保存速度云图

图 3-44　速度分布云图

Step22 生成速度矢量图，如图 3-45 所示。

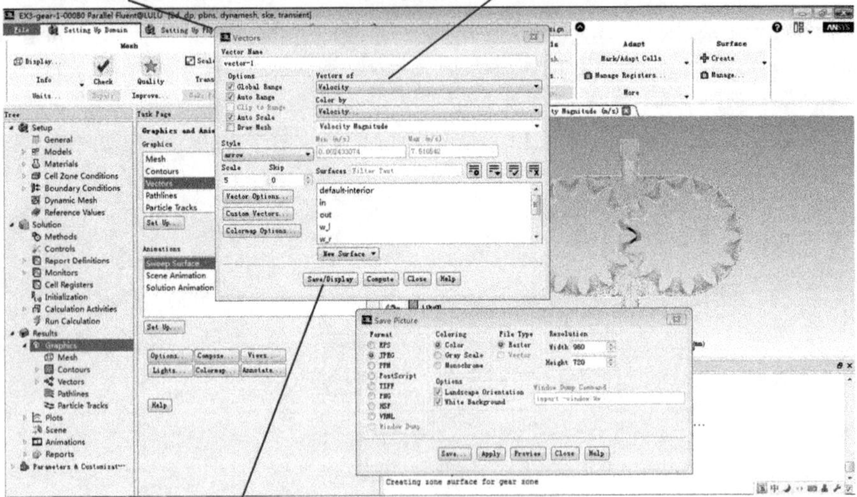

图 3-45　速度矢量图

3.2.3　输出动画文件

Step1 打开 CFD-POST18.0 并导入结果文件，如图 3-46 所示。

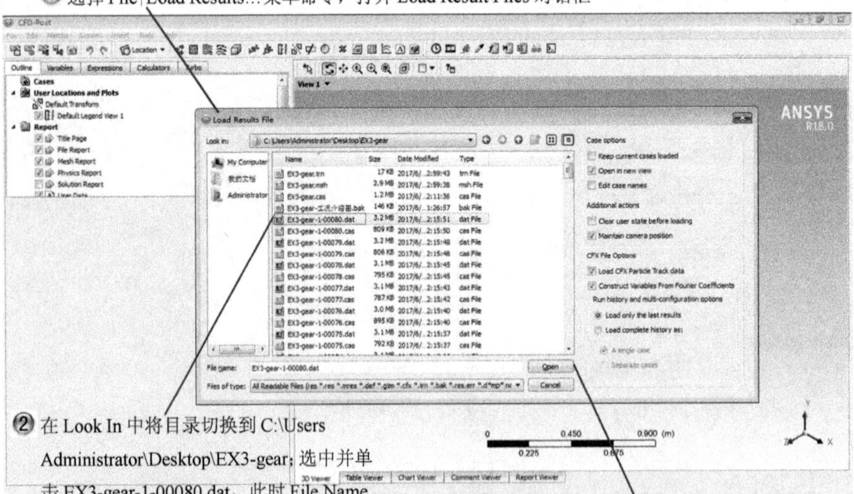

图 3-46　导入结果文件

Step2 创建平面，如图 3-47、图 3-48 所示。

① 选择 Location|Plane 选项，打开 Insert Plane 对话框

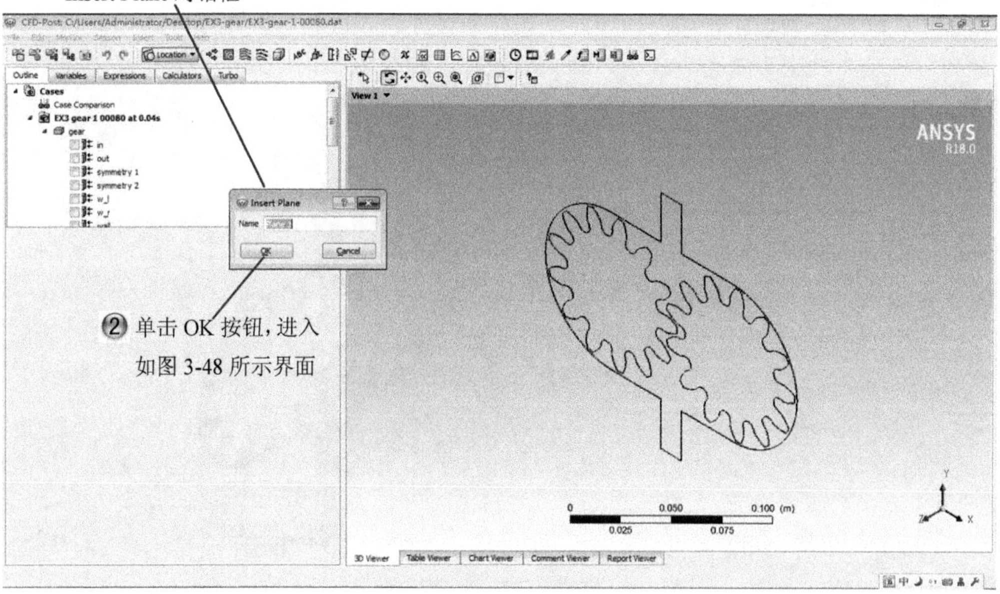

图 3-47 创建平面

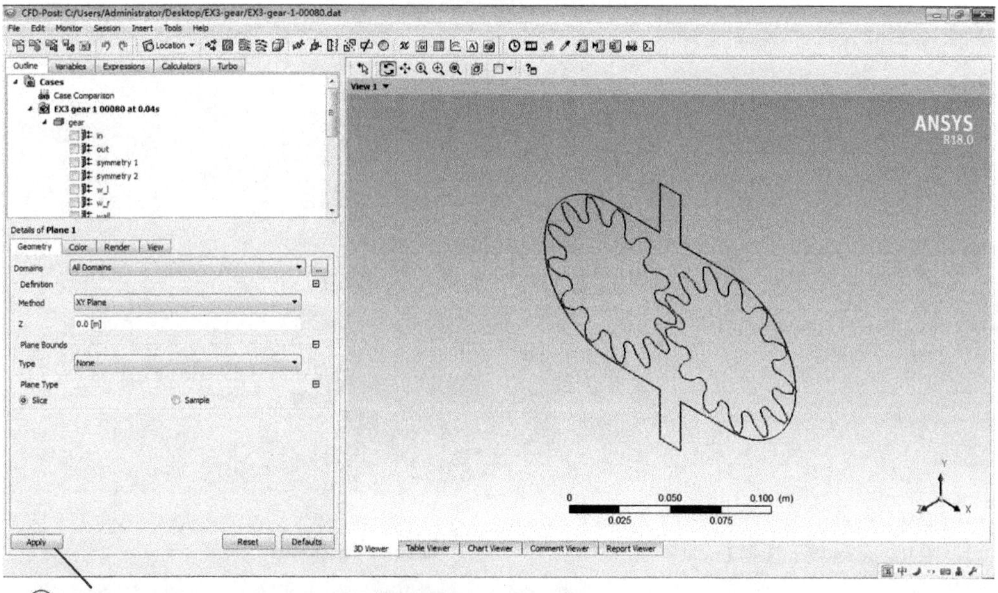

③ 单击 Apply 按钮，则完成 XY 平面的创建

图 3-48 完成平面创建

Step3 创建云图，如图 3-49、图 3-50 所示。

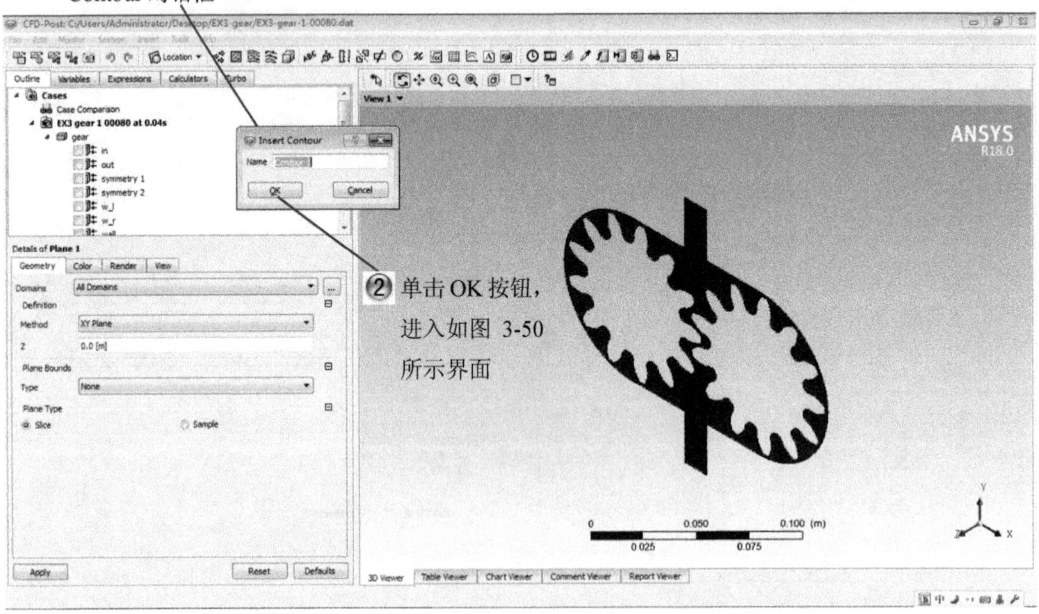

图 3-49 创建云图（1）

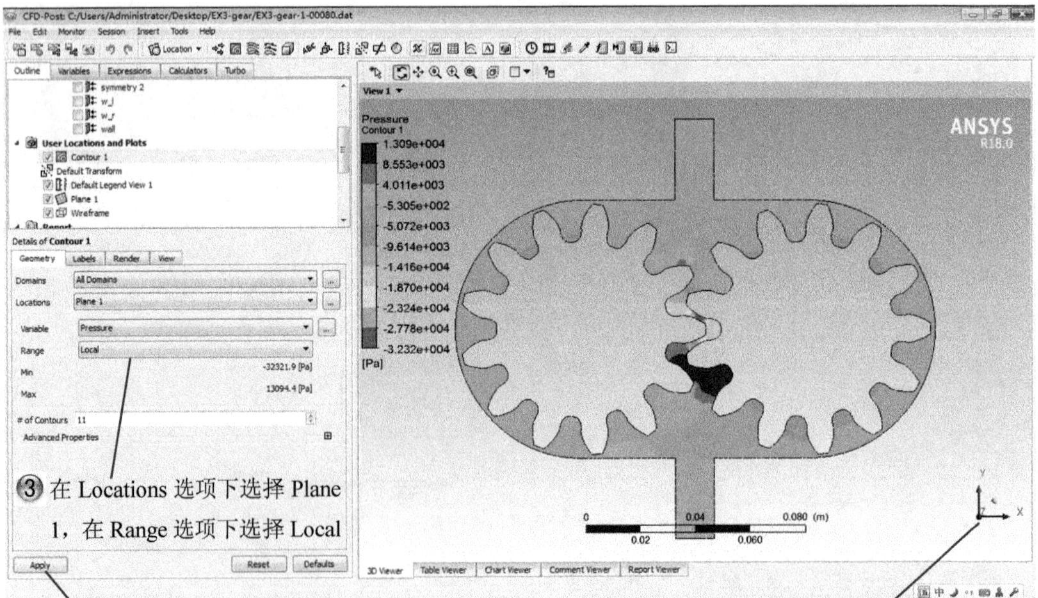

图 3-50 创建云图（2）

Step4 生成动画，如图 3-51、图 3-52 所示。

① 单击 Timestep Selector 按钮，打开 Timestep Selector 对话框

② 在选择栏中选择最后一个文件，然后单击视频生成按钮，弹出如图 3-52 所示的 Animation 对话框

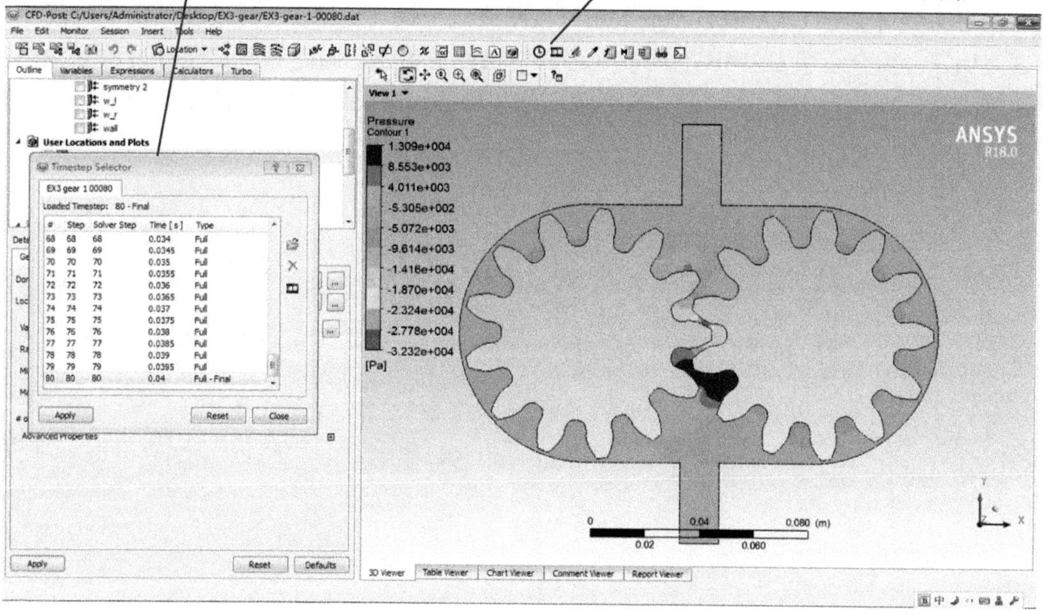

图 3-51　生成动画（1）

④ 单击视频播放按钮并等待视频播放完成，播放完成后会自动保存最终的视频文件，保存好的文件名为 EX3 gear 1 00080.wmv

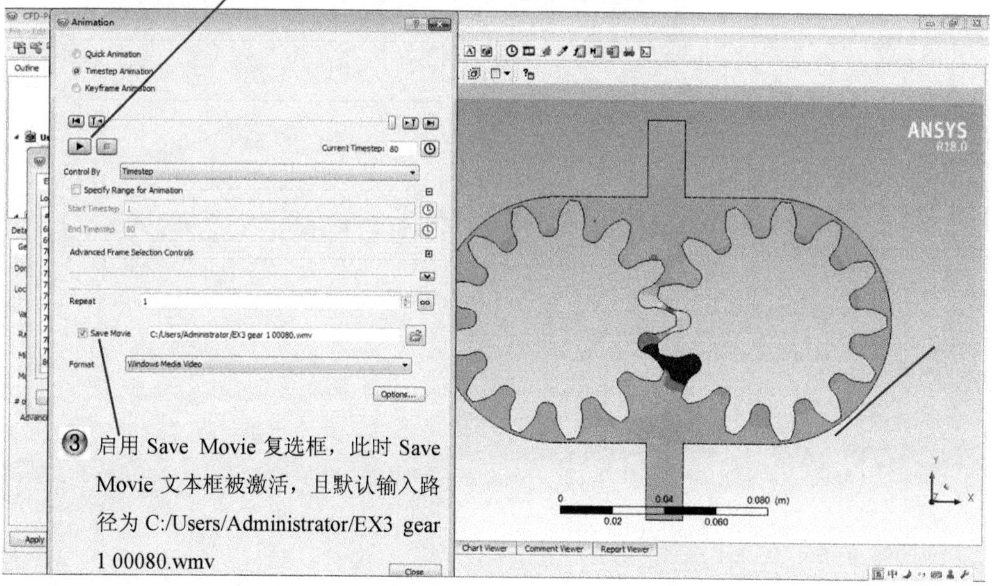

③ 启用 Save Movie 复选框，此时 Save Movie 文本框被激活，且默认输入路径为 C:/Users/Administrator/EX3 gear 1 00080.wmv

图 3-52　生成动画（2）

3.3 案例小结

本章首先介绍了 GAMBIT 的基本知识和网格划分操作方法。之后通过一个二维齿轮泵仿真案例，着重介绍了 GAMBIT 模型处理和网格划分方法，同时对仿真设置过程和输出动画文件进行了介绍，使读者对基本的网格划分和仿真设置能够有实际的操作。

第 4 章　二维圆柱绕流仿真案例

本章导读

FLUENT 软件是当前最流行的 CFD 软件，它具有丰富的物理模型、先进的数值计算方法和强大的后处理功能，适用于各种复杂外形的可压缩和不可压缩流动计算。本章通过二维圆柱绕流仿真案例的创建，讲解建立模型、划分网格和 FLUENT 仿真计算的全部过程。

学习要求	知识点 \ 学习目标	了解	理解	应用	实践
	FLUENT 仿真基本知识		√		
	建立二维圆柱模型		√	√	√
	划分网格和设定边界的方法		√	√	√
	圆柱绕流仿真的方法		√	√	√

4.1　案例分析

4.1.1　知识链接

FLUENT 软件包的基本构成

用 FLUENT 软件包求解问题的过程，一般要用到三大部分软件：前处理软件、求解器、后处理软件。

（1）前处理软件

前处理软件的主要功能是创建所要求解模型的几何结构，并对几何结构进行网格划分，其主要软件包括 GAMBIT、TGrid、prePDF、GeoMesh 等。GAMBIT 用于网格的生成，是 FLUENT 自行研发的前处理器，可生成供 FLUENT 直接使用的网格模型，是具有超强组合建构模型能力的专用前处理器。TGrid 用于从现在有的边界网格生成体网格，GAMBIT 可将生成的网格传送给 TGrid，由 TGrid 做进一步处理。prePDF、GeoMesh 是 FLUENT 在引入 GAMBIT 之前所使用的前处理器，现在 prePDF 主要用于对某些燃烧问题进行模拟，GeoMesh 已基本被 GAMBIT 所取代。另外，FLUENT 还提供了各类 CAD/CAE 软件包与 GAMBIT 的接口，这样就大大增强了前处理器对复杂模型的建模能力。

（2）求解器

求解器是流体计算的核心，所有计算在此完成。最新的 FLUENT 求解器的版本是 FLUENT 16.0，其主要功能是导入前处理器生成的网格模型、提供计算的物理模型、确定材料的特性、施加边界条件、完成计算和后处理。

（3）后处理软件

在进行流体计算后，我们需要从各个方面观察流体计算的结果，这就要用到后处理软件。FLUENT 求解器本身就附带比较强大的后处理功能，可以进行一些图像显示、录像、生成计算报告的处理。此外，用户还可以借助专业的后处理软件 Tecplot 进行后处理，它不仅可以绘制函数曲线、二维图形，还可以进行三维面绘图和三维体绘图，并提供了多种图形格式，同时界面友好、易学易用。

FLUENT 求解计划

当遇到一个需要用 FLUENT 求解的新问题时，我们需要按照一定的思路对所要求解的问题进行分析，制订求解方案。其求解思路一般包括以下几步：

（1）决定计算目标

确定通过 FLUENT 计算需要获得什么样的结果，怎样使用这些结果，需要什么样的模型精度。

（2）选择计算模型

对要模拟的整个物理模型系统进行抽象概括和简化，确定计算域包括哪些区域，在模型计算域的边界上使用什么样的边界条件，模型按二维还是三维构造，什么样的拓扑结构最适合于该问题。

（3）选择物理模型

在 FLUENT 中每一种具体的物理模型都有具体规定的设置，所以要求我们在计算之前就要考虑好选择什么样的物理模型。如湍流模型，是稳态还是非稳态，是否考虑有能量的交换，是否考虑可压缩性等。

（4）决定求解过程

确定该问题是否可以利用求解器现有的公式和算法直接求解，是否需要增加其他的参数，是否可以更改一些参数设置加速计算的收敛等。

在分析完以上问题之后，我们就对该问题的 FLUENT 计算有了整体的判断，这样就能较正确地开始 FLUENT 计算了。

4.1.2 设计思路

模型如图 4-1 所示，计算区域 1m×0.8m，中间圆的尺寸 0.05m，圆的中心点坐标（0，0），圆心距离左侧入口 250mm，距离右侧出口 750mm，入口水流速度为 1m/s，相关具体见图 4-1。

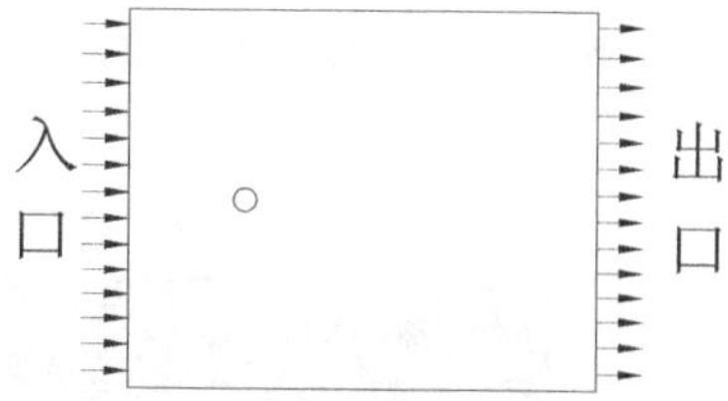

图 4-1　模型

本例模型较为简单，使用 GAMBIT 建模。圆柱绕流仿真需要出现卡门涡街，对网格要求较高，在圆柱附近区域需要有加密得到网格图。

4.2　案例操作

圆柱绕流仿真需要出现卡门涡街，对网格要求较高，在圆柱附近区域需要有加密得到如图 4-2 所示的网格图。为了得到图 4-2 的网格，需要先对整个区域进行切分，然后分区域划分网格。

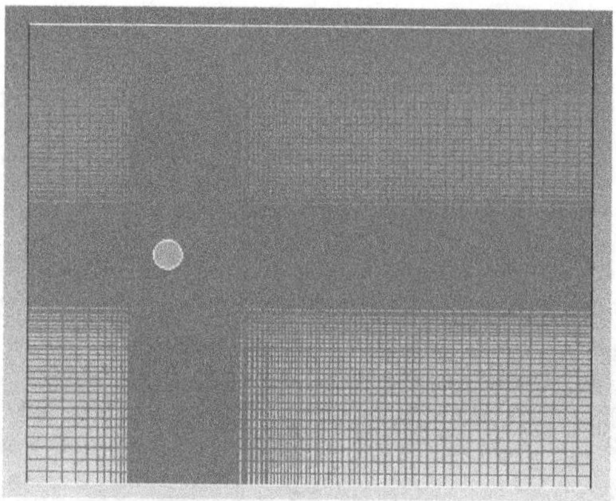

图 4-2　网格图

本案例文件：ywj/04/EX4-Flow Around Circular Cylinder
相关文件和动画文件

多媒体教学路径：多媒体教学→第 4 章

4.2.1 建立模型

Step1 打开 GAMBIT，创建点，如图 4-3 所示。

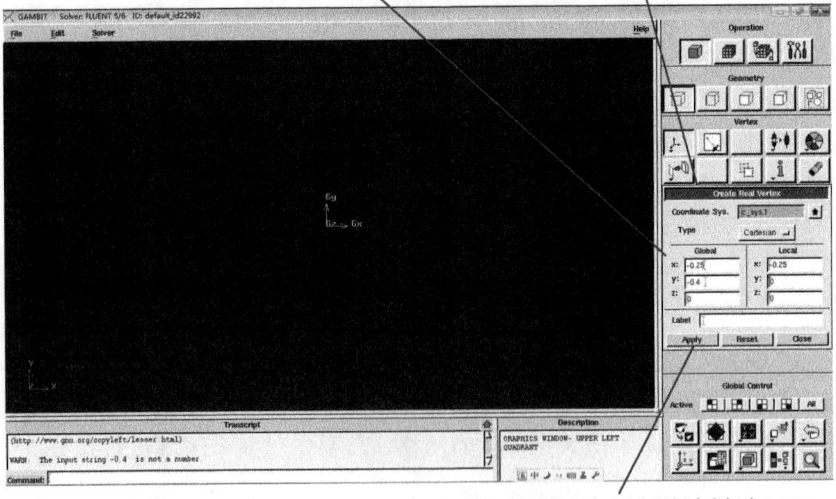

图 4-3 创建点

Step2 连接点，如图 4-4 所示。

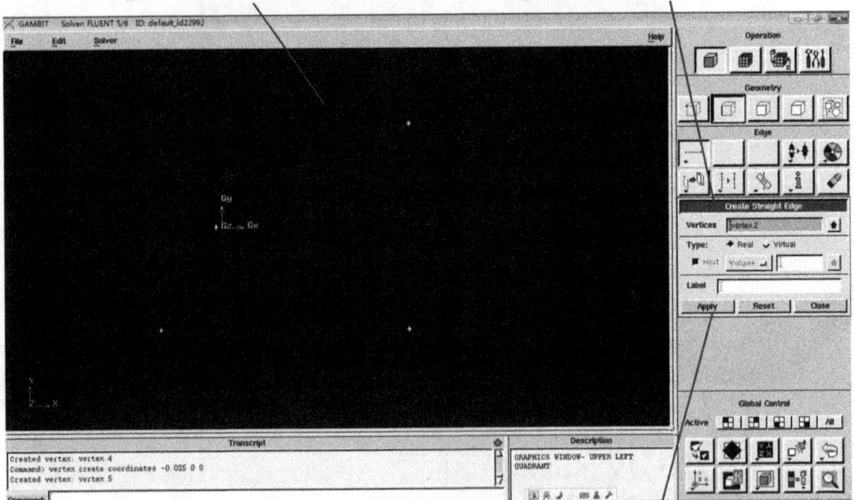

图 4-4 连接点

Step3 生成圆，如图 4-5 所示。

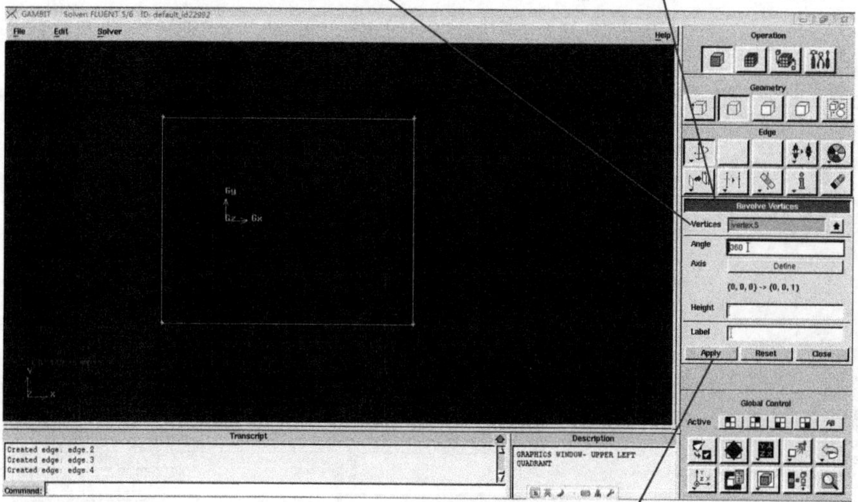

图 4-5　生成圆

Step4 生成外围方形面，如图 4-6 所示。

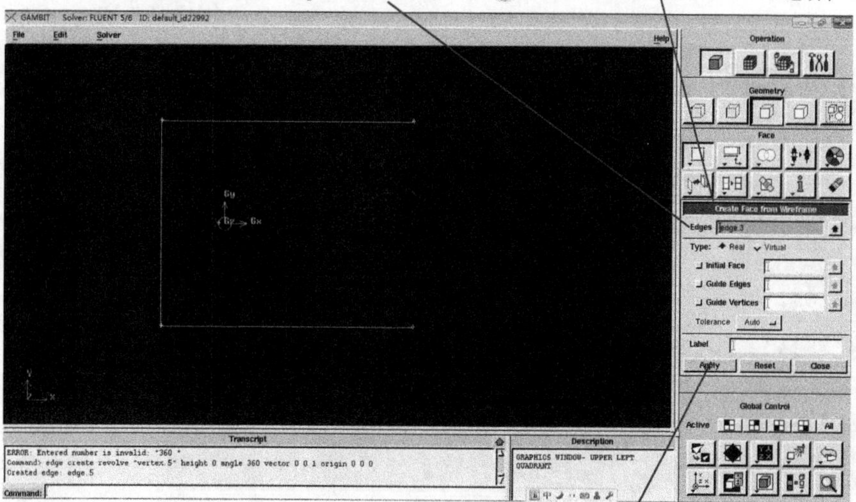

图 4-6　生成外围方形面

Step5 生成内部圆形面，如图 4-7 所示。

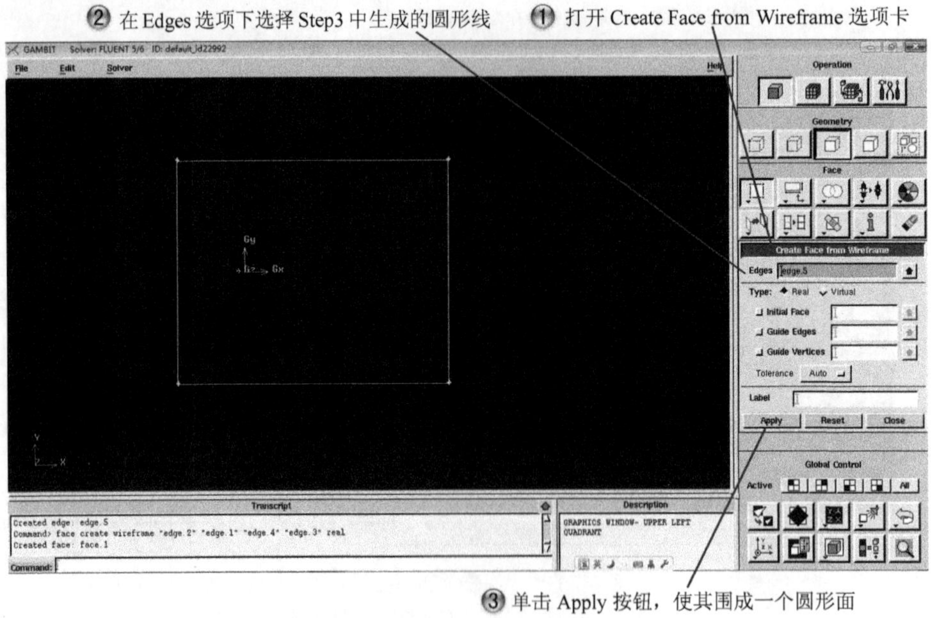

图 4-7 生成内部圆形面

Step6 模型处理，得到流体域，如图 4-8 所示。

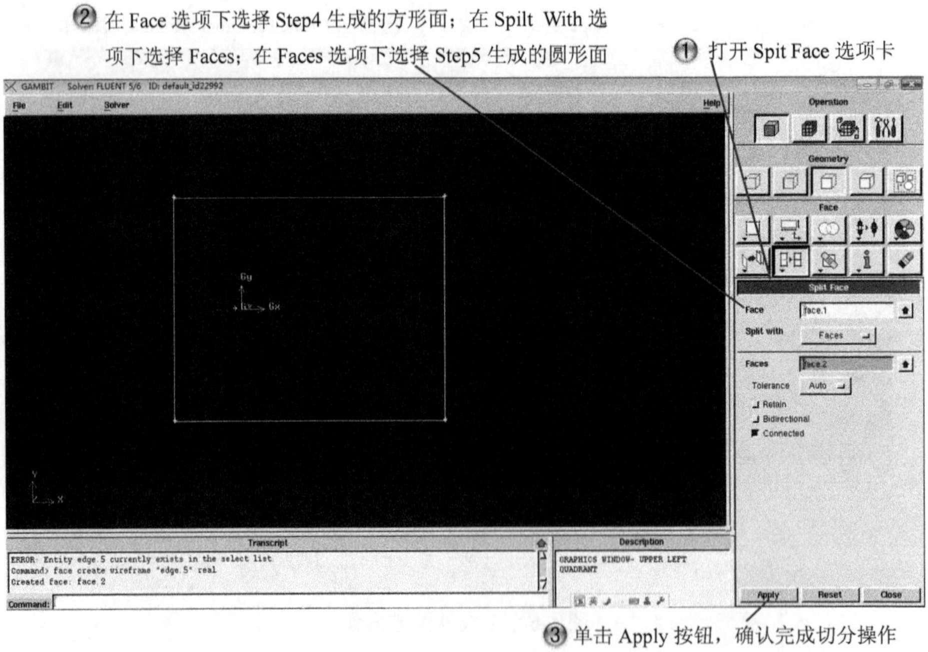

图 4-8 模型处理，得到流体域

Step7 删除圆形面，如图 4-9 所示。

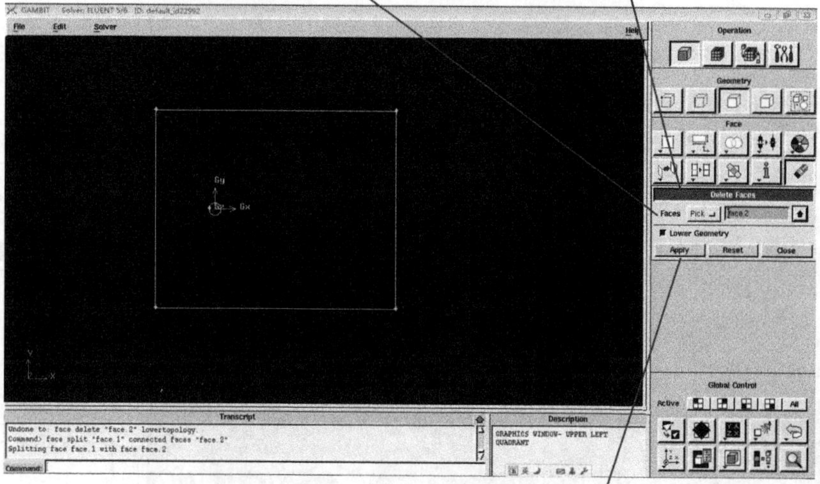

图 4-9　删除圆形面

4.2.2　划分网格和设定边界

Step1 对流体域进行切分，创建辅助平面，如图 4-10 所示。

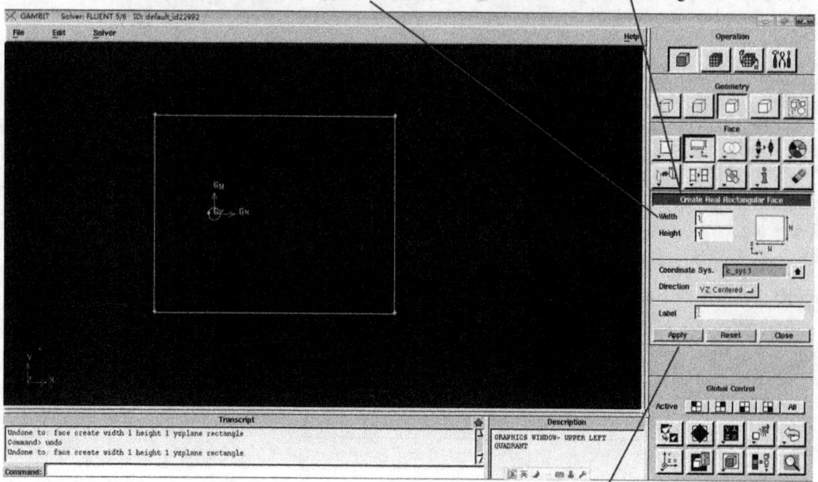

图 4-10　创建辅助平面

Step2 移动平面，如图 4-11、图 4-12 所示。

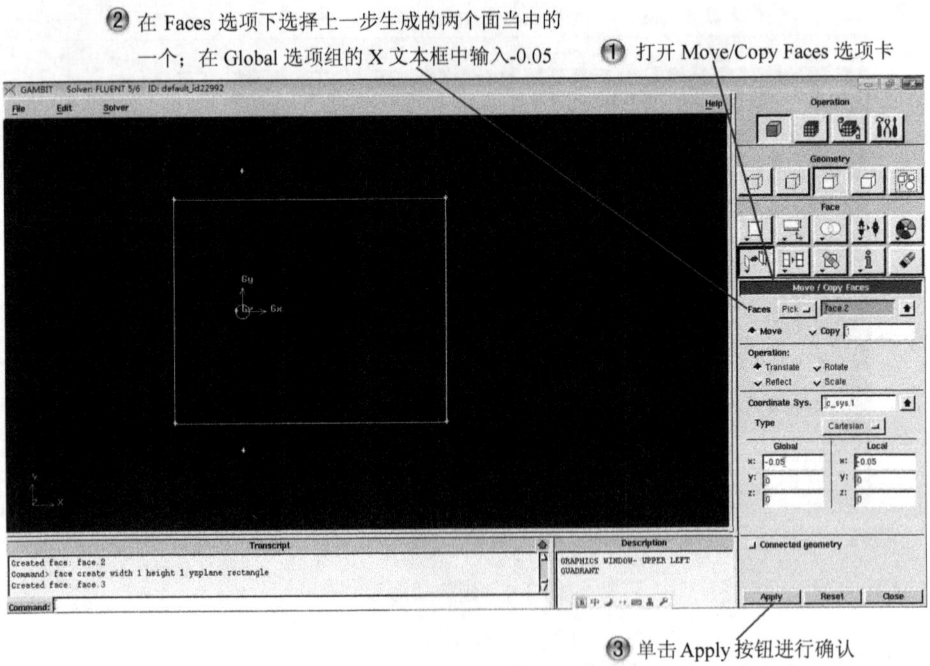

图 4-11　移动平面（1）

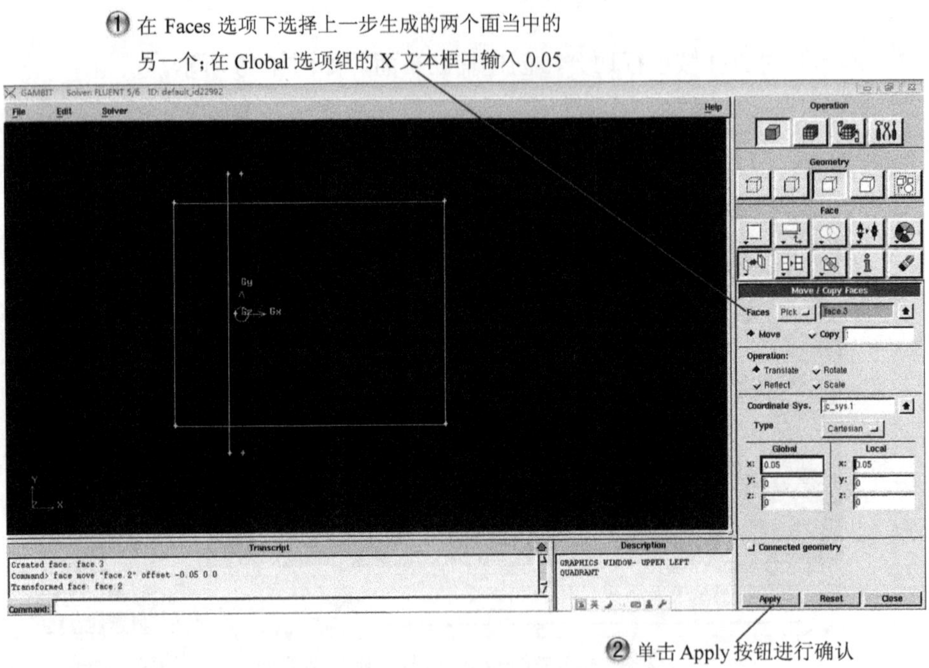

图 4-12　移动平面（2）

Step3 创建辅助平面，如图 4-13 所示。

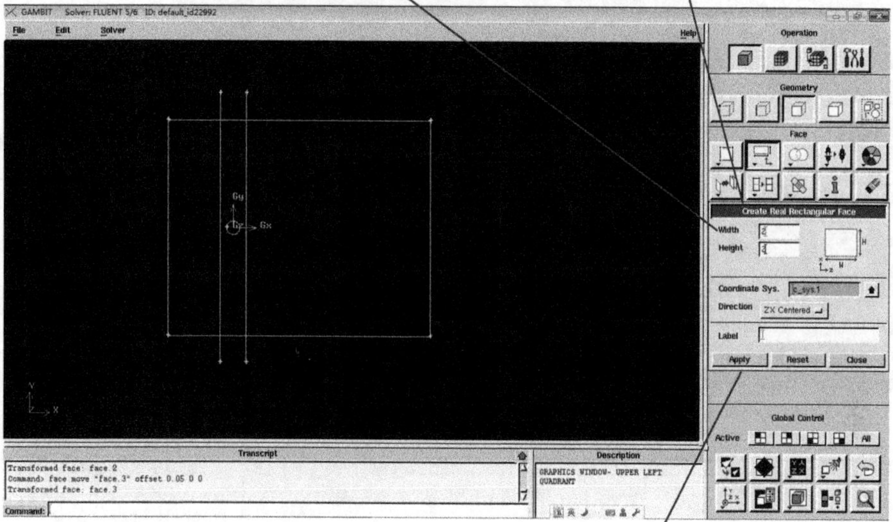

图 4-13　创建辅助平面

Step4 移动平面，如图 4-14、图 4-15 所示。

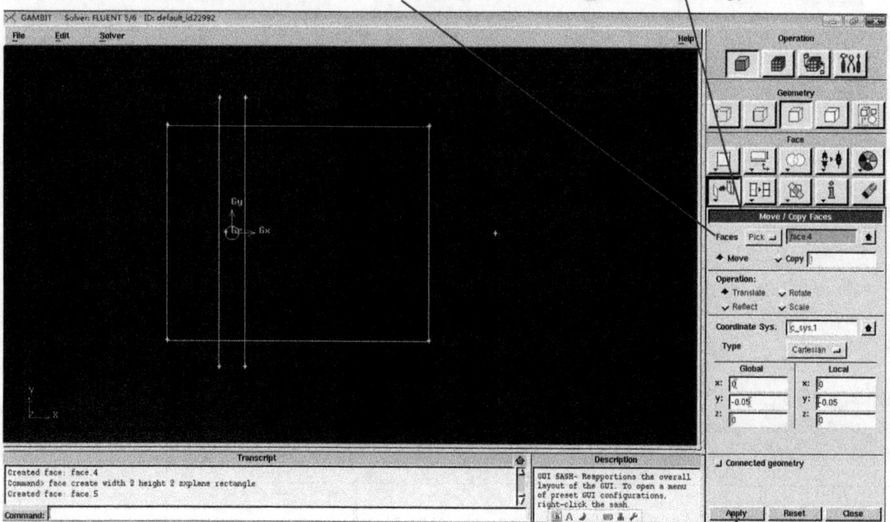

图 4-14　移动平面（1）

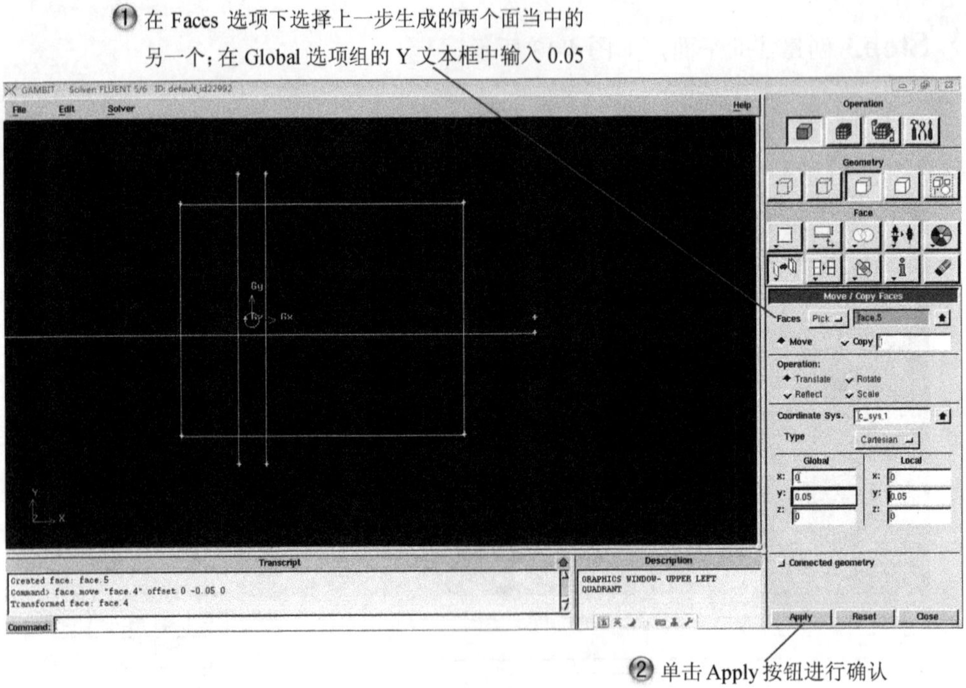

图 4-15　移动平面（2）

Step5 流体域一次切分，如图 4-16 所示。

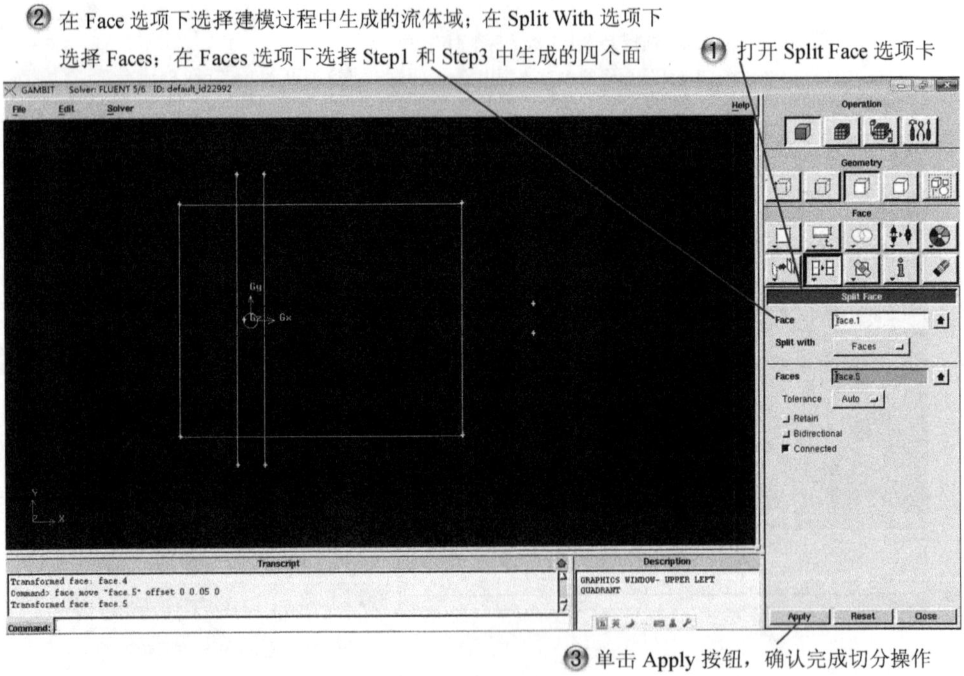

图 4-16　流体域一次切分

Step6 连接点，如图 4-17、图 4-18 所示。

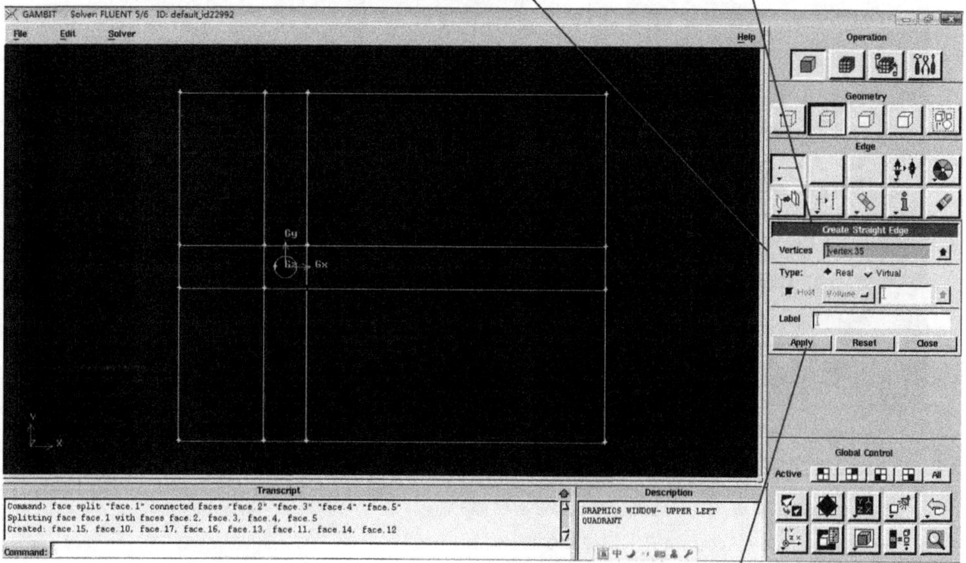

图 4-17　连接点（1）

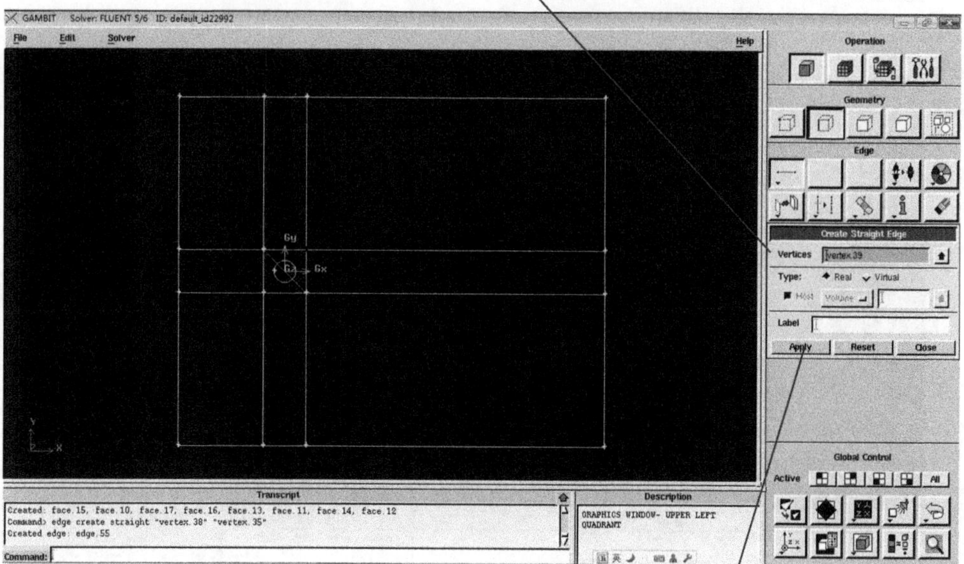

图 4-18　连接点（2）

Step7 进行面拉伸，如图 4-19 所示。

①打开 Sweep Edges 选项卡，在 Edges 选项下，选择上一步生成的两条线；在 Path 选项下选择 Vector

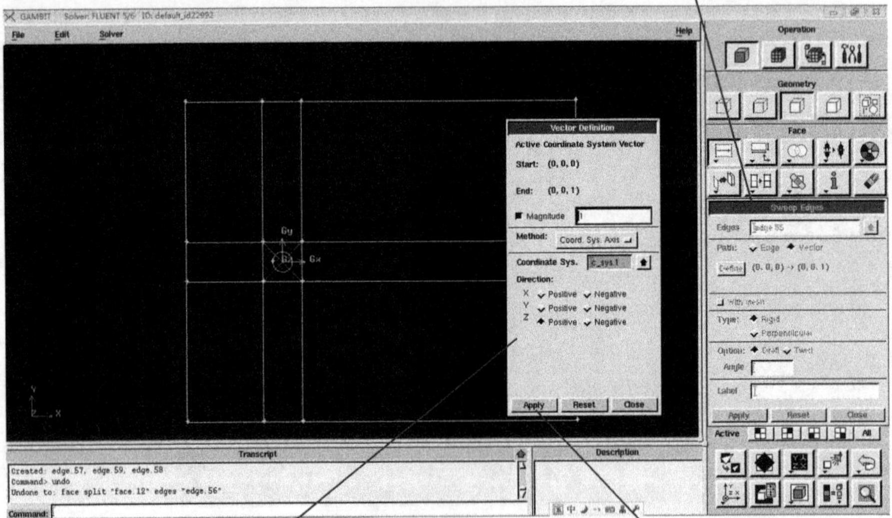

② 单击 Define 按钮，打开 Vector Definition 对话框，启用 Magnitude 复选框，并在其后的文本框中输入 1

③ 单击 Apply 按钮

图 4-19 面拉伸

Step8 流体域二次切分，如图 4-20 所示。

② 在 Face 选项下选择内部的小正方形面；在 Split With 选项下选择 Faces；在 Faces 选项下选择上一步生成的两个面

① 打开 Split Face 选项卡

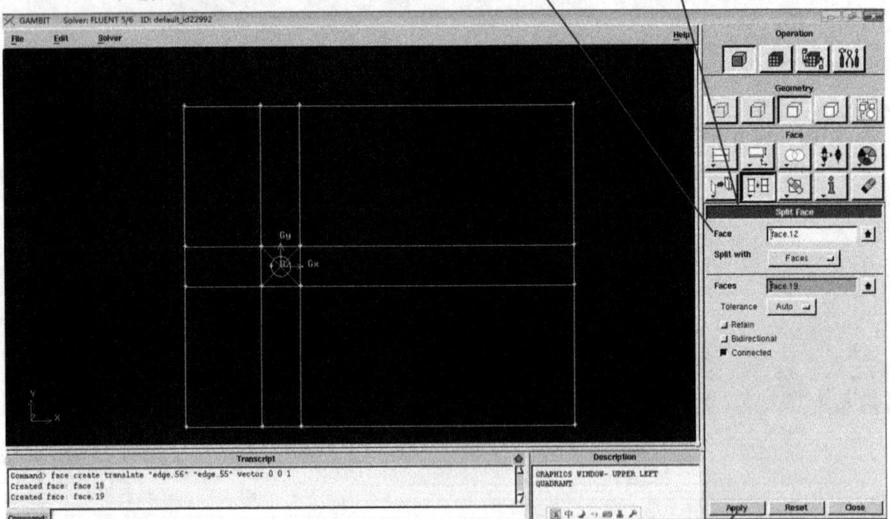

③单击 Apply 按钮，完成切分，切分完之后内部的小正方形区域就变成了四个小的类似三角形的区域

图 4-20 流体域二次切分

提示

在 Split With 选项下选择 Faces，即使用面进行切割；在 Faces 选项下选择上一步生成的两个面，使其作为切分工具。

Step9 进行线拼接，如图 4-21 所示。

②在 Edges 选项下选择图示的两条线 ①打开 Merge Edges 选项卡

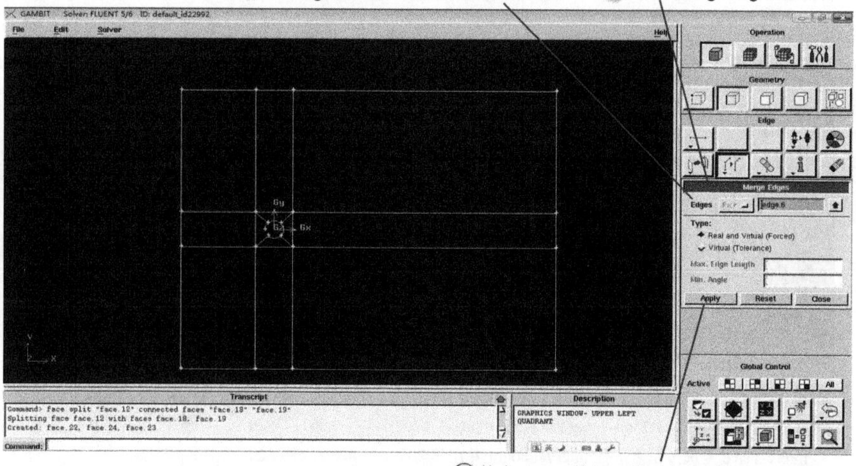

③单击 Apply 按钮，将两条线拼接为一条线

图 4-21　线拼接

Step10 划分线网格 1，如图 4-22 所示。

②在 Edges 选项下选择图中所有的线 ①打开 Mesh Edges 选项卡

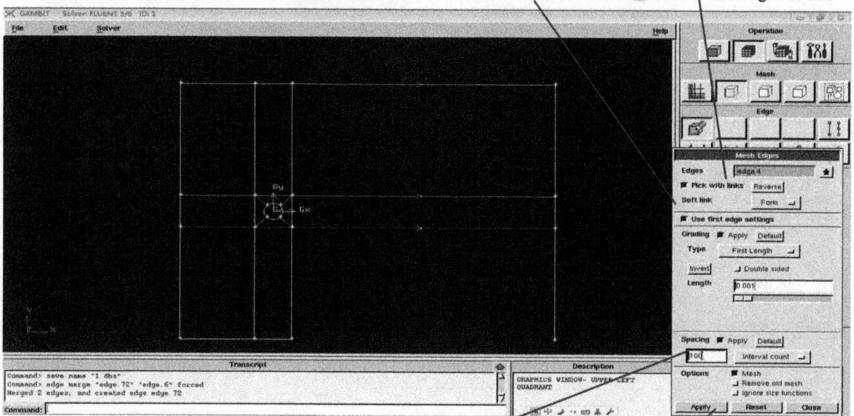

③在 Type 选项下选择 First Length；在 Length 文本框中输入 0.001；单击 Interval size 复选按钮，选择 Interval count 并在其前面的文本框中输入 100

④单击 Apply 按钮

图 4-22　划分线网格 1

提示

在 Edges 选项下选择线时，注意选中之后要保证线上面显示的箭头方向必须一致，如果方向反了，可以使用鼠标中键进行调整。

Step11 划分线网格 2，如图 4-23 所示。

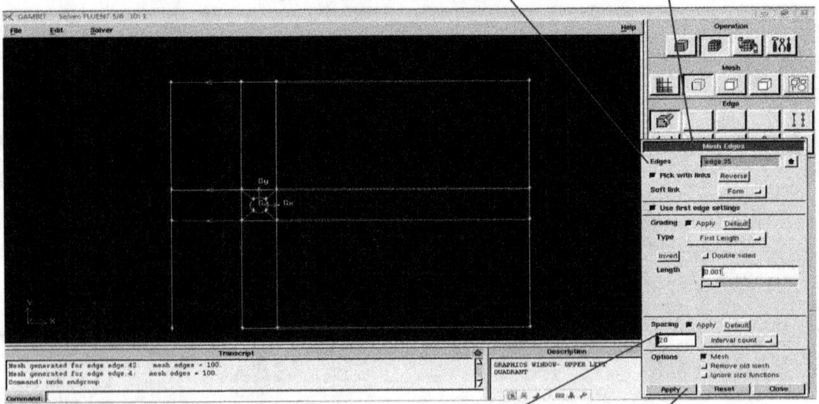

图 4-23　划分线网格 2

Step12 划分线网格 3，如图 4-24 所示。

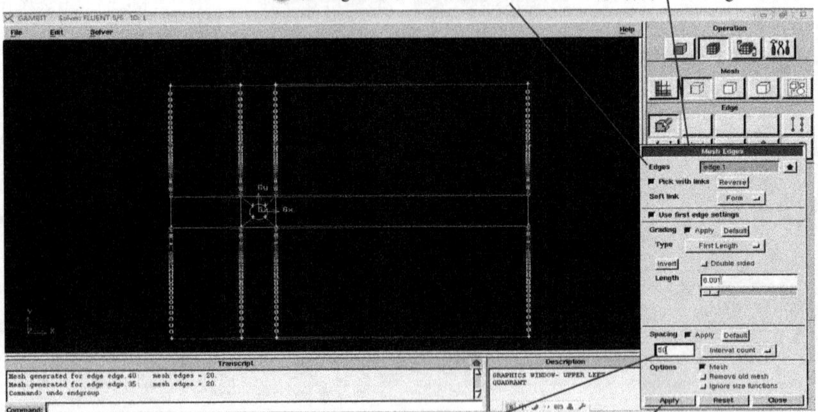

图 4-24　划分线网格 3

Step13 划分线网格 4，如图 4-25 所示。

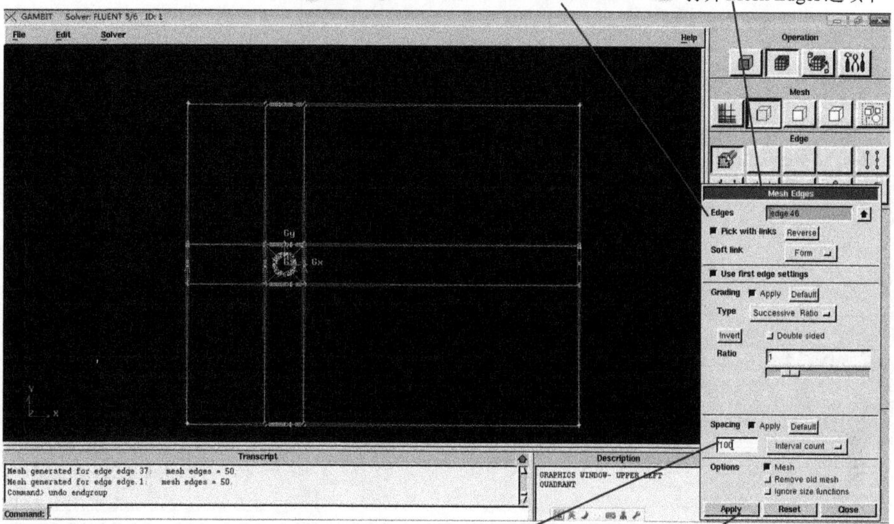

图 4-25　划分线网格 4

Step14 划分线网格 5，如图 4-26 所示。

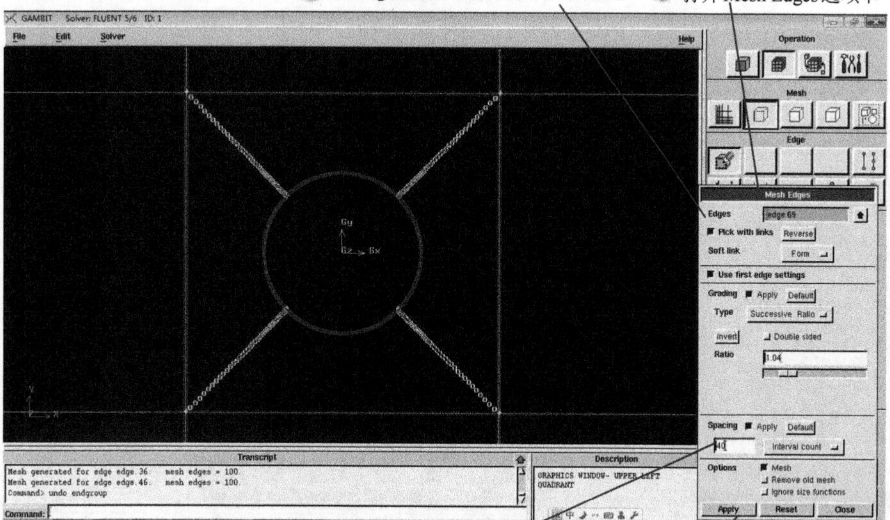

图 4-26　划分线网格 5

Step15 划分面网格 6，如图 4-27 所示。

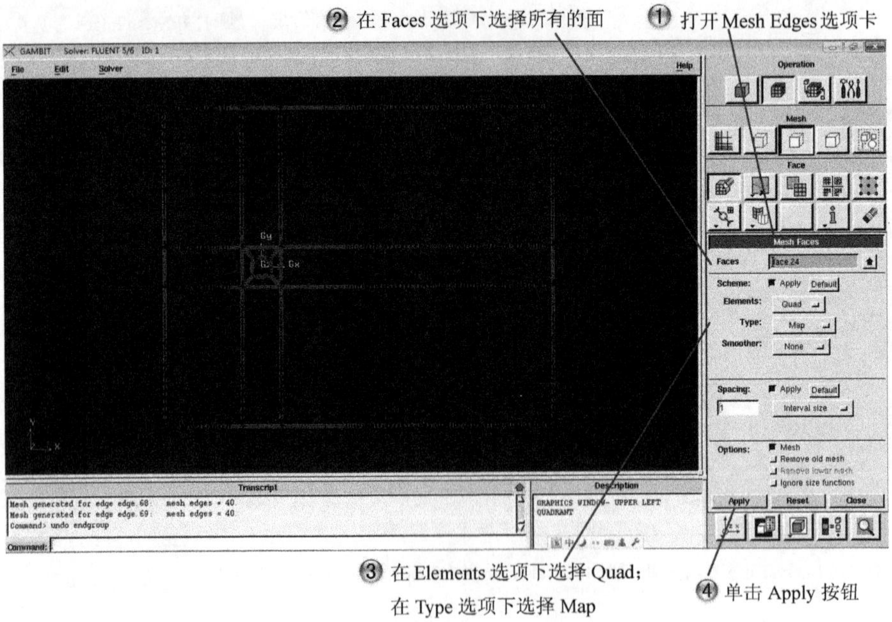

图 4-27　划分面网格 6

Step16 隐藏网格，如图 4-28 所示。

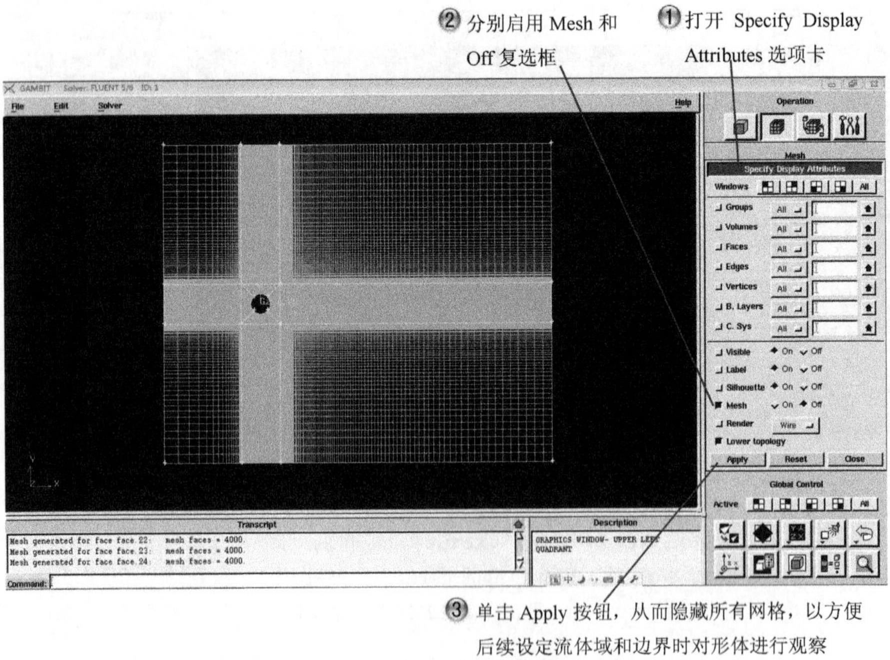

图 4-28　隐藏网格

Step17 设定流体域，如图 4-29 所示。

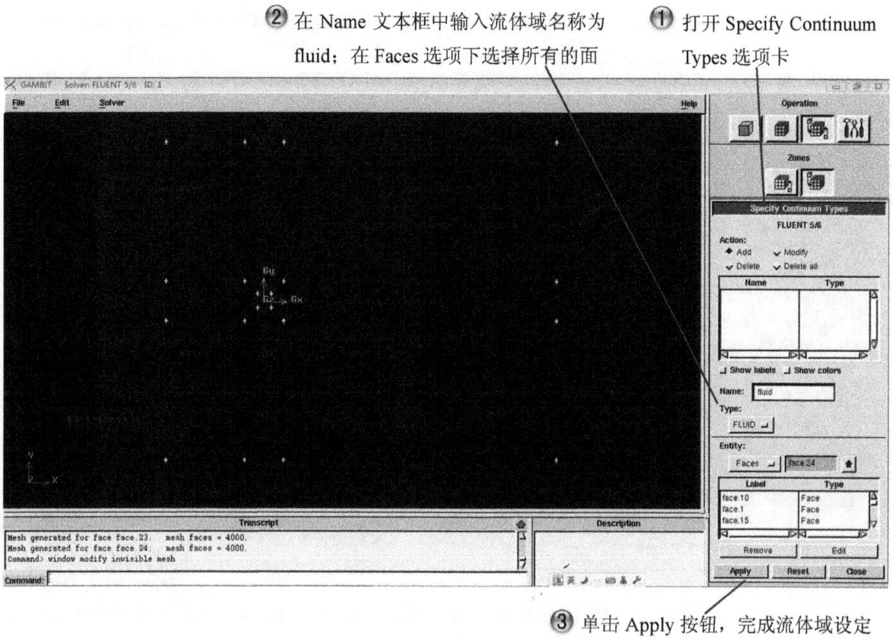

图 4-29　设定流体域

Step18 设定左侧入口边界，如图 4-30 所示。

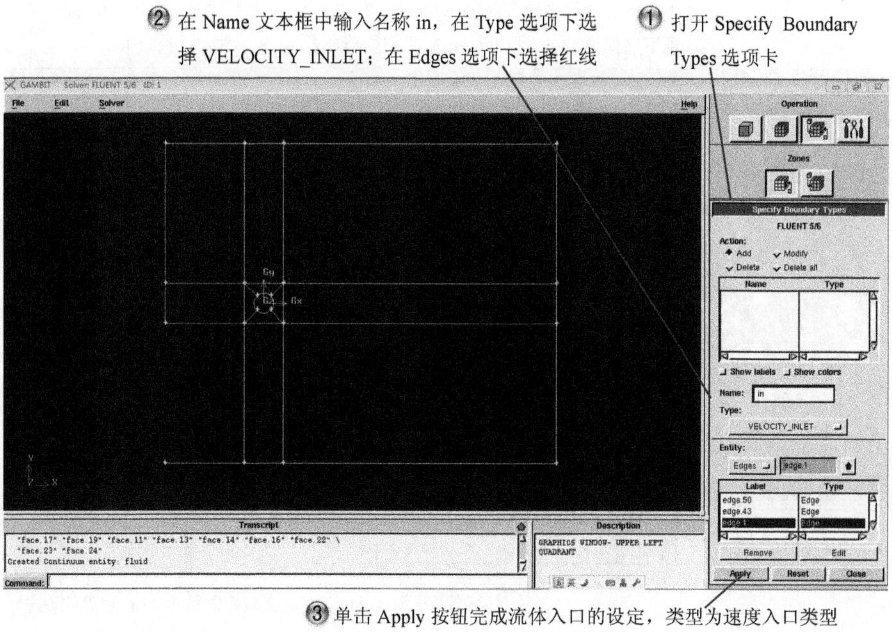

图 4-30　设定左侧入口边界

Step19 设定右侧出口边界，如图 4-31 所示。

② 在 Name 文本框中输入名称 out，在 Type 选项下选择 OUTFLOW；在 Edges 选项下选择红线

① 打开 Specify Boundary Types 选项卡

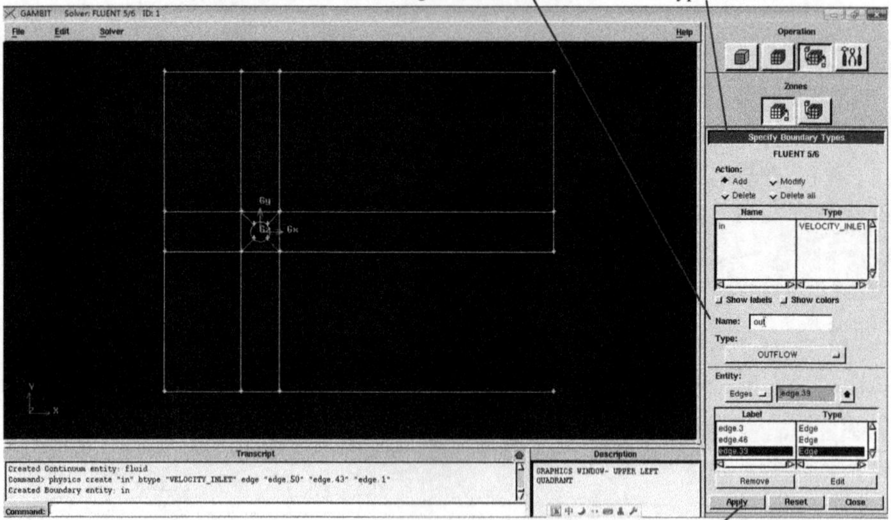

③ 单击 Apply 按钮完成流体出口的设定，类型为自由出流类型

图 4-31　设定右侧出口边界

Step20 设定圆柱 WALL 边界，如图 4-32 所示。

② 在 Name 文本框中输入名称 cylinder，在 Type 选项下选择 WALL；在 Edges 选项下选择红线

① 打开 Specify Boundary Types 选项卡

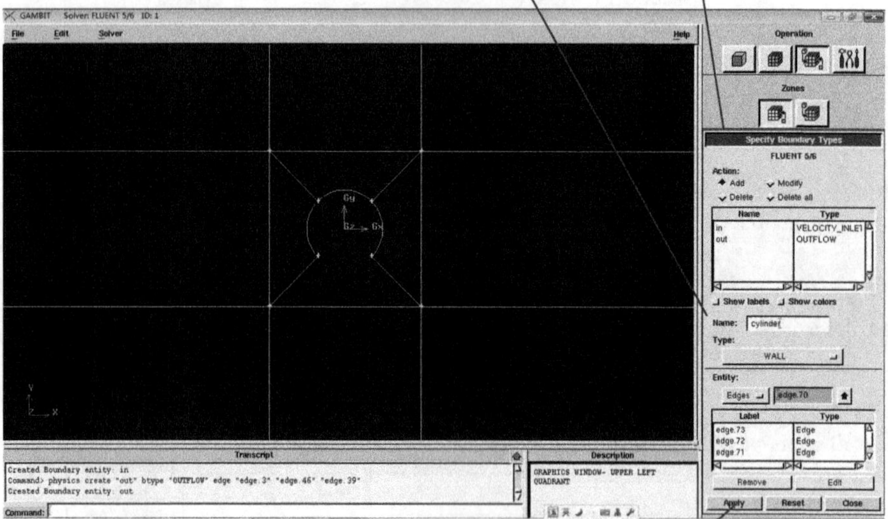

③ 单击 Apply 按钮，完成左圆柱 WALL 边界的设定

图 4-32　设定圆柱 WALL 边界

Step21 设定壁面边界，如图 4-33 所示。

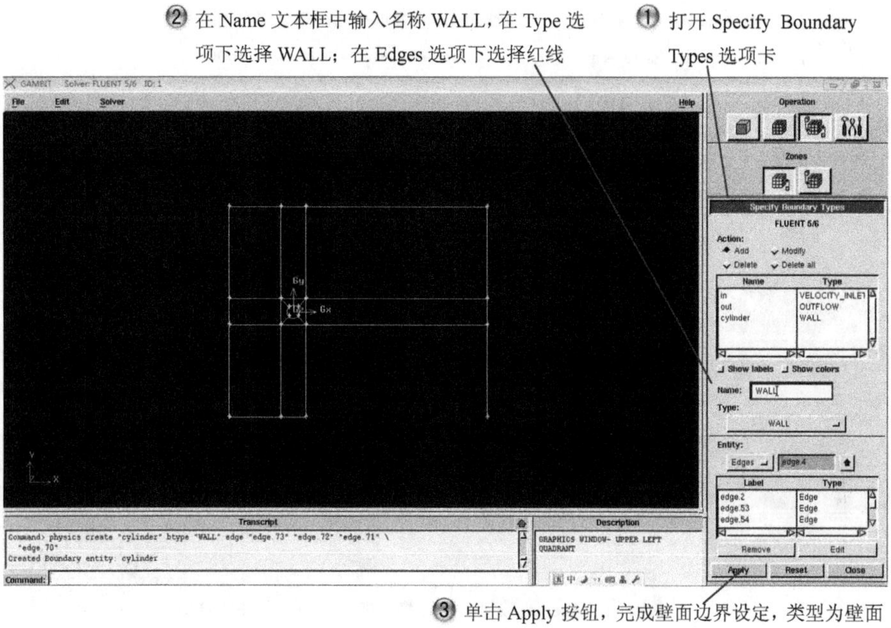

图 4-33　设定壁面边界

Step22 显示网格，如图 4-34 所示。

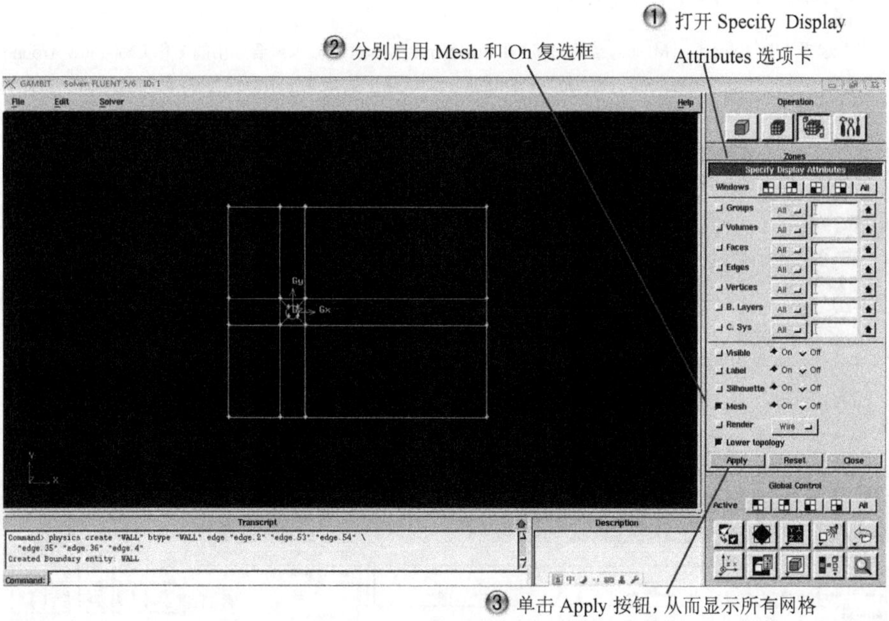

图 4-34　显示网格

Step23 保存网格，如图 4-35 所示。

①选择 File|Save As...菜单命令，打开 Save Session As 对话框

②在 ID 文本框中输入需要保存的名称 EX4-Flow Around Circular Cylinder

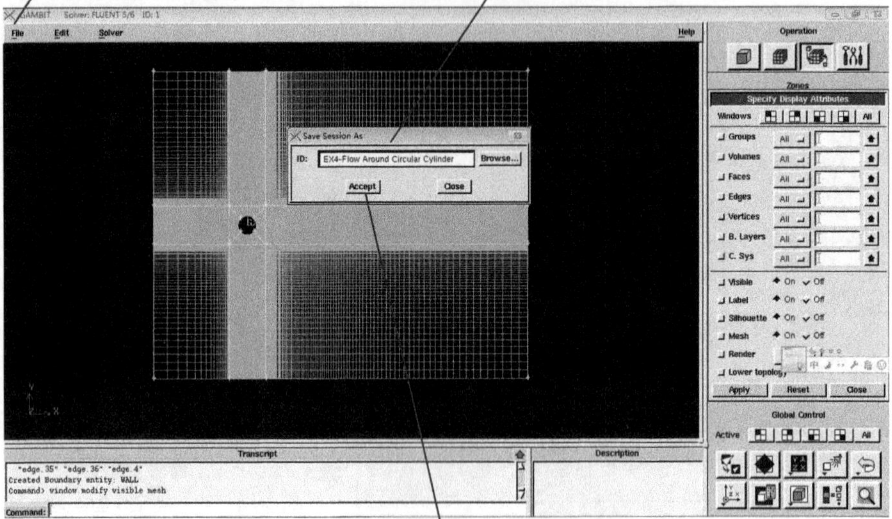

③单击 Accept 按钮，即可将网格保存为名称 EX4-Flow Around Circular Cylinder、扩展名为.dbs 的网格源文件

图 4-35 保存网格

Step24 导出网格，如图 4-36 所示。

①选择 File|Export...|Mesh...菜单命令，打开 Export Mesh File 对话框

②在 File Name 文本框中输入需要导出的名称 EX4-Flow Around Circular Cylinder；启用 Export 2-D(X-Y) Mesh 复选框

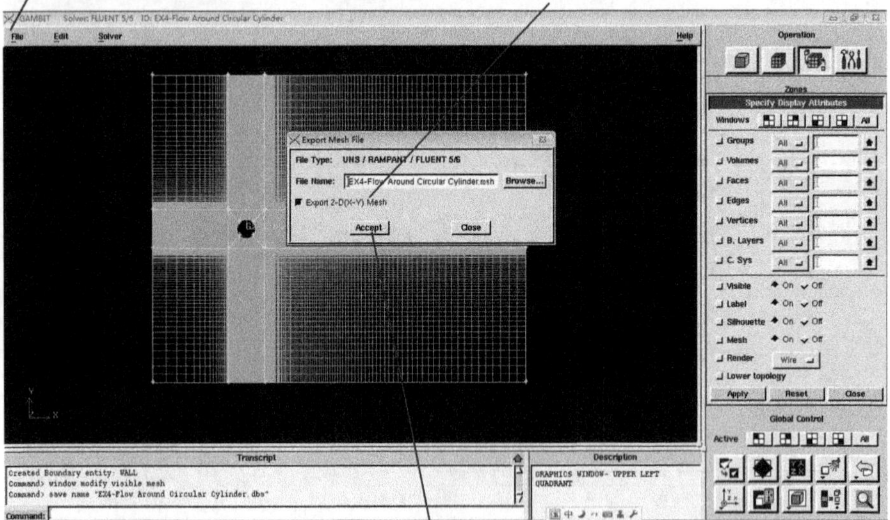

③单击 Accept 按钮，即可将网格导出名称为 EX4-Flow Around Circular Cylinder、扩展名为.msh 的网格文件

图 4-36 导出网格

4.2.3 仿真设置过程

Step1 打开 FLUENT18.0，读入网格文件，如图 4-37 所示。

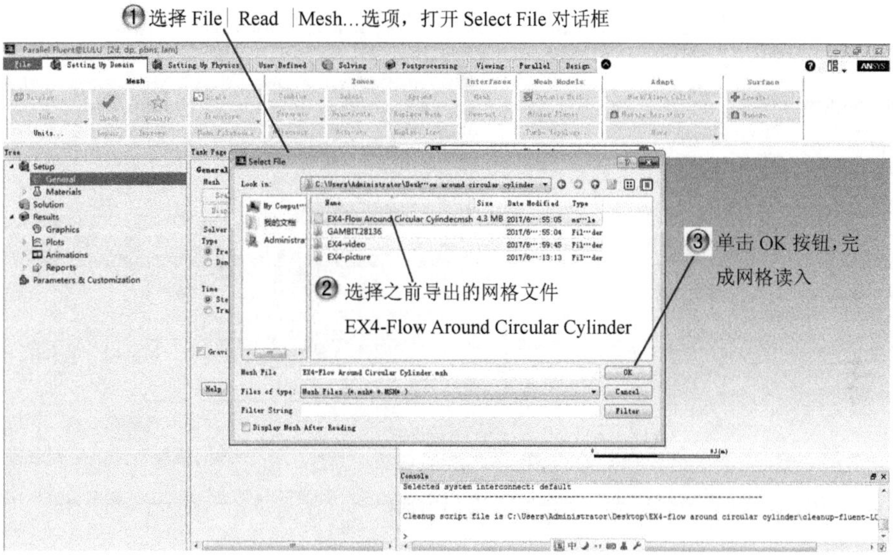

图 4-37　读入网格文件

Step2 显示网格，如图 4-38 所示。

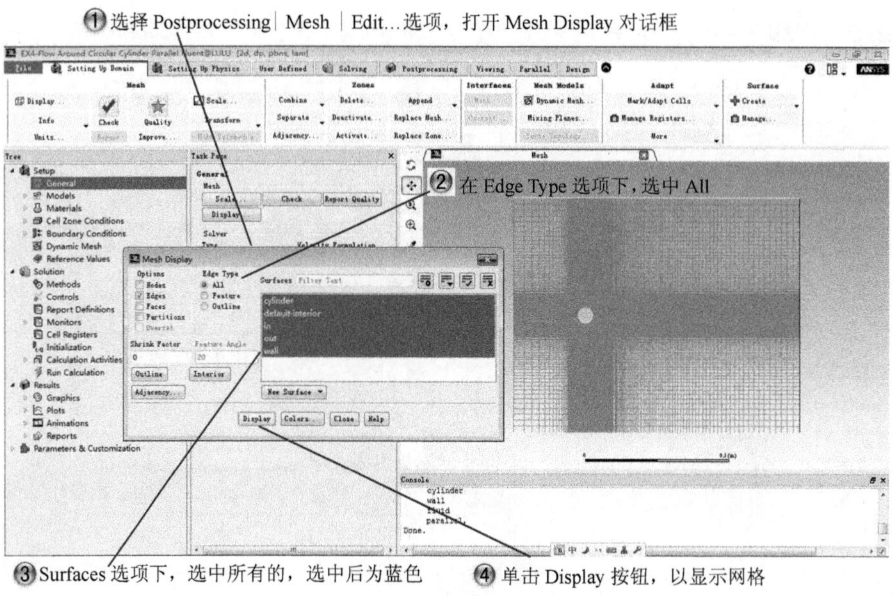

图 4-38　显示网格

Step3 检查网格，如图 4-39 所示。

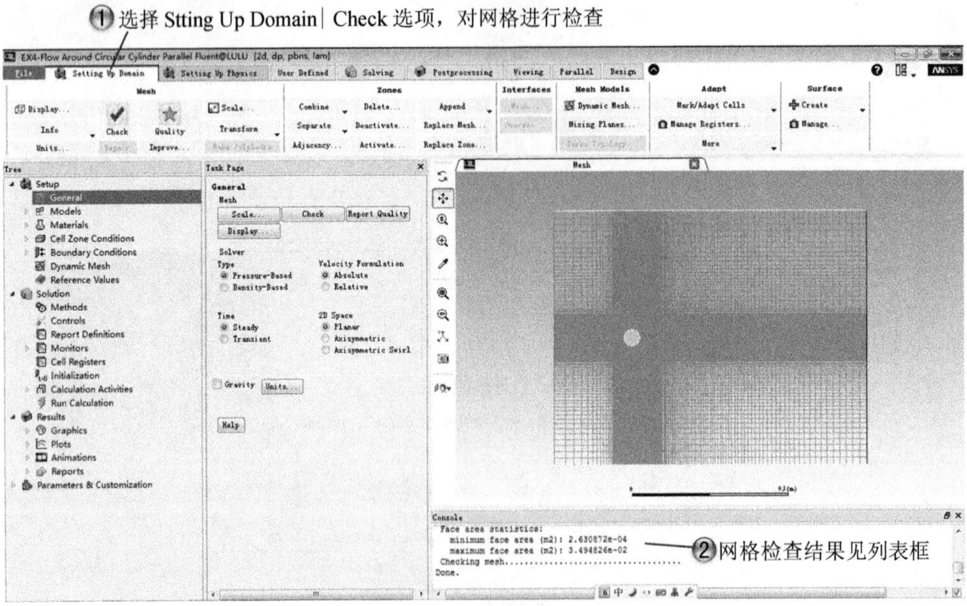

图 4-39　检查网格

Step4 网格质量检测，如图 4-40 所示。

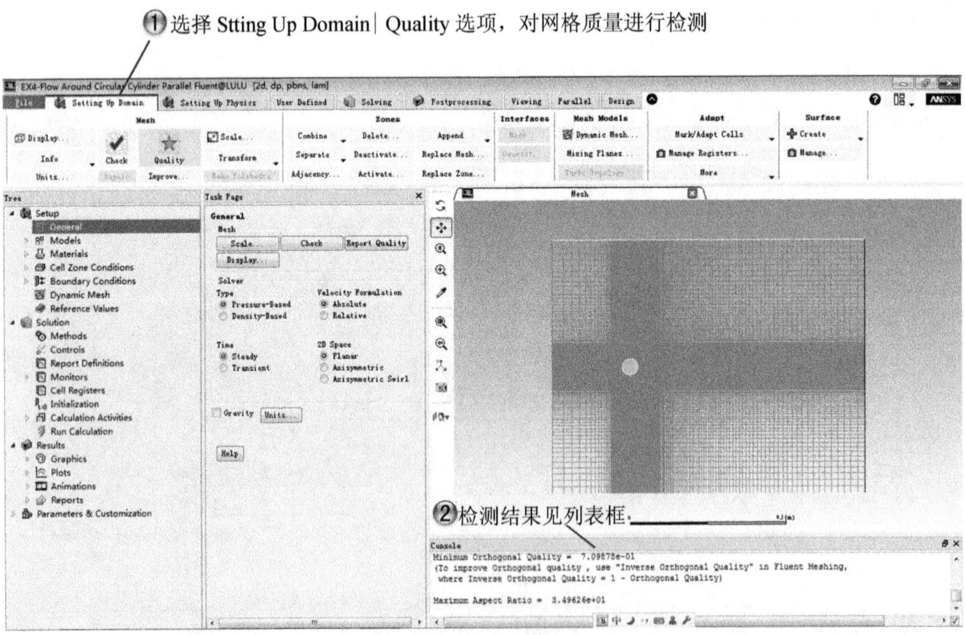

图 4-40　网格质量检测

Step5 调整尺寸单位，如图 4-41 所示。

①选择 Stting Up Domain | Scale…选项，打开 Scale Mesh 对话框

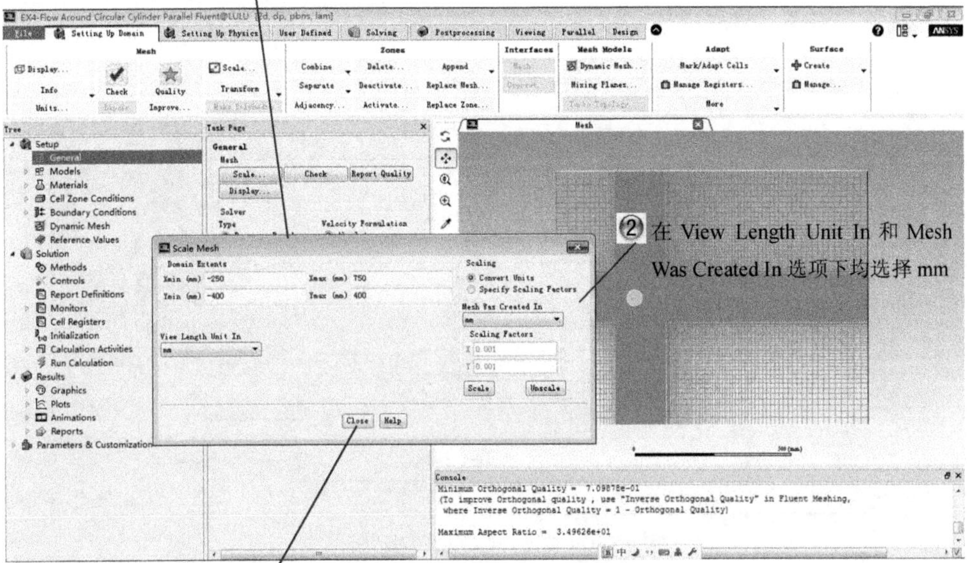

③单击 Close 按钮退出，从而将模型单位调整为 mm

图 4-41　调整尺寸单位

Step6 求解器设置，如图 4-42 所示。

①选择 General 选项，进入 General 选项卡

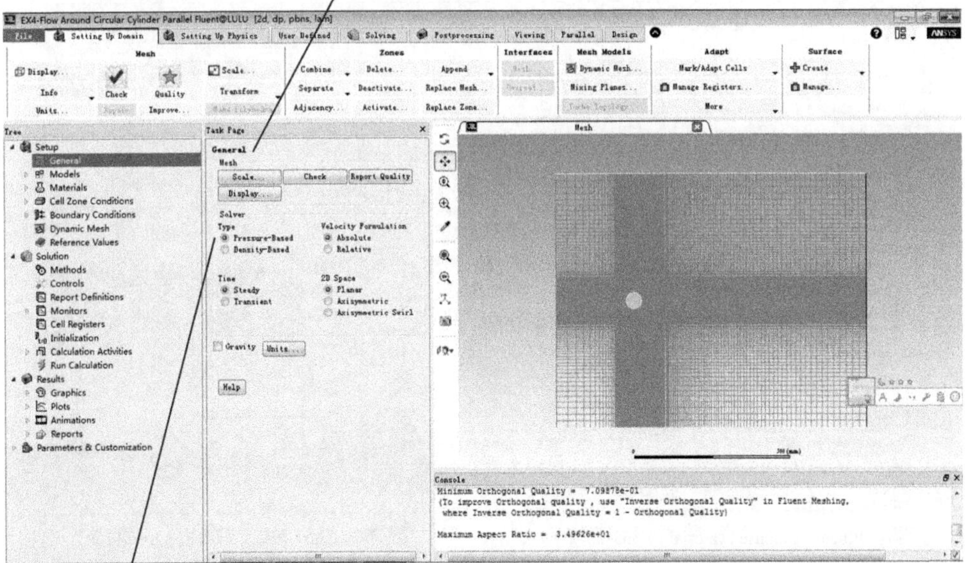

②选中 Pressure-Based 以使用基于压力基的求解；选中 Steady，使用稳态计算

图 4-42　求解器设置

Step7 湍流模型设置，如图 4-43 所示。

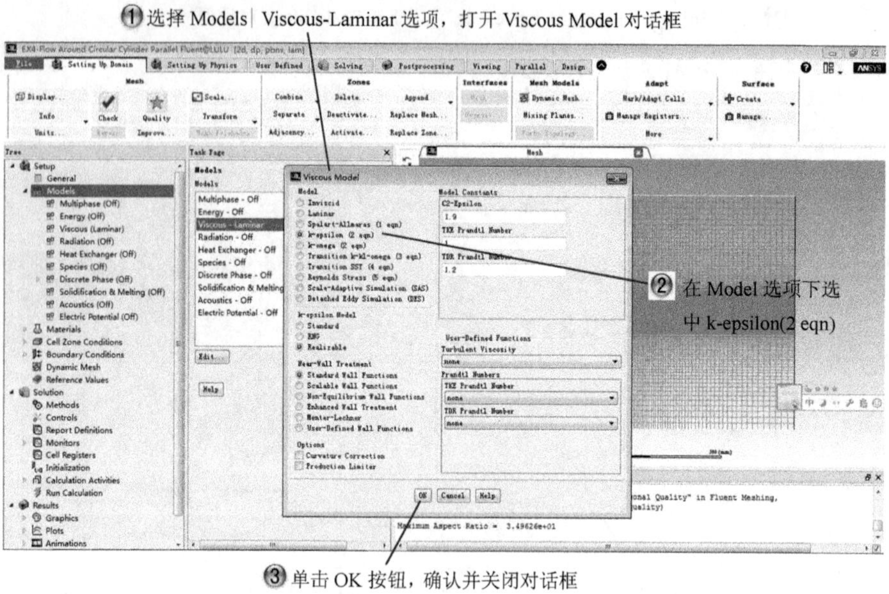

图 4-43 湍流模型设置

Step8 选择流体材料（水），如图 4-44 所示。

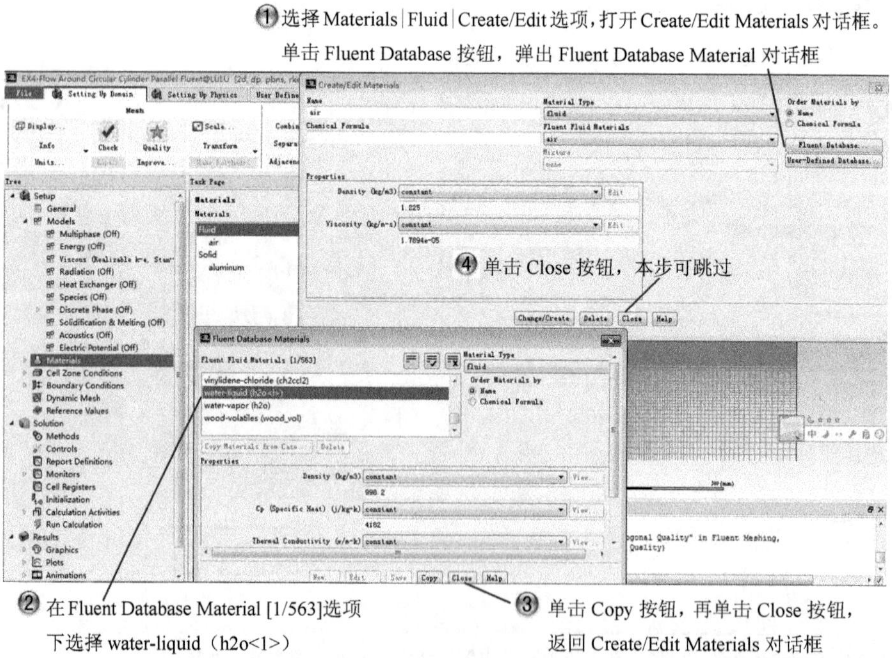

图 4-44 选择流体材料（水）

Step9 选择流体域材料，如图 4-45 所示。

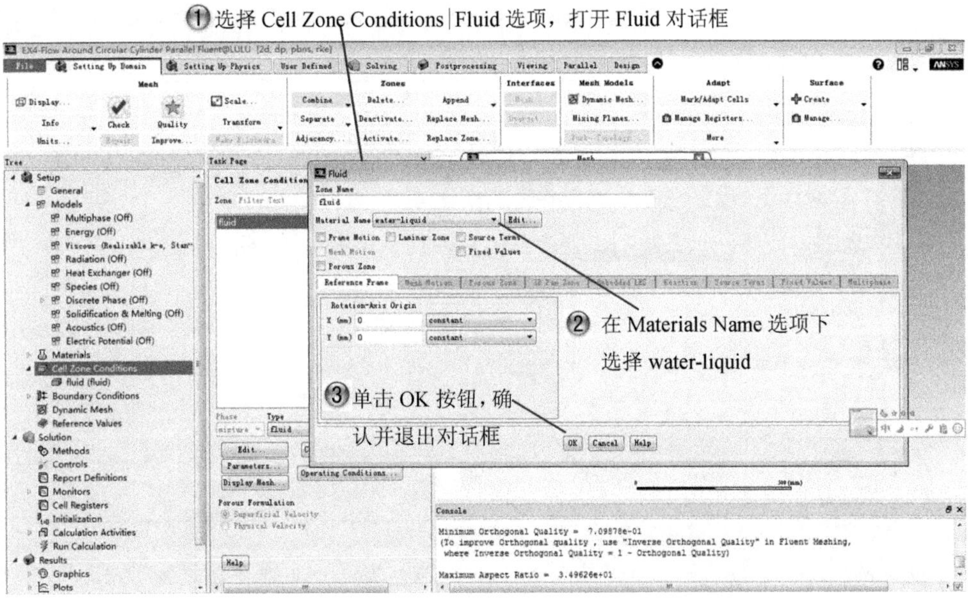

图 4-45　选择流体域材料

Step10 顶部入口设置，如图 4-46 所示。

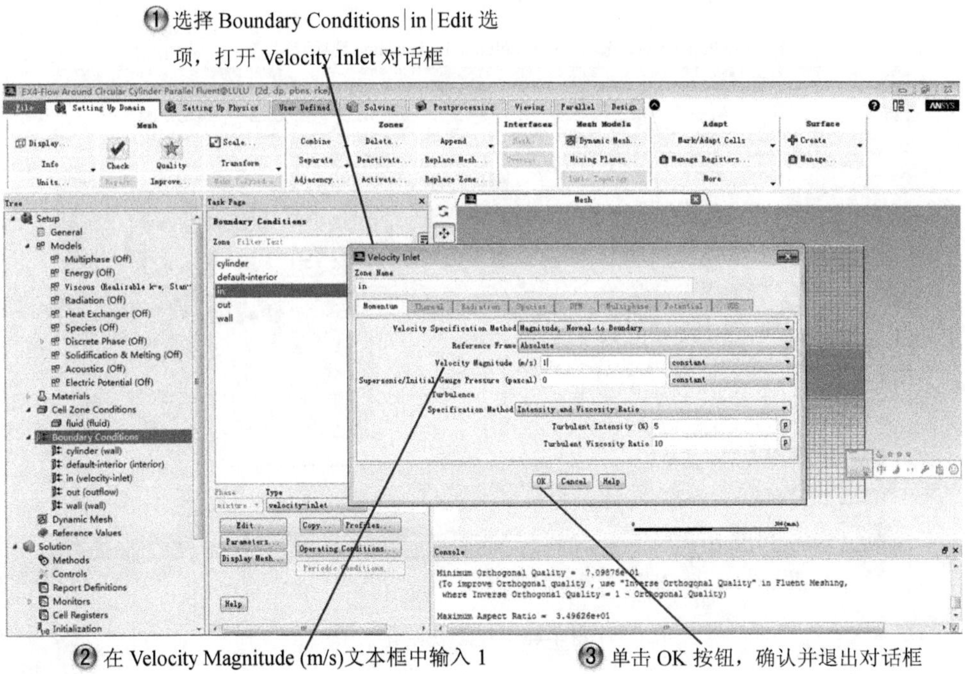

图 4-46　顶部入口设置

Step11 壁面运动设置，如图 4-47 所示。

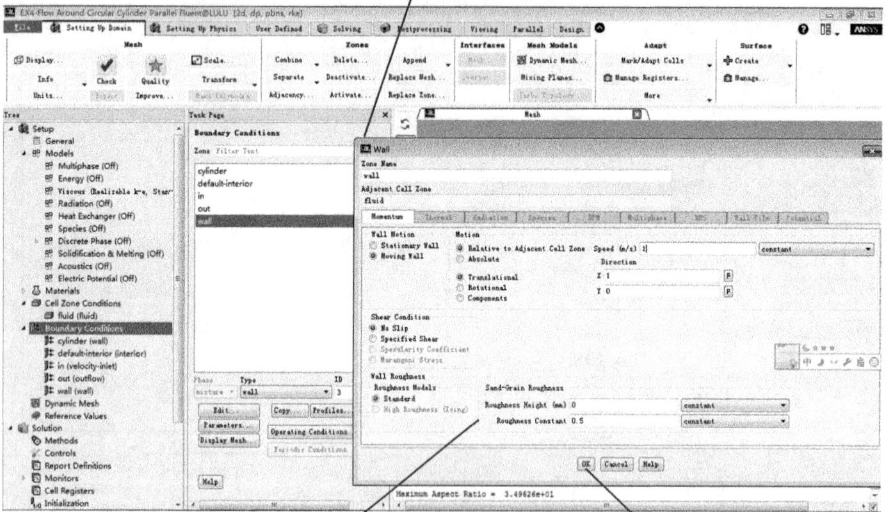

图 4-47　壁面运动设置

Step12 流场初始化，如图 4-48 所示。

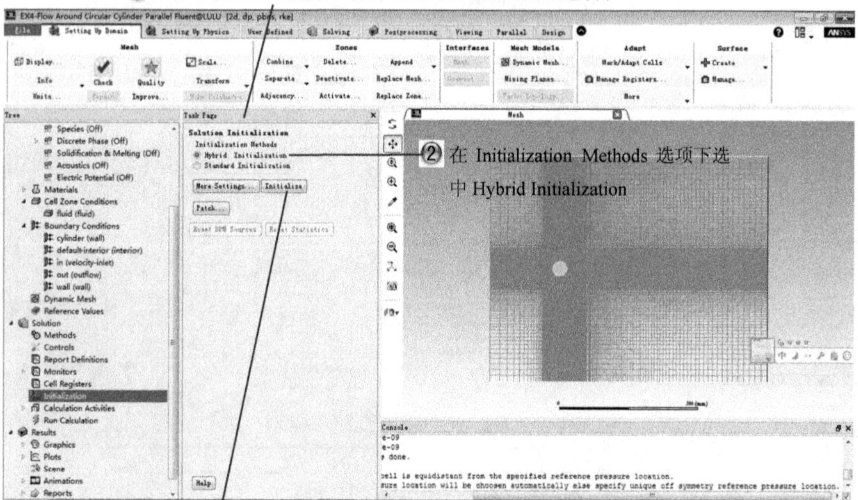

图 4-48　流场初始化

（1）单击 Initialization，进入 Solutin Initialization 选项卡。

（2）在 Initialization Methods 项下选择 Hybrid Initialization。

（3）点击 Initialize，完成流场初始化。

Step13 稳态求解计算，如图 4-49 所示。

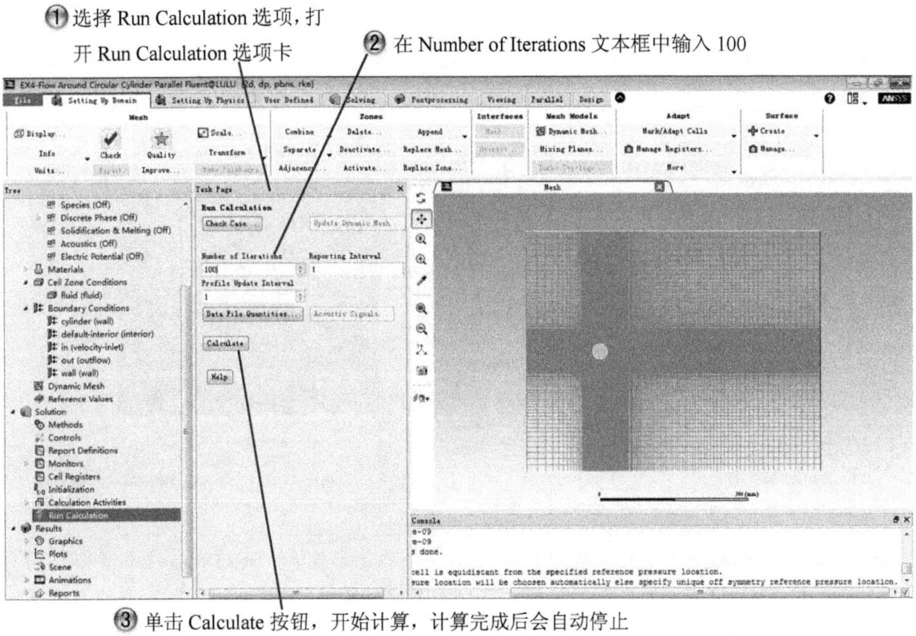

图 4-49　稳态求解计算

Step14 保存计算结果，如图 4-50 所示。

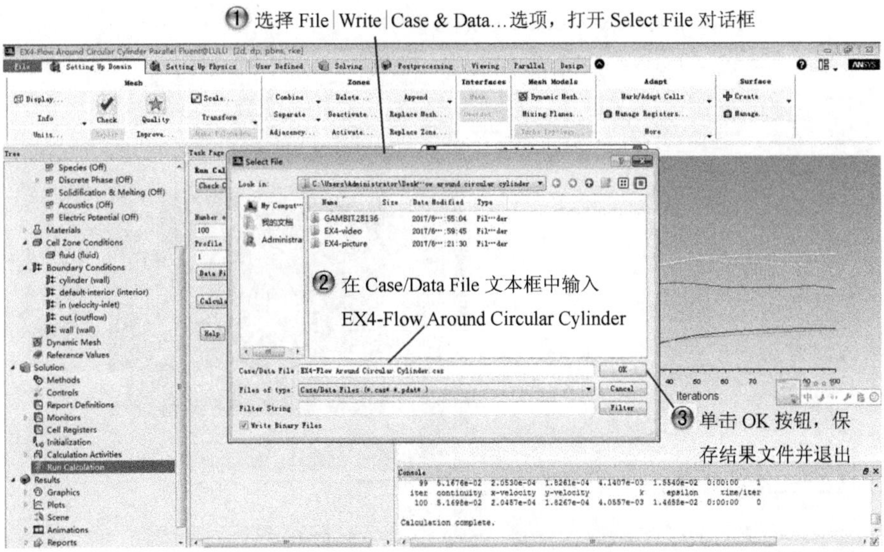

图 4-50　保存计算结果

Step15 稳态涡量分布云图，如图 4-51 所示。

① 选择 Graphics|Contours 选项，打开 Contours 对话框，在 Contours of 选项下选择 Velocity…和 Vorticity Magnitude

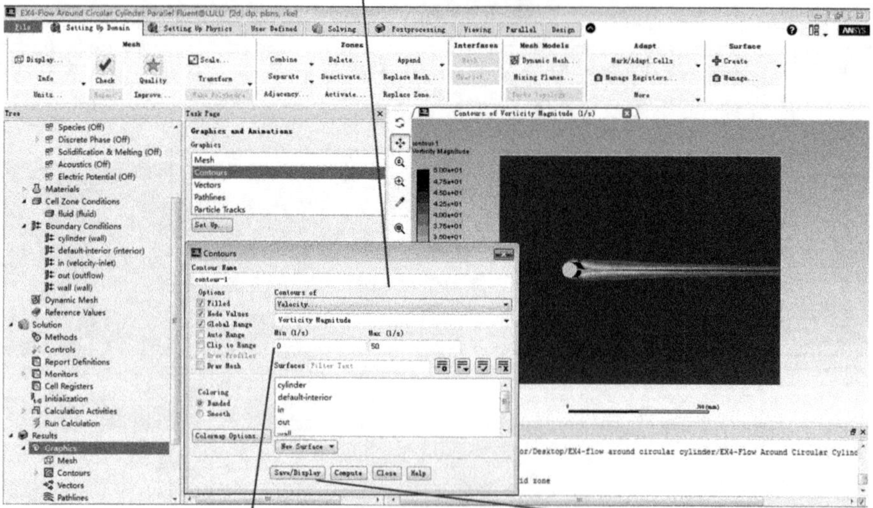

② 在 Options 选项组启用 Filled，取消启用 Auto Range 和 Clip to Range，然后 Min 和 Max 改变成可编辑状态，在 Max 文本框中输入 50，其余保持默认

③ 单击 Save/Display 按钮，以显示涡量分布云图

图 4-51　稳态涡量分布云图

Step16 修改求解器为瞬态求解器，如图 4-52 所示。

① 选择 General 选项，进入 General 选项卡

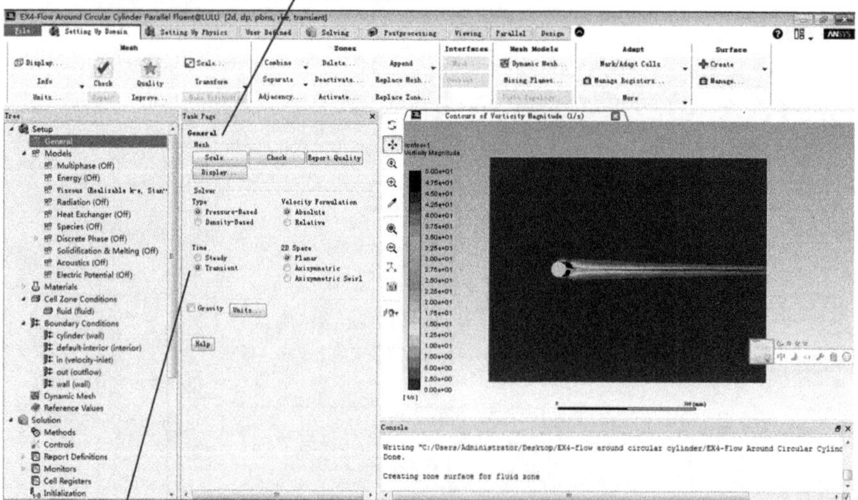

② 选中 Transient，使用瞬态计算

图 4-52　修改求解器为瞬态求解器

Step17 设置自动保存，如图 4-53 所示。

① 选择 File | Write | Autosave 选项，打开 Autosave 对话框，在 Save Data File Every (Time Steps)文本框中输入 1

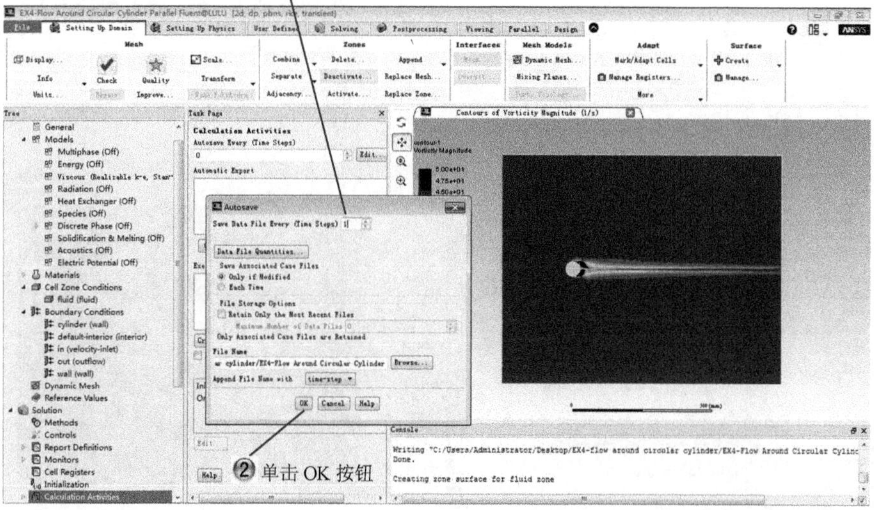

图 4-53　设置自动保存

Step18 设置涡量监测，如图 4-54 所示。

① 选择 Calculation Activities 选项并双击 Animations，打开 Animation Definition 对话框

③ 在 Contours of 选项下选择 Velocity 和 Vorticity Magnitude；在 Options 选项组启用 Filled，取消启用 Auto Range 和 Clip to Range，然后 Min 和 Max 改变成可编辑状态，在 Max 文本框中输入 50

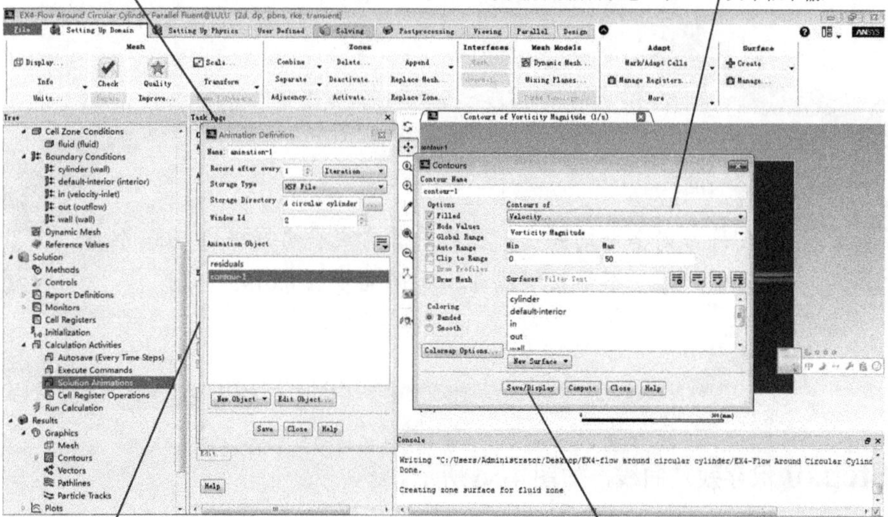

② 在 Iteration 下拉列表框中选择 Time Step，在 New Object 下拉列表框中选择 Contours，弹出 Contours 对话框

④ 单击 Save/Display 按钮

图 4-54　设置涡量监测

Step19 瞬态求解计算，如图 4-55 所示。

① 选择 Run Calculation 选项，进入 Run Calculation 选项卡，在 Time Step Size 文本框中输入 0.01，在 Number of Time Steps 文本框中输入 200

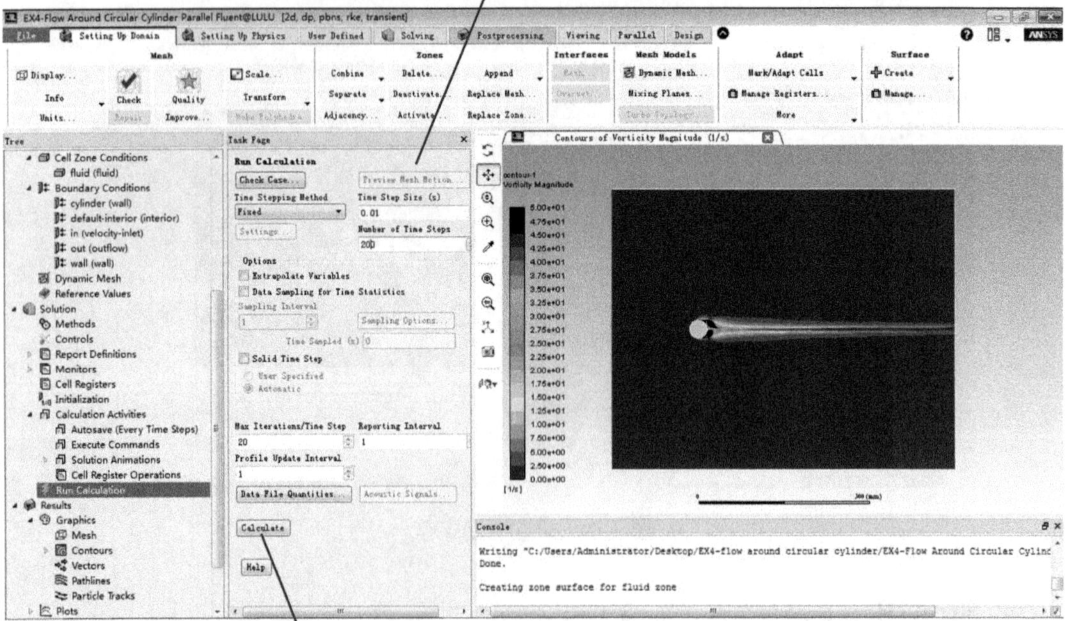

② 单击 Calculate 按钮，开始计算

图 4-55　瞬态求解计算

提示

计算完会自动停止，最终计算完成会自动保存 200 个结果文件，每一个结果间隔为一个时间步长 0.01s。

Step20 保存残差曲线，如图 4-56 所示。

① 在显示窗中单击 Scaled Residuals，使残差曲线显示窗显示到最前

② 选择 File|Save Picture...选项，打开 Save Picture 对话框。在 Fromat 选项下选择 JPEG，在 Coloring 选项下选择 Color，在 Options 选项下启用 White Backgruond

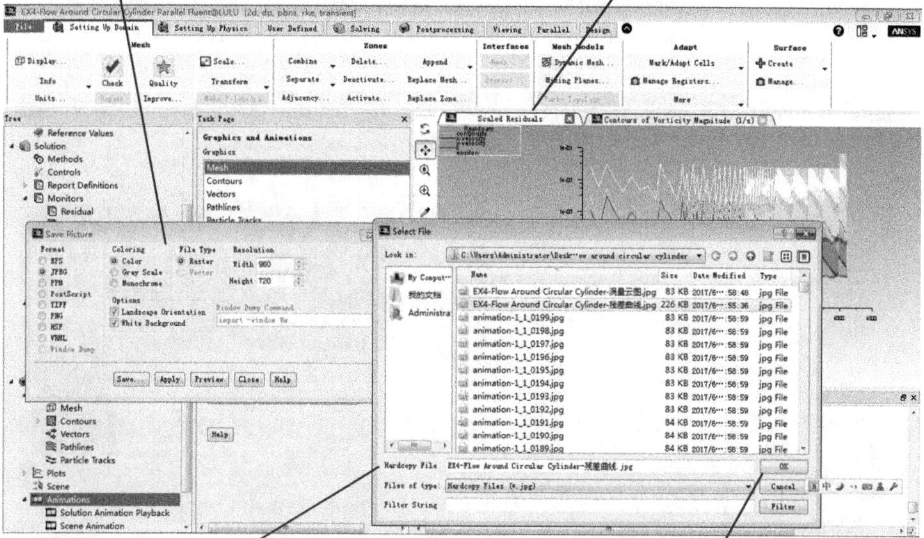

③ 单击 Save 按钮，打开 Select File 对话框，在 Hardcopy File 文本框中输入名称 EX4-Flow Around Circular Cylinder-残差曲线

④ 单击 OK 按钮，保存残差曲线，此时保存的残差曲线是白色前景下 JPEG 格式的彩色图片

图 4-56　瞬态求解计算

Step21 输出动画文件，如图 4-57 所示。

① 双击 Animations，打开 Graphics and Animations 选项卡。在 Animations 选项下双击 Solution Animation Playback，弹出 Playback 对话框

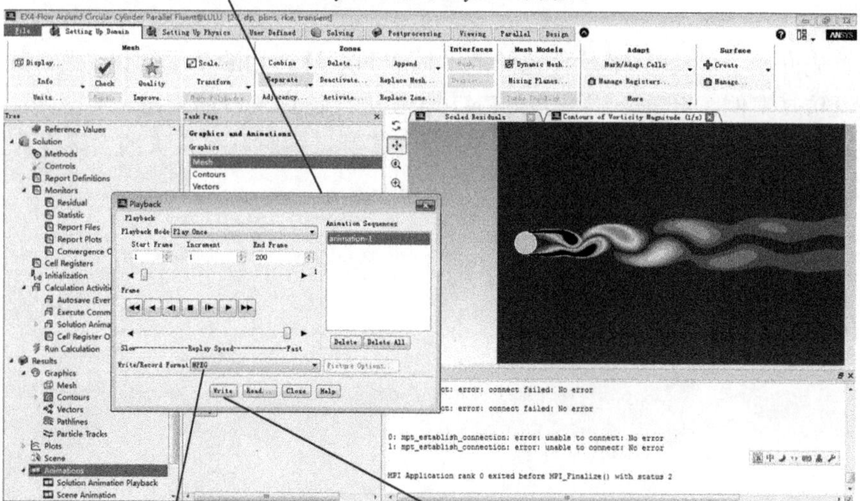

② 在 Write/Record Format 选项下选择 MPEG

③ 单击 Write 按钮，即可输出动画

图 4-57　输出动画文件

Step22 输出每个时间步的结果文件，如图 4-58 所示。

② 在 Fromat 选项下选中 JPEG，在 Coloring 选项下选中 Color，在 Options 选项下启用 White Backgruond 复选框，单击 Save 按钮，进入 Select File 对话框，设置参数，单击 OK 按钮保存涡量云图，此时保存的涡量云图是白色前景下 JPEG 格式的彩色

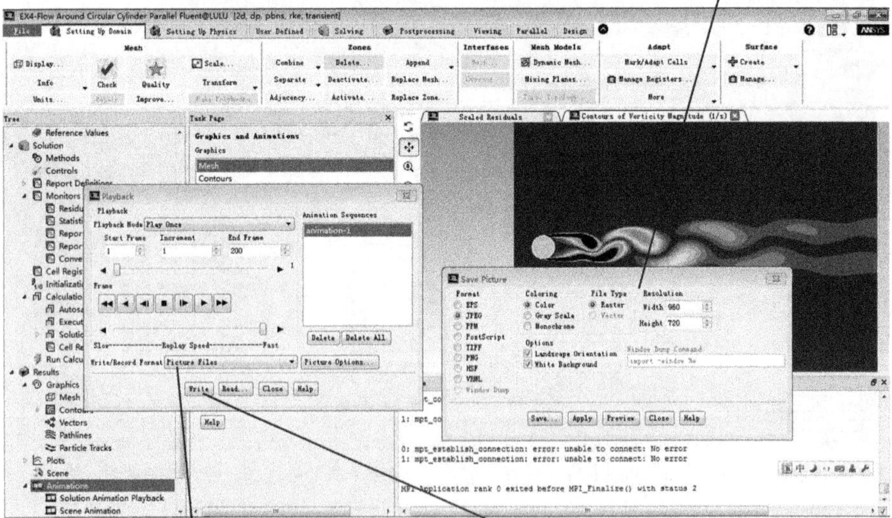

① 在 Write/Record Format 选项下选择 Picture Files，单击 Picture Options 按钮，弹出 Save Picture 对话框

③ 单击 Write 按钮，即可输出每个时间步的涡量云图结果文件

图 4-58　输出每个时间步的结果文件

4.3　案例小结

本章首先介绍了 FLUENT 软件包的基本构成和求解计划的基本知识。之后通过一个二维圆柱绕流仿真案例，着重介绍了 FLUENT 软件进行仿真求解的方法，力图使读者从全过程仿真和求解方法对该软件的功能有一个全面的了解，同时具有很大的实际操作的意义。

第 5 章　三维离心风机仿真案例

本章导读

FlUENT 是目前行业领先的，独立于求解器的流体分析处理平台，其求解器拥有强大的功能，对一个已经画好网格的几何模型，进行 FLUENT 计算要有一定的步骤。本章通过三维离心风机仿真案例的创建，重点介绍 FLUENT 求解计算的创建和仿真过程。

学习要求	学习目标 / 知识点	了解	理解	应用	实践
	FLUENT 求解步骤和材料定义		√		
	模型导入和网格划分		√	√	√
	三维离心风机仿真设置		√	√	√

5.1　案例分析

5.1.1　知识链接

对一个已经画好网格的几何模型，进行 FLUENT 计算一般要经过以下步骤。

- 确定几何形状，生成计算网格（用 GAMBIT 也可以读入其他指定程序生成的网格）。
- 启动求解器，选择 2D 或 3D 来模拟计算。
- 导入网格。
- 检查网格。
- 选择求解器。
- 选择计算模型：层流或湍流（或无黏流）、化学组分或化学反应、传热模型等。确定其他需要的模型，如风扇、热交换器、多孔介质等模型。
- 确定材料物性。
- 指定边界条件。
- 条件计算控制参数。
- 流场初始化。
- 计算。
- 检查结果。
- 保存结果，进行后处理等。

在 FLUENT 中，要求为每个参与计算的区域指定一种材料，设定材料属性是模型设定中的重要一步，它关系到能否精确模拟实际问题的情况。用户可以从 FLUENT 中复制一些常用材料的数据，也可以自定义材料的属性。用户可以设定材料属性为不变量，也可以设定材料属性满足一些方程的变化规律。

5.1.2 设计思路

如图 5-1 所示的工况，离心风机在叶片的旋转作用下，带气流从中心流流入风机，然后由出口流出，叶片转速 1000r/min，绕 X 轴顺时针旋转。

本例的模型相对较为复杂（特别是叶片部分），使用 GAMBIT 建模有所不便，因此使用的是专业的三维建模软件 CREO 建立叶片和蜗壳的三维模型，将该模型输出为 SAT 格式，然后导入到 GAMBIT 中划分网格，最后使用 FLUENT 进行流体仿真。

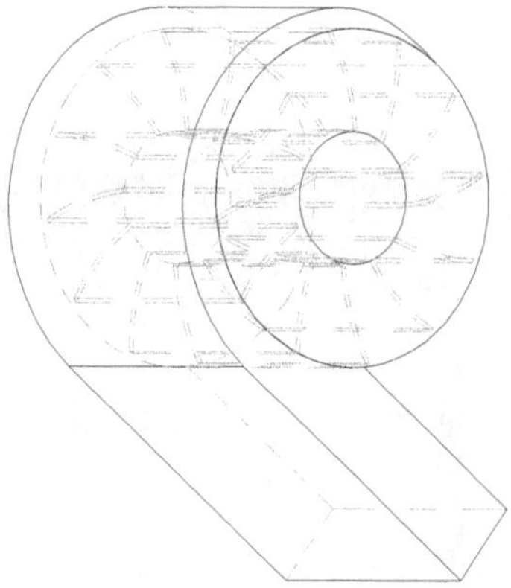

图 5-1　模型

5.2　案例操作

将 CREO 输出的 SAT 格式的三维模型导入 GAMBIT，然后进行切分操作，抽出流体域模型（面），使用非结构的三角形网格划分整体网格，设定好边界名称，然后输出网格。

本例导入的模型中有两个体（Volume.1 和 Volume.2），其中 Volume.1 为叶片所在的域，仿真时会将其设定为旋转域，Volume.2 为蜗壳，仿真时会将其设定为静域。

本案例文件：ywj/05/EX5-Centrifugal Fan 相关文件和 MODEL 文件夹中相关文件

多媒体教学路径：多媒体教学→第 5 章

5.2.1　模型导入及网格划分

Step1 打开 GAMBIT，导入模型，如图 5-2 所示。

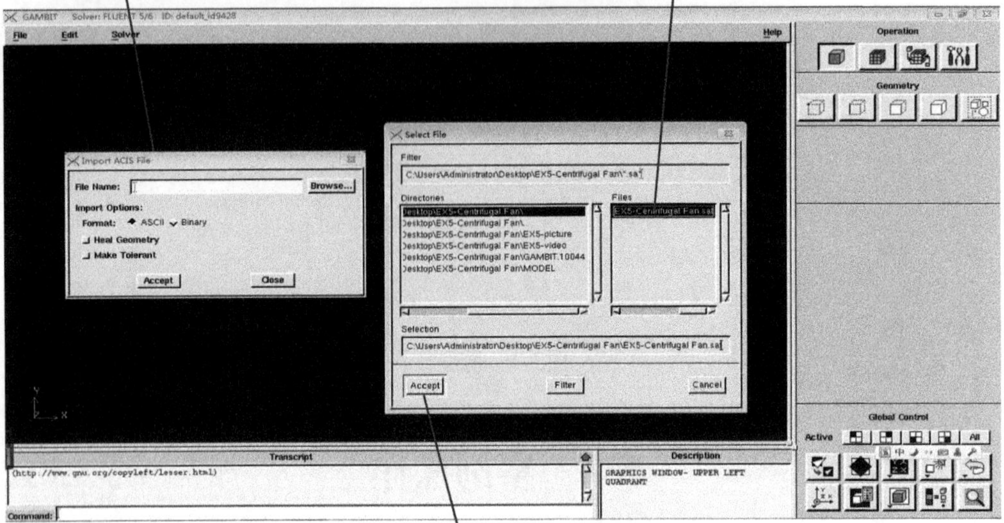

图 5-2　导入模型

Step2 隐藏旋转域，如图 5-3 所示。

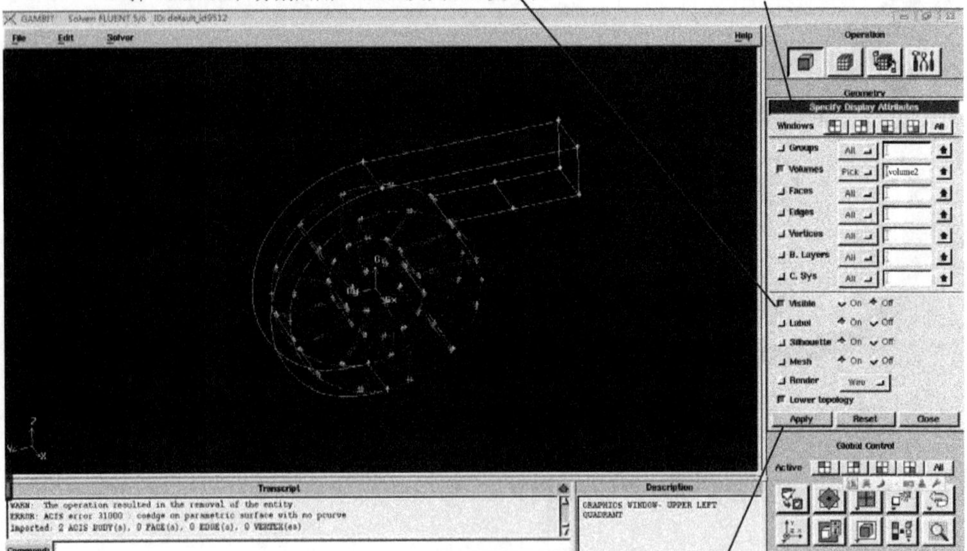

图 5-3　隐藏旋转域

Step3 划分线网格，如图 5-4 所示。

②在 Edges 选项下选择图中的线　①打开 Mesh Edges 选项卡

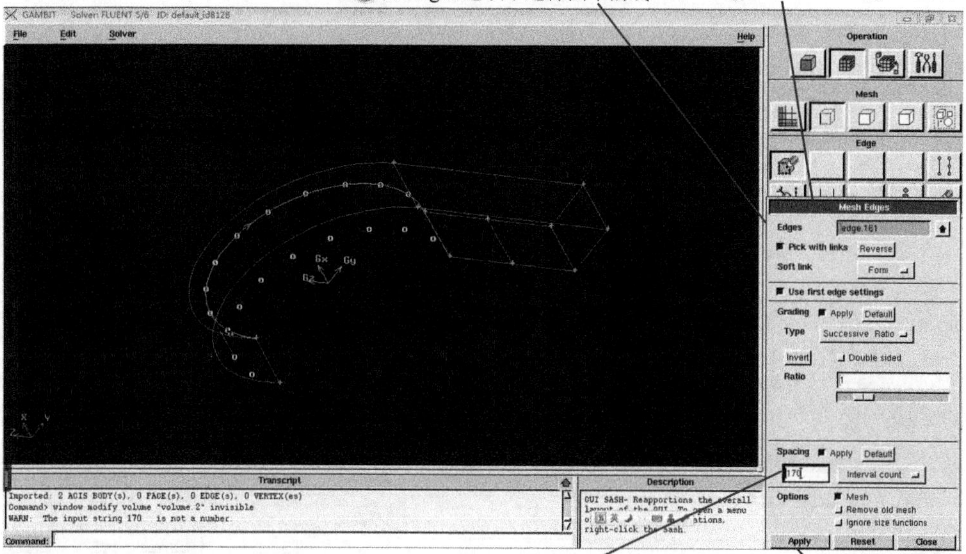

③单击 Interval size 复选按钮，选择 Interval count 并在其前面的文本框中输入 170　④单击 Apply 按钮

图 5-4　划分线网格（一）

Step4 划分线网格，如图 5-5 所示。

②在 Edges 选项下选择图中的线　①打开 Mesh Edges 选项卡

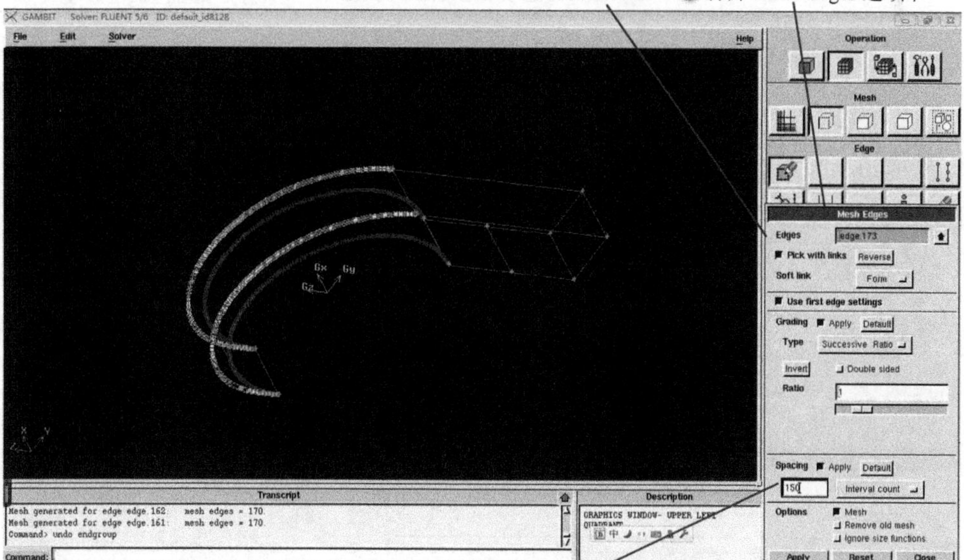

③单击 Interval size 复选按钮，选择 Interval count 并在其前面的文本框中输入 150　④单击 Apply 按钮

图 5-5　划分线网格（二）

Step5 划分线网格，如图 5-6 所示。

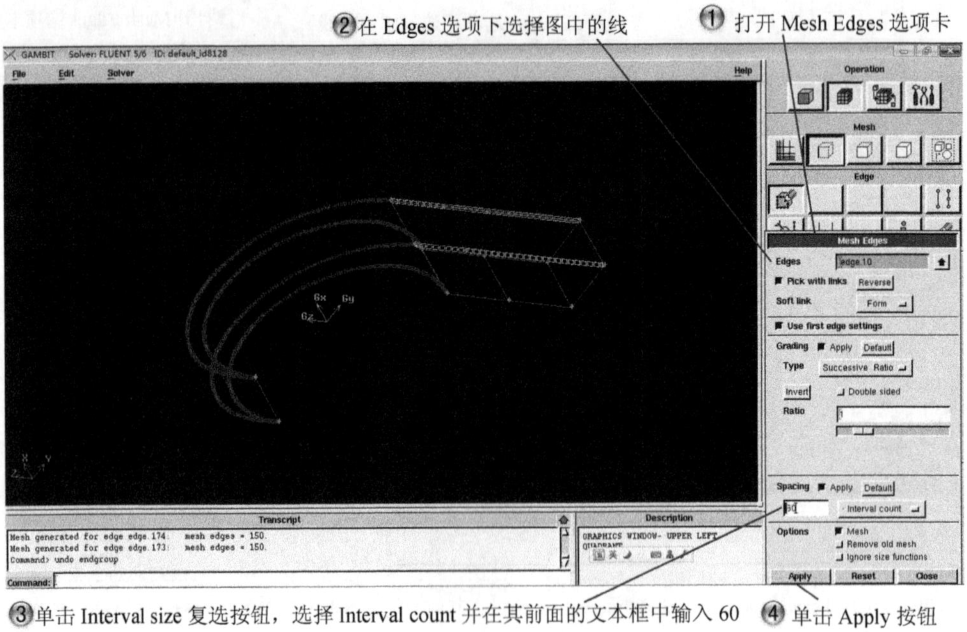

图 5-6　划分线网格（三）

Step6 划分线网格，如图 5-7 所示。

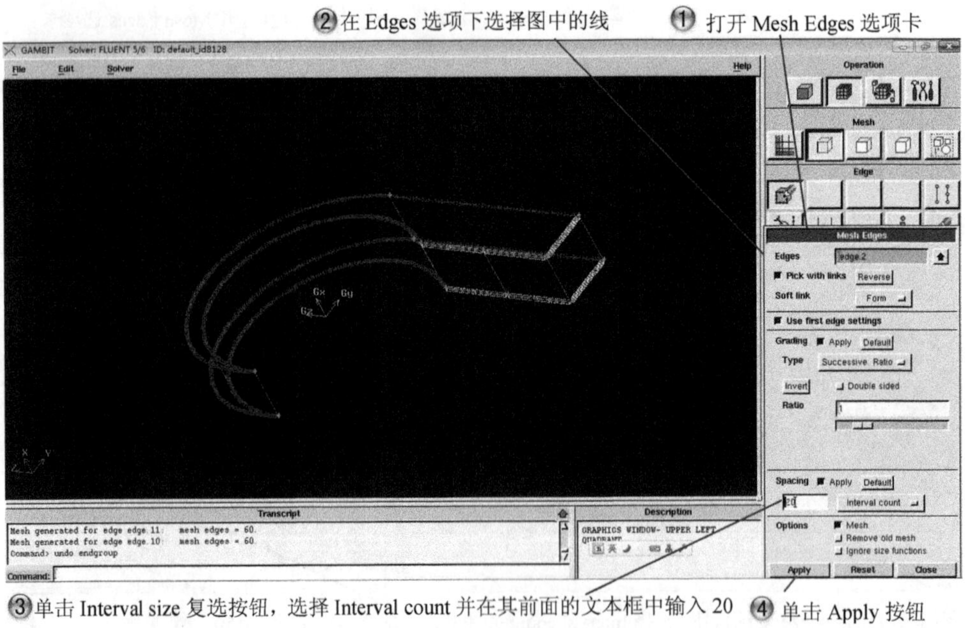

图 5-7　划分线网格（四）

Step7 划分线网格，如图 5-8 所示。

② 在 Edges 选项下选择图中的线　① 打开 Mesh Edges 选项卡

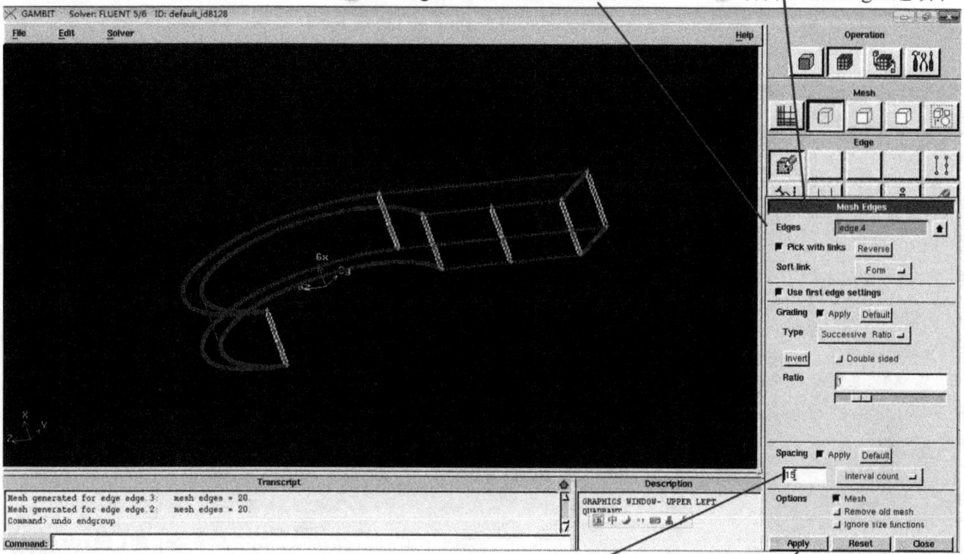

③单击 Interval size 复选按钮，选择 Interval count 并在其前面的文本框中输入 15　④ 单击 Apply 按钮

图 5-8　划分线网格（五）

Step8 划分蜗壳网格，如图 5-9 所示。

① 打开 Mesh Volume 选项卡

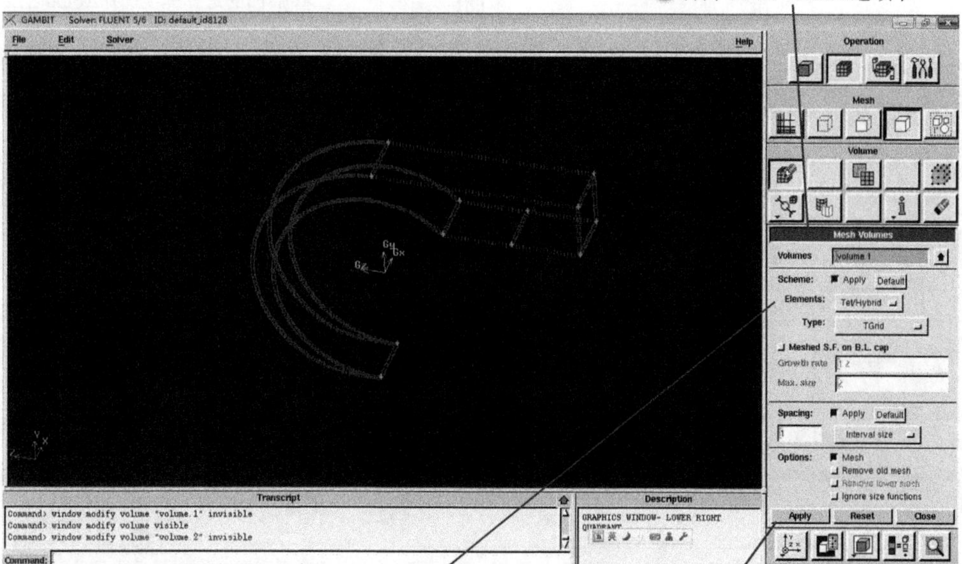

② 在 Volumes 选项下选择所有的体 volume.1；在 Elements 项下选择 Tet/Hybrid；在 Type 选项下选择 TGrid　③ 单击 Apply 按钮，完成蜗壳网格划分

图 5-9　划分蜗壳网格

Step9 显示旋转域并隐藏蜗壳，如图 5-10、图 5-11 所示。

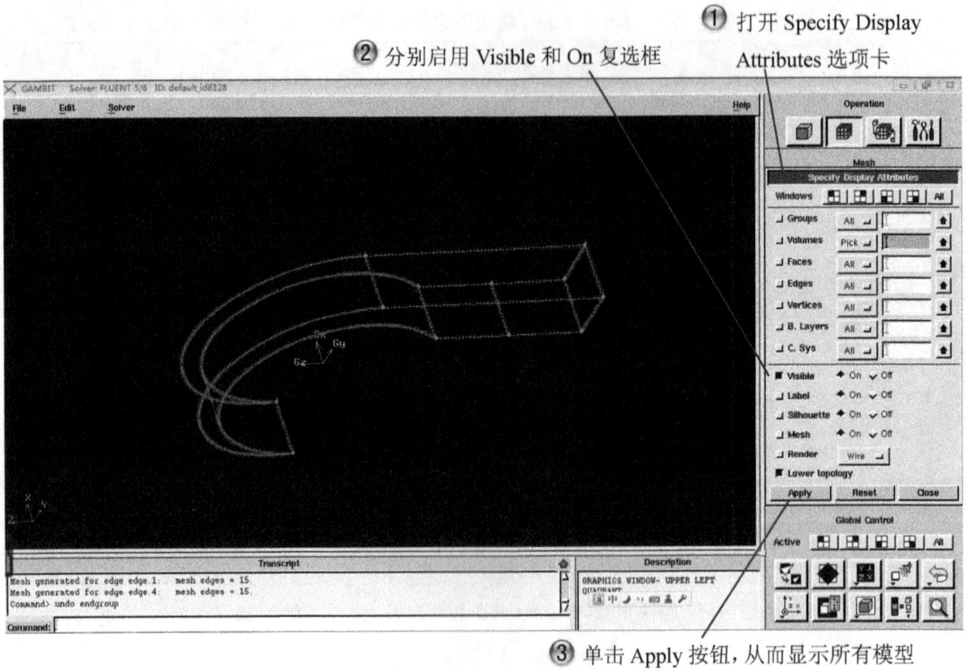

图 5-10　显示旋转域

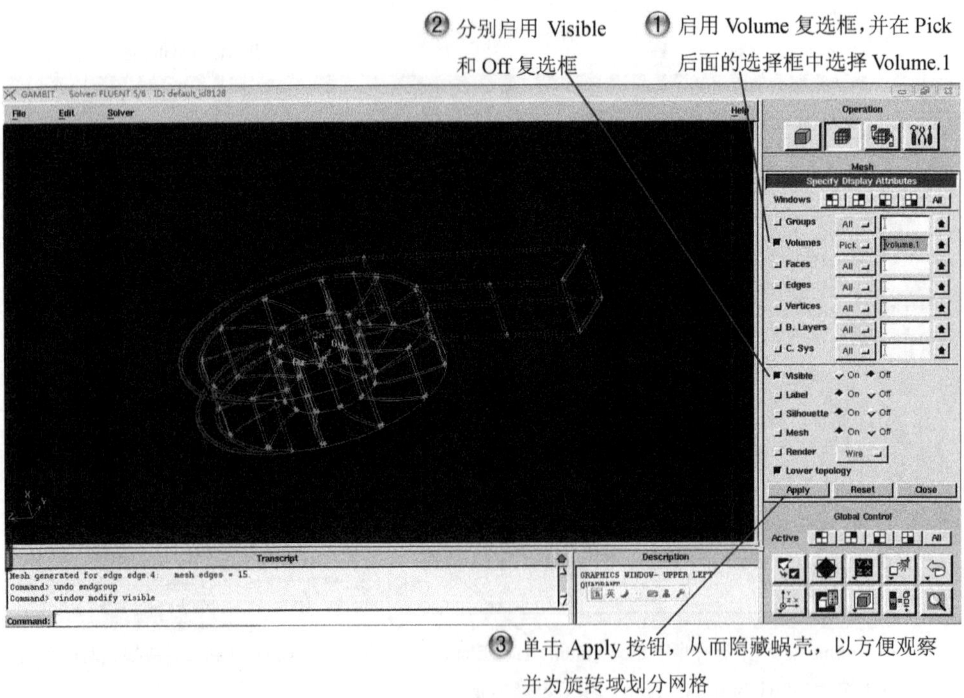

图 5-11　隐藏蜗壳

Step10 划分线网格，如图 5-12 所示。

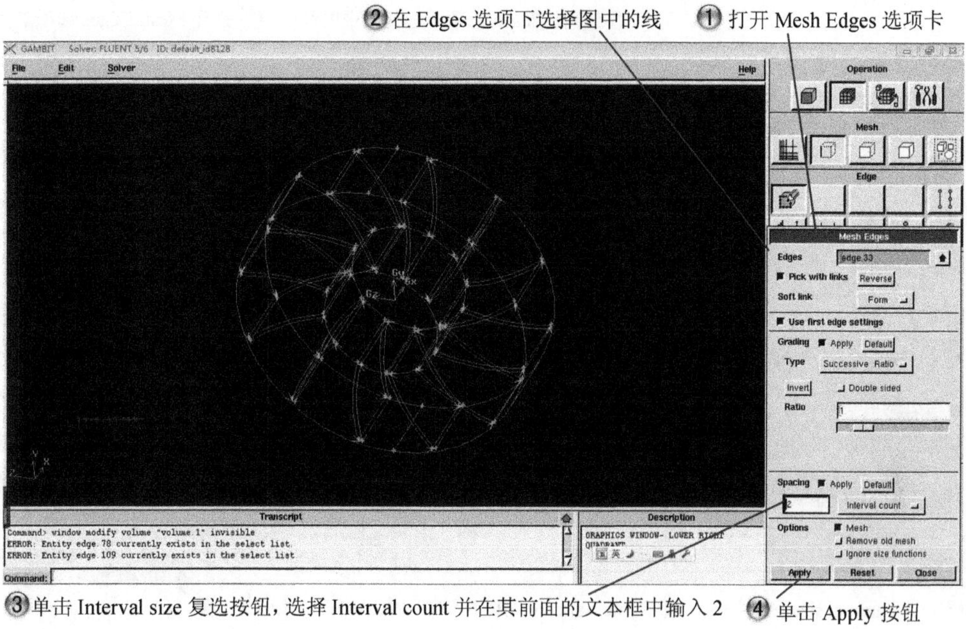

图 5-12　划分线网格（一）

Step11 划分线网格，如图 5-13 所示。

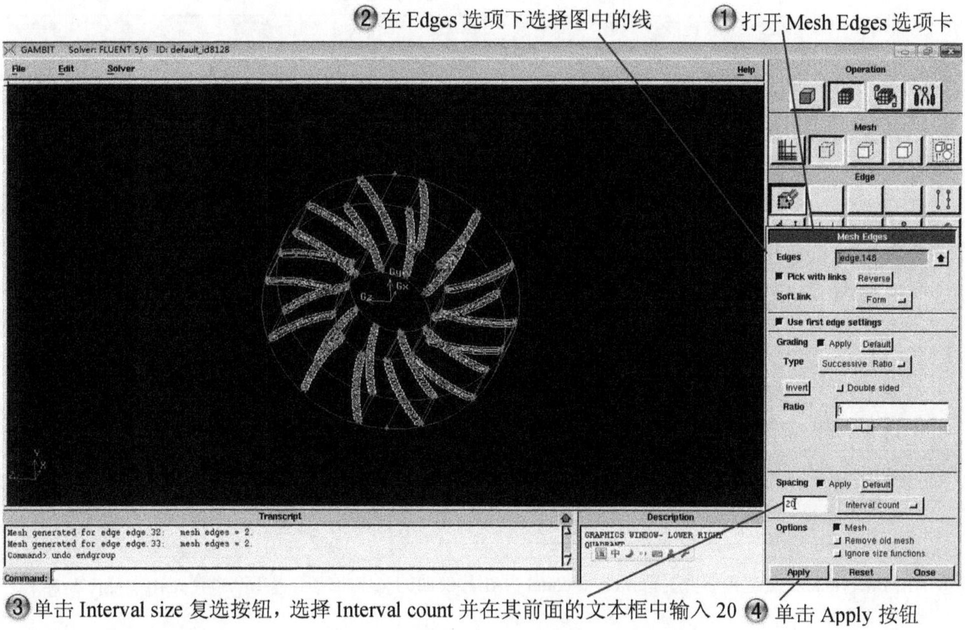

图 5-13　划分线网格（二）

Step12 划分线网格，如图 5-14 所示。

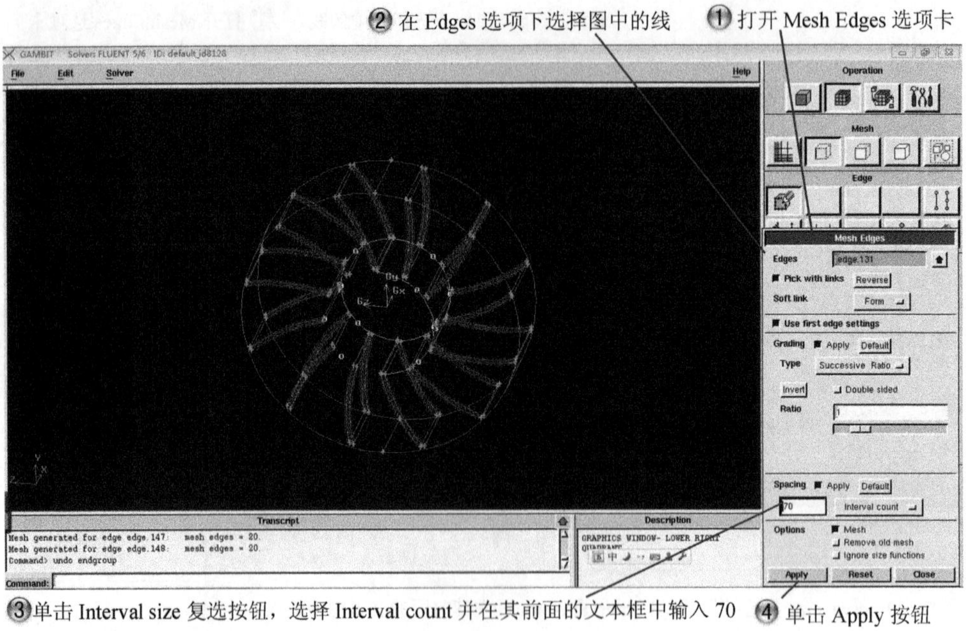

图 5-14　划分线网格（三）

Step13 划分线网格，如图 5-15 所示。

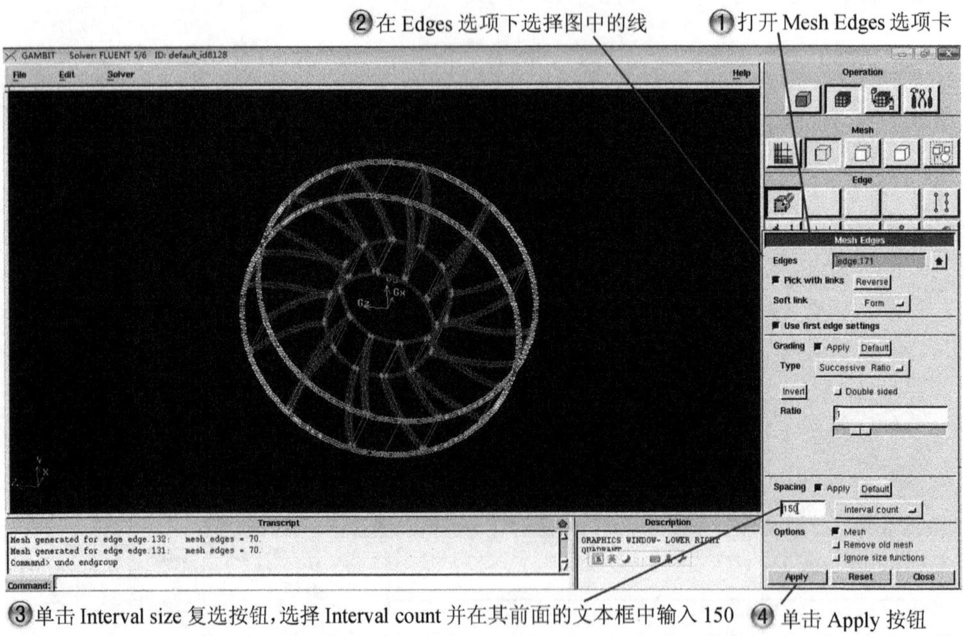

图 5-15　划分线网格（四）

Step14 划分线网格，如图 5-16 所示。

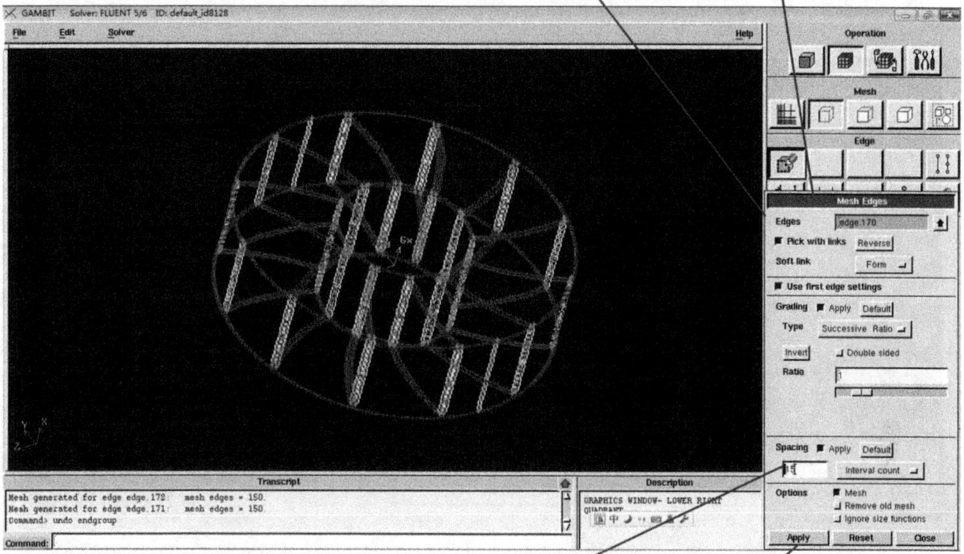

图 5-16　划分线网格（五）

Step15 划分旋转域网格，如图 5-17 所示。

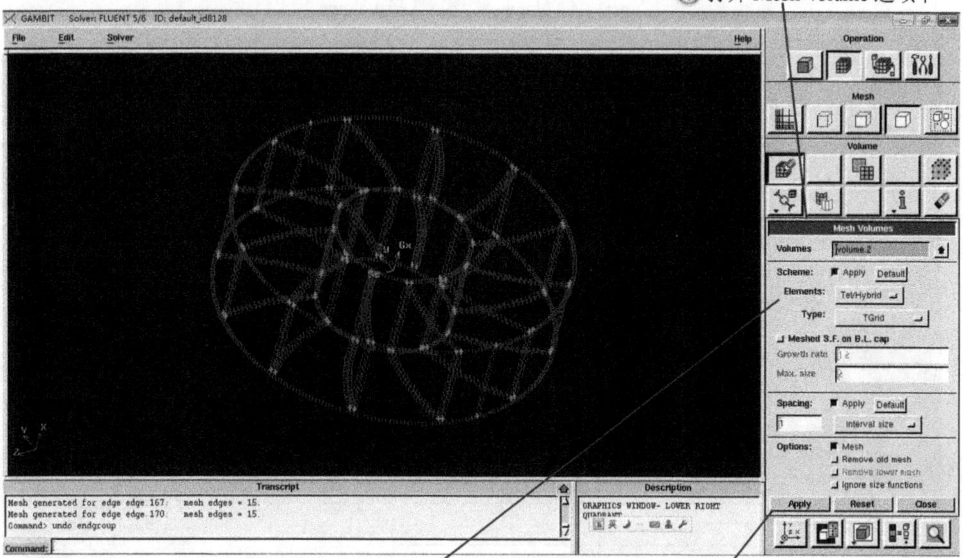

图 5-17　划分旋转域网格

Step16 隐藏网格，如图 5-18 所示。

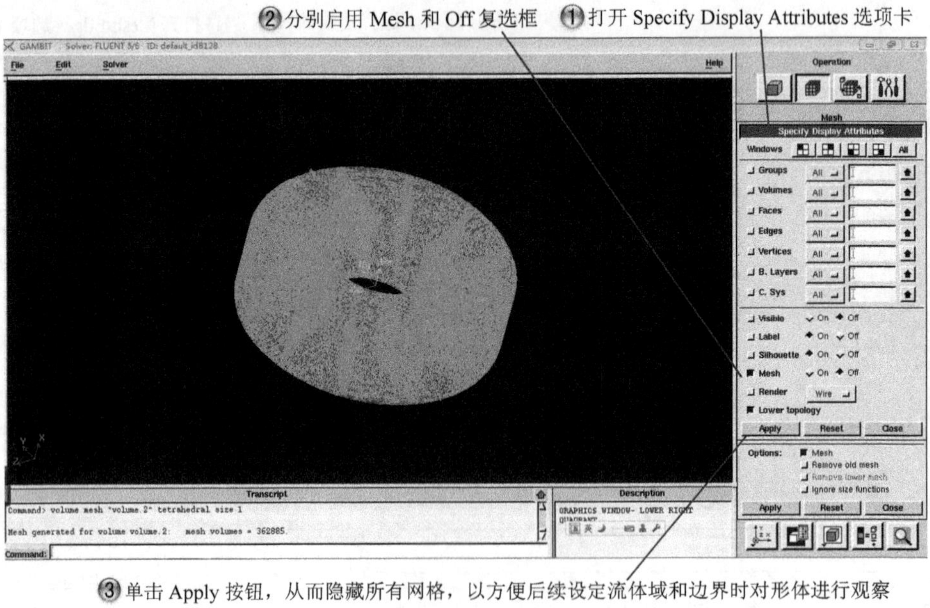

图 5-18　隐藏网格

Step17 设定旋转域，如图 5-19 所示。

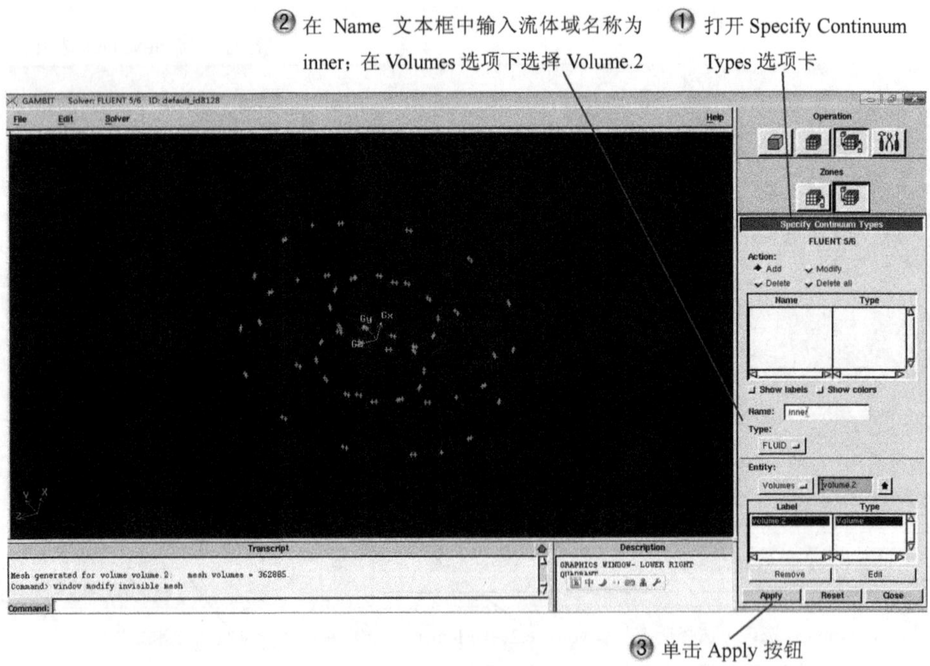

图 5-19　设定流体域

Step18 设定静止域，如图 5-20 所示。

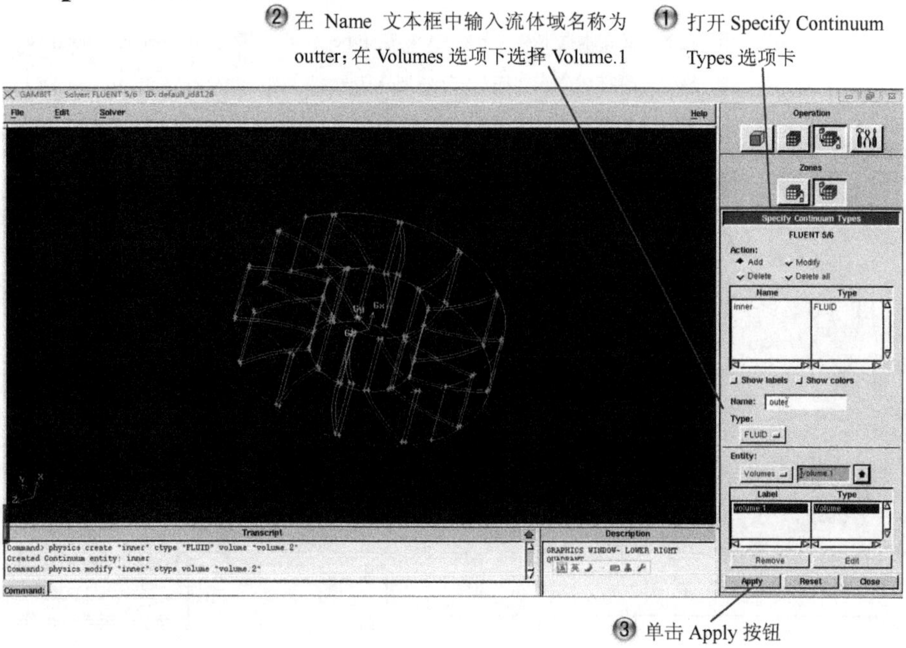

图 5-20　设定静止域

Step19 设定入口边界，如图 5-21 所示。

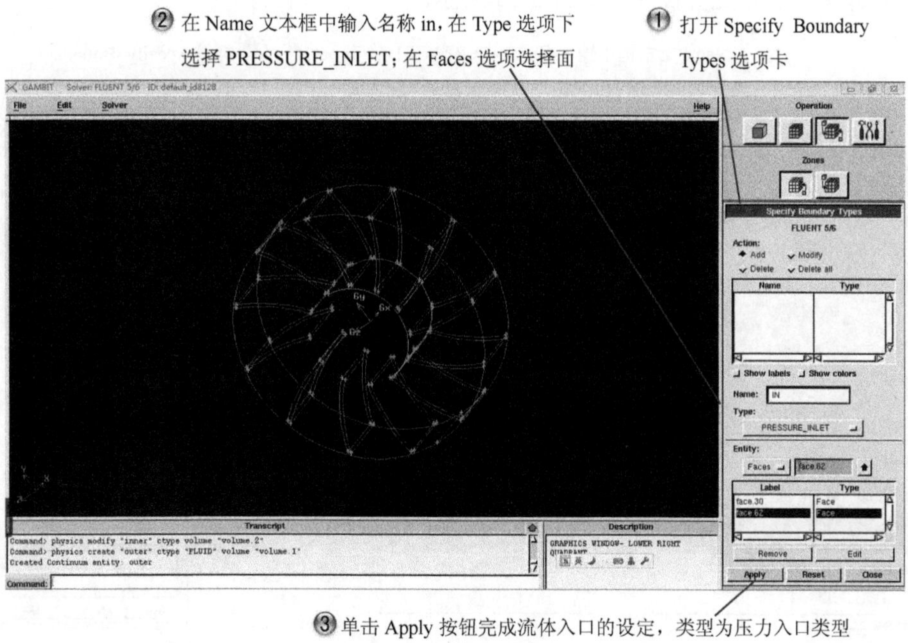

图 5-21　设定入口边界

Step20 设定叶片边界，如图 5-22 所示。

② 在 Name 文本框中输入名称 FAN，在 Type 选项下选择 WALL；在 Faces 选项选择面

① 打开 Specify Boundary Types 选项卡

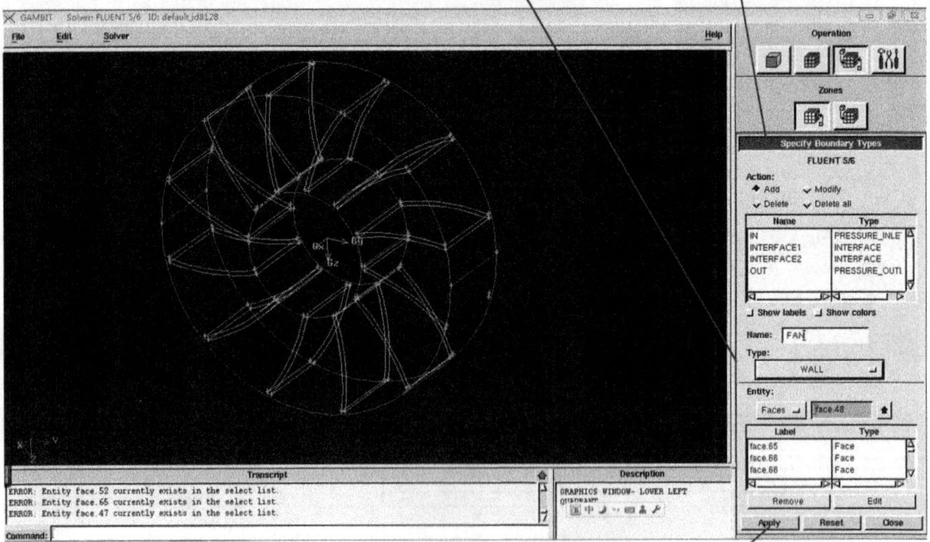

③ 单击 Apply 按钮，完成叶片边界设定

图 5-22 设定叶片边界

Step21 设定交界面 1，如图 5-23 所示。

② 在Name文本框中输入名称INTERFACE1，在Type 选项下选择 INTERFACE；在 Faces 选项选择面

① 打开 Specify Boundary Types 选项卡

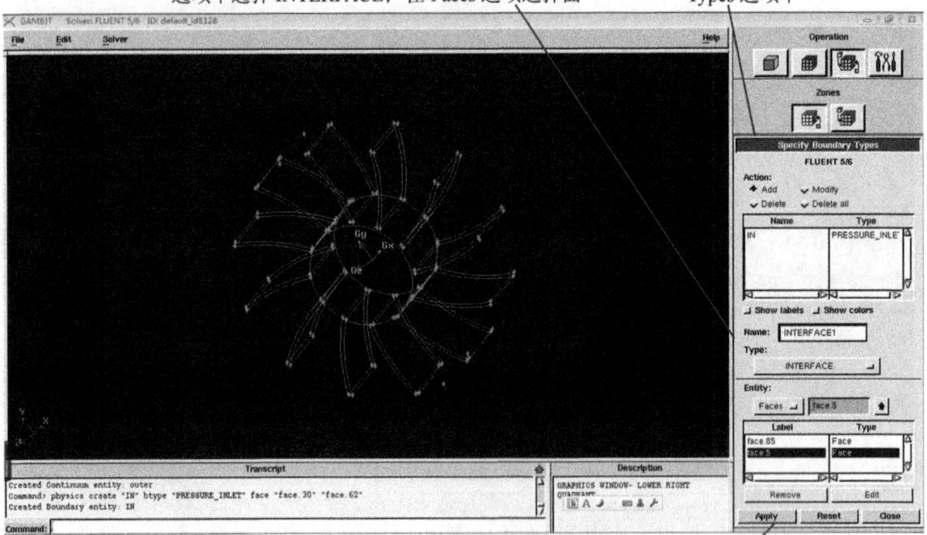

③ 单击 Apply 按钮

图 5-23 设定交界面 1

Step22 显示蜗壳并隐藏旋转域，如图 5-24、图 5-25 所示。

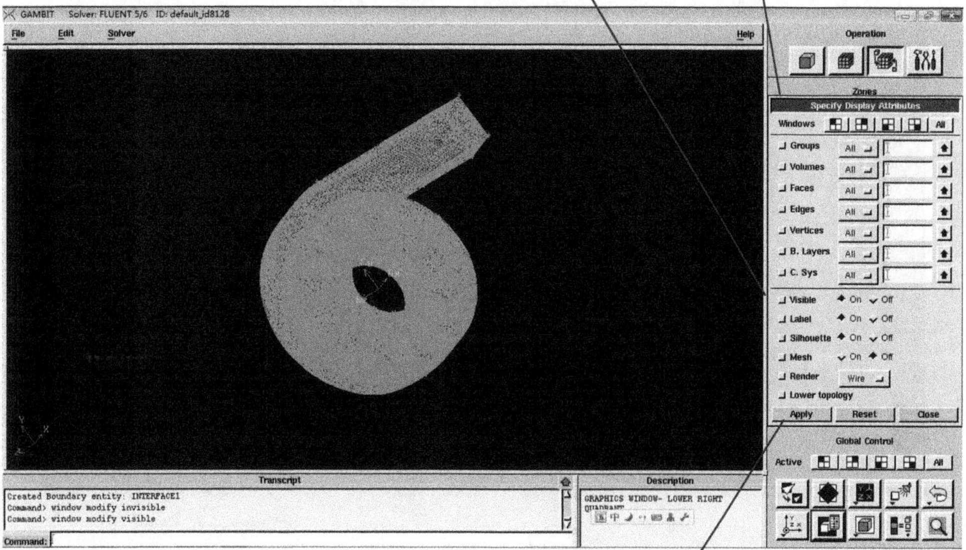

图 5-24　显示蜗壳

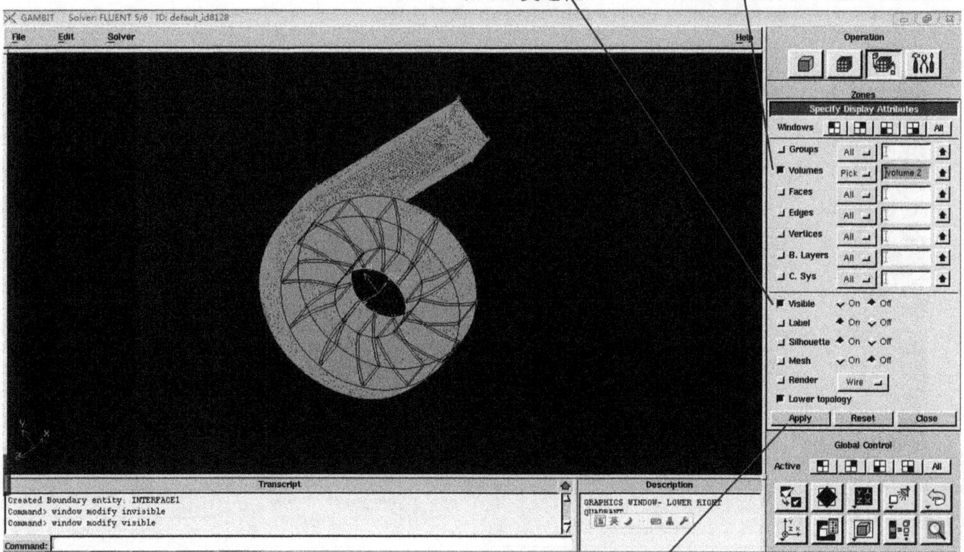

图 5-25　隐藏旋转域

Step23 设定交界面 2，如图 5-26 所示。

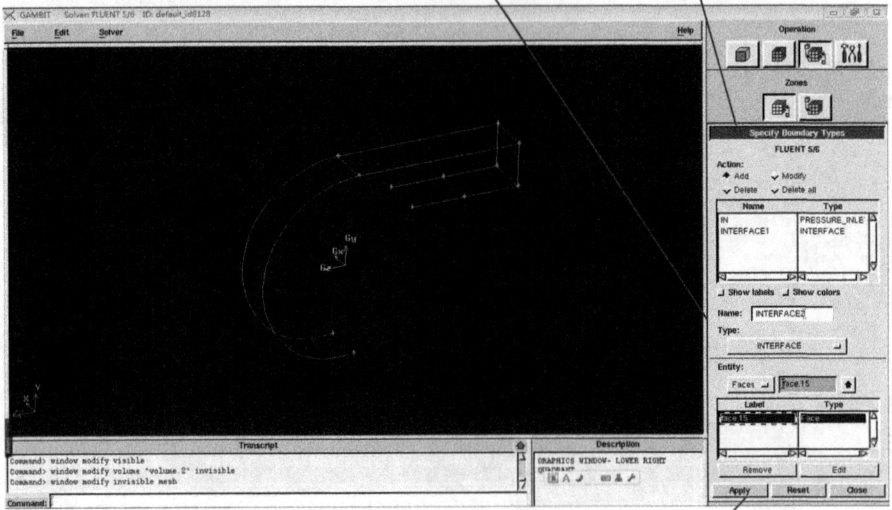

图 5-26 设定交界面 2

Step24 设定出口边界，如图 5-27 所示。

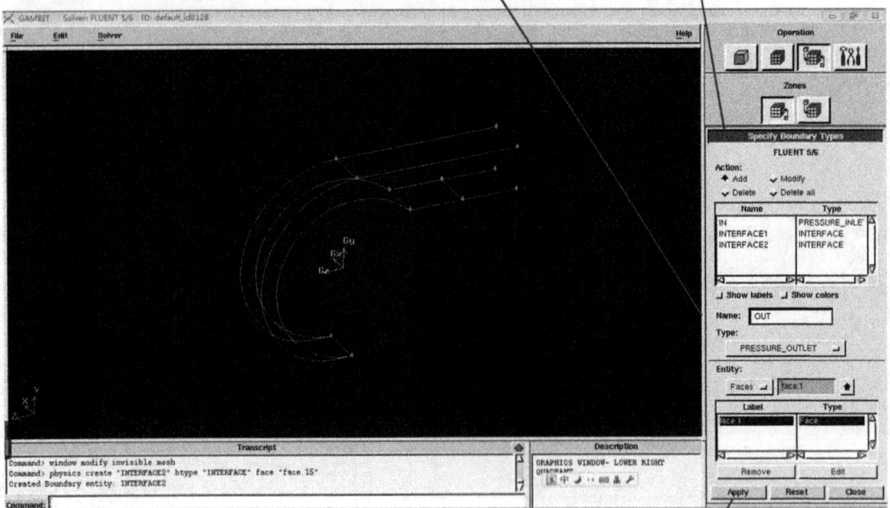

图 5-27 设定出口边界

Step25 显示网格，如图 5-28 所示。

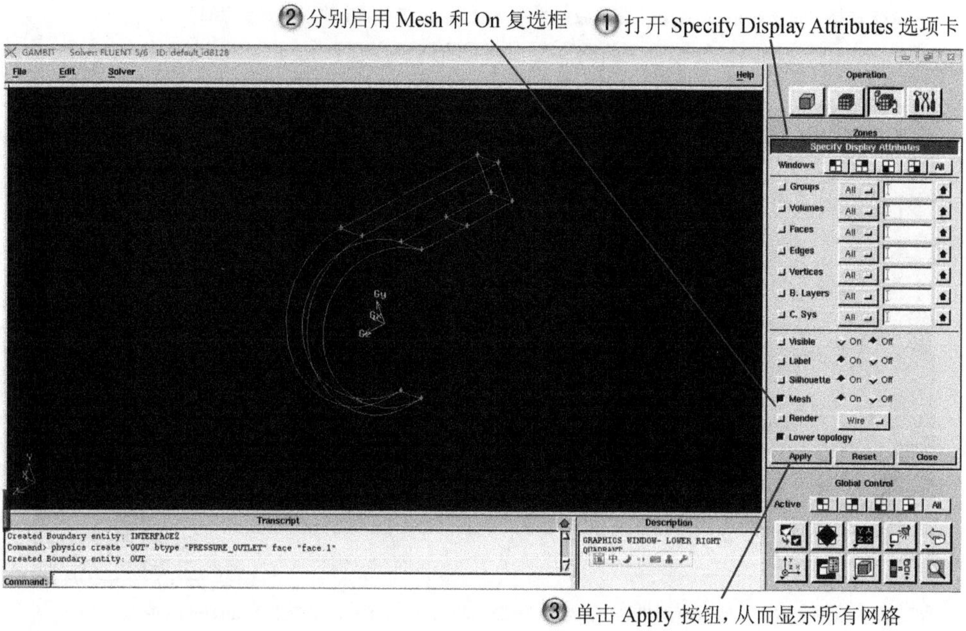

图 5-28　显示网格

Step26 保存网格，如图 5-29 所示。

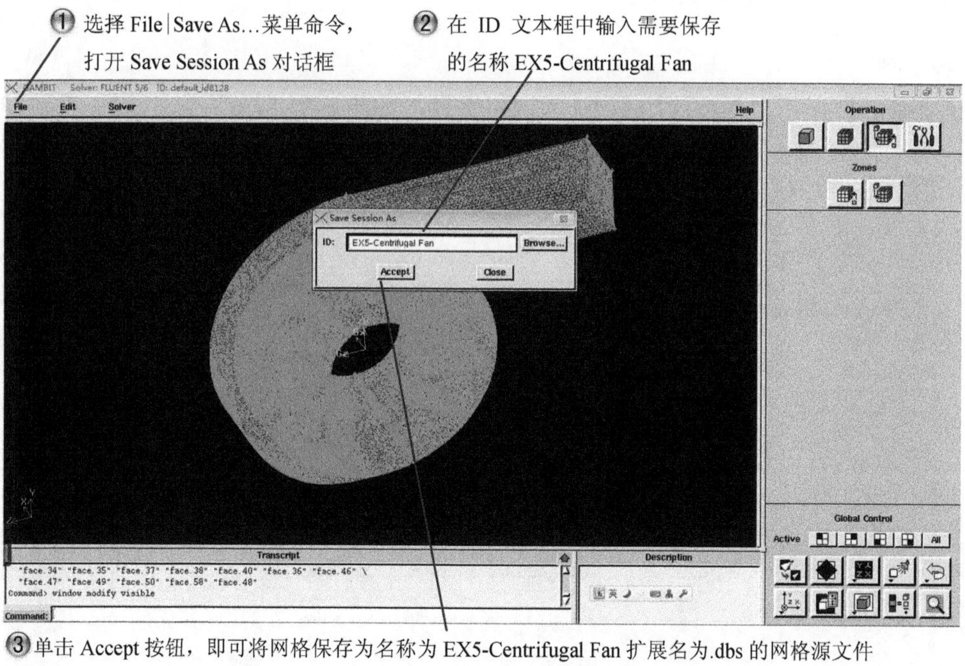

图 5-29　保存网格

Step27 导出网格，如图 5-30 所示。

① 选择 File|Export…|Mesh…菜单命令，打开 Export Mesh File 对话框

② 在 File Name 文本框中输入需要导出的名称 EX5-Centrifugal Fan

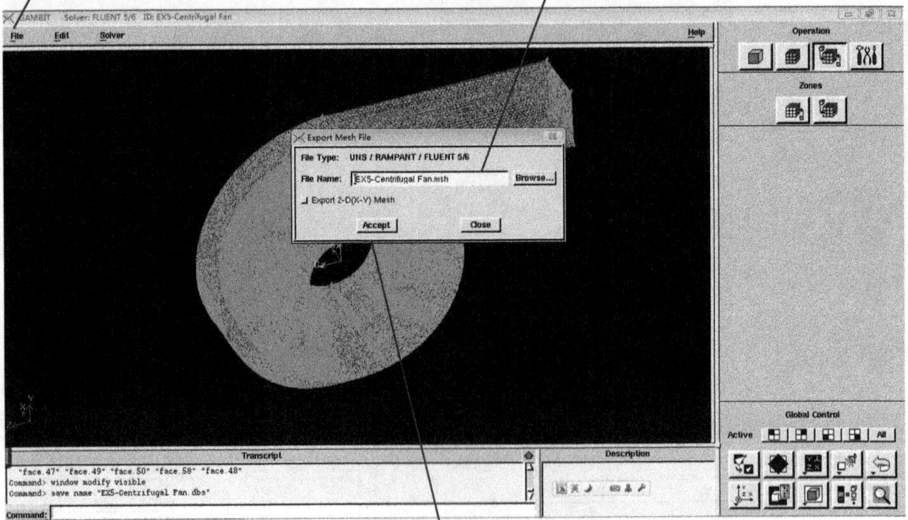

③ 单击 Accept 按钮，即可将网格导出，名称为 EX5-Centrifugal Fan，扩展名为.msh 的网格文件

图 5-30　导出网格

5.2.2　仿真设置过程

Step1 打开 FLUENT18.0，读入网格文件，如图 5-31 所示。

① 选择 File|Read|Mesh…选项，打开 Select File 对话框

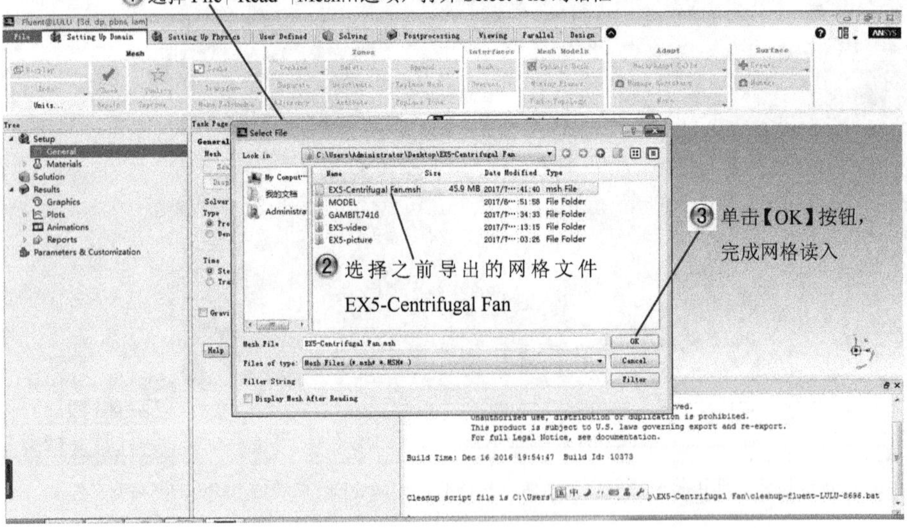

② 选择之前导出的网格文件 EX5-Centrifugal Fan

③ 单击【OK】按钮，完成网格读入

图 5-31　读入网格文件

Step2 显示网格，如图 5-32 所示。

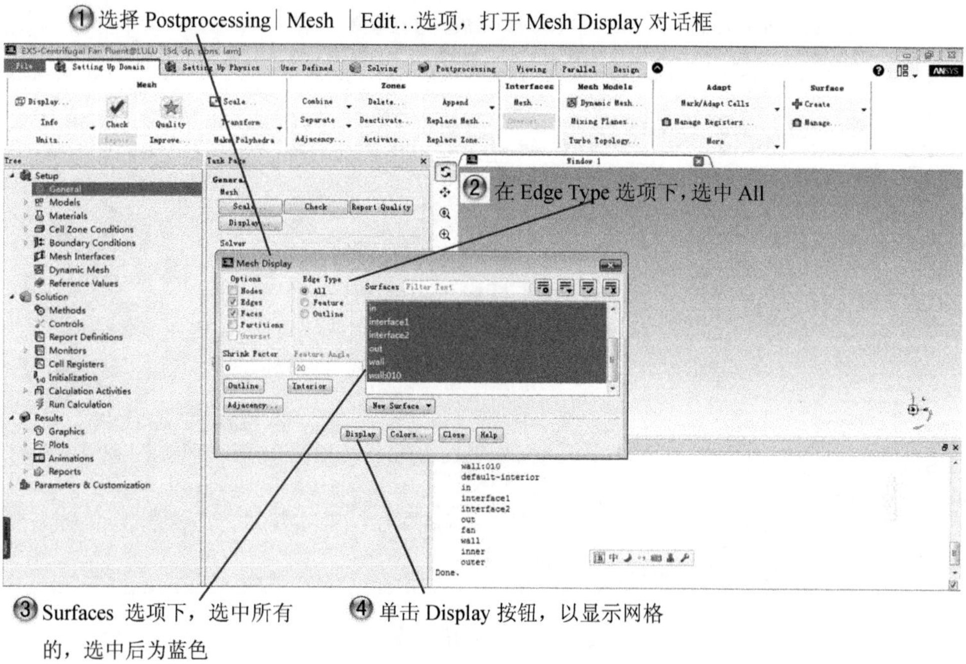

图 5-32　显示网格

Step3 检查网格，如图 5-33 所示。

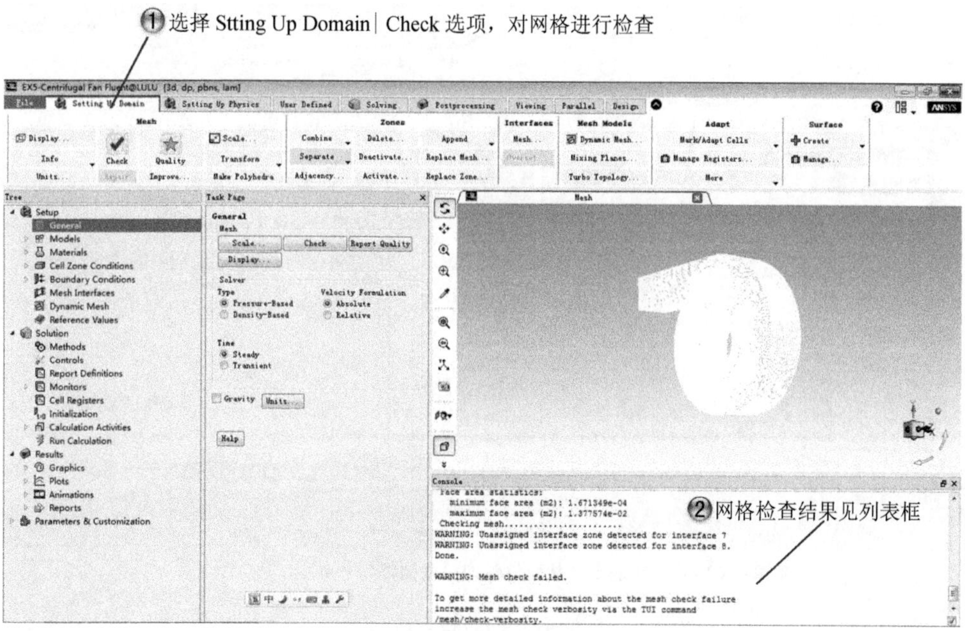

图 5-33　检查网格

Step4 网格质量检测，如图 5-34 所示。

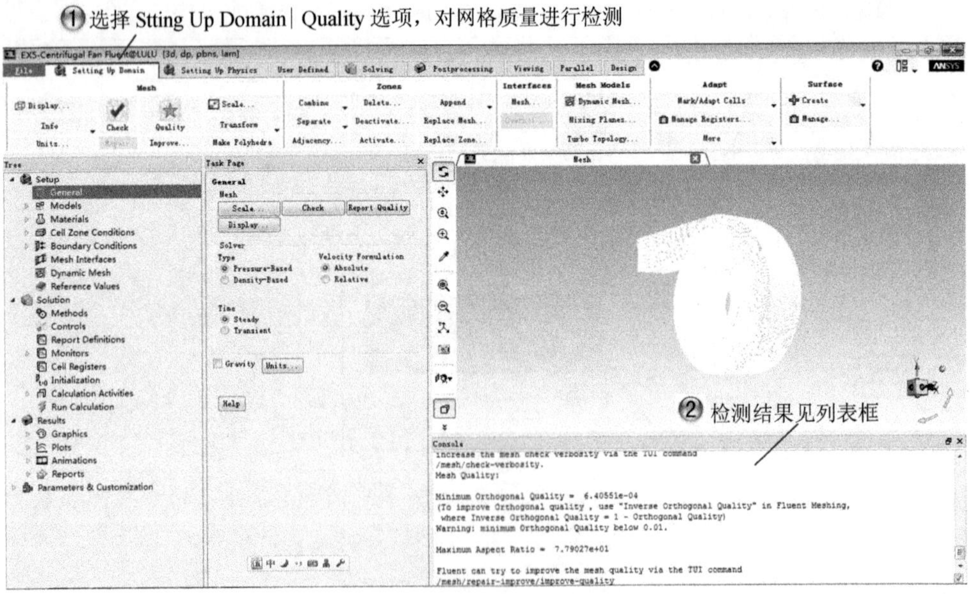

图 5-34　网格质量检测

Step5 调整尺寸单位，如图 5-35 所示。

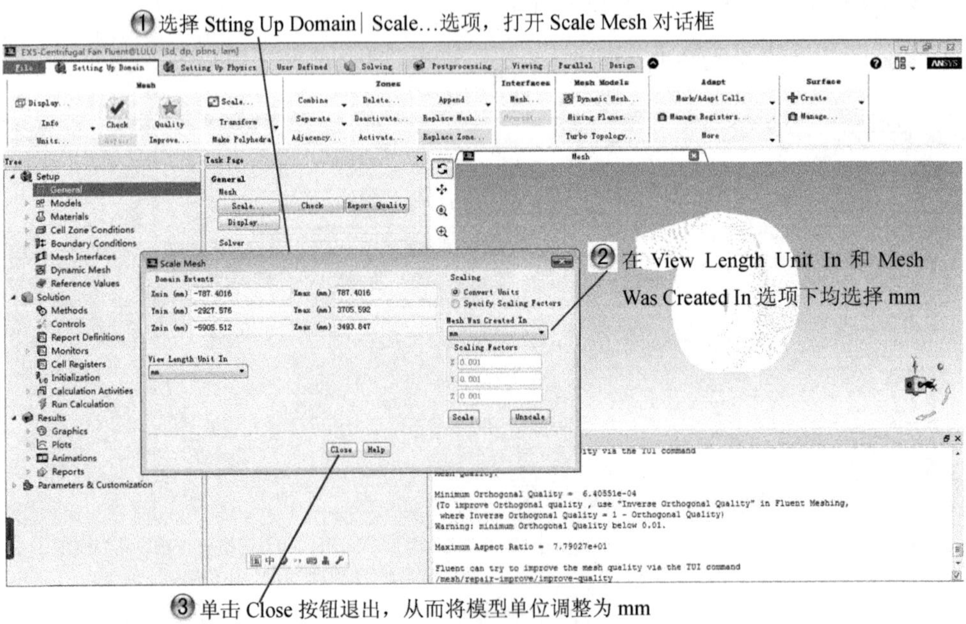

图 5-35　调整尺寸单位

Step6 求解器设置及转速单位设置，如图 5-36 所示。

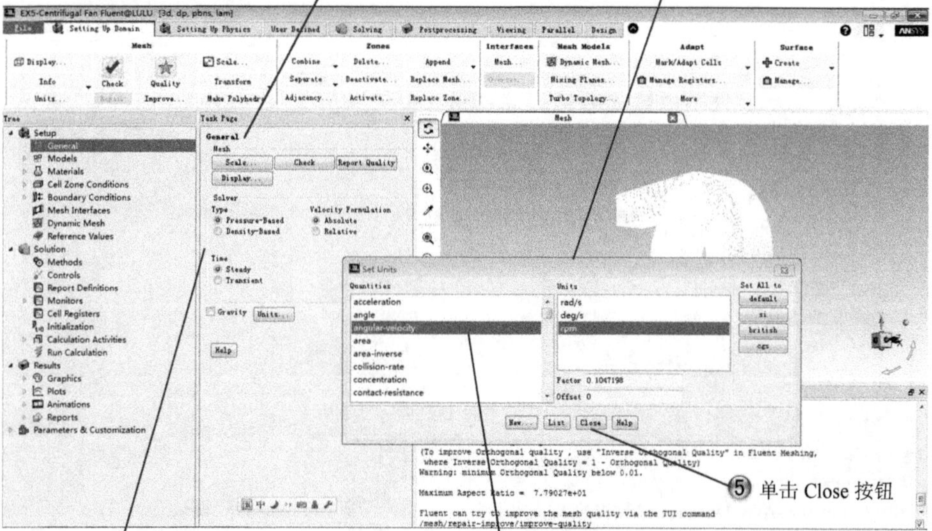

图 5-36　求解器及转速单位设置

Step7 湍流模型设置，如图 5-37 所示。

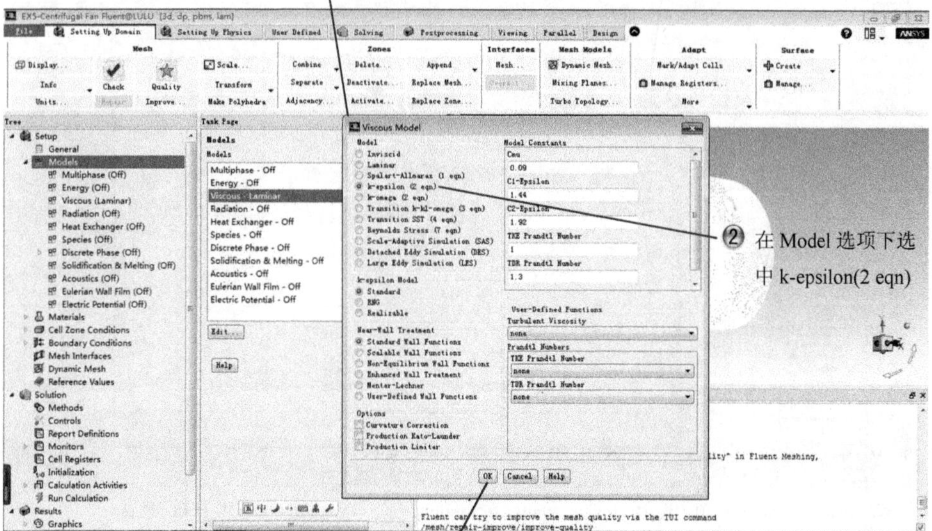

图 5-37　湍流模型设置

Step8 旋转域设置，如图 5-38 所示。

①选择 Cell Conditions | inner | Edit 选项，打开 Fluid 对话框，启用 Frame Motion 复选框

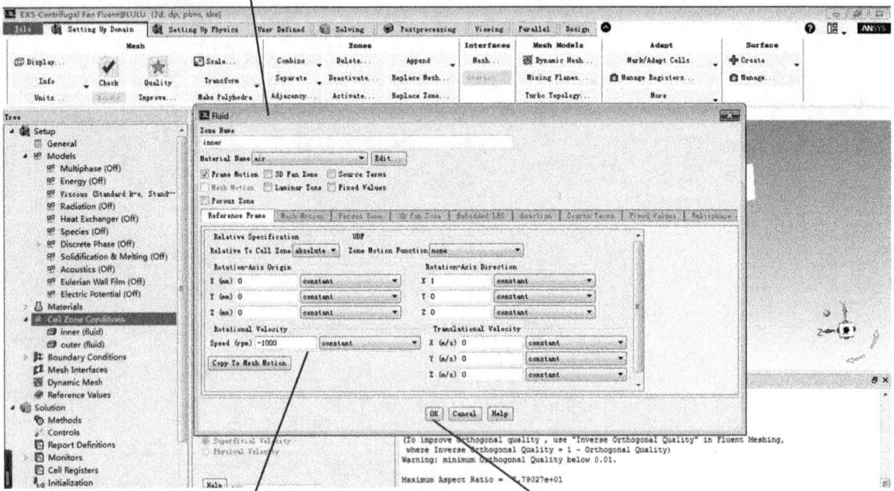

②在 Rotation-Axis Direction 选项组的 X 文本框中输入 1，Y 和 Z 文本框中输入 0；在 Rotational Velocity 选项组的 Speed(rpm)文本框中输入-1000

③单击 OK 按钮，确认并退出对话框

图 5-38　旋转域设置

Step9 叶片运动设置，如图 5-39 所示。

①选择 Boundary Conditions | fan | Edit 选项，打开 Wall 对话框

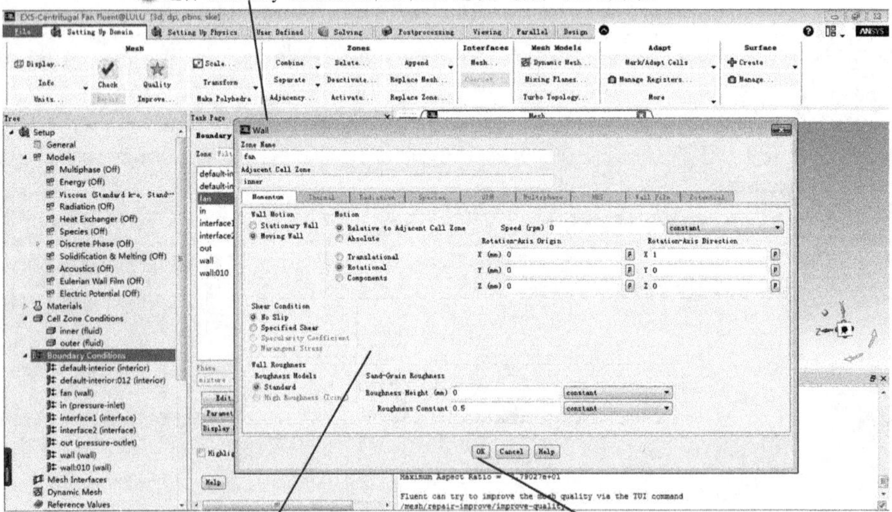

②在 Wall Motion 选项下选中 Moving Wall；在 Motion 选项下选中 Rotational；在 Rotation-Axis Direction 选项组的 X 文本框中输入 1，Y 和 Z 文本框中输入 0

③单击 OK 按钮，确认并退出对话框

图 5-39　叶片运动设置

Step10 交界面设置，如图 5-40 所示。

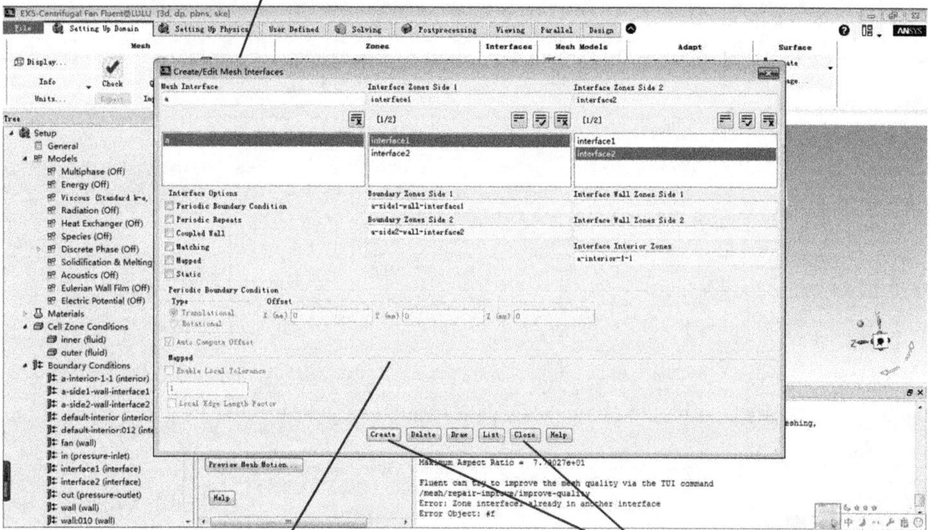

图 5-40　交界面设置

Step11 流场初始化，如图 5-41 所示。

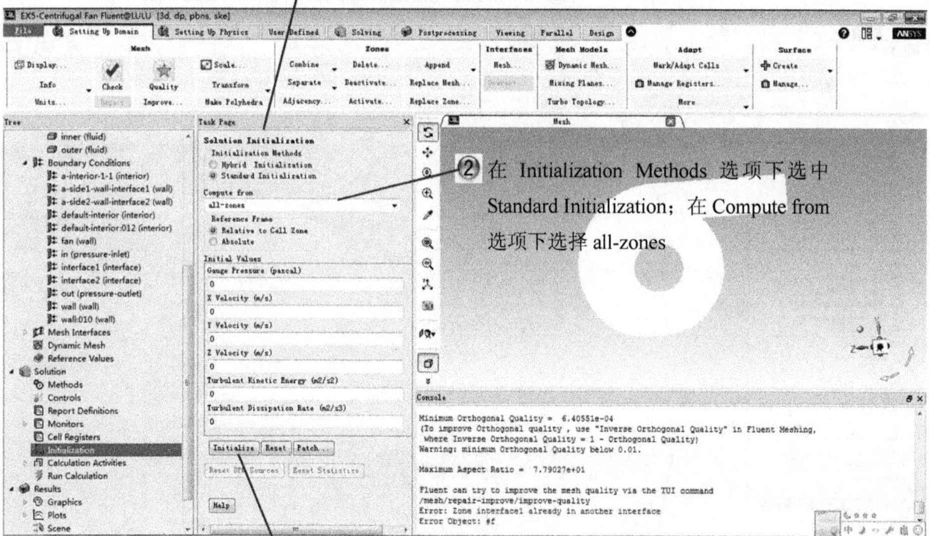

图 5-41　流场初始化

Step12 保存 Case 文件，如图 5-42 所示。

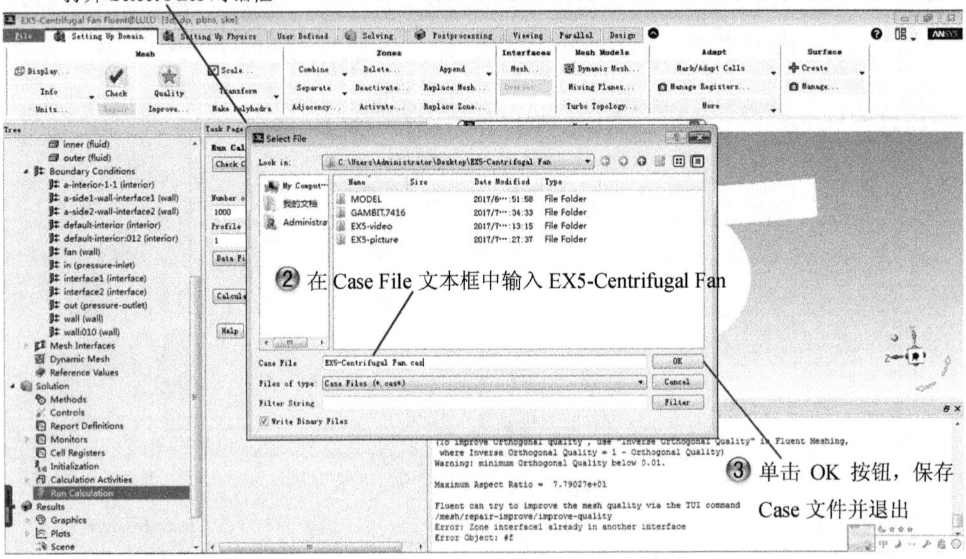

图 5-42　保存 Case 文件

Step13 稳态求解计算，如图 5-43 所示。

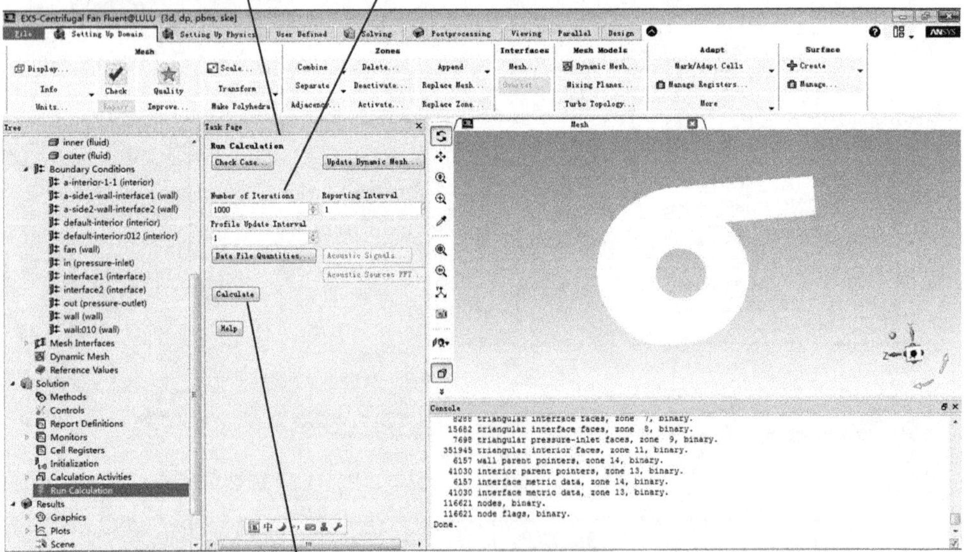

图 5-43　稳态求解计算

Step14 保存计算结果，如图 5-44、图 5-45 所示。

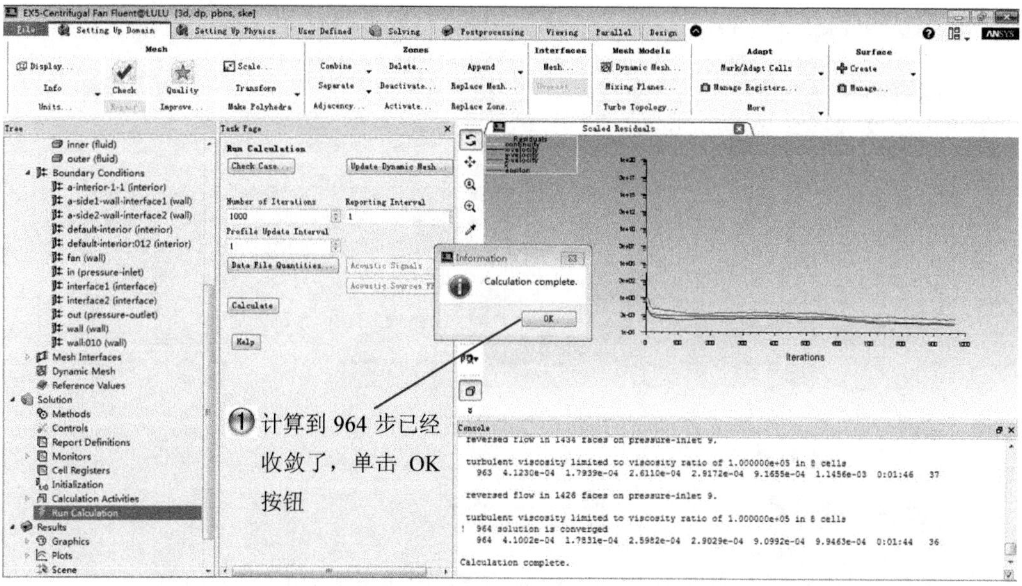

图 5-44　保存计算结果（1）

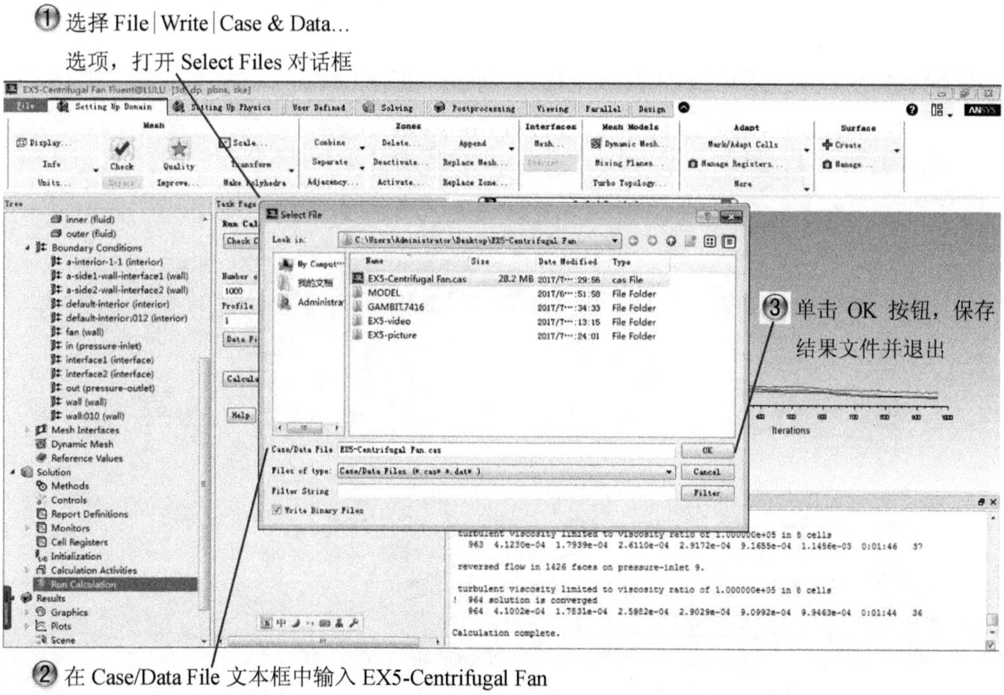

图 5-45　保存计算结果（2）

Step15 保存残差曲线，如图 5-46 所示。

① 选择 File|Save Picture...选项，打开 Save Picture 对话框。在 Fromat 选项下选择 JPEG，Coloring 选项下选择 Color，Options 选项下启用 White Backgruond

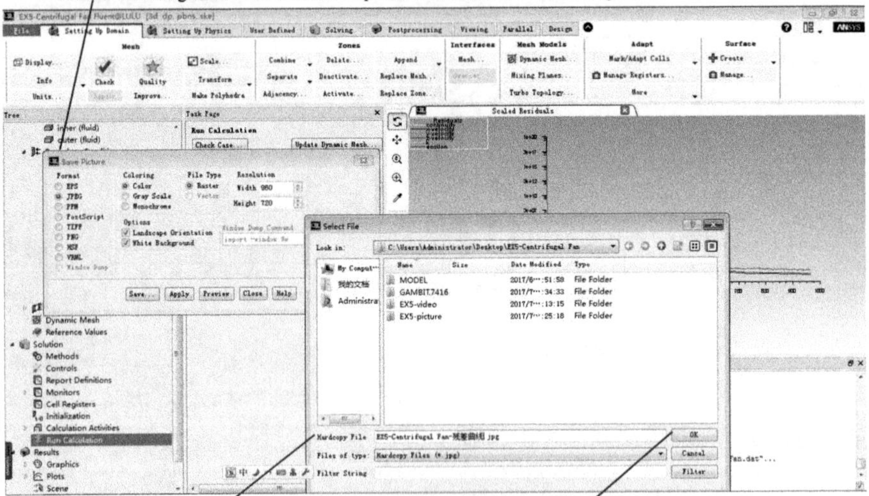

② 单击 Save 按钮，打开 Select File 对话框，在 Hardcopy File 文本框中输入名称 EX5-Centrifugal Fan-残差曲线

③ 单击 OK 按钮，保存残差曲线，此时保存的残差曲线是白色前景下 JPEG 格式的彩色图片

图 5-46　保存残差曲线

Step16 创建辅助平面（对称平面），如图 5-47 所示。

① 选择 Postprocessing|Creat|Iso-Surface 选项，打开 Iso-Surface 对话框

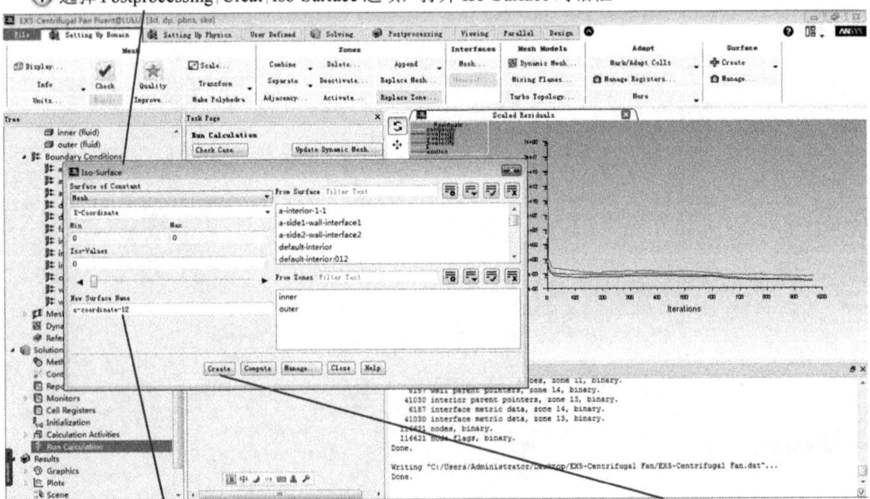

② 在 Surface of Constant 选项下选择 Mesh 和 X-Coordinate，在 Iso-Values 文本框中输入 0；在 New Surface Name 文本框中输入新创建的面的名称，这里使用默认的 x-coordinate-12

③ 单击 Create 按钮，完成对称平面的创建

图 5-47　创建辅助平面（对称平面）

Step17 静压分布云图（对称平面），如图 5-48 所示。

① 选择 Graphics|Contours 选项，打开 Contours 对话框，在 Options 选项组启用 Filled 复选框

② 在 Contours of 选项下选择 Pressure 和 Static Pressure，在 Surface 选项下选择 x-coordinate-12，其余保持默认

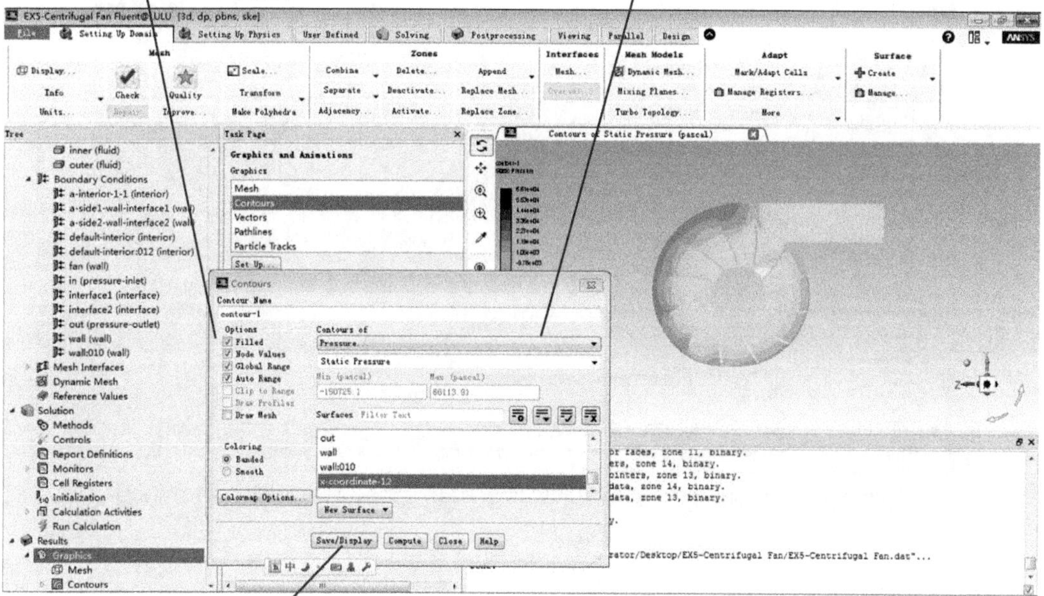

③ 单击 Save/Display 按钮，并单击显示窗口中的 X 轴，按照 Step15 的方法保存静压分布云图

图 5-48　静压分布云图（对称平面）

提示

在本步中，若将 Contours of 选项下的 Static Pressure 改为选择 Dynamic Pressure 或 Tatol Pressure，则分别可以得到动压云图和总压云图。

Step18 速度分布云图（对称平面），如图 5-49 所示。

① 选择 Graphics|Contours 选项，打开 Contours 对话框，在 Options 选项组启用 Filled 复选框

② 在 Contours of 选项下选择 Velocity 和 Velocity Magnitude，在 Surface 选项下选择 x-coordinate-12，其余保持默认

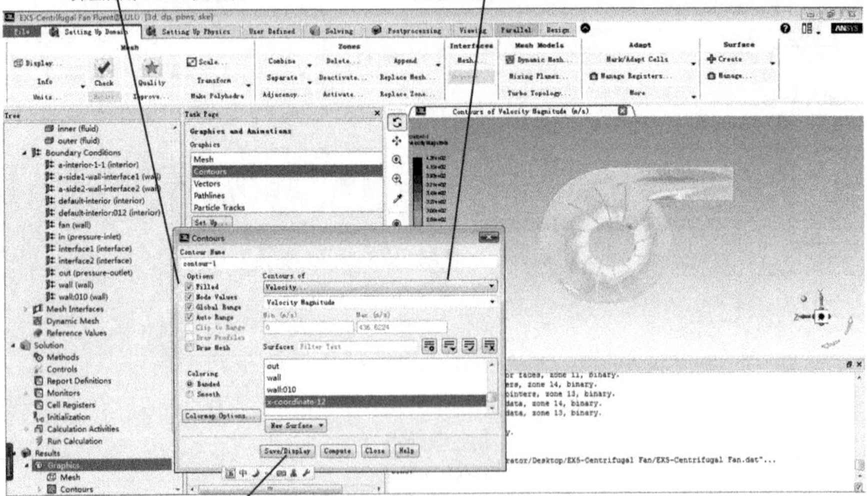

③ 单击 Save/Display 按钮，并单击显示窗口中的 X 轴，按照 Step15 的方法保存速度分布云图

图 5-49　速度分布云图（对称平面）

Step19 速度矢量图（对称平面），如图 5-50 所示。

① 选择 Graphics| Vectors 选项，打开 Vectors 对话框

② 在 Vectors of 选项下选择 Velocity 和 Velocity Magnitude，在 Surface 选项下选择 x-coordinate-12，在 Scale 文本框中输入 5，在 Skip 文本框中输入 2，其余保持默认

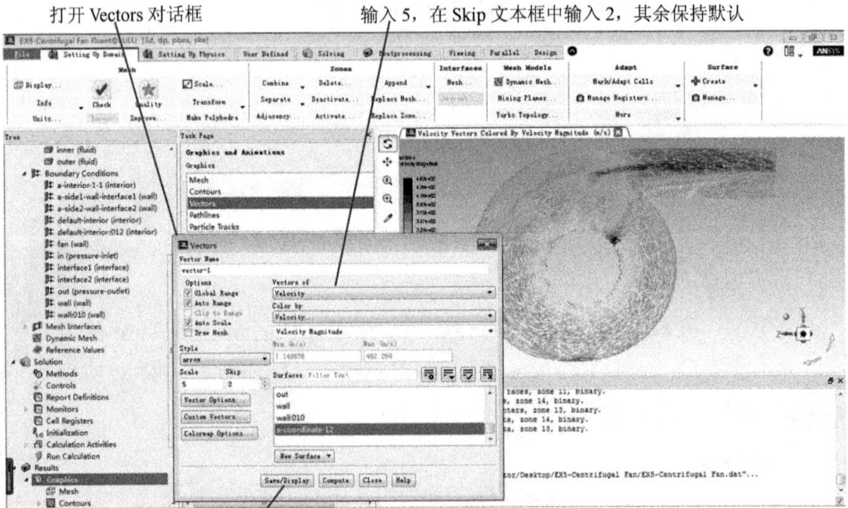

③ 单击 Save/Display 按钮，并单击显示窗口中的 X 轴，按照 Step15 的方法保存速度矢量图

图 5-50　速度矢量图（对称平面）

5.3 案例小结

本章首先介绍了 FLUENT 求解步骤和材料定义的基本方法。之后通过一个三维离心风机仿真案例，着重介绍了 FLUENT 的求解设置和仿真方法，使读者对 FLUENT 进行三维模型仿真的方法有一定的了解，并进行了实际的操作，希望大家能在之后的工作中巩固和应用。

第 6 章　燃烧器仿真案例

本章导读

燃烧模型是 FLUENT 软件优于其他 CAD 软件的最主要的特征之一，FLUENT 可以模拟的燃烧（反应流）问题范围很广，它适用于各种复杂情况下的燃烧问题。本章通过燃烧器仿真案例的创建，讲解 FLUENT 软件中燃烧仿真的创建过程。

学习要求	学习目标 / 知识点	了解	理解	应用	实践
	燃烧模型知识		√		
	燃烧器模型创建		√	√	√
	划分网格方法		√	√	√
	燃烧器仿真设置		√	√	√

6.1　案例分析

6.1.1　知识链接

FLUENT 可以模拟的燃烧（反应流）问题范围很广。该软件中包含多种燃烧模型、辐射模型以及与燃烧相关的湍流模型。它适用于各种复杂情况下的燃烧问题，包括固体火箭发动机和液体火箭发动机中的燃烧过程、燃气轮机中的燃烧室、民用锅炉、工业熔炉及加热器等。燃烧模型是 FLUENT 软件优于其他 CAD 软件最主要的特征之一。下面介绍几种常用的燃烧模型。

（1）气相燃烧模型

① 有限速率模型

该模型为求解反应物和生成物的输运组分方程，并由用户定义化学反应机理。有限速率模型适用于预混燃烧、局部预混燃烧和非预混燃烧。该模型可以模拟大多数气相燃烧问题，在航空航天领域的燃烧计算中有广泛的应用。

② PDF 模型

该模型不求解单个组分输运方程，但求解混合组分分布的输运方程。各组分浓度由混合组分分布求得。PDF 模型尤其适用于湍流扩散火焰的模拟和类似的反应过程。在该模型中，用概率密度函数 PDF 来考虑湍流效应。该模型不要求用户使用显式方法定义反应机理，而是通过火焰面方法（即混即燃模型）或化学平衡计算来处理，因此比有限速率模型有更多的优势。该模型应用于非预混燃烧（湍流扩散火焰），可以用来计算航空发动机的环形燃烧室中的燃烧问题及液体/固体火箭发动机中的复杂燃烧问题。

③ 非平衡反应模型

层流火焰模型是混合组分 PDF 模型的进一步发展，用来模拟非平衡火焰燃烧。在模拟富油一侧的火焰时，典型的平衡火焰假设失效。该模型可以模拟形成 NOx 的中间产物，可以模拟火箭发动机的燃烧问题及 RAMJET 和 SCRAMJET 的燃烧问题。

④ 预混燃烧模型

该模型专用于燃烧系统或纯预混的反应系统。在此类问题中，充分混合的反应物和反应产物被火焰面隔开，通过求解反应过程变量来预测火焰面的位置。湍流效应可以通过层流和湍流火焰速度的关系来考虑。该模型可以用来模拟飞机加力燃烧室中的复杂流场模拟以及燃气轮机、天然气燃炉等。

（2）分散相燃烧模型

除了可以模拟各种气相燃烧问题以外，FLUENT 还提供了模拟分散相燃烧问题（液体燃料燃烧、喷射燃烧、固体颗粒燃烧等）的燃烧模型。

在 FLUENT 中，需定义油滴在初始状态的位置、速度、尺寸和温度分布及油滴的物理性质，根据这些设置计算粒子的轨迹和传热/传质，并计算粒子与连续相的相互影响。FLUENT 中还提供了丰富的关于粒子运动中的曳力、汽化、喷射、破碎、碰撞等子模型，供用户选择。计算得到的粒子轨迹和传热/传质可以通过图形界面和文本界面显示出来。

（3）污染模型

① NOx 模拟

FLUENT 软件提供了三种 NOx 形成的模型：Thermal NOx、Prompt NOx 和 Fuel NOx 模型，可以模拟绝大多数情况下的 NOx 生成问题。

② 烟尘模型（Soot Model）

FLUENT 软件可以分析单步和两步的烟尘生成问题。烟尘的燃烧由有限速率模型模拟，并考虑了烟尘对辐射吸收的影响。

- 在拉格朗日坐标下，模拟分散相（包括固体颗粒/油滴/气泡等）在瞬态和稳态下的运动轨迹。
- 多种球形和非球形粒子的曳力规律。
- 线性分布或 Rosin-Rammler 方程的粒子大小分布。
- 连续相的湍流效应对粒子传播的影响。
- 分散相的加热/冷却。
- 液滴的汽化和蒸发。
- 燃烧粒子，包括油滴的挥发过程和焦炭的燃烧。
- 连续相与分散相的耦合。
- 模拟油滴在湍流的影响下产生扩散效应时，FLUENT 可以采用粒子云模型和随机轨道模型。

（4）热辐射模型

① 离散传播辐射模型（Discrete Transfer Radiation Model，DTRM）

DTRM 的优点是简单，且可以适用的计算对象的尺度范围较大，其缺点是没有包含散射和不能计算非灰气体辐射。提高模型中射线的数量可提高 DTRM 的精度，但计算量也将明显增加。

② P-1 模型

P-1 模型是 P-N 模型的简化，适用于大尺度辐射计算。与 DTRM 相比，其优点在于计算量更小，且包含散射效应。当燃烧计算域的尺寸比较大时，P-1 模型非常有效。另外 P-1 模型还可应用在较为复杂的计算域中。

③ Rosseland 模型

Rosseland 模型是较为简化的辐射模型，只能应用于大尺度辐射计算。其优点是速度最快，需要内存最少。

④ Discrete Ordinates（DO）模型

DO 模型是所有四种模型中最为复杂的辐射模型，从小尺度到大尺度辐射计算都适用，且可计算非灰气体辐射和散射效应，但需要较大计算量。

综上所述，无论在模型数量上，还是在模型先进性上，FLUENT 软件都提供了远远优于其他商用 CAD 软件的燃烧模型。

6.1.2 设计思路

如图 6-1 所示的燃烧器，空气入口速度为 0.5m/s，燃料入口速度为 60m/s，燃料成分为甲烷 93.9%、乙烷 3.25%、丙烷 0.69%、氮气 2.03%和二氧化碳 0.13%。

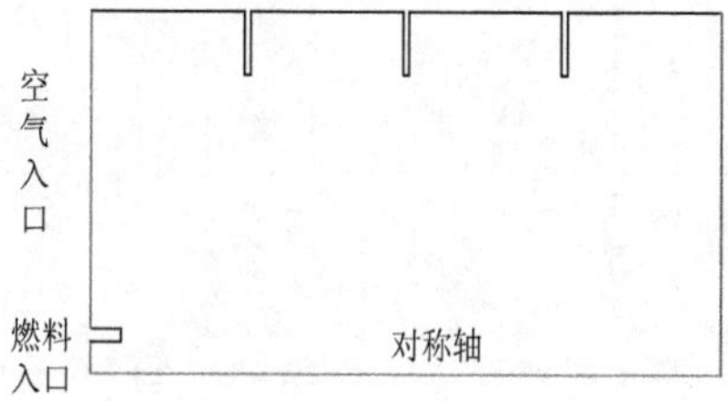

图 6-1 模型

本例的模型相对比较简单，直接使用 GAMBIT 建模并划分网格，而后使用 FLUENT 进行流体仿真。

6.2 案例操作

将 CAD 软件输出的齿轮泵二维模型导入 GAMBIT，然后进行切分操作，抽出流体域模型（面），使用非结构的三角形网格划分整体网格，设定好边界名称，然后输出网格。

本案例文件：ywj/06/EX6-Combustion 相关文件

多媒体教学路径：多媒体教学→第 6 章

6.2.1 模型创建

Step1 打开 GAMBIT 软件，创建点，如图 6-2 所示。

②设置Global选项组参数 ①打开 Create Real Vertex 选项卡

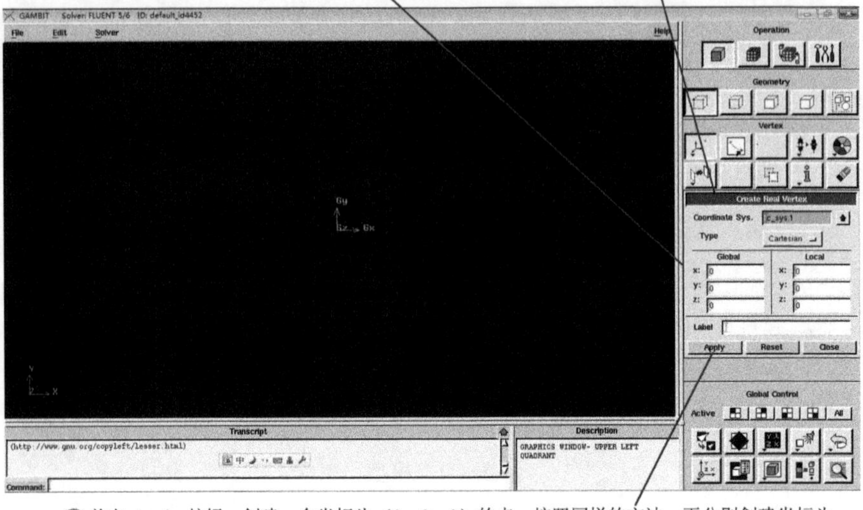

③单击 Apply 按钮，创建一个坐标为（0，0，0）的点，按照同样的方法，再分别创建坐标为（0，5，0）、（10，5，0）、（10，7，0）、（0，7，0）、（0，225，0）、（500，225，0）、（500，175，0）、（505，175，0）、（505，225，0）、（1000，225，0）、（1000，175，0）、（1005，175，0）、（1005，225，0）、（1500，225，0）、（1500，175，0）、（1505，175，0）、（1505，225，0）、（2000，225，0）和（2000，0，0）的点

图 6-2　创建点

Step2 连接点，如图 6-3 所示。

①打开 Create Straight Edge 选项卡，在 Vertices 选项下依次选择上一步创建的点（点的顺序与上一步创建点时的顺序相同）

③在 Vertices 选项下依次选择（0，0，0）和（2000，0，0）的点，单击 Apply 按钮，连接起点和终点

②单击 Apply 按钮，确认将各点连接成折线

图 6-3　连接点

Step3 生成平面，如图6-4所示。

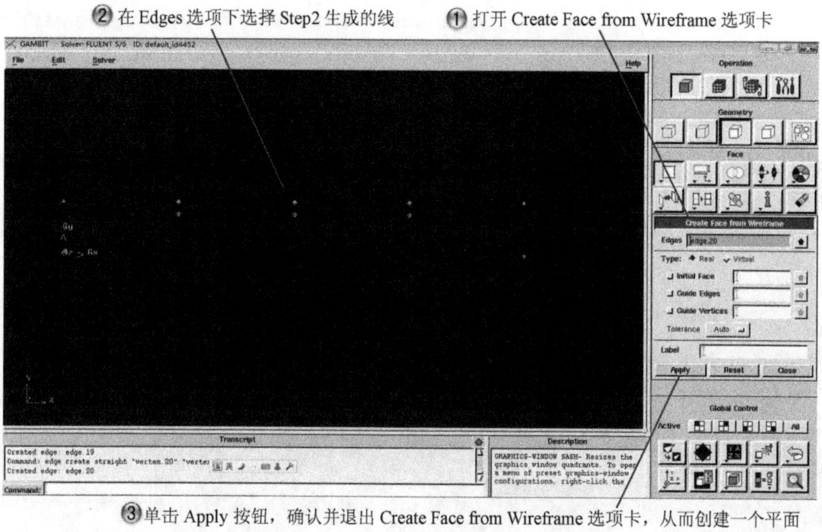

图6-4　生成平面

6.2.2　划分网格

为了得到结构化的四边形网格，需要先对模型进行切分，将其切分为规则的长方形块，然后对每个部分划分规则的四边形网格。

Step1 首先对模型进行切分。创建两条水平辅助线，如图6-5所示。

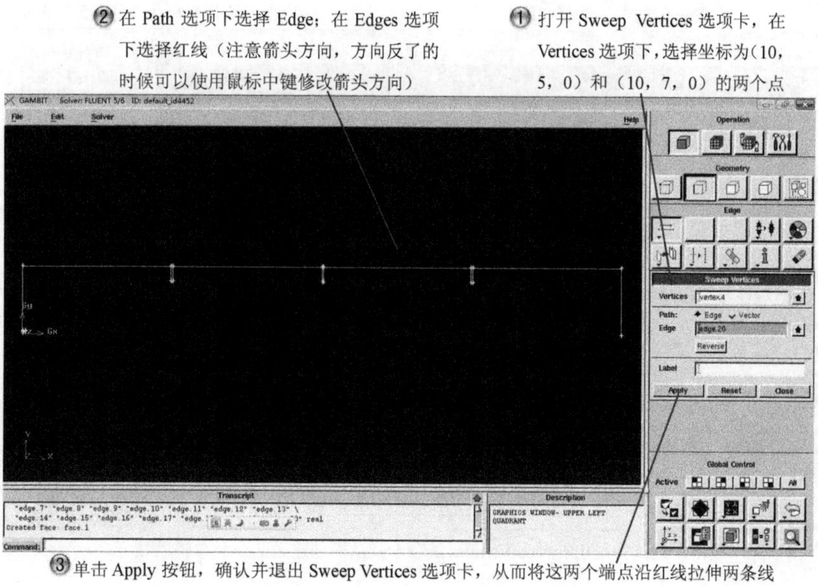

图6-5　创建两条水平辅助线

Step2 创建六条竖直辅助线，如图 6-6 所示。

① 打开 Sweep Vertices 选项卡，在 Vertices 选项下，选择坐标为（500，175，0）、（505，175，0）、（1000，175，0）、（1005，175，0）（1500，175，0）和（1505，175，0）的六个点

② 在 Path 选项下选择 Edge；在 Edges 选项下选择红线

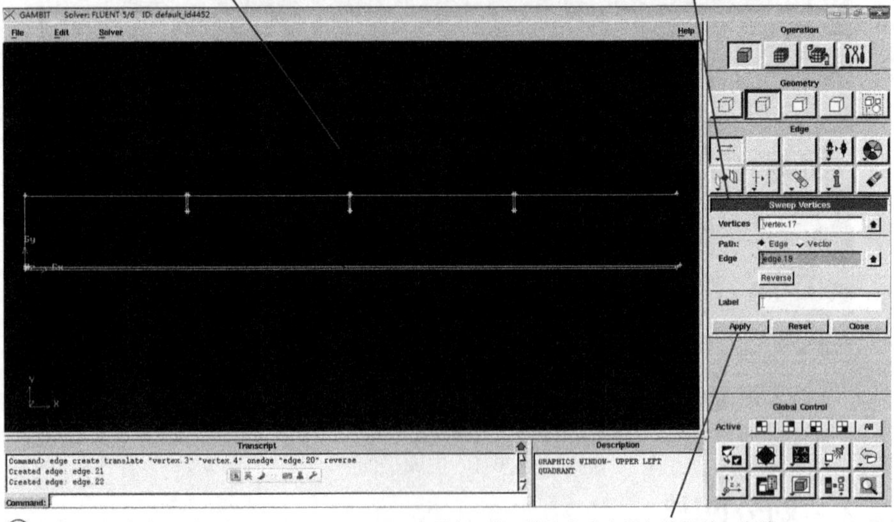

③ 单击 Apply 按钮，确认并退出 Sweep Vertices 选项卡，从而将这六个点沿红线拉伸 6 条线

图 6-6　创建六条竖直辅助线

Step3 创建第 7 条竖直辅助线，如图 6-7 所示。

① 打开 Sweep Vertices 选项卡，在 Vertices 选项下，选择坐标为（10，5，0）的点

② 在 Path 选项下选择 Edge；在 Edges 选项下选择红线

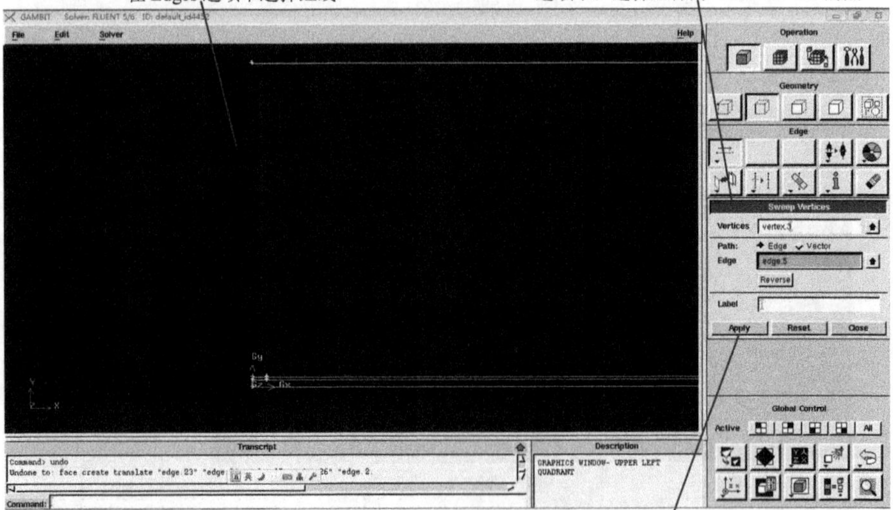

③ 单击 Apply 按钮，确认并退出 Sweep Vertices 选项卡，从而创建第 7 条竖直辅助线

图 6-7　创建第 7 条竖直辅助线

Step4 创建第 8 条竖直辅助线，如图 6-8 所示。

① 打开 Sweep Vertices 选项卡，在 Vertices 选项下，选择坐标为（10，7，0）的点

② 在 Path 选项下选择 Edge；在 Edges 选项下选择红线

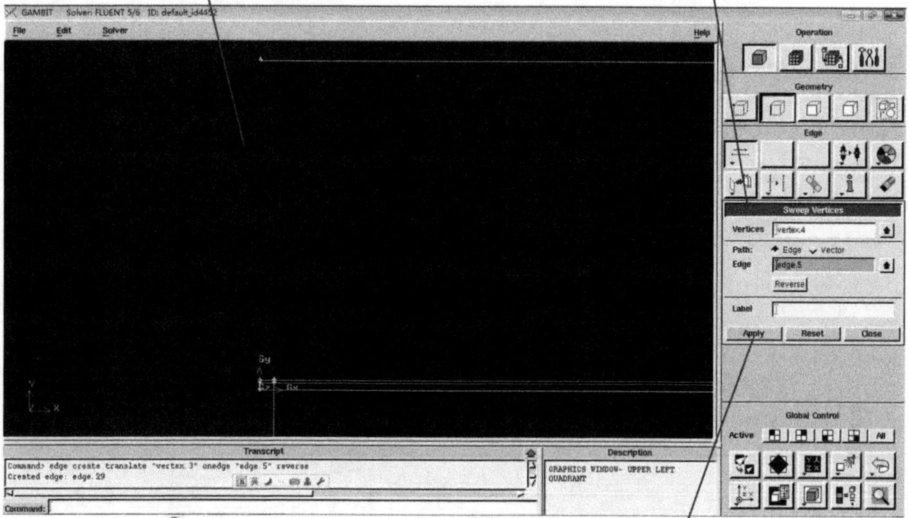

③ 单击 Apply 按钮，确认并退出 Sweep Vertices 选项卡，从而创建第 8 条竖直辅助线

图 6-8 创建第 8 条竖直辅助线

Step5 创建面，如图 6-9 所示。

① 打开 Sweep Edges 选项卡，在 Edges 选项下选择前 4 步得到的直线；在 Path 选项下选择 Vector

② 单击 Define 按钮，打开 Vector Definition 选项卡，启用 Magnitude 复选框，并在其后的文本框中输入 100，然后单击 Apply 按钮

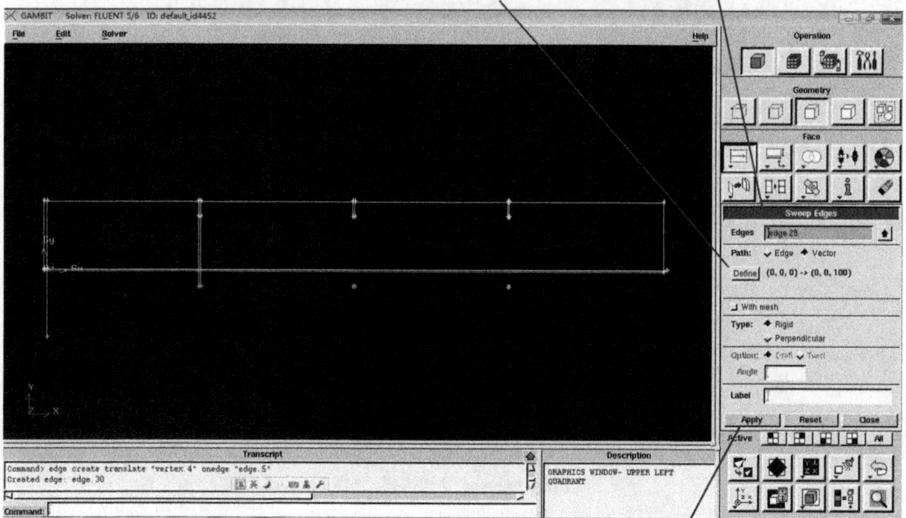

③ 单击 Apply 按钮，从而将前 4 步得到的直线沿着 Z 轴方向拉伸 100，生成平面

图 6-9 创建面

Step6 流体域一次切分，如图 6-10 所示。

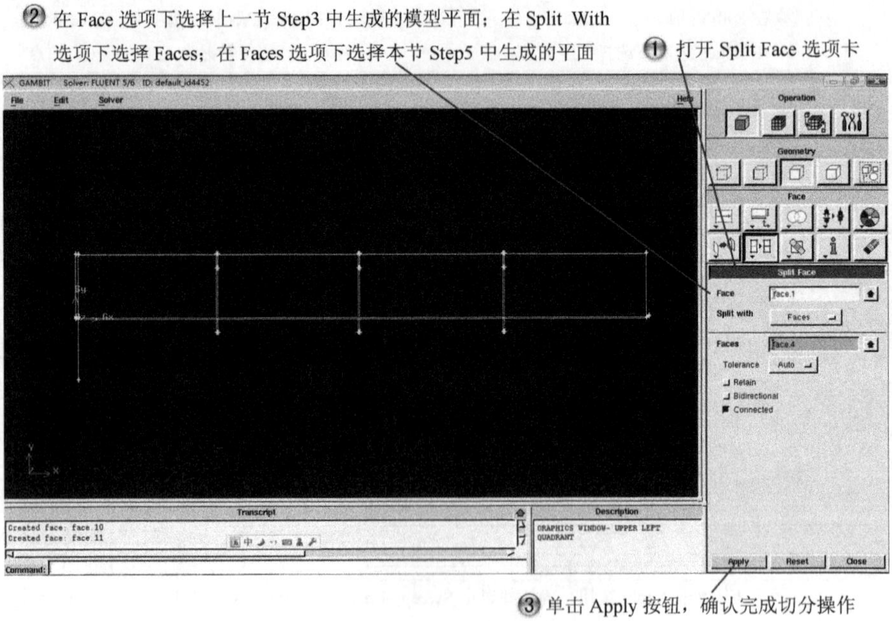

图 6-10　流体域一次切分

Step7 下面进行网格划分。划分线网格，如图 6-11 所示。

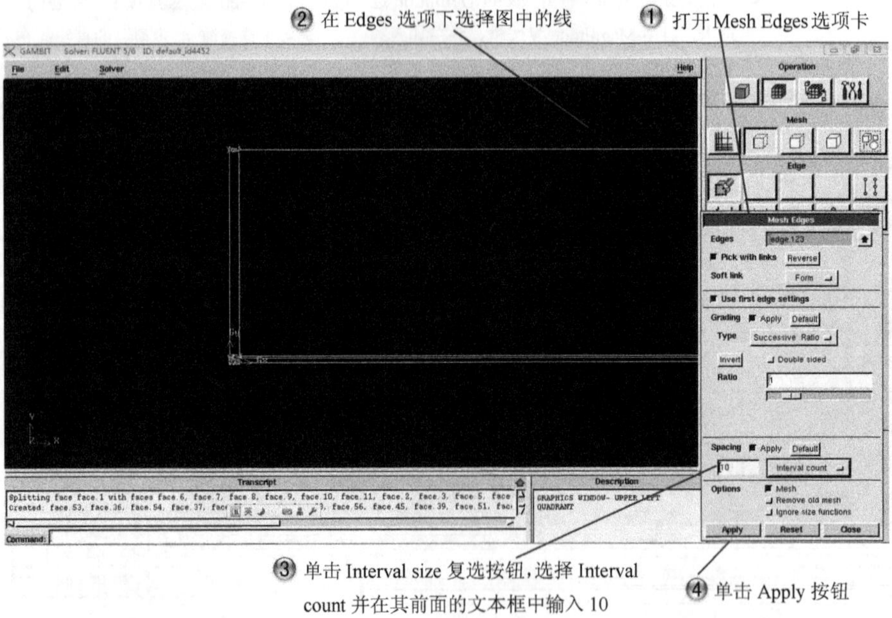

图 6-11　划分线网格（一）

Step8 划分线网格，如图 6-12 所示。

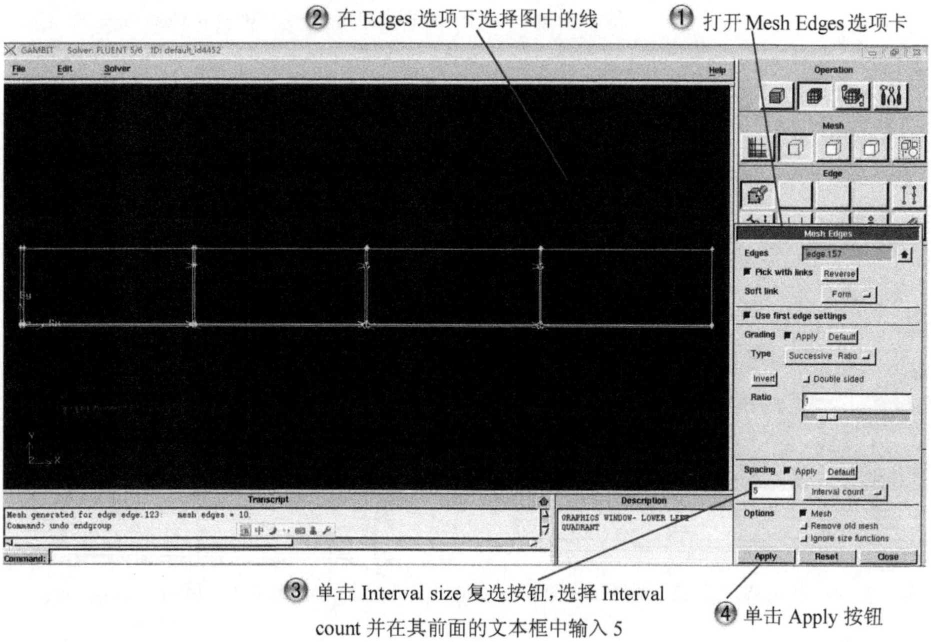

图 6-12　划分线网格（二）

Step9 划分线网格，如图 6-13 所示。

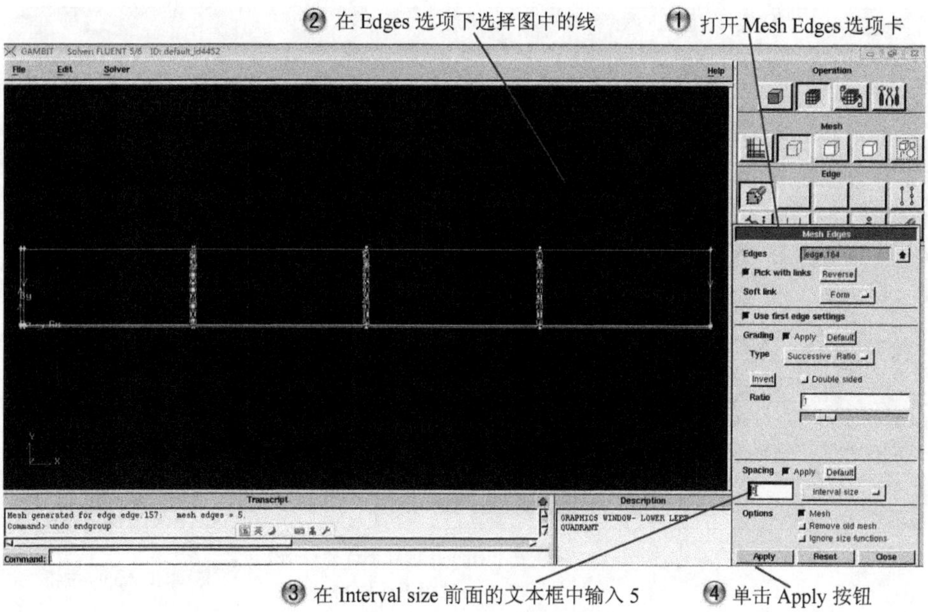

图 6-13　划分线网格（三）

Step10 划分线网格，如图 6-14 所示。

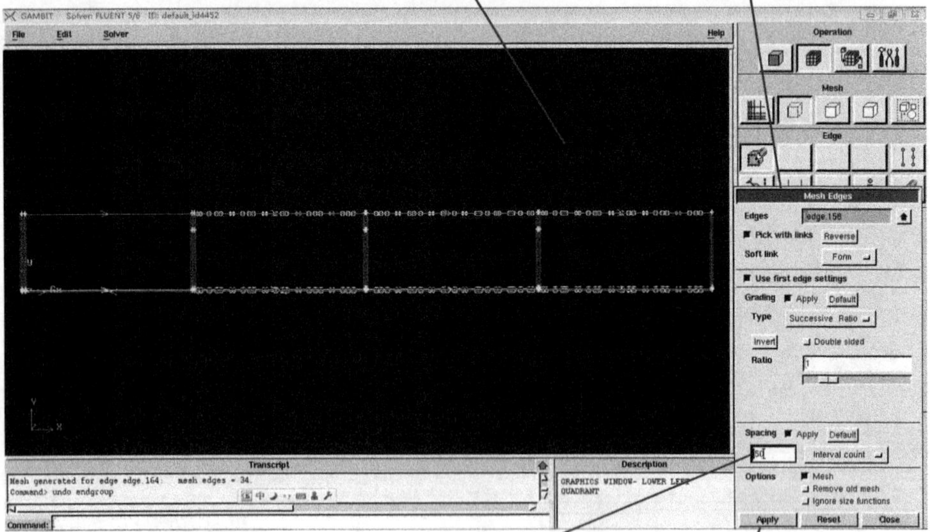

图 6-14　划分线网格（四）

Step11 划分面网格，如图 6-15 所示。

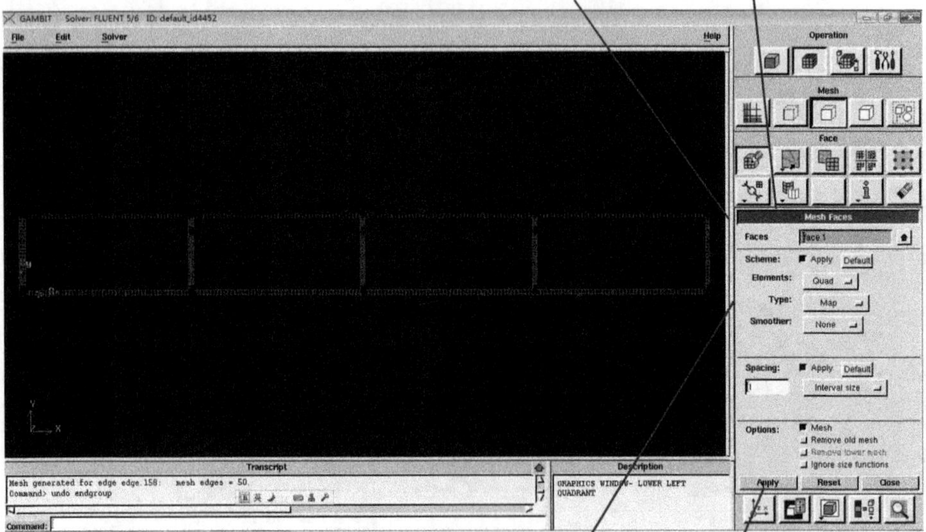

图 6-15　划分面网格

Step12 隐藏网格，如图 6-16 所示。

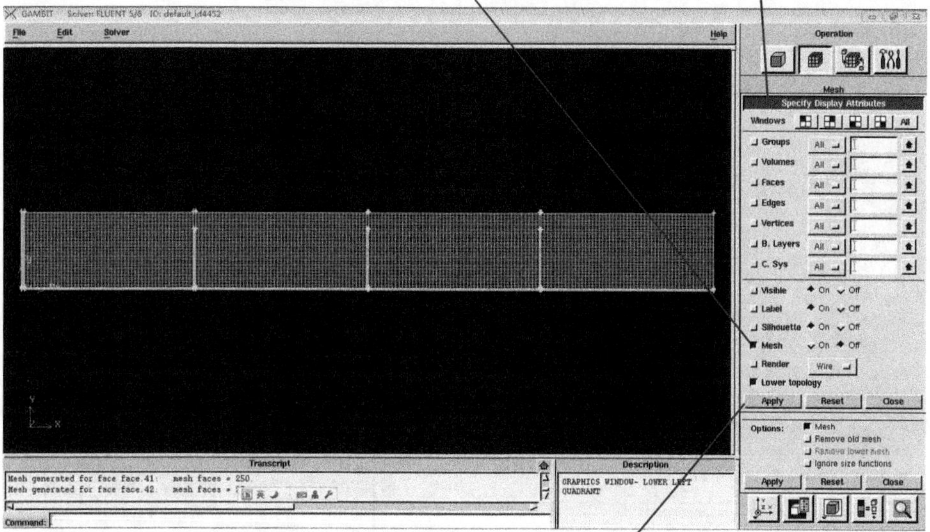

图 6-16　隐藏网格

Step13 设定边界。设定流体域，如图 6-17 所示。

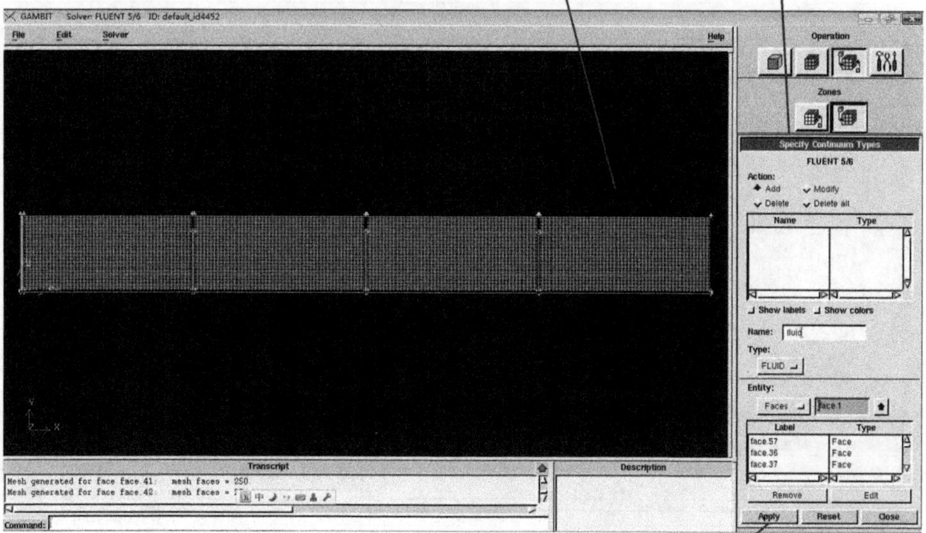

图 6-17　设定流体域

Step14 隐藏网格，如图 6-18 所示。

②分别启用 Mesh 和 Off 复选框　①打开 Specify Display Attributes 选项卡

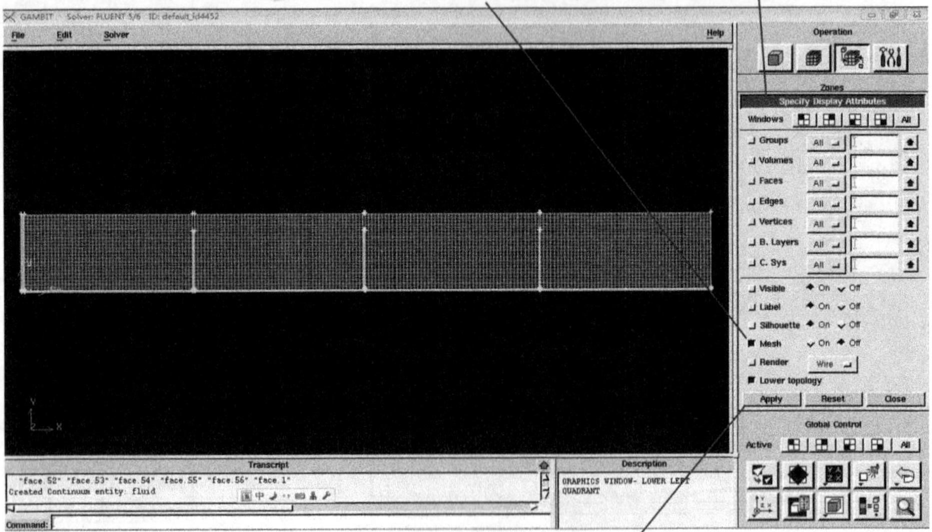

③单击 Apply 按钮，从而隐藏所有网格，以方便后续设定边界时对形体进行观察

图 6-18　隐藏网格

Step15 设定空气入口边界，如图 6-19 所示。

② 在 Name 文本框中输入名称 airinlet，在 Type 选项下选择 VELOCITY_INLET；在 Edges 选项下选择红线

① 打开 Specify Boundary Types 选项卡

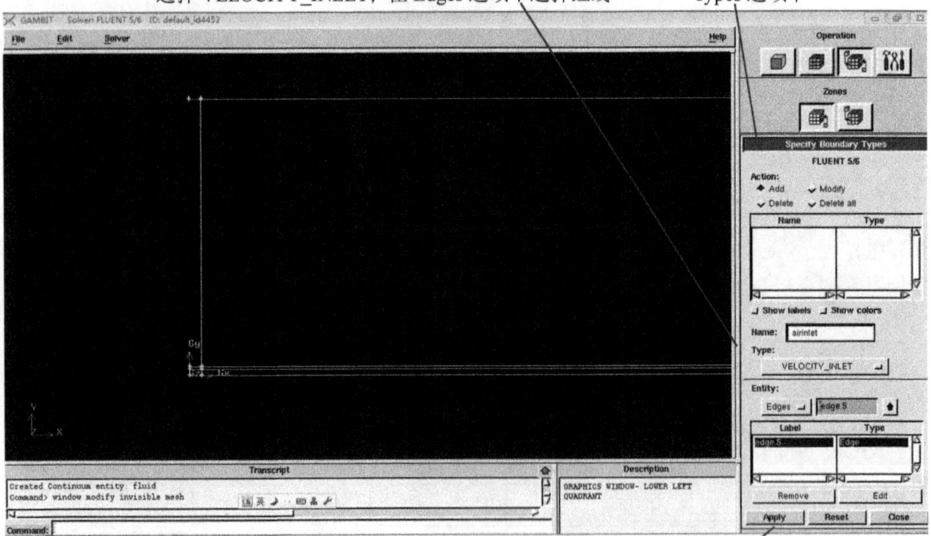

③单击 Apply 按钮完成空气入口的设定，类型为速度入口类型

图 6-19　设定空气入口边界

Step16 设定燃料入口边界，如图 6-20 所示。

② 在 Name 文本框中输入名称 fuleinlet，在 Type 选项下选择 VELOCITY_INLET；在 Edges 选项下选择红线

① 打开 Specify Boundary Types 选项卡

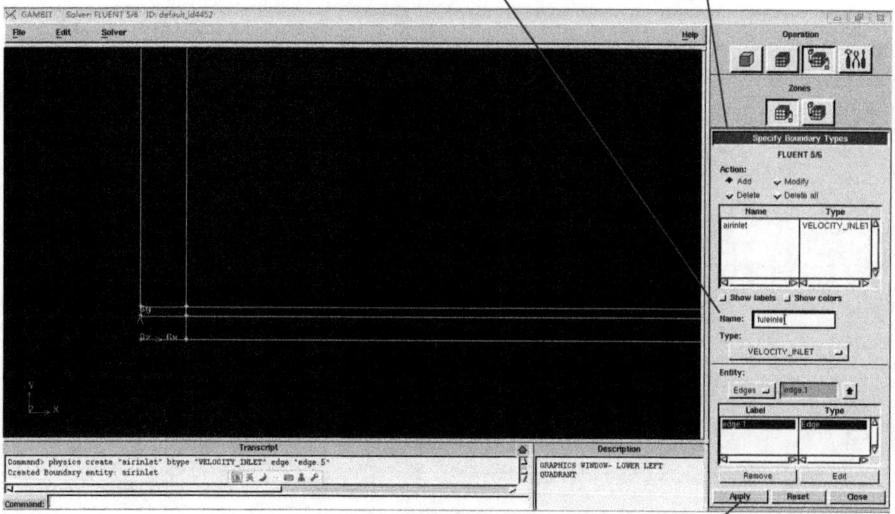

③ 单击 Apply 按钮完成燃料入口的设定，类型为速度入口类型

图 6-20 设定燃料入口边界

Step17 设定出口边界，如图 6-21 所示。

② 在 Name 文本框中输入名称 out，在 Type 选项下选择 PRESSURE_OUTLET；在 Edges 选项下选择红线

① 打开 Specify Boundary Types 选项卡

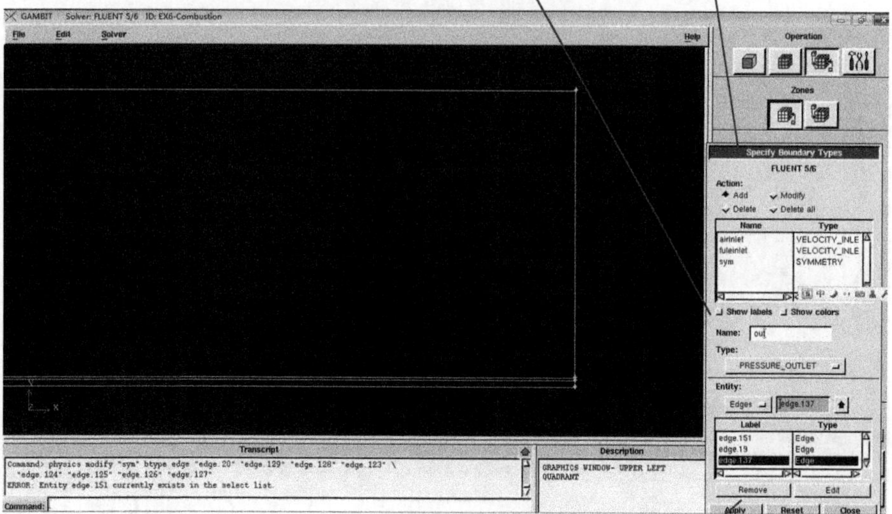

③ 单击 Apply 按钮完成流体出口的设定，类型为压力出口类型

图 6-21 设定出口边界

Step18 设定对称边界，如图 6-22 所示。

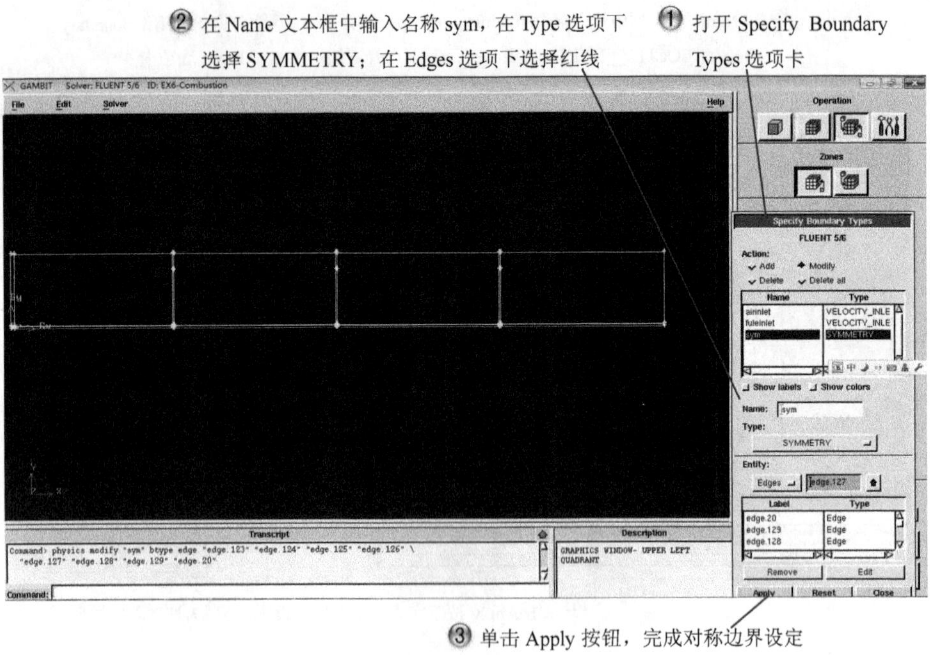

图 6-22　设定对称边界

Step19 显示网格，如图 6-23 所示。

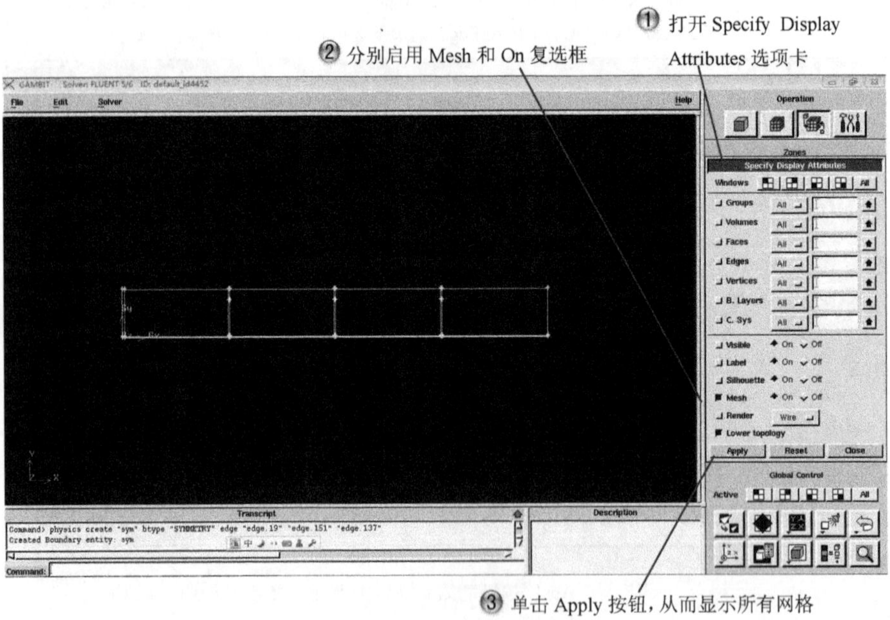

图 6-23　显示网格

Step20 保存网格，如图 6-24 所示。

① 选择 File|Save As...菜单命令，打开 Save Session As 对话框

② 在 ID 文本框中输入需要保存的名称 EX6-Combustion

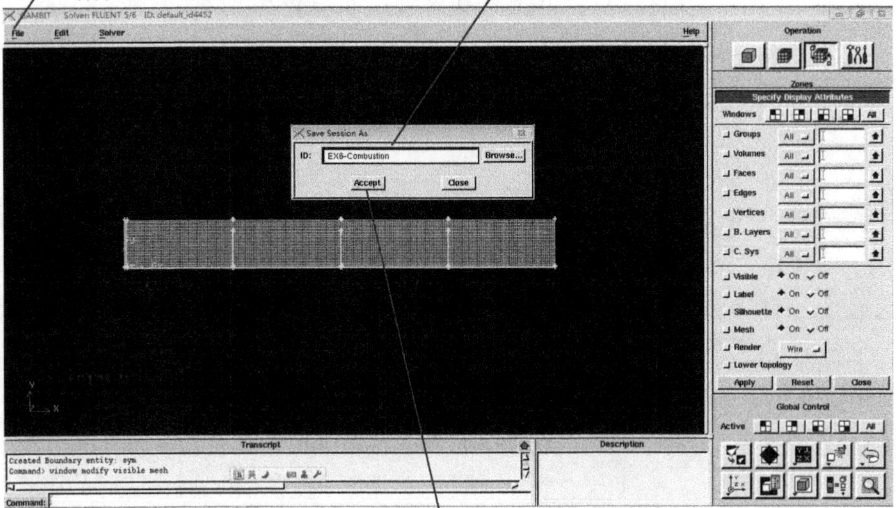

③ 单击 Accept 按钮，即可将网格保存为名称为 EX6-Combustion，扩展名为.dbs 的网格源文件

图 6-24　保存网格

Step21 导出网格，如图 6-25 所示。

① 选择 File|Export...|Mesh...菜单命令，打开 Export Mesh File 对话框

② 在 File Name 文本框中输入需要导出的名称 EX6-Combustion；启用 Export 2-D(X-Y) Mesh 复选框

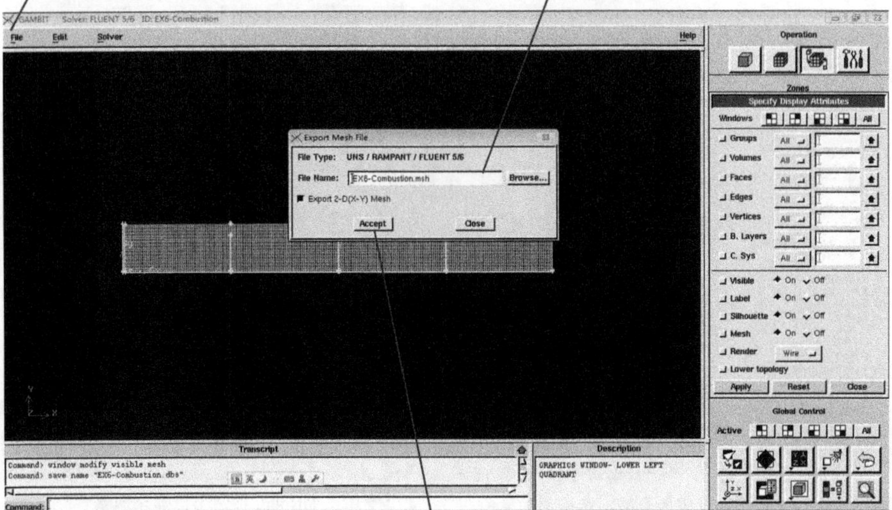

③ 单击 Accept 按钮，即可将网格导出，名称为 EX6-Combustion，扩展名为.msh 的网格文件

图 6-25　导出网格

6.2.3 仿真设置过程

Step1 打开 FLUENT18.0，读入网格文件，如图 6-26 所示。

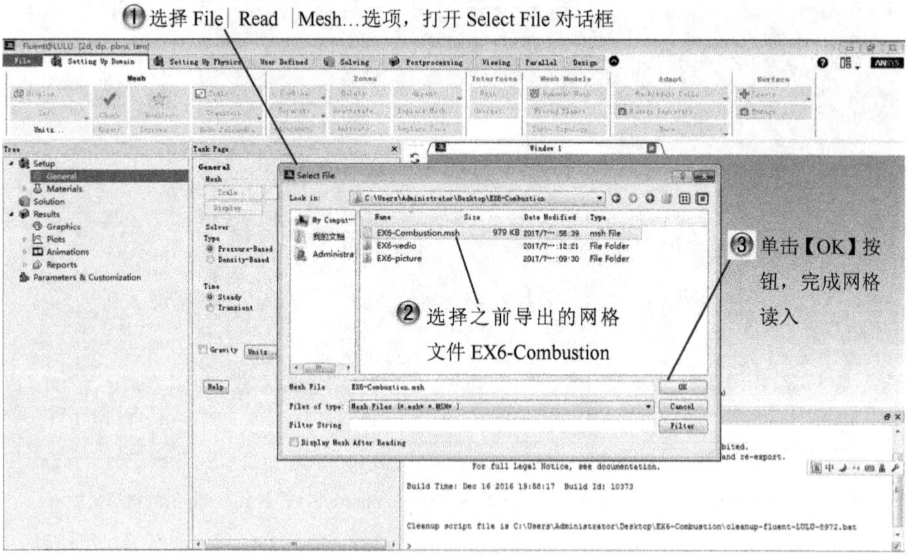

图 6-26　读入网格文件

Step2 显示网格，如图 6-27 所示。

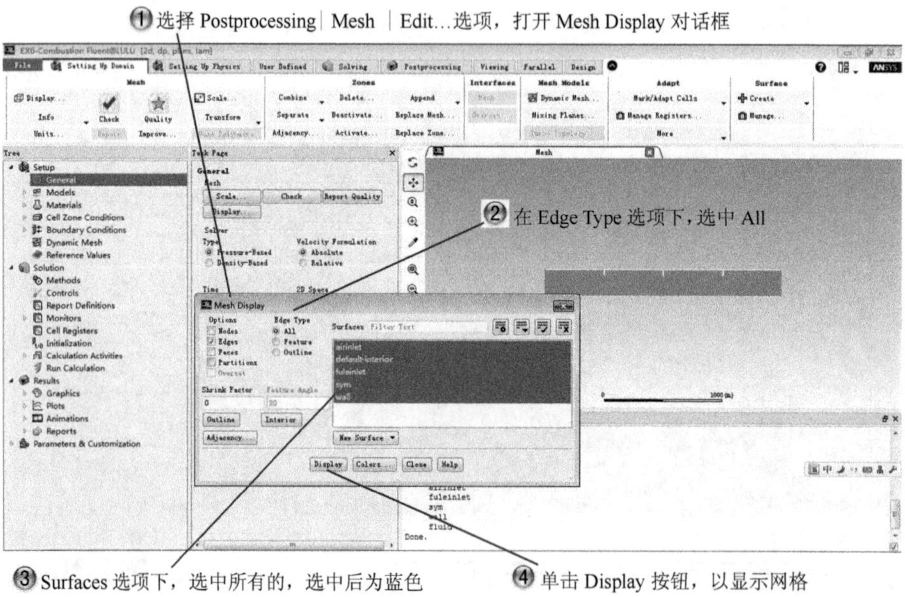

图 6-27　显示网格

Step3 检查网格，如图 6-28 所示。

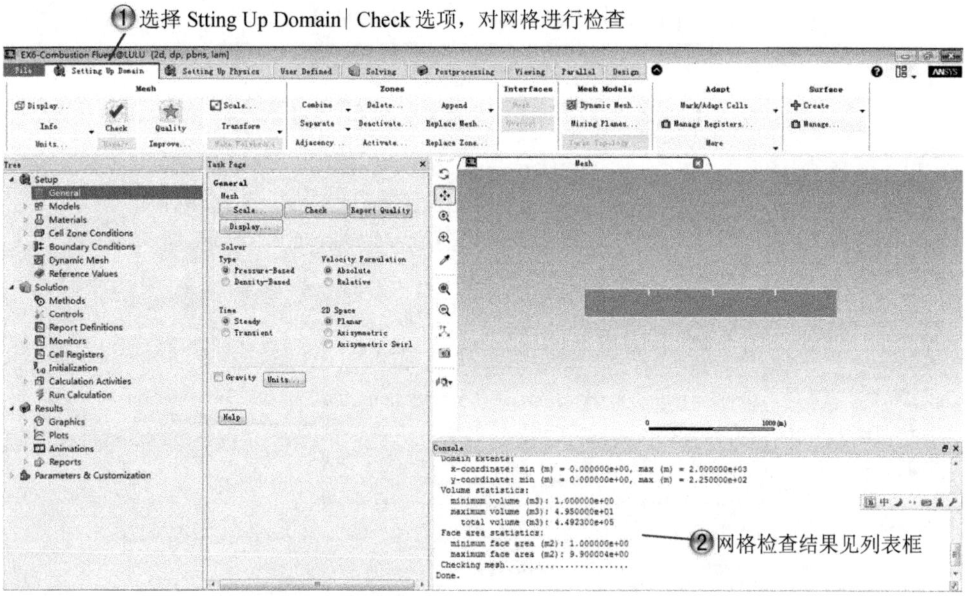

图 6-28　检查网格

Step4 网格质量检测，如图 6-29 所示。

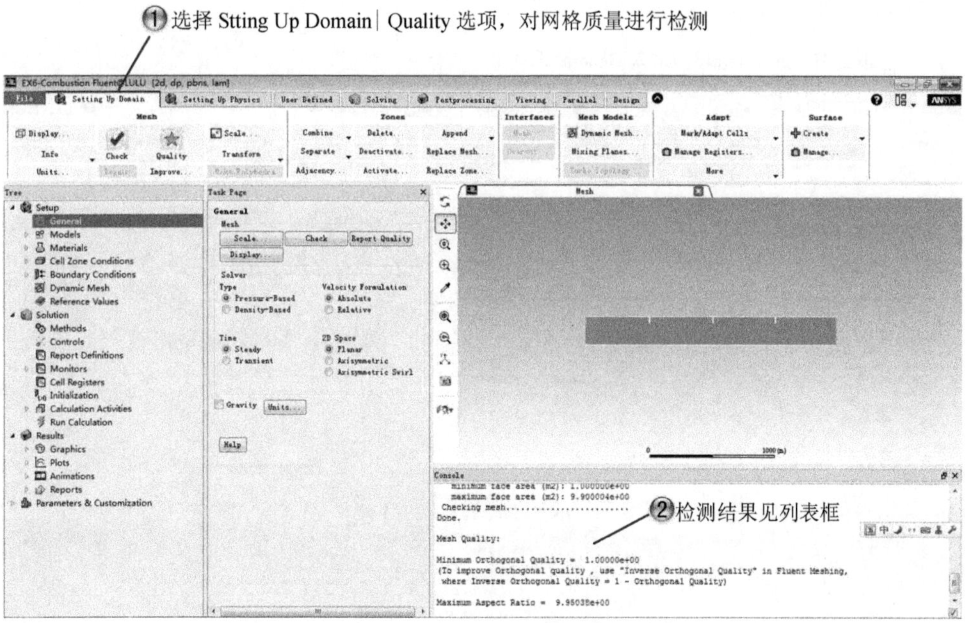

图 6-29　网格质量检测

Step5 调整尺寸单位，如图 6-30 所示。

①选择 Stting Up Domain | Scale…选项，打开 Scale Mesh 对话框

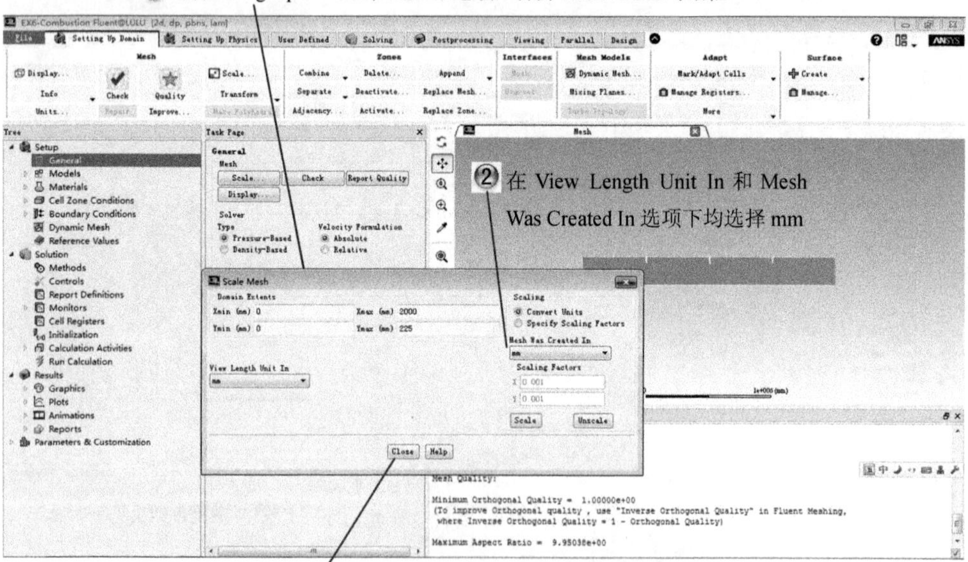

②在 View Length Unit In 和 Mesh Was Created In 选项下均选择 mm

③依次单击 Scale 和 Close 按钮退出，从而将模型单位调整为 mm

图 6-30 调整尺寸单位

Step6 求解器设置，如图 6-31 所示。

①选择 General 选项，进入 General 选项卡

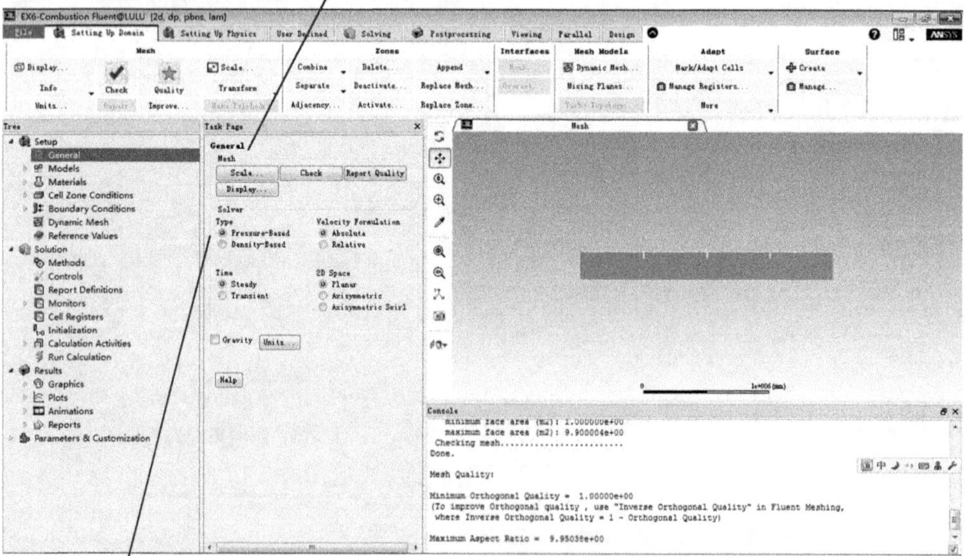

②选中 Pressure-Based 以使用基于压力基的求解；选中 Steady，使用稳态计算

图 6-31 求解器设置

Step7 打开能量方程，如图 6-32 所示。

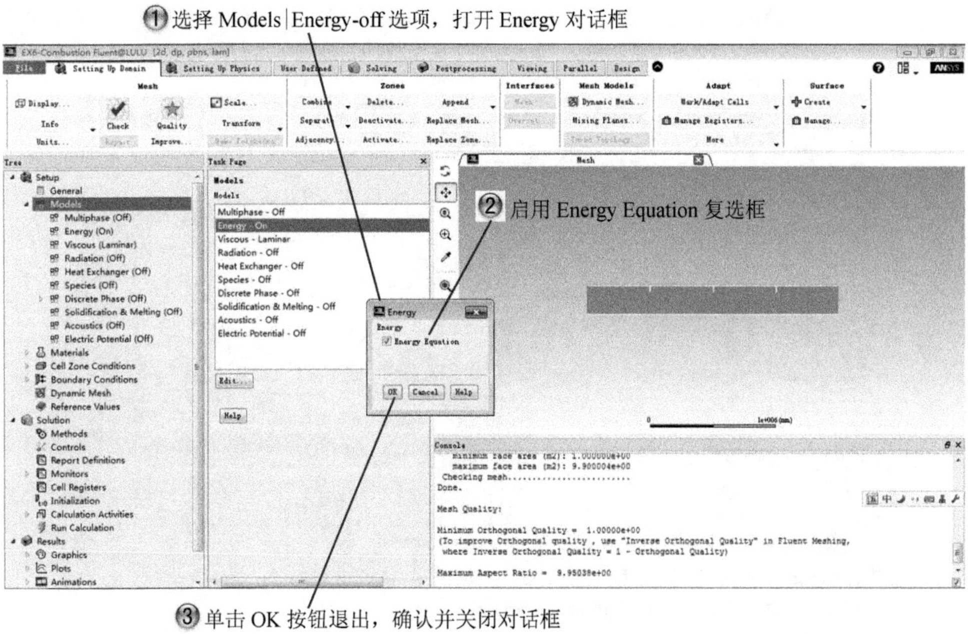

图 6-32　打开能量方程

Step8 湍流模型设置，如图 6-33 所示。

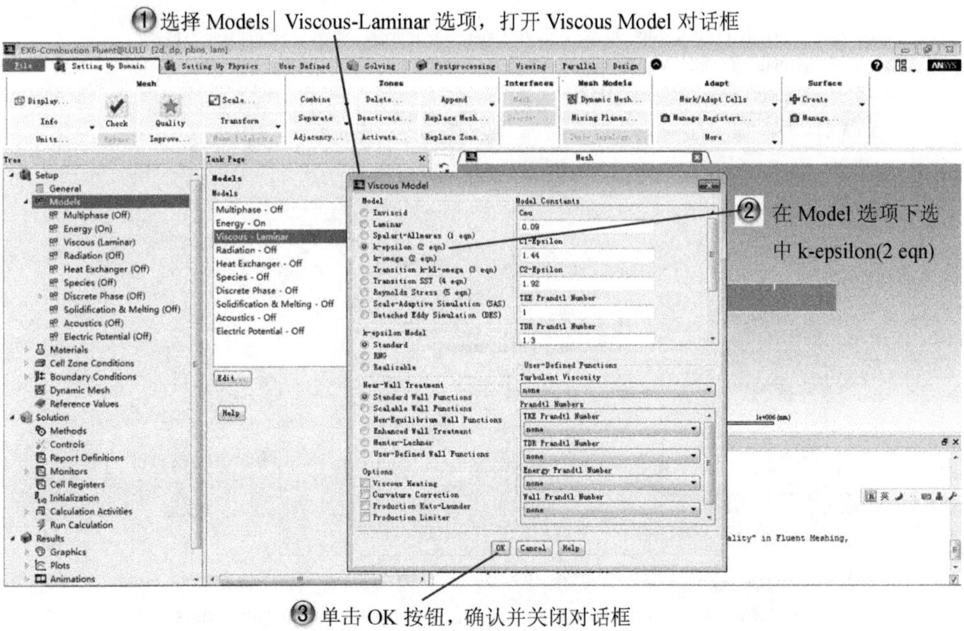

图 6-33　湍流模型设置

Step9 设置燃烧模型，如图 6-34 所示。

① 选择 Models|Species Off 选项，打开 Species Model 对话框。在 Model 选项下选中 Species Transport；在 Reactions 选项下启用 Volumetric 复选框；在 Options 选项下启用 Inlet Diffusion 和 Diffusion Energy Source 复选框

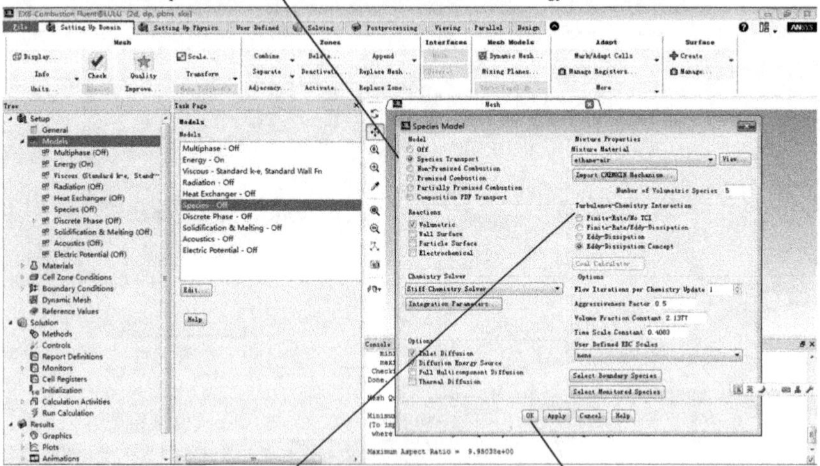

② 在 Mixture Properties 选项组的 Mixture Material 下拉列表框中选择 ethane-air；在 Turbulence-Chemistry Interaction 选项下选中 Eddy-Dissipation Concept

③ 单击 OK 按钮，关闭并退出对话框

图 6-34　设置燃烧模型

Step10 添加材料，如图 6-35 所示。

① 选择 Materials|Fluid|Create/Edit 选项，打开 Create/Edit Materials 对话框。在 Material Type 选项下选择 fluid，在 Order Materials by 选项下选中 Chemical Formula；单击 Fluent Database 按钮，弹出 Fluent Database Material 对话框

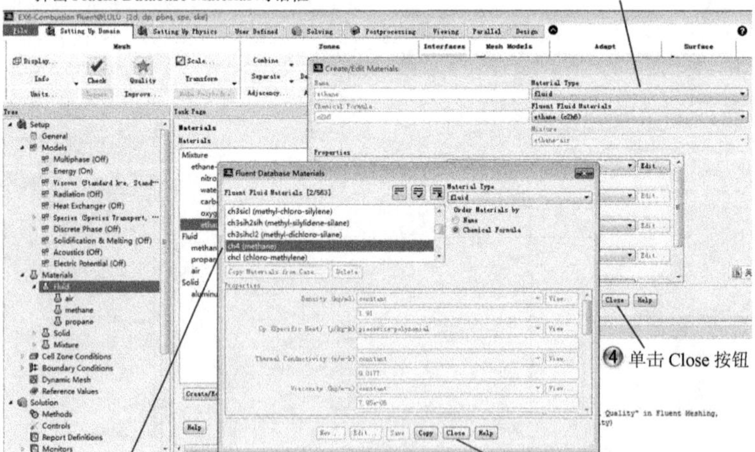

④ 单击 Close 按钮

② 在 Fluent Database Material [1/563]选项下选择 c3h8(propane)和 ch4(methane)

③ 单击 Copy 按钮，再单击 Close 按钮，返回 Create/Edit Materials 对话框

图 6-35　添加材料

Step11 添加反应材料以及化学反应方程式，如图 6-36、图 6-37、图 6-38 所示。

① 选择 Materials|Mixture|ethane-air 选项，打开 Create/Edit Materials 对话框。单击 Mixture Species 选项右边的 Edit 按钮，打开 Species 对话框

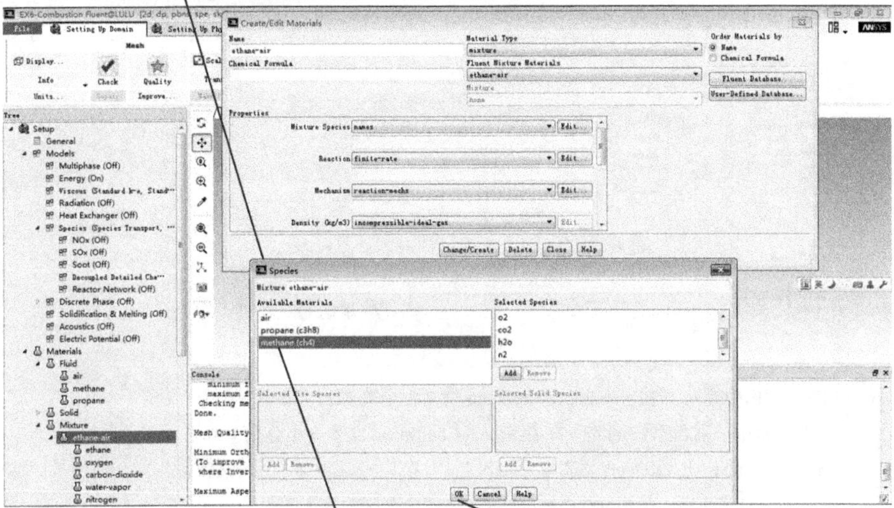

② 在 Available Materials 选项下选择 methane(ch4)，单击 Add 按钮；再选择 propane(c3h8)，然后单击 Add 按钮

③ 单击 OK 按钮

图 6-36　添加反应材料

④ 单击 Reaction 选项右边的 Edit 按钮，打开 Reactions 对话框

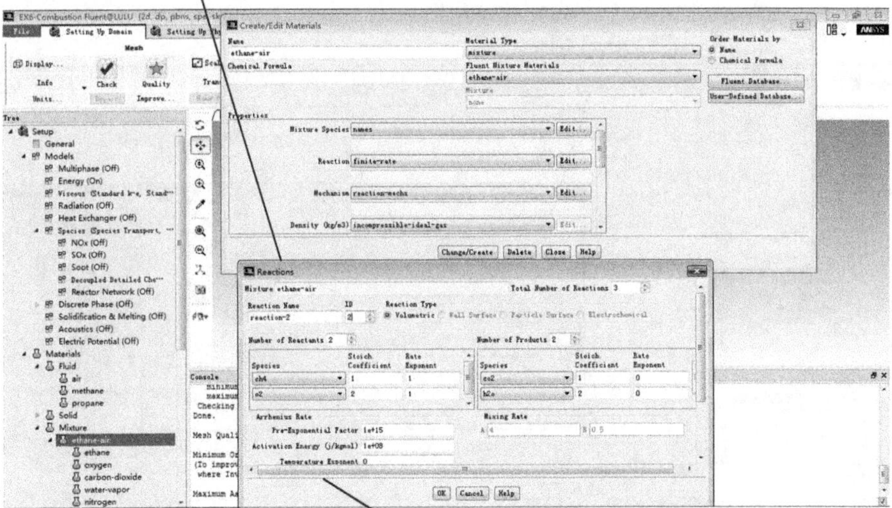

⑤ 在 Total Number of Reactions 文本框中输入 3；在 ID 文本框中输入 2；在 Number of Reactants 文本框中输入 2，并在其 Species 下拉列表框中分别选择 ch4 和 o2，在 Stoich Coefficient 文本框中分别输入 1 和 2；在 Number of Products 文本框中输入 2，并在其 Species 下拉列表框中分别选择 co2 和 h2o，在 Stoich Coefficient 文本框中分别输入 1 和 2

图 6-37　添加化学反应方程式（1）

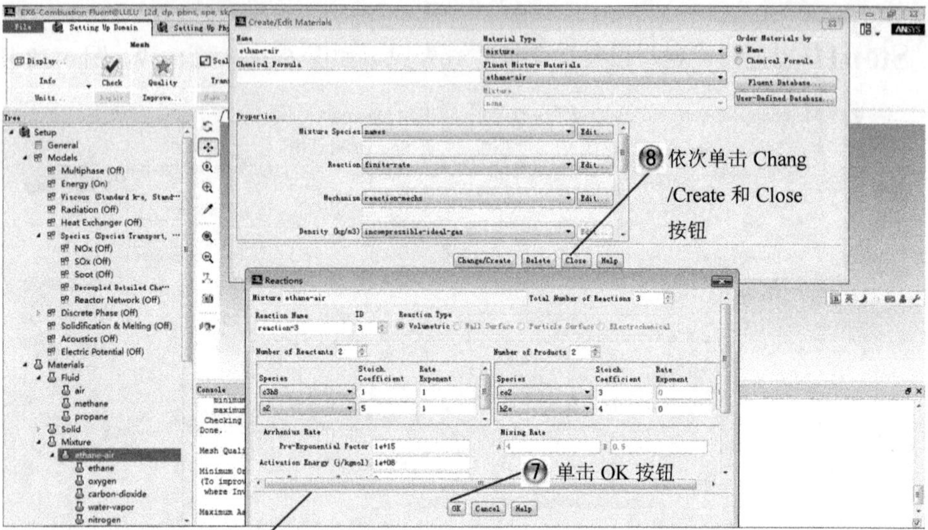

⑥ 在 ID 文本框中输入 3；在 Number of Reactants 文本框中输入 2，并在其 Species 下拉列表框中分别选择 c3h8 和 o2，在 Stoich Coefficient 文本框中分别输入 1 和 5；在 Number of Products 文本框中输入 2，并在其 Species 下拉列表框中分别选择 co2 和 h2o，在 Stoich Coefficient 文本框中分别输入 3 和 4

图 6-38　添加化学反应方程式（2）

Step12 空气入口设置，如图 6-39、图 6-40 所示。

① 选择 Boundary Conditions|airinlet |Edit 选项，打开 Velocity Inlet 对话框

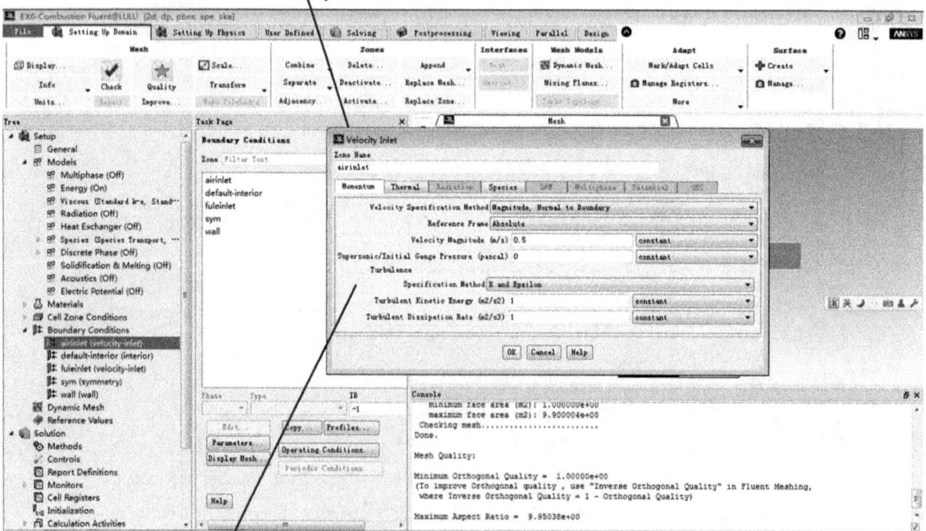

② 在 Velocity Magnitude (m/s)文本框中输入 0.5；在 Specification Method 选项下选择 K and Epsilon

图 6-39　空气入口设置（1）

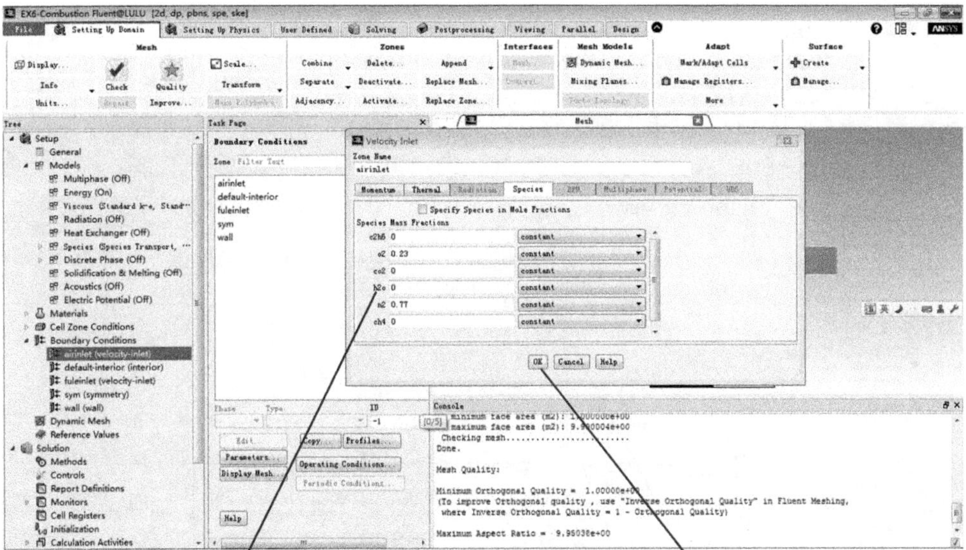

③ 切换到 Species 选项卡，在 Species Mass Fractions 选项组的 o2 文本框中输入 0.23，在 n2 文本框中输入 0.77

④ 单击 OK 按钮，确认并退出对话框

图 6-40　空气入口设置（2）

Step13 燃料入口设置，如图 6-41、图 6-42 所示。

① 选择 Boundary Conditions | fuleinlet | Edit 选项，打开 Velocity Inlet 对话框

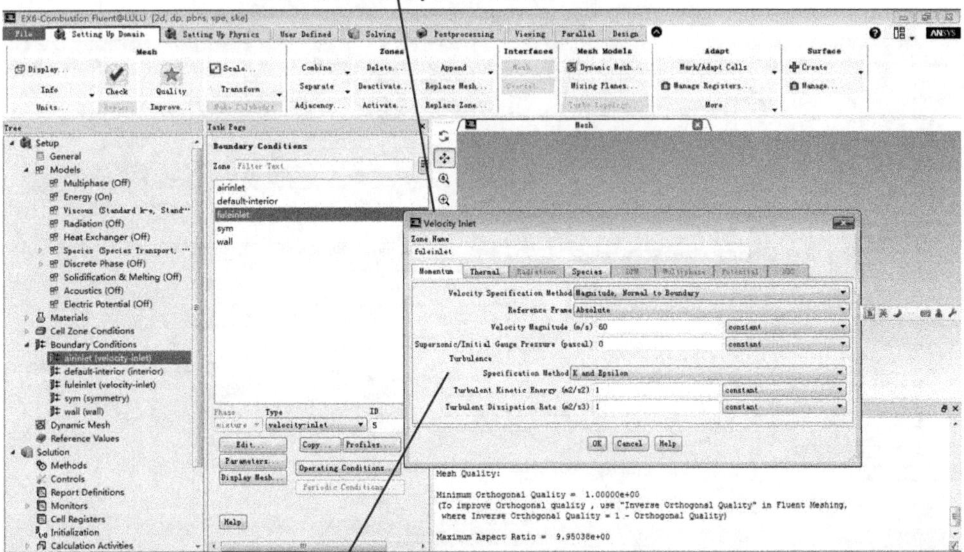

② 在 Velocity Magnitude (m/s)文本框中输入 60；在 Specification Method 选项下选择 K and Epsilon

图 6-41　燃料入口设置（1）

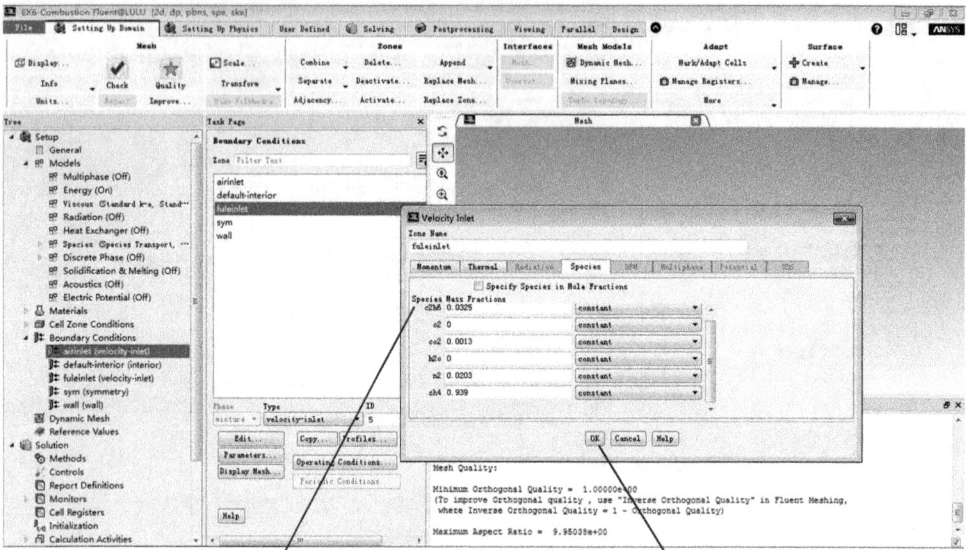

③ 切换到 Species 选项卡，在 Species Mass Fractions 选项组的 c2h6 文本框中输入 0.0325，在 co2 文本框中输入 0.0013，在 n2 文本框中输入 0.0203，在 ch4 文本框中输入 0.939

④ 单击 OK 按钮，确认并退出对话框

图 6-42　燃料入口设置（2）

Step14 出口设置，如图 6-43 所示。

① 选择 Boundary Conditions|out|Edit 选项，打开 Pressure Outlet 对话框

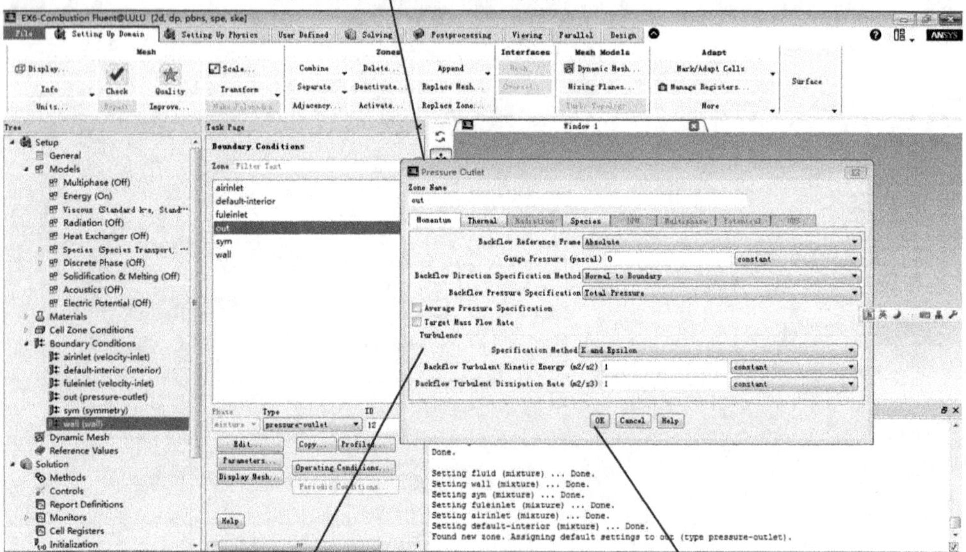

② 在 Specification Method 选项下选择 K and Epsilon

③ 单击 OK 按钮，确认并退出对话框

图 6-43　出口设置

Step15 收敛因子，如图 6-44 所示。

①选择 Solution|Controls 选项，进入 Solution Controls 选项卡

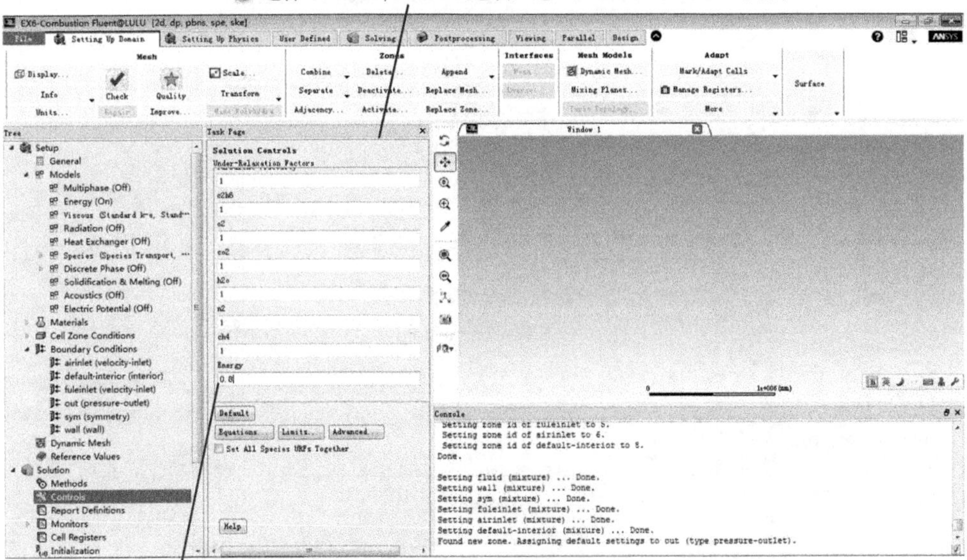

②在 Under-Relaxation Factors 选项下的 Energy 文本框中输入 0.8

图 6-44　收敛因子

Step16 流场初始化，如图 6-45 所示。

①选择 Initialization 选项，打开 Solution Initialization 选项卡

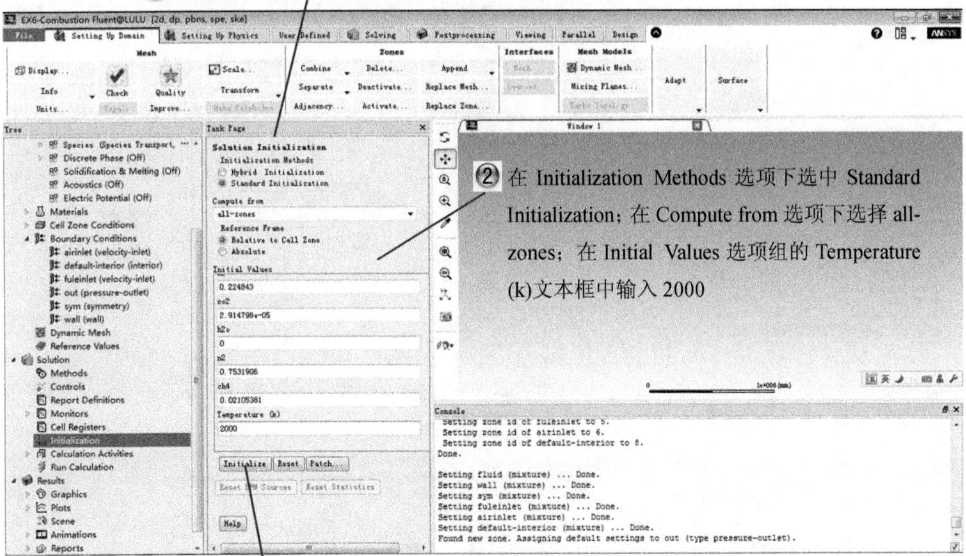

③单击 Initialize 按钮，完成流场初始化

图 6-45　流场初始化

Step17 保存 Case 文件，如图 6-46 所示。

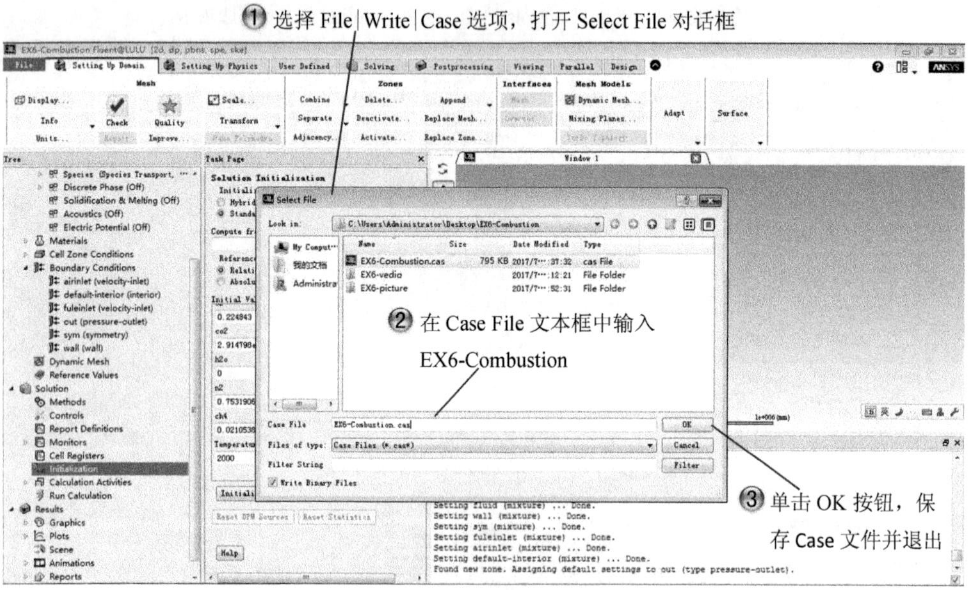

图 6-46　保存 Case 文件

Step18 稳态求解计算，如图 6-47 所示。

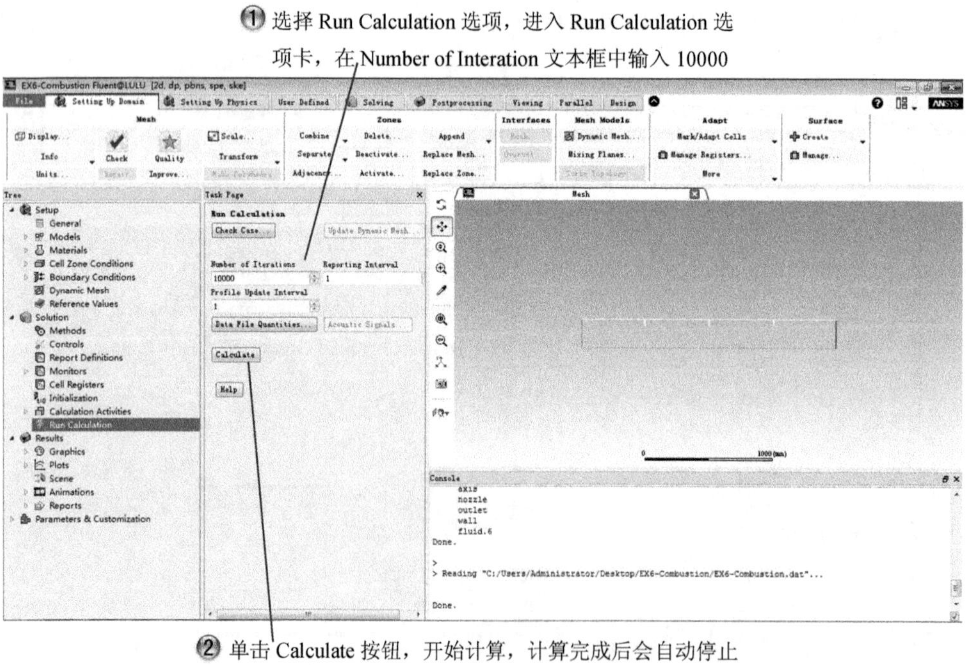

图 6-47　稳态求解计算

Step19 保存计算结果，如图 6-48 所示。

① 计算到 5042 步已经收敛了，选择 File|Write|Case & Data...选项，打开 Select File 对话框

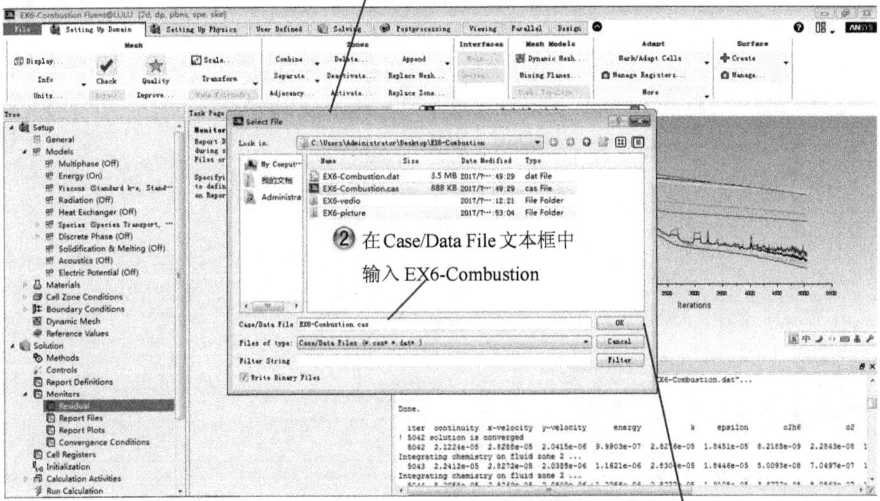

③ 单击 OK 按钮，保存结果文件并退出

图 6-48 保存计算结果

Step20 保存残差曲线，如图 6-49 所示。

① 选择 File|Save Picture...选项，打开 Save Picture 对话框。在 Fromat 选项下选择 JPEG，Coloring 选项下选择 Color，Options 选项下启用 White Backgruond

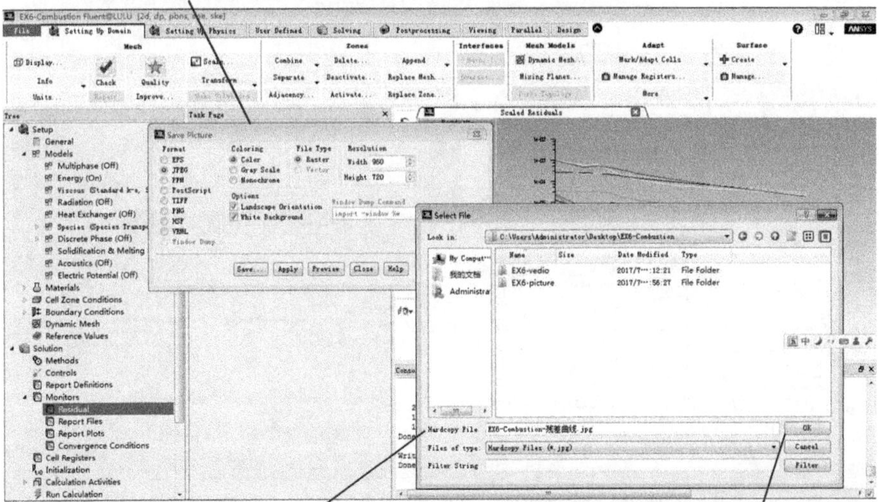

② 单击 Save 按钮，打开 Select File 对话框，在 Hardcopy File 文本框中输入名称 EX6-Combustion -残差曲线

③ 单击 OK 按钮，保存残差曲线，此时保存的残差曲线是白色前景下 JPEG 格式的彩色图片

图 6-49 保存残差曲线

Step21 温度分布云图，如图 6-50 所示。

① 选择 Graphics|Contours 选项，打开 Contours 对话框。在 Options 选项下启用 Filled

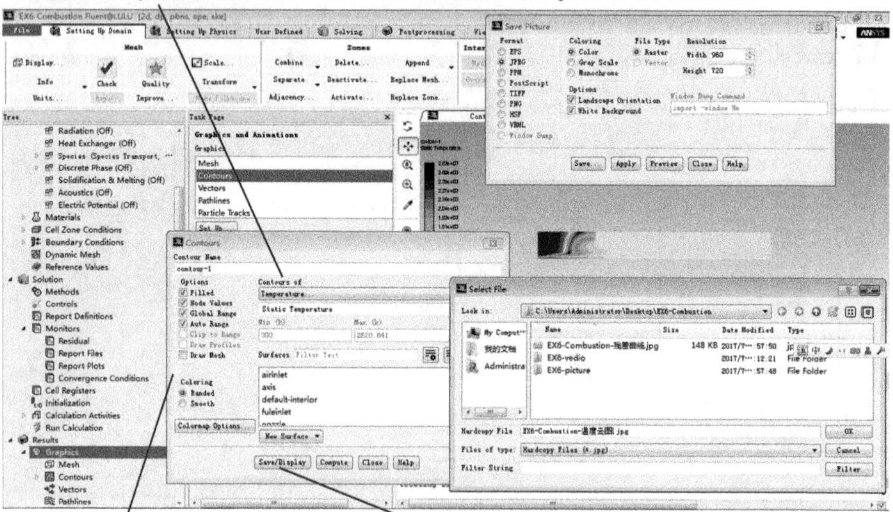

② 在 Contours of 选项下选择 Temperature 和 Static Temperature，其余保持默认

③ 单击 Save/Display 按钮，按照 Step20 的方法保存温度分布云图

图 6-50　温度分布云图

Step22 速度分布云图，如图 6-51 所示。

① 选择 Graphics|Contours 选项，打开 Contours 对话框

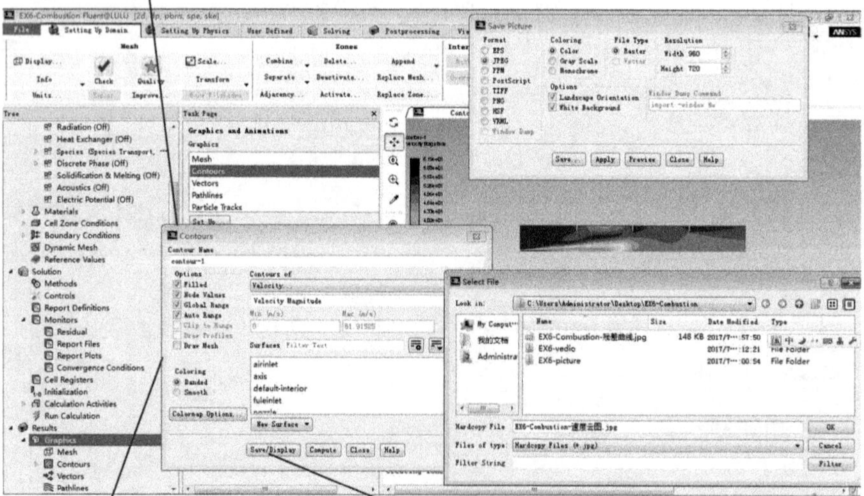

② 在Options选项下启用Filled ，在Contours of 选项下选择 Velocity 和 Velocity Magnitude，其余保持默认

③ 单击 Save/Display 按钮，按照 Step20 的方法保存速度云图

图 6-51　速度分布云图

6.3　案例小结

本章首先介绍了 FLUENT 软件中多种燃烧模型的基本知识，并分类型予以解释。之后通过一个燃烧器仿真案例，着重介绍了 FLUENT 软件的燃烧器仿真方法，包括模型创建、网格划分和仿真设置的全过程，最后还给出了多种分布结果，供读者学习掌握。

第 7 章　U 型管内流动仿真案例

本章导读

FLUENT 软件中的湍流模型是仿真模型中的重要模型，这里主要介绍湍流模型的概念和基本方法。本章通过 U 型管内流动仿真案例的创建，主要讲解 FLUENT 软件在分析管内流动仿真的创建过程。

学习要求	知识点 \ 学习目标	了解	理解	应用	实践
	湍流模型基本概念		√		
	创建 U 型管内流动模型		√	√	√
	划分网格和设定边界		√	√	√
	U 型管内流动仿真设置		√	√	√

7.1　案例分析

7.1.1　知识链接

湍流是一种高度复杂的三维非稳态、带旋转的不规则流动。湍流中流体的各个物理参数，如速度、压力、温度等都随时间与空间发生随机变化。从物理机理上说，可以把湍流看成由各个不同尺寸的涡叠合而成，这些涡的大小及旋转方向分布是随机的。

大尺寸的涡主要由流动的边界条件所决定，其尺寸可与流场的大小相比拟，是引起低频脉动的原因；小尺寸的涡主要由黏性力决定，其尺寸可能只有流场尺寸的千分之一，是引发高频脉动的原因。

大尺寸的涡破裂后形成小尺寸的涡，较小尺寸的涡破裂后形成更小的涡。大尺寸的涡从主流获得能量，通过涡间的转化将能量传给小尺寸的涡，最后由于黏性作用，小尺寸的涡不断消失，机械能就转化（即耗散）为流体的热能。同时，由于边界作用、扰动及速度梯度的影响，新的涡又不断产生，这就构成了湍流运动。由此可见，湍流的一个重要特点是物理量的脉动，非稳态的 N-S 方程对湍流运动仍是适用的。

湍流流动是自然界常见的流动现象，在多数工程问题中流体的流动大多处于湍流状态，湍流特性在工程运用中占有重要的地位，因此，能否精确地模拟湍流流动成为能否精确模拟流动问题的关键。但由于湍流问题本身非常复杂，属于一种高度非线性的复杂流动，所以直到现在还有许多问题没有解决。湍流流动的数值模拟分类如下：

（1）直接模拟（DNS）

直接模拟指用三维非稳态 N-S 方程对湍流进行直接数值计算。要对高度复杂的湍流进行直接的计算，必须采用很小的时间和空间步长，才能分析出详细的空间结构及变化剧烈的时间特性，这样，计算量很大，对计算机的要求也很高。

（2）大涡模拟（LES）

按湍流的机理，湍流的脉动及混合主要是由大尺寸的涡造成的。大尺寸的涡高度非线性，其相互作用把能量传给小尺寸的涡，小尺寸的涡几乎是各向同性的，它们起到能量耗散的作用。只用非稳态 N-S 方程模拟大涡，不直接计算小涡，而将小涡对大涡的影响通过近似的模型来考虑，这种影响称为亚格子（Reynolds）应力。大涡模拟对计算机的要求仍比较高，但比直接模拟要低得多。

（3）Reynolds 平均法

将非稳态 N-S 方程对时间作平均，即把湍流运动看成两个流动的叠加，一是时间平均流动，二是瞬时脉动流动。于是在所得的时均 N-S 方程中包含了脉动量乘积的时均值等未知量，称为 Reynolds 应力，即上标表示脉动量。方程中包括 6 个未知量，显然方程的个数小于未知量的个数，要让方程封闭，必须做出假设。

按照假设的不同，Reynolds 平均法又可以分为涡黏模型（湍流黏度）及 Reynolds 应力模型。

涡黏模型（湍流黏度）基于 Boussinesq 假设，将湍流脉动所造成的附加应力（Reynolds 应力）同层流运动应力与时均的应变率关联起来，这一假设并无物理基础，且采用各向同性的湍流动力黏度来计算湍流应力，难以考虑旋转流动和表面曲率变化的影响，但以此为基础的湍流模型目前在工程计算中应用最广泛。

Reynolds 应力模型不引入 Boussinesq 假设，而是直接求解 Reynolds 应力，对此再引入偏微分方程。在创建两个脉动值乘积的时均值方程的过程中，会引入 3 个脉动值乘积的时均值，为了封闭，还必须创建微分方程。在创建 3 个脉动值乘积的时均值方程的过程中，又会引入 4 个脉动值乘积的时均值，这在理论上形成一个不封闭的困难。该模型在 4 个脉动值乘积这一层次上，加了一个涡量脉动平方平均值的方程式，从而使 Reynolds 应力方程封闭。这是 17 方程模型，因而对计算机的要求较高，但它克服了涡黏模型的一些缺点，可能是目前最有发展前途的湍流模型。

出于计算量的考虑，将 Reynolds 应力及热力密度用代数方程而不是微分方程来求解，这样可以大大减小计算量，这就是代数应力模型（ASM）。

7.1.2 设计思路

如图 7-1 所示的 U 型管，一侧进水，一侧出水，入水流速为 0.1m/s，管径 20mm，直管段长 200mm，U 型部分最大半径为 50mm。

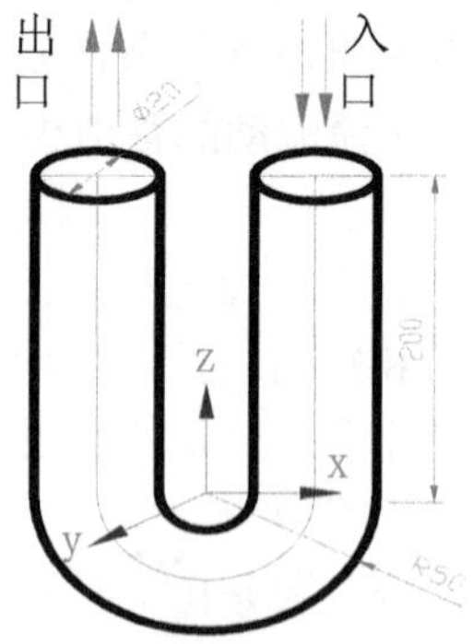

图 7-1　模型

考虑到模型较为简单，直接使用 GAMBIT 进行建模，然后进行网格划分，最后导出.msh 格式网格文件，使用 FLUENT 进行仿真，相关过程下面逐一介绍。

7.2　案例操作

建模的时候，先创建底部 U 型弯管部分的模型，然后再创建直管，并将弯管部分的圆心作为坐标原点。

本案例文件：ywj/07/EX7-tube 相关文件

多媒体教学路径：多媒体教学→第 7 章

7.2.1 创建模型

Step1 打开 GAMBIT 软件，创建点，如图 1-2 所示。

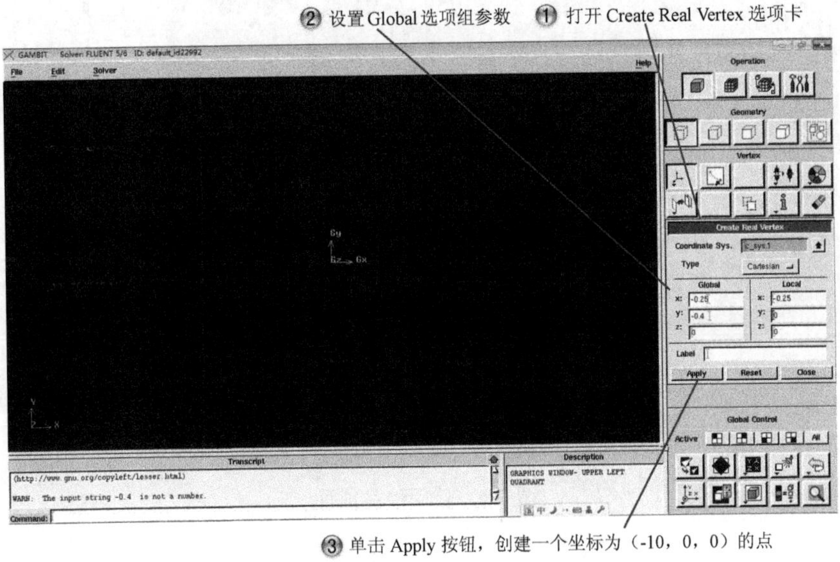

图 7-2 创建点

Step2 旋转生成线，如图 7-3 所示。

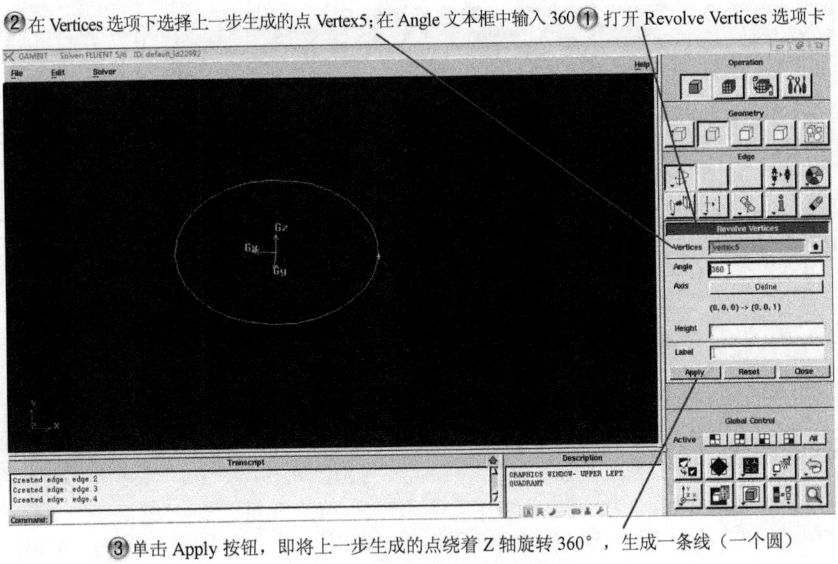

图 7-3 旋转生成线

Step3 使用线生成面，如图 7-4 所示。

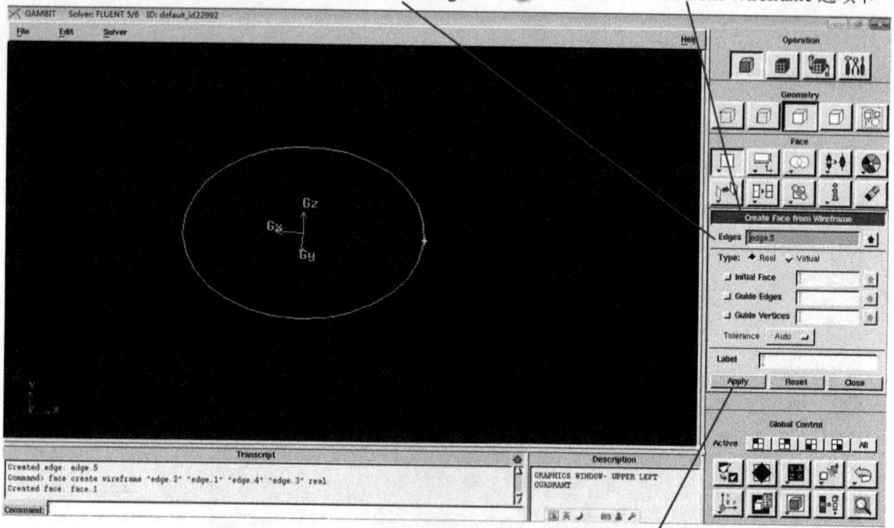

图 7-4　使用线生成面

Step4 旋转生成弯管部分，如图 7-5 所示。

图 7-5　旋转生成弯管部分

Step5 生成直管，如图 7-6 所示。

① 打开 Sweep Faces 选项卡。在 Faces 选项下选择上一步得到的弯管的两个端面，在 Path 选项下启用 Vector；单击 Define 按钮，弹出 Vector Definition 选项卡

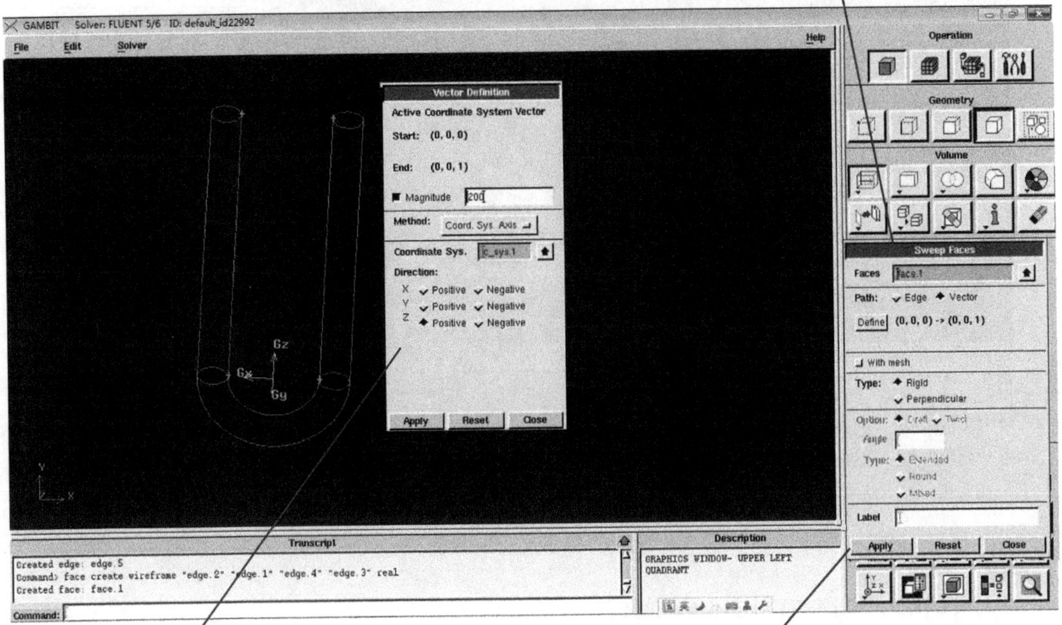

② 在Direction选项下启用Z后面的Positive复选框，启用 Magnitude，并在其后的文本框中输入 200，然后单击 Apply 按钮，应用并关闭该选项卡

③ 单击 Apply 按钮，即可将上一步得到的弯管的两个端面沿着 Z 轴正向进行拉伸，拉伸距离为 200，拉伸后得到直管部分，到这里整个 U 型管创建完成

图 7-6 生成直管

7.2.2 划分网格和设定边界

对 U 型管的端面使用古钱币法进行分块，采用古钱币法能够在整个 U 型管中得到高质量的六面体结构网格，但用该方法需要在划分之前对 U 型管进行切分操作。为了对 U 型管进行分块，首先需要对 U 型管的其中一个端面进行分块，分块前需要得到对端面分块所需的辅助线。

Step1 首先对 U 型管进行切分分块，创建点，如图 7-7 所示。

② 设置 Global 选项组参数　① 打开 Create Real Vertex 选项卡

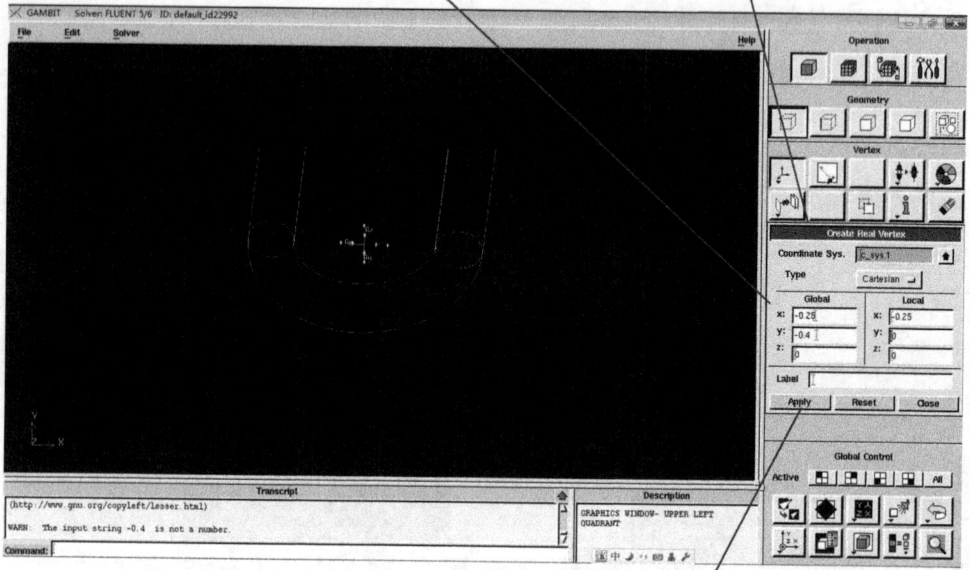

③单击 Apply 按钮，创建了一个坐标为（10，0，0）的点。按照相同的方法，再分别创建坐标为：（5，0，0）、（-10，0，0）、（-5，0，0）、（0，10，0）、（0，5，0）、（0，-10，0）和（0，-5，0）的 7 个点

图 7-7　创建点

Step2 连线，如图 7-8 所示。

② 在 Vertices 选项下选择上一步中创建的坐标为（10，0，0）和（5，0，0）的两个点　① 打开 Create Straight Edge 选项卡

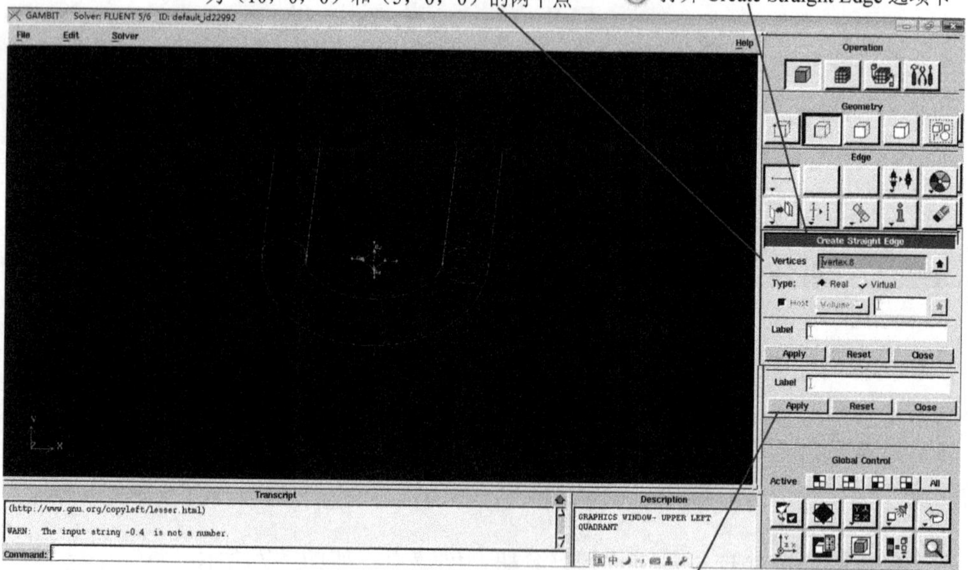

③单击 Apply 按钮，将两点连接成一条直线，重复以上步骤将上一步创建的点连接成八条直线

图 7-8　连线

Step3 线移动，如图 7-9 所示。

②在 Edges 选项下选择上一步生成的 8 条直线；将 Global 选项下的坐标修改为（40，0，200）

①打开 Move/Copy Edges 选项卡

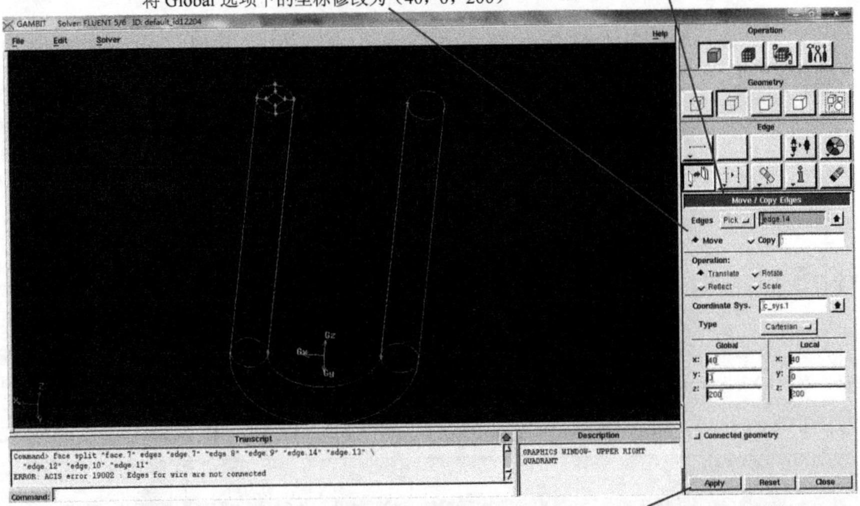

③单击 Apply 按钮，即可将上一步连接得到的直线沿向量（40，0，200）进行移动，也就是将其沿 X 轴正向移动 40 的同时沿 Z 轴正向移动 200

图 7-9　线移动

Step4 面切分，如图 7-10 所示。

②在 Face 选项下选择 U 型管左侧端面 face 7，使其作为被切目标；在 Split With 选项下选择 Edges，即使用线进行切割；在 Edges 选项下选择上一步移动后的直线（只能选择其中一条），使其作为切分工具

①打开 Split Face 选项

③单击 Apply 按钮，完成切分。重复上述步骤，分别选择上一步移动操作后生成的直线中的剩余的几条（每一次只选择一条），以完成对 U 型管左侧端面的切分过程

图 7-10　面切分

提示

这里由于软件操作上的限制，需要进行多次切割，每一次只能选择其中的一条线作为切割工具。

Step5 创建面，如图 7-11 所示。

② 单击 Define 按钮，打开 Vector Definition 选项卡，启用 Magnitude 复选框，并在其后的文本框中输入-200，然后单击 Apply 按钮

① 打开 Sweep Edges 选项卡，在 Edges 选项下选择上一步切分后在 U 型管端面上得到的直线；在 Path 选项下选择 Vector

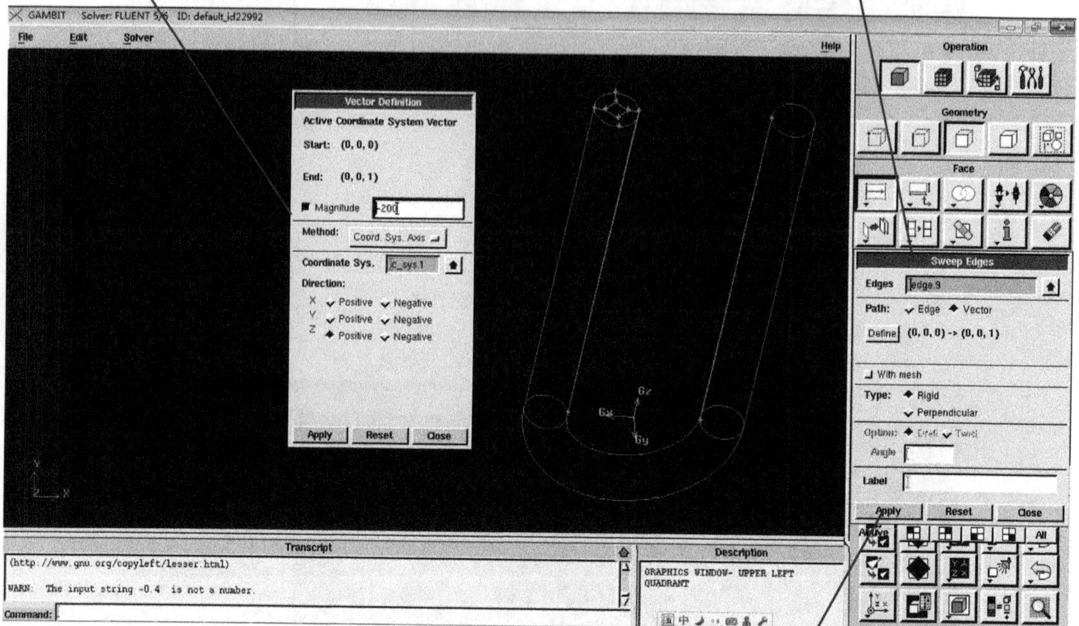

③ 单击 Apply 按钮，从而将上一步切割完之后，在端面中间留下的线沿着 Z 轴负方向拉伸 200

图 7-11　创建面

Step6 左侧直管切分，如图 7-12 所示。

② 在 Volume 选项下选择左侧直管部分 volume 3，使其成为被切目标；在 Split With 选项下选择 Faces(Real)；在 Faces 选项下选择上一步生成的蓝色的面，使其作为切分工具

① 打开 Split Volume 选项卡

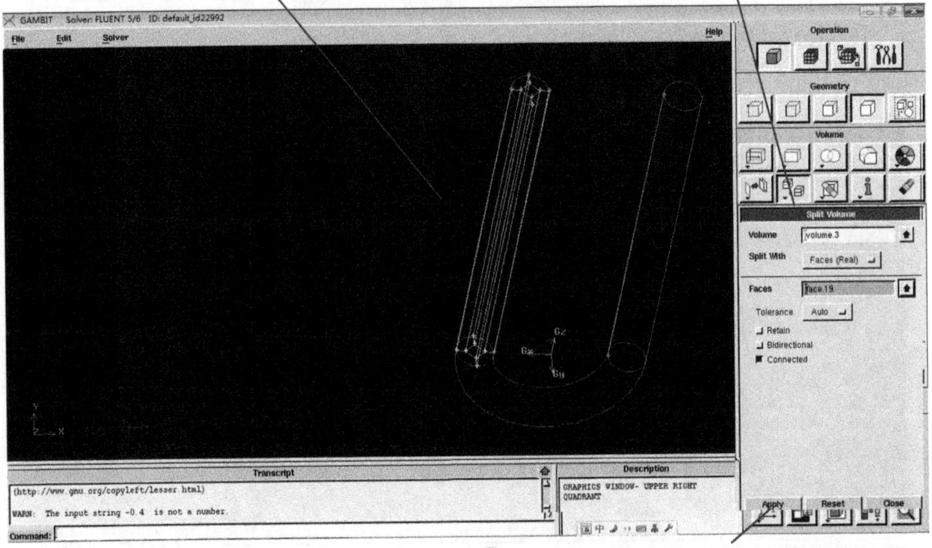

③ 单击 Apply 按钮，完成对左侧直管部分的切分

图 7-12 左侧直管切分

Step7 创建面，如图 7-13 所示。

② 单击 Define 按钮，打开 Vector Definition 选项卡，启用 Y 后面的 Positive 复选框，启用 Magnitude 复选框，然后单击 Apply 按钮

① 打开 Revolve Edges 选项卡，在 Edges 选项下选择上一步在直管底部生成的直线；在 Angle 文本框中输入 180

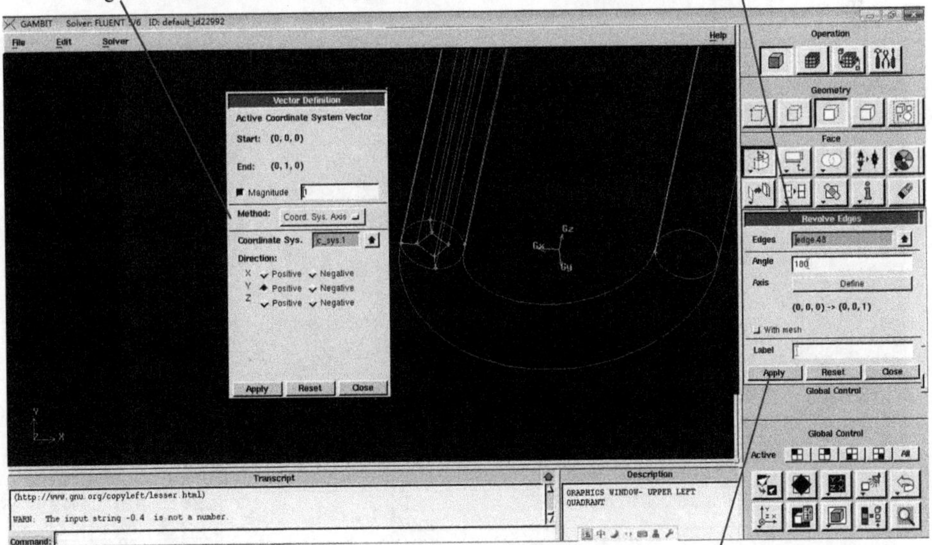

③单击 Apply 按钮，即可将上一步切分后在左侧直管底部得到的线绕着 Y 轴旋转 180°

图 7-13 创建面

Step8 弯管切分，如图 7-14 所示。

图 7-14　弯管切分

Step9 创建面，如图 7-15 所示。

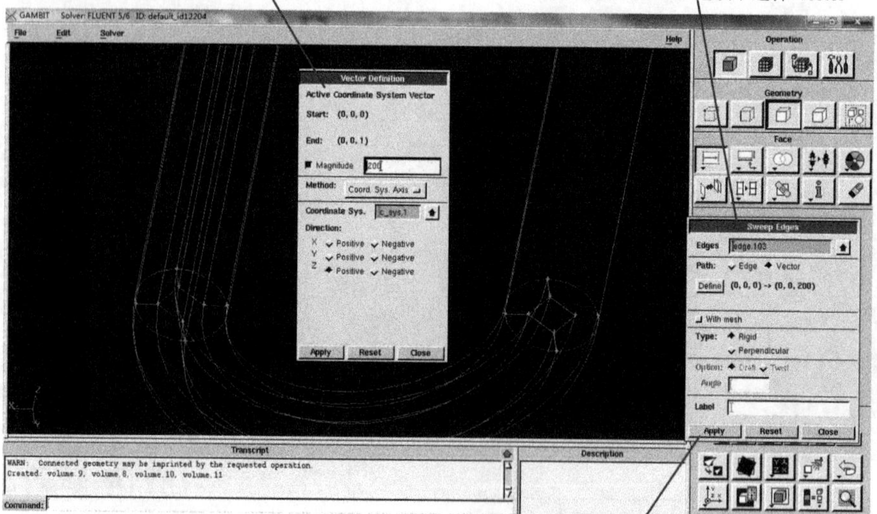

图 7-15　创建面

Step10 右侧直管切分，如图 7-16 所示。

② 在 Volume 选项下选择右侧直管部分 volume 2，使其成为被切目标；在 Split With 选项下选择 Faces(Real)；在 Faces 选项下选择上一步生成的蓝色的面，使其作为切分工具

① 打开 Split Volume 选项卡

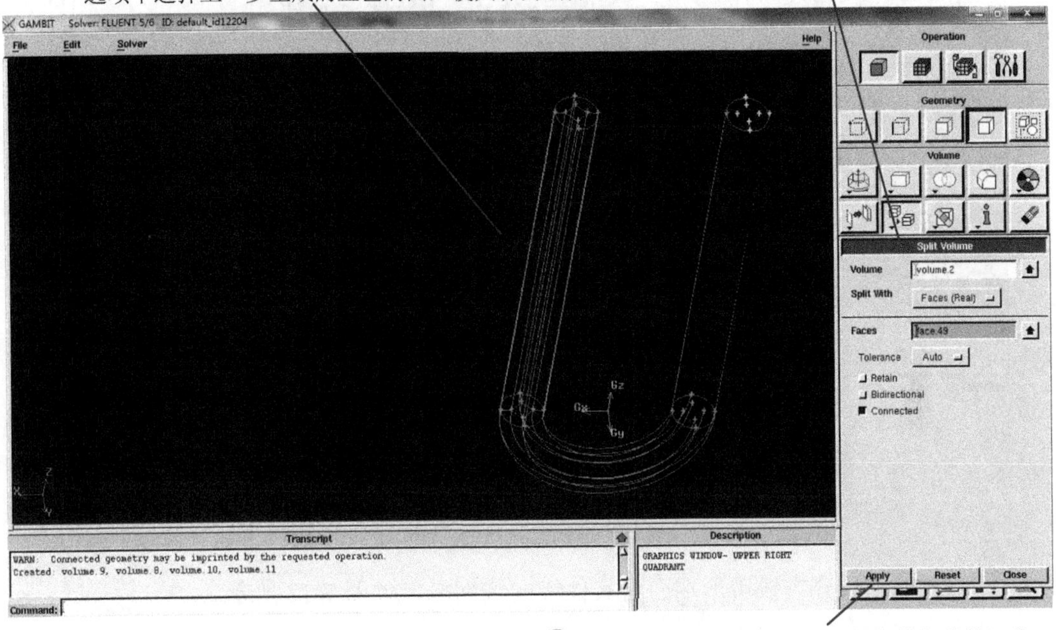

③ 单击 Apply 按钮，完成对右侧直管部分的切分

图 7-16　右侧直管切分

提示

为了得到更好的网格，在划分过程中先划分线网格，然后直接生成整体六面体网格。

Step11 进行网格划分，划分古钱币形端面内斜线的线网格，如图 7-17 所示。

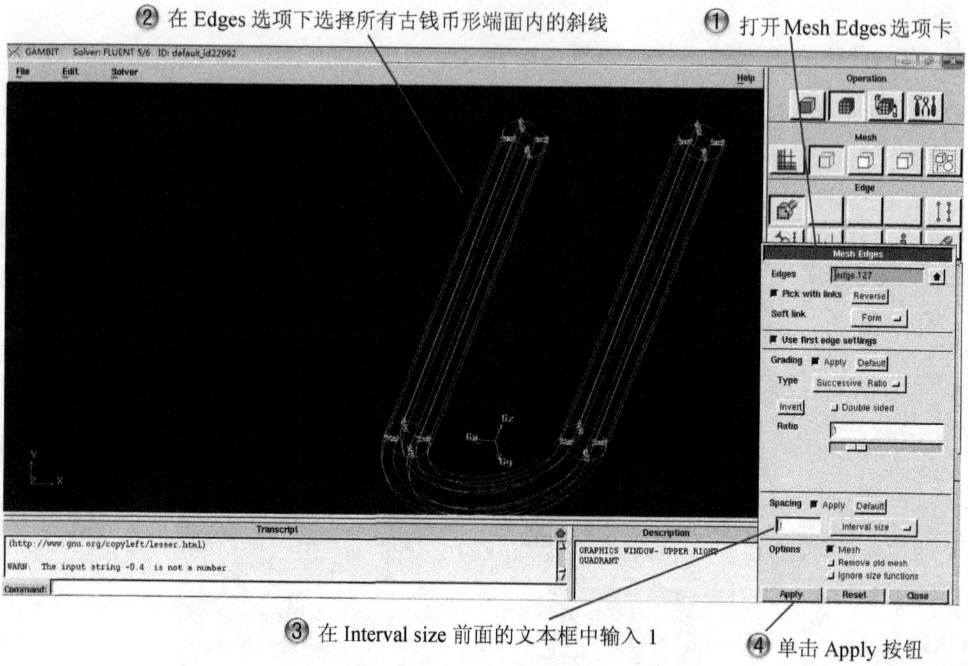

图 7-17 划分古钱币形端面内斜线的线网格

Step12 划分古钱币形端面内其他线的线网格，如图 7-18 所示。

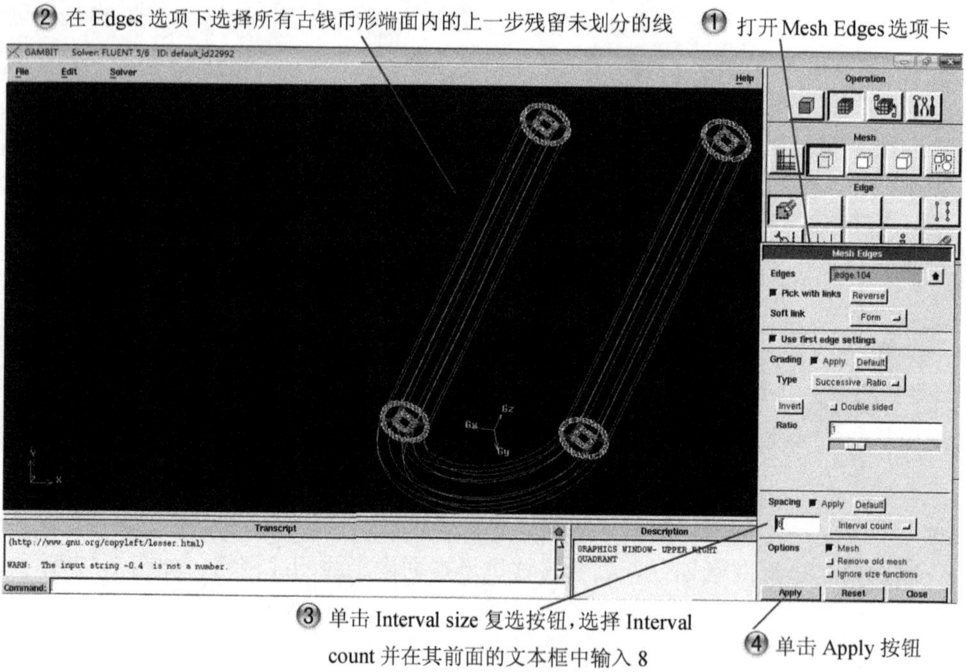

图 7-18 划分古钱币形端面内其他线的线网格

Step13 划分直管上轴线方向的线网格，如图 7-19 所示。

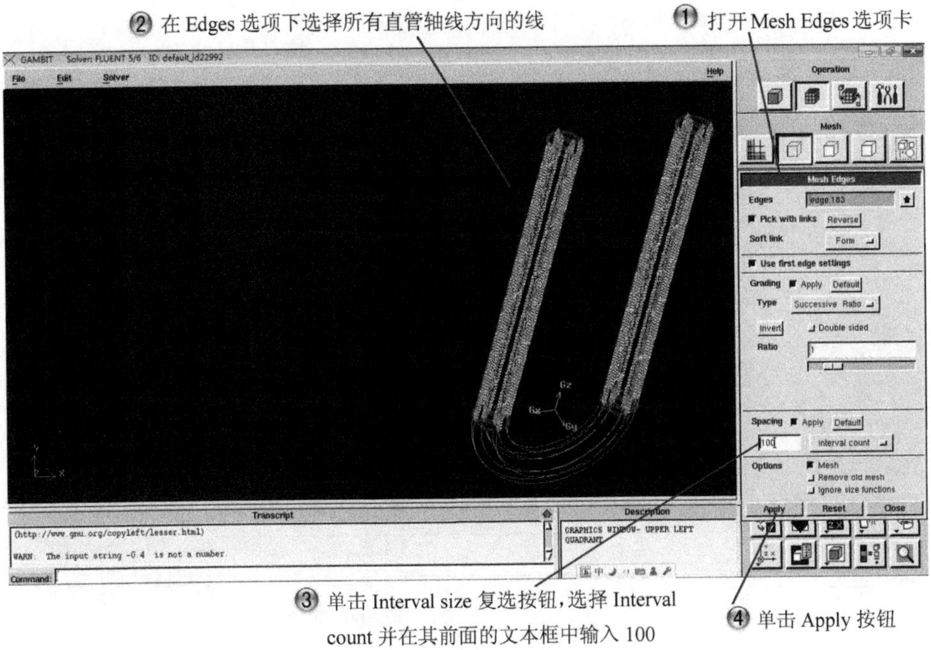

图 7-19　划分直管上轴线方向的线网格

Step14 划分弯管轴线方向的线网格，如图 7-20 所示。

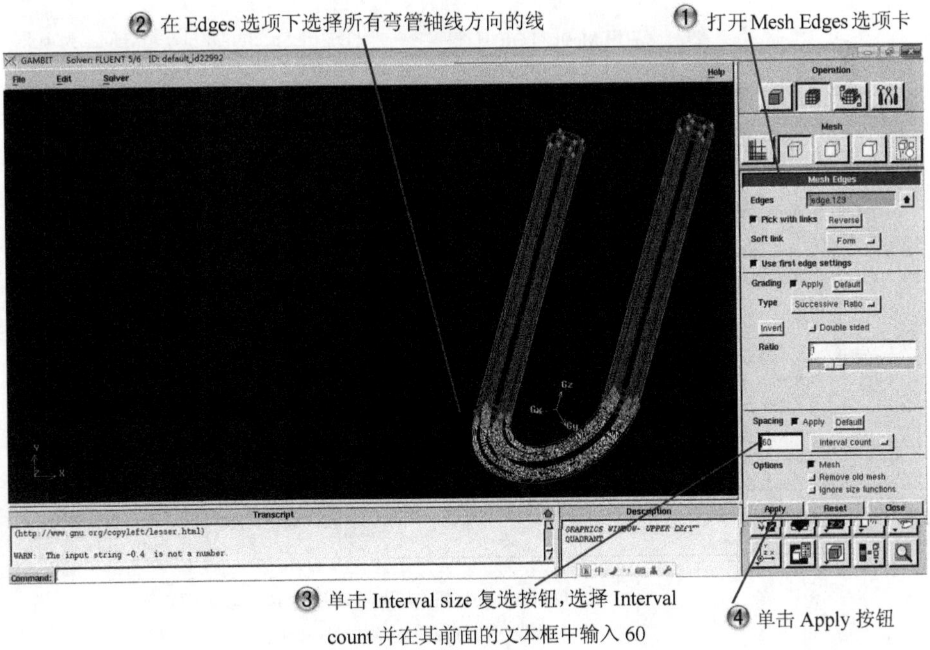

图 7-20　划分弯管轴线方向的线网格

Step15 划分体网格，如图 7-21 所示。

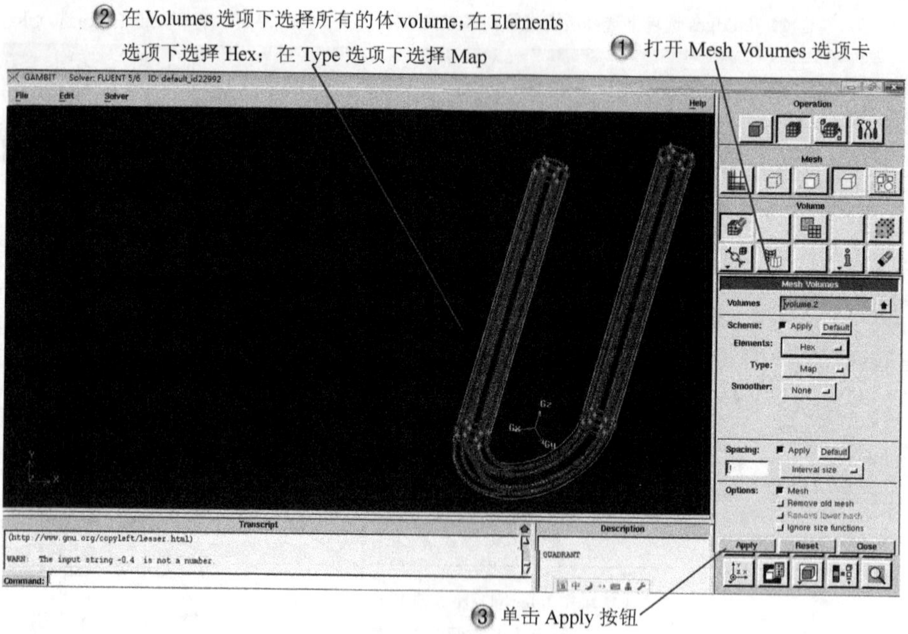

图 7-21　划分体网格

Step16 隐藏网格，如图 7-22 所示。

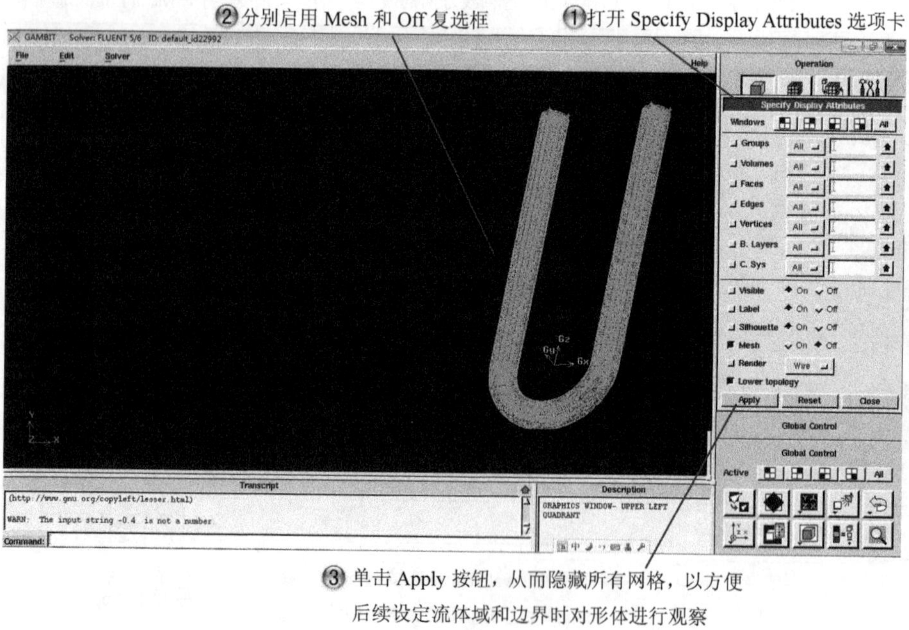

图 7-22　隐藏网格

Step17 设定流体域，如图 7-23 所示。

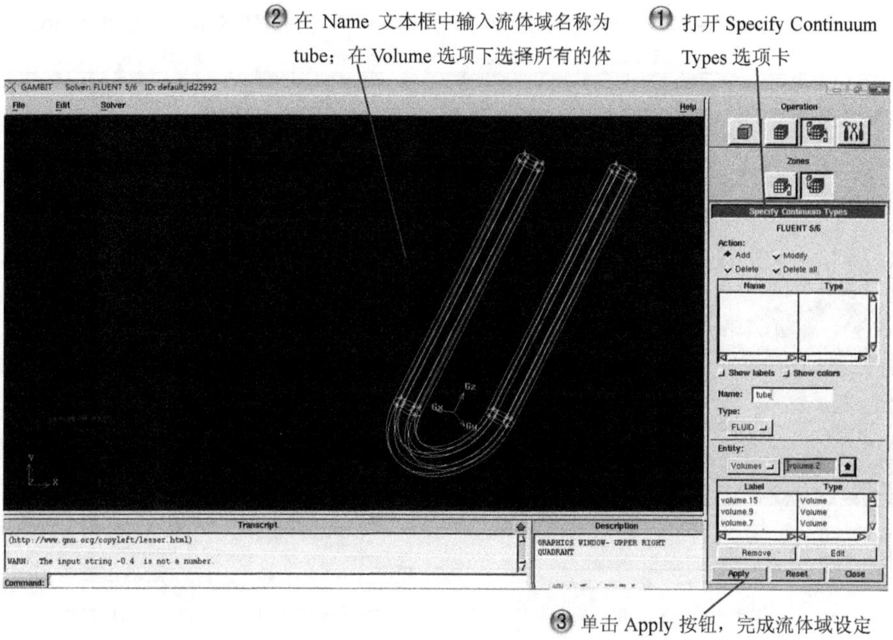

图 7-23 设定流体域

Step18 设定入口边界，如图 7-24 所示。

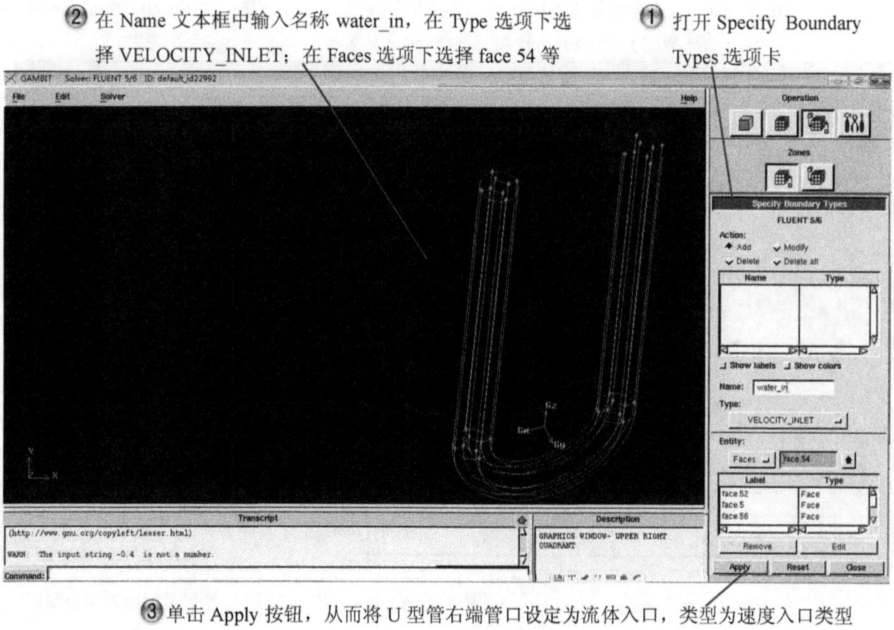

图 7-24 设定入口边界

Step19 设定出口边界，如图 7-25 所示。

②在 Name 文本框中输入名称 water_out，在 Type 选项下选择 PRESSURE_OUTLET；在 Faces 选项下选择 face 7 等

①打开 Specify Boundary Types 选项卡

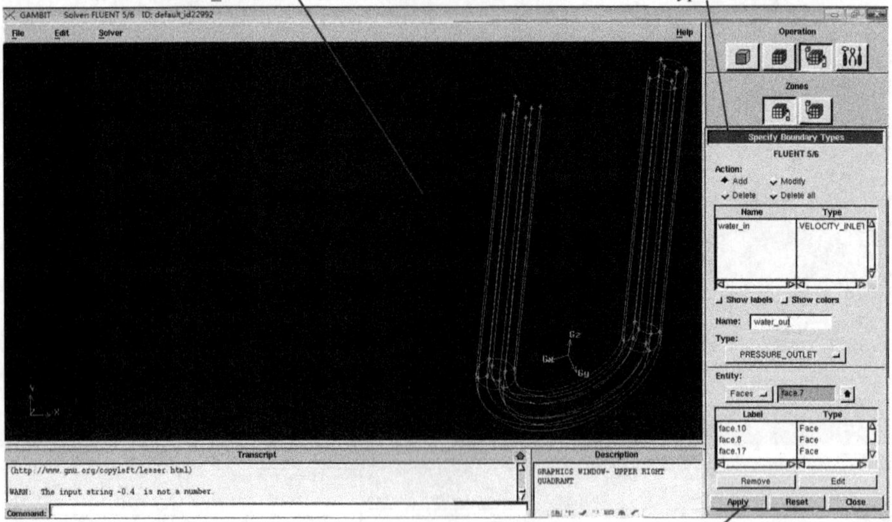

③单击 Apply 按钮，从而将 U 型管左端管口设定为流体出口，类型为压力出口类型

图 7-25 设定出口边界

Step20 设定壁面边界，如图 7-26 所示。

②在 Name 文本框中输入名称 tube_wall，在 Type 选项下选择 WALL；在 Faces 选项下选择 face 53 等

①打开 Specify Boundary Types 选项卡

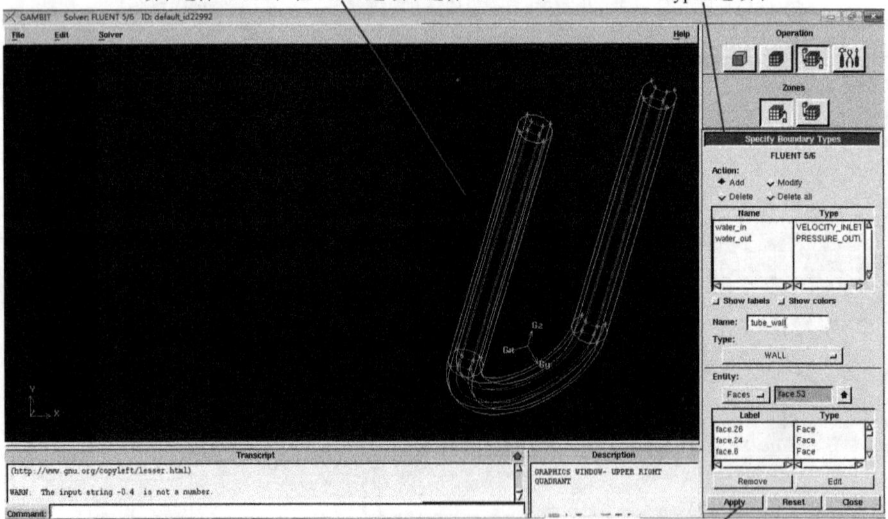

③单击 Apply 按钮，从而将 U 型管外表面设定为壁面

图 7-26 设定壁面边界

Step21 设定内部面边界，如图 7-27 所示。

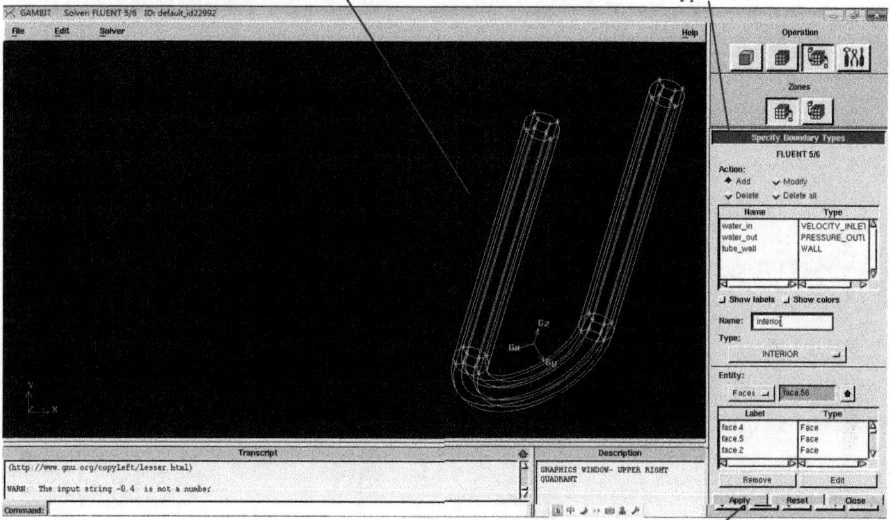

图 7-27　设定内部面边界

Step22 显示网格，如图 7-28 所示。

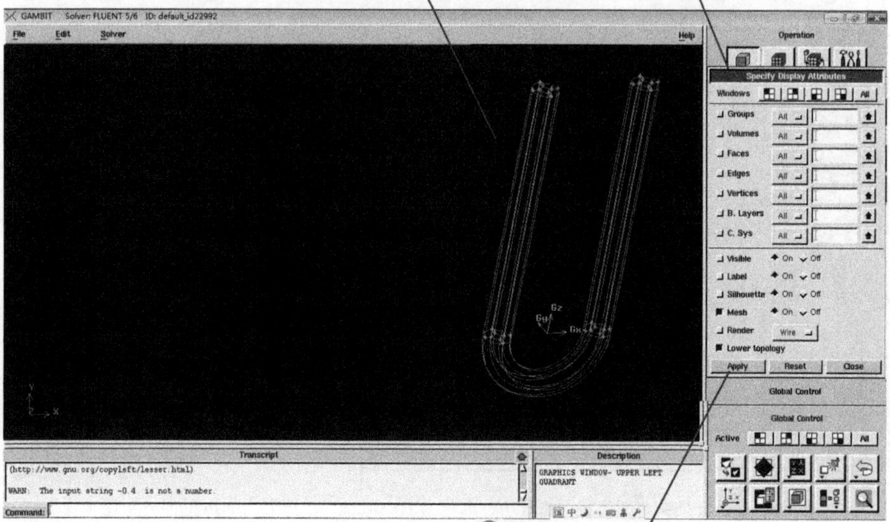

图 7-28　显示网格

Step23 保存网格，如图 7-29 所示。

① 选择 File|Save As...菜单命令，打开 Save Session As 对话框

② 在 ID 文本框中输入需要保存的名称 EX1-tube

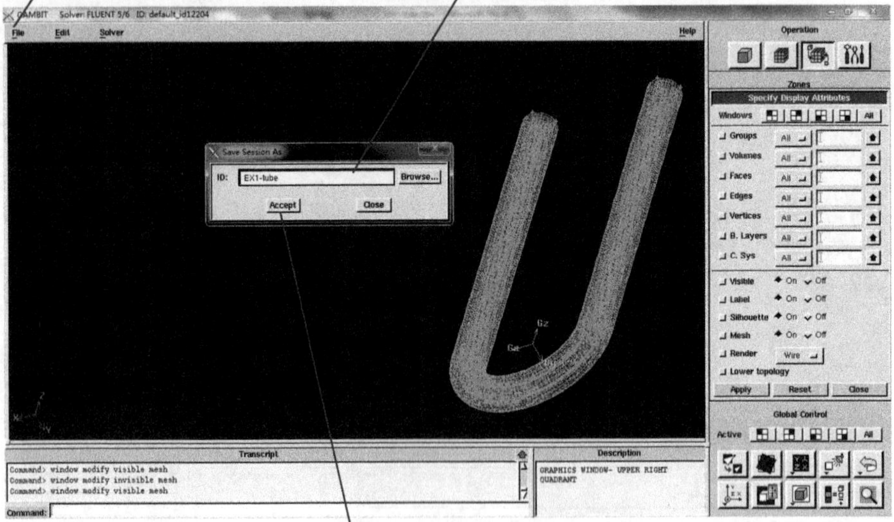

③ 单击 Accept 按钮，即可将网格保存，名称为 EX1-tube，扩展名为.dbs 的网格源文件

图 7-29　保存网格

Step24 导出网格，如图 7-30 所示。

① 选择 File|Export...|Mesh...菜单命令，打开 Export Mesh File 对话框

②在 File Name 文本框中输入需要导出的名称 EX1-tube

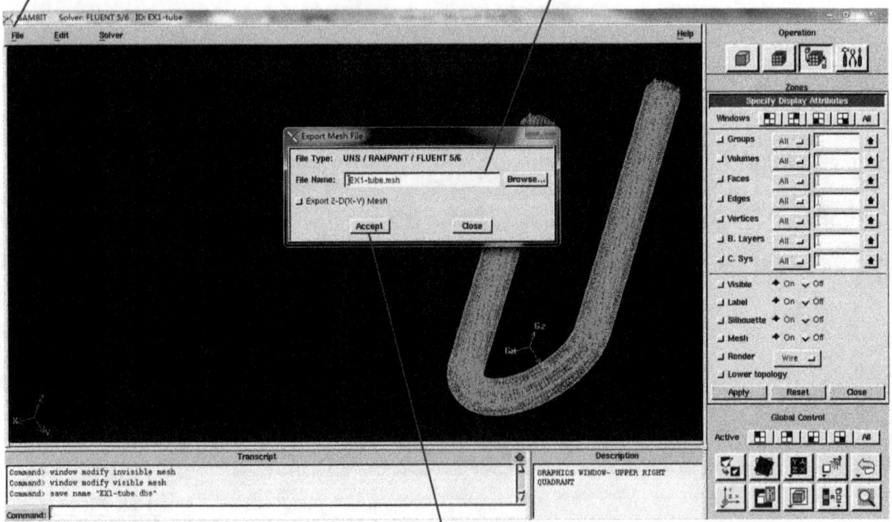

③ 单击 Accept 按钮，即可将网格导出，名称为 EX1-tube，扩展名为.msh 的网格文件

图 7-30　导出网格

7.2.3 仿真设置过程

Step1 打开 FLUENT18.0，读入网格文件，如图 7-31 所示。

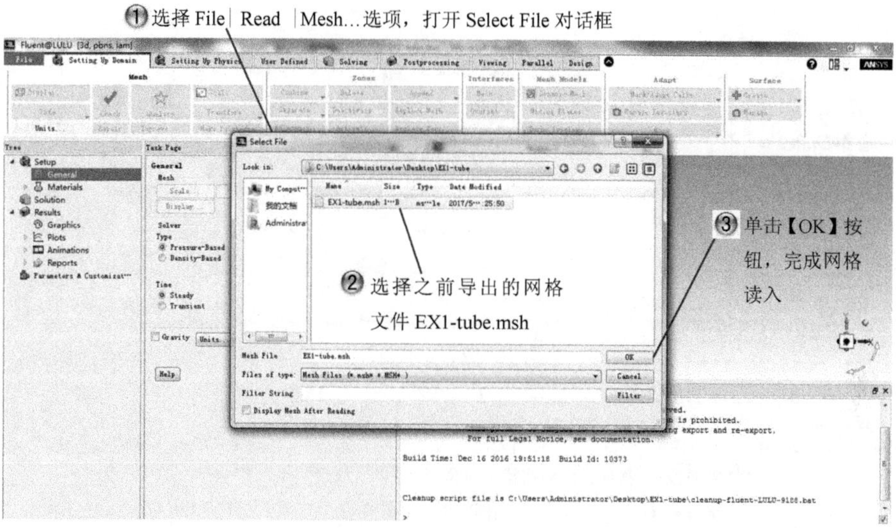

图 7-31　读入网格文件

Step2 显示网格，如图 7-32 所示。

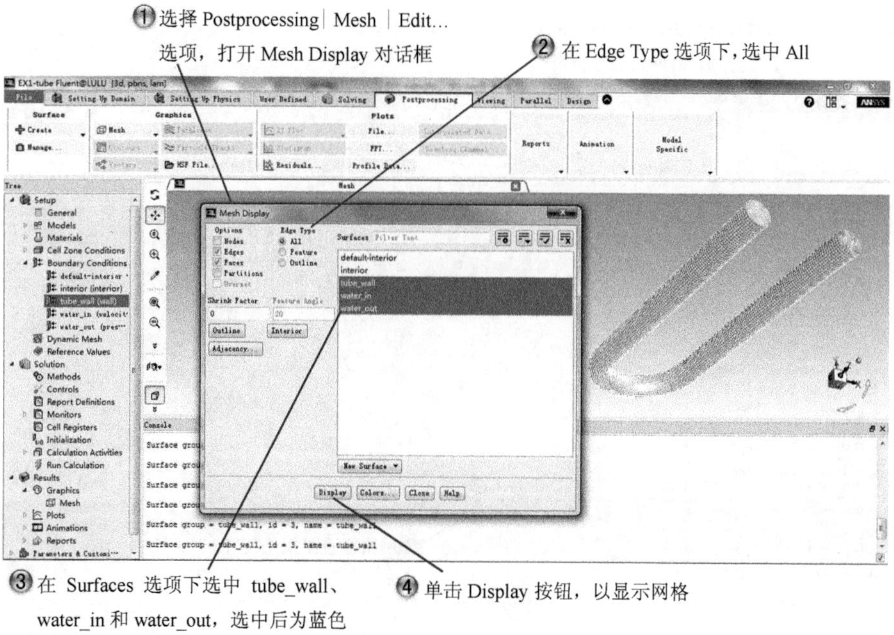

图 7-32　显示网格

Step3 调整尺寸单位，如图 7-33 所示。

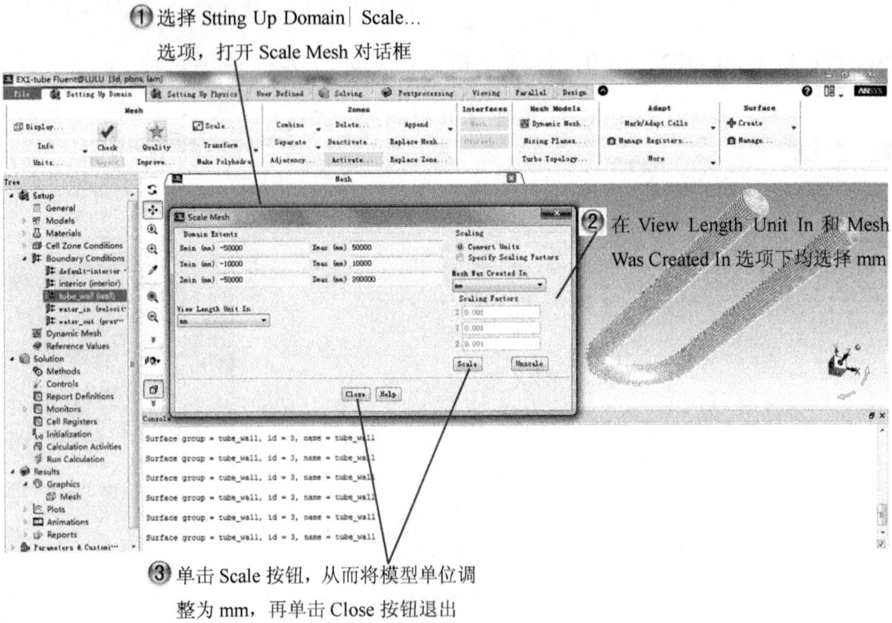

图 7-33　调整尺寸单位

Step4 检查网格，如图 7-34 所示。

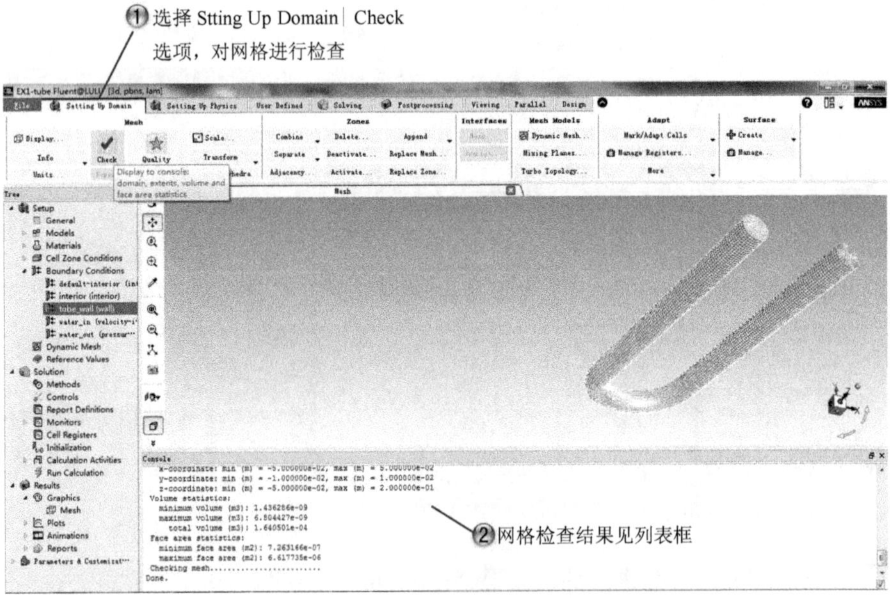

图 7-34　检查网格

Step5 网格质量检测，如图 7-35 所示。

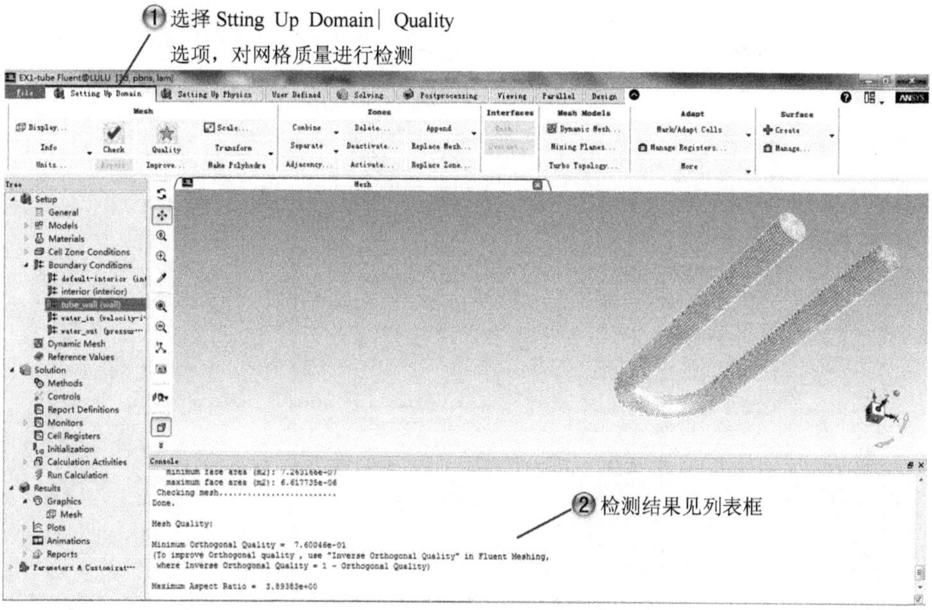

图 7-35 网格质量检测

Step6 求解器设置，如图 7-36 所示。

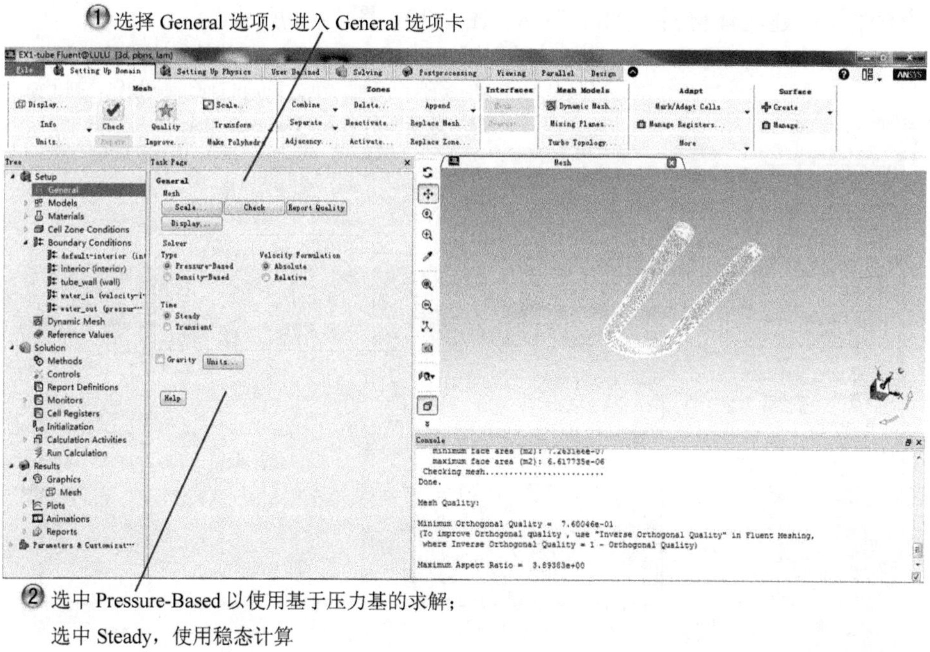

图 7-36 求解器设置

Step7 湍流模型设置，如图 7-37 所示。

①选择 Models | Viscous-Laminar 选项，打开 Viscous Model 对话框。在 Model 选项下选中 k-epsilon(2 eqn)

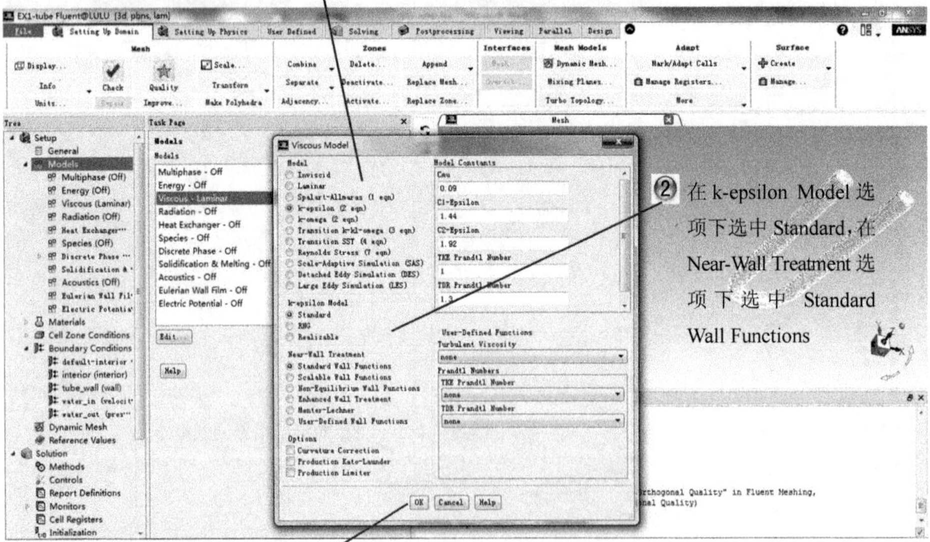

②在 k-epsilon Model 选项下选中 Standard，在 Near-Wall Treatment 选项下选中 Standard Wall Functions

③单击 OK 按钮，确认并关闭对话框。此时启用了标准 k-e 湍流模型，并使用标准壁面函数

图 7-37　湍流模型设置

Step8 创建流体材料，如图 7-38、图 7-39、图 7-40 所示。

①选择 Materials | Fluid | Create/Edit 选项，打开 Create/Edit Materials 对话框。单击 Fluent Database 按钮，弹出如图 7-39 所示的 Fluent Database Material 对话框

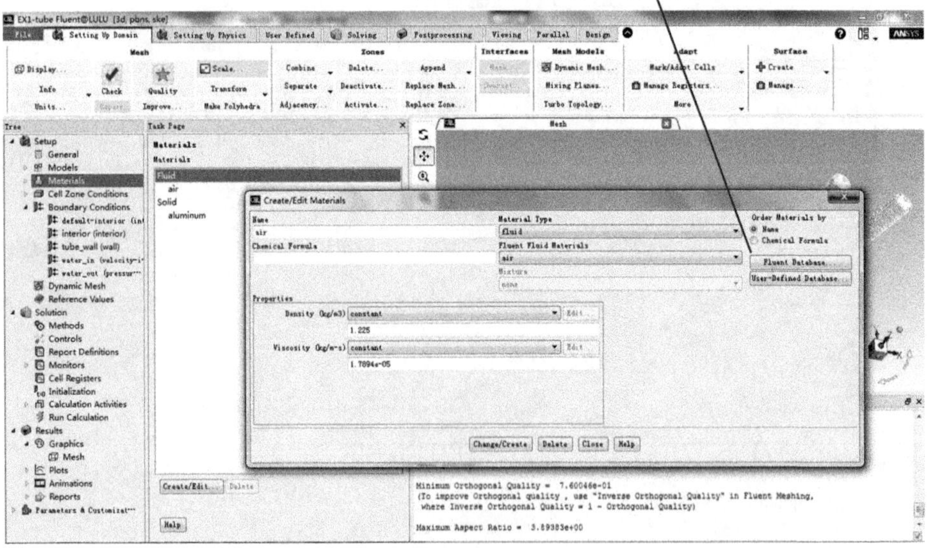

图 7-38　创建流体材料（1）

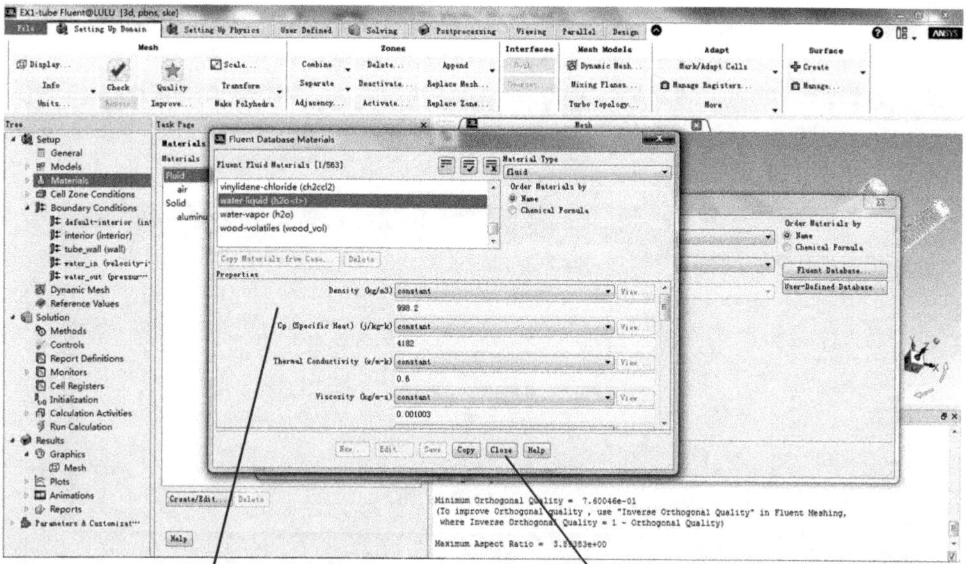

② 在 Material Type 选项下选择 fluid；在 Fluent Database Material [1/563]选项下选择 water-liquid(h2o<l>)

③ 依次单击 Copy 和 Close 按钮，关闭 Fluent Database Material 对话框

图 7-39 创建流体材料（2）

④ 单击 Create/Edit Materials 对话框中的 Close 按钮。此时材料 water-liquid 出现在 Materials 选项栏中

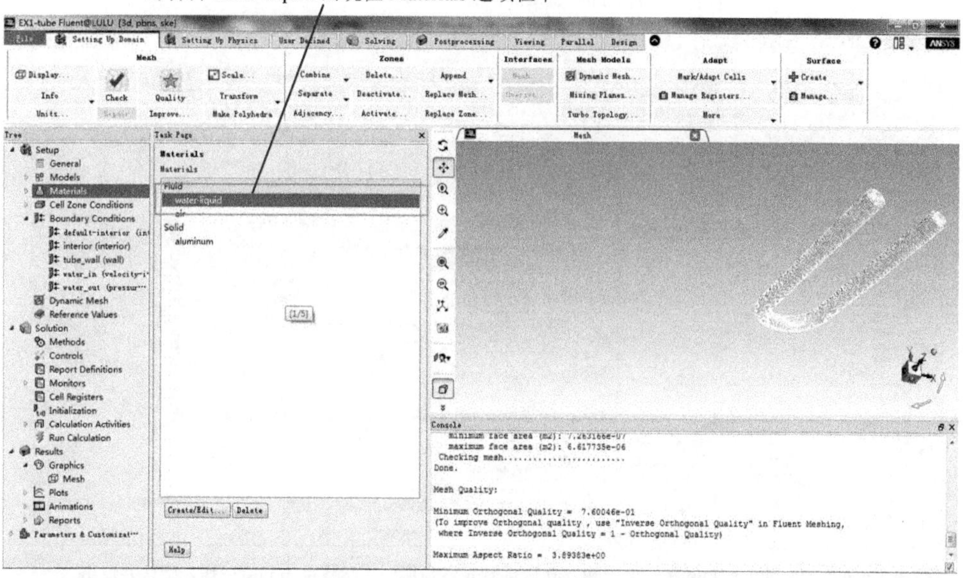

图 7-40 创建流体材料（3）

Step9 流体域设置，如图 7-41 所示。

①选择 Cell Zone Conditions|tube|Edit 选项，打开 Fluid 对话框。在 Materials Name 选项下选择 water-liquid

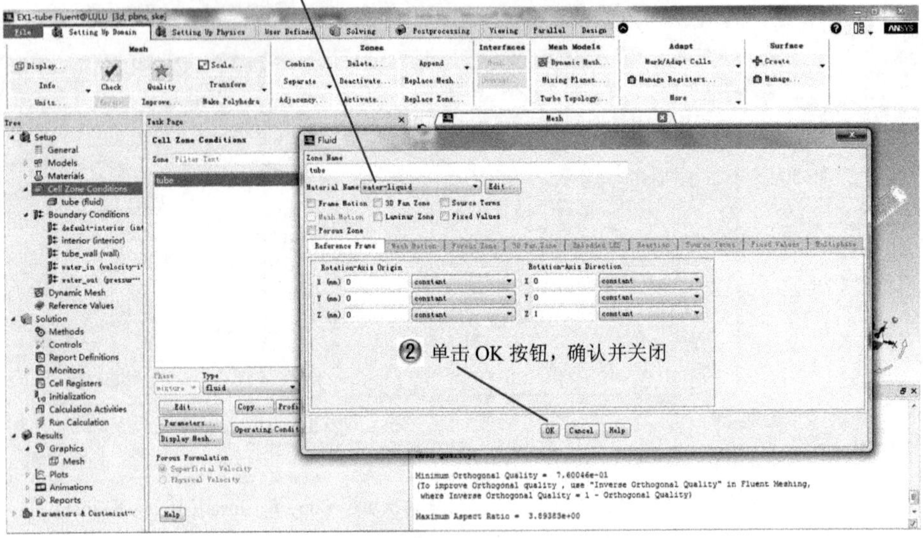

② 单击 OK 按钮，确认并关闭

图 7-41　流体域设置

Step10 进水口设置，如图 7-42 所示。

①选择 Boundary Conditions|water_in|Edit 选项，打开 Velocity Inlet 对话框

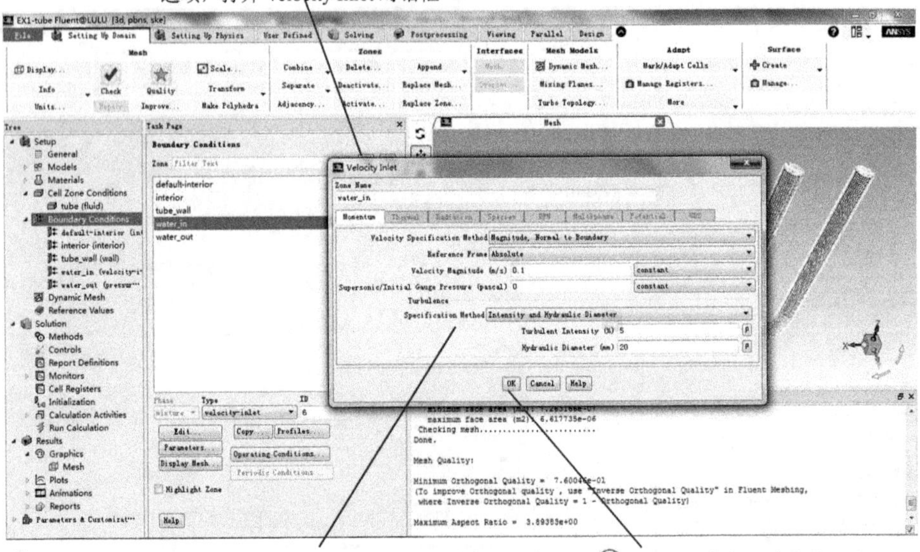

② 在 Velocity Magnitude (m/s)文本框中输入 0.1，即设定入口流速 0.1m/s；在 Specification Method 选项下选择 Intensity and Hydraulic Diameter；在 Hydraulic Diameter（mm）文本框中输入 20，即设定水力直径为 20mm

③ 单击 OK 按钮，确认并退出

图 7-42　进水口设置

Step11 出水口设置，如图 7-43 所示。

①选择 Boundary Conditions|water_out|Edit 选项，打开 Pressure Outlet 对话框

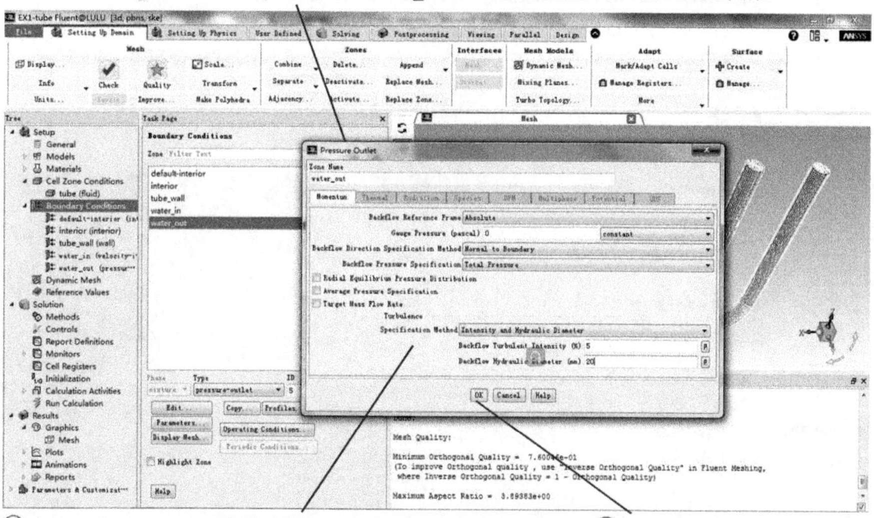

②在 Specification Method 选项下选择 Intensity and Hydraulic Diameter；在 Backflow Hydraulic Diameter（mm）文本框中输入 20，即设定水力直径为 20mm

③单击 OK 按钮，确认并退出

图 7-43　出水口设置

Step12 流场初始化，如图 7-44 所示。

①选择 Initialization 选项，打开 Solution Initialization 选项卡

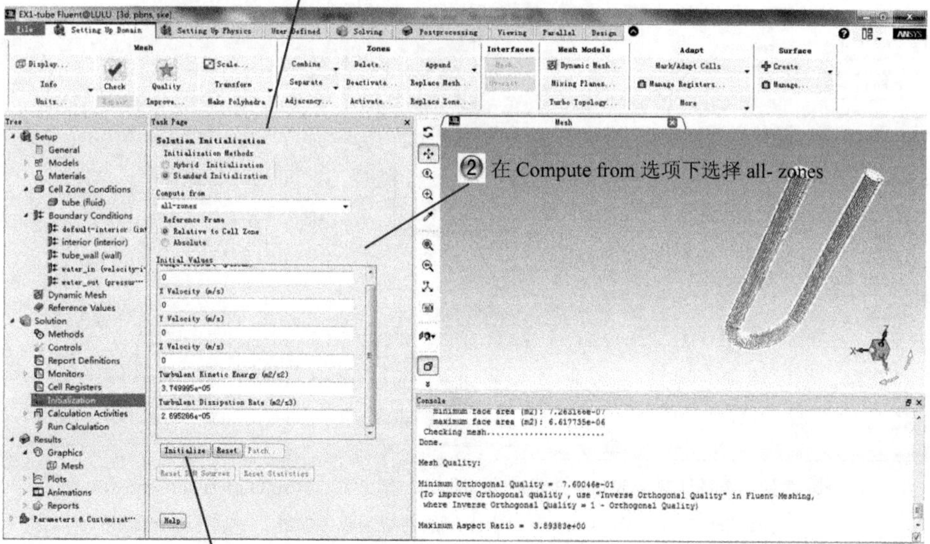

③单击 Initialize 按钮，完成流场初始化

图 7-44　流场初始化

Step13 求解计算，如图 7-45、图 7-46 所示。

① 选择 Run Calculation 选项，进入 Run Calculation 选项卡，在 Number of Interation 文本框中输入 1000

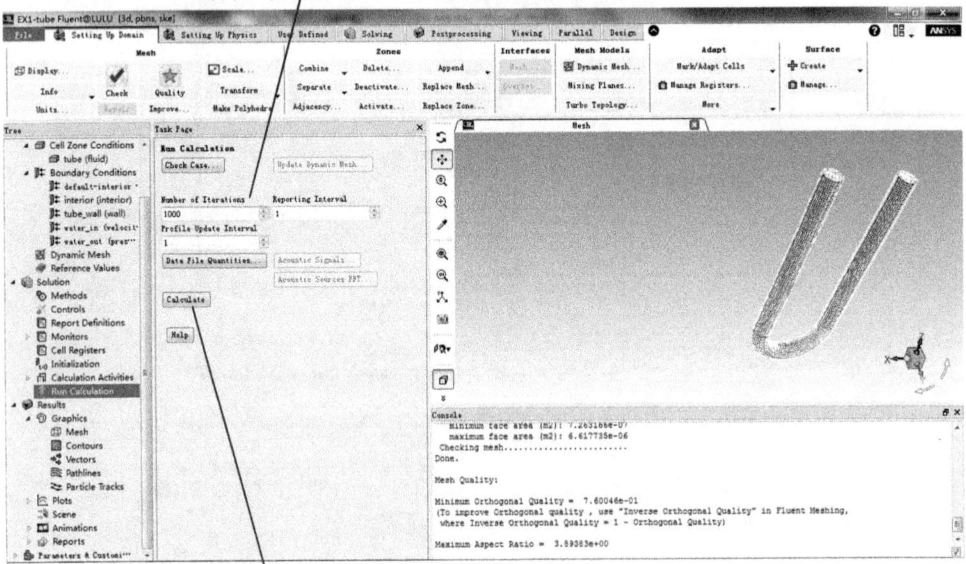

② 单击 Calculate 按钮，开始计算

图 7-45　求解计算（1）

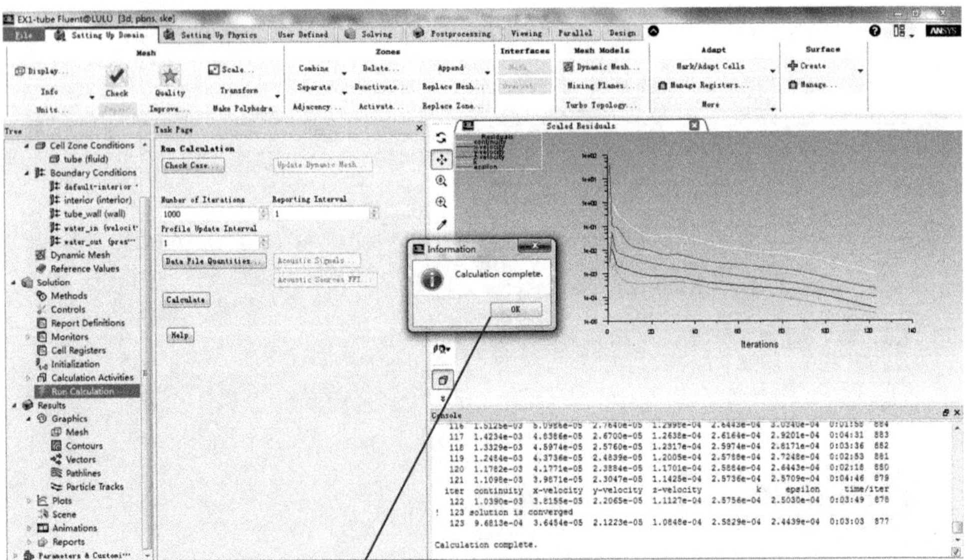

③ 本例中流场计算迭代到 123 步时自动收敛，有文字显示 solution is converged，如列表框中所示，图中显示窗口中出现的曲线为收敛曲线。单击 Information 对话框中的 OK 按钮，确认并停止计算

图 7-46　求解计算（2）

Step14 保存计算结果，如图 7-47 所示。

① 选择 File|Write|Case & Data...选项，打开 Select File 对话框

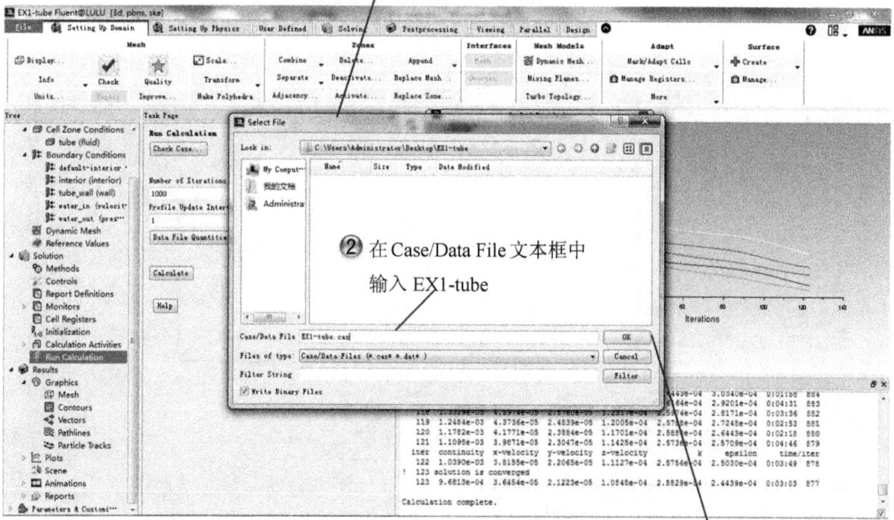

③ 单击 OK 按钮，保存结果文件并退出

图 7-47　保存计算结果

Step15 保存残差曲线，如图 7-48 所示。

① 选择 File|Save Picture...选项，打开 Save Picture 对话框。在 Fromat 选项下选择 JPEG，Coloring 选项下选择 Color，Options 选项下启用 White Backgruond

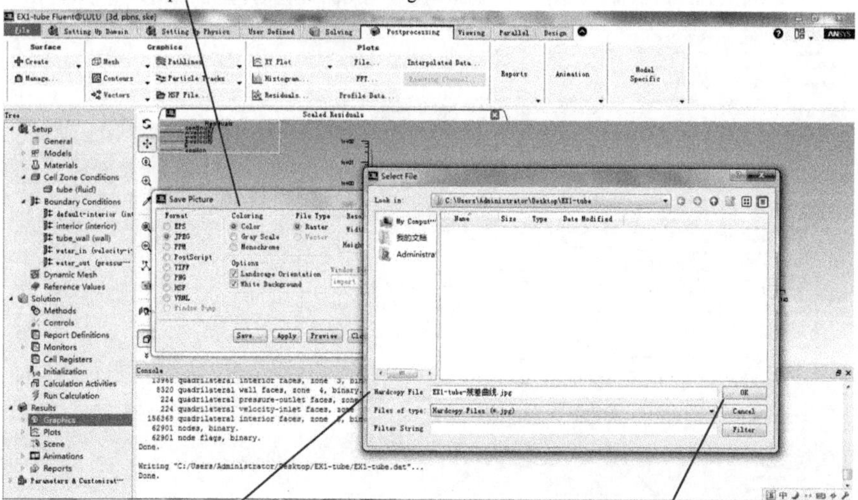

② 单击 Save 按钮，打开 Select File 对话框，在 Hardcopy File 文本框中输入名称 EX1-tube -残差曲线

③ 单击 OK 按钮，保存残差曲线，此时保存的残差曲线是白色前景下 JPEG 格式的彩色图片

图 7-48　保存残差曲线

Step16 创建辅助平面（U 型管对称平面），如图 7-49 所示。

① 选择 Postprocessing | Creat | Iso-Surface 选项，打开 Iso-Surface 对话框

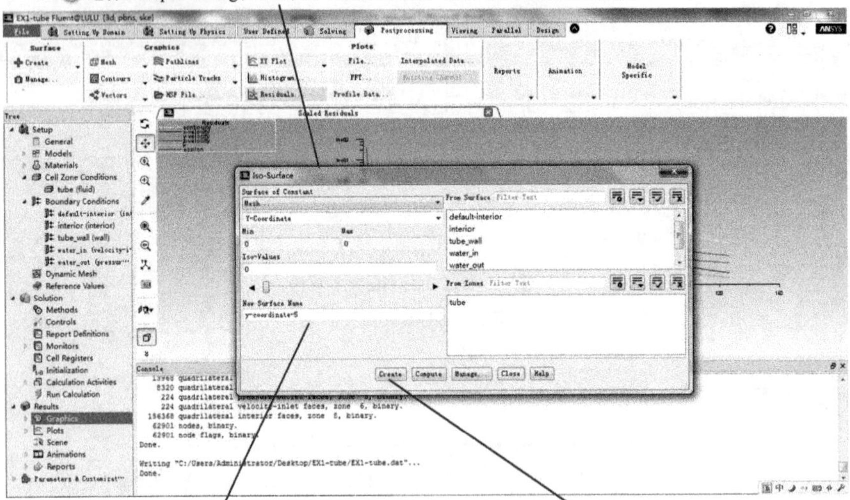

② 在 Surface of Constant 选项下选择 Mesh 和 Y-Coordinate，在 Iso-Values 文本框中输入 0；在 New Surface Name 文本框中输入新创建的面的名称，这里使用默认的 y-coordinate-5

③ 单击 Create 按钮，完成 U 型管对称平面的创建

图 7-49　创建辅助平面（U 型管对称平面）

Step17 静压分布云图（U 型管对称平面），如图 7-50 所示。

① 选择 Graphics | Contours 选项，打开 Contours 对话框，在 Options 选项下启用 Filled

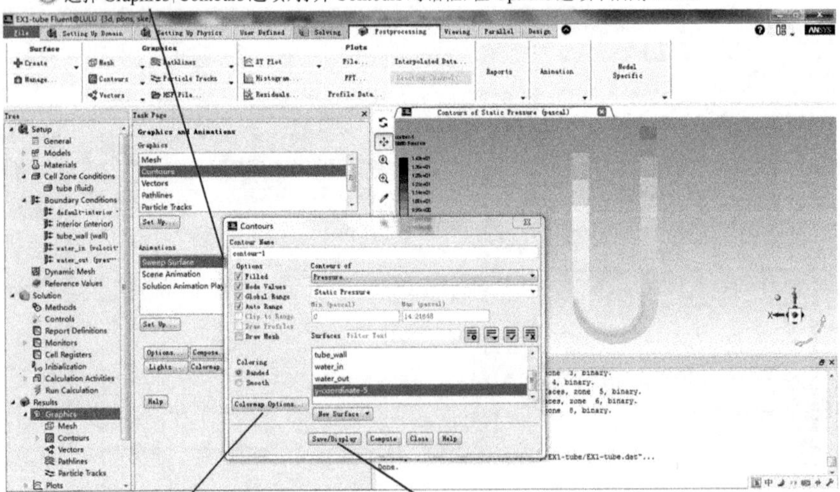

② 在 Contours of 选项下选择 Pressure 和 Static Pressure，在 Surface 选项下选择 y-coordinate-5，其余保持默认

③ 单击 Save/Display 按钮，并点击显示窗口中的 Y 轴，按照 Step15 的方法保存静压分布云图

图 7-50　静压分布云图（U 型管对称平面）

Step18 速度分布云图（U 型管对称平面），如图 7-51 所示。

① 选择 Graphics|Contours 选项，打开 Contours 对话框，在 Options 选项下启用 Filled

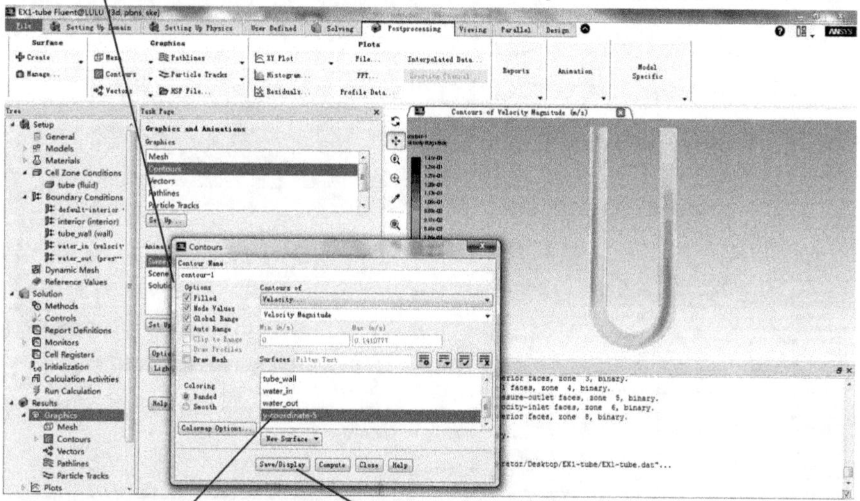

② 在 Contours of 选项下选择 Velocity 和 Velocity Magnitude，在 Surface 选项下选择 y-coordinate-5，其余保持默认

③ 单击 Save/Display 按钮，并点击显示窗口中的 Y 轴，按照 Step15 的方法保存速度分布云图

图 7-51　速度分布云图（U 型管对称平面）

Step19 速度矢量图（U 型管对称平面），如图 7-52 所示。

① 选择 Graphics|Vectors 选项，打开 Vectors 对话框

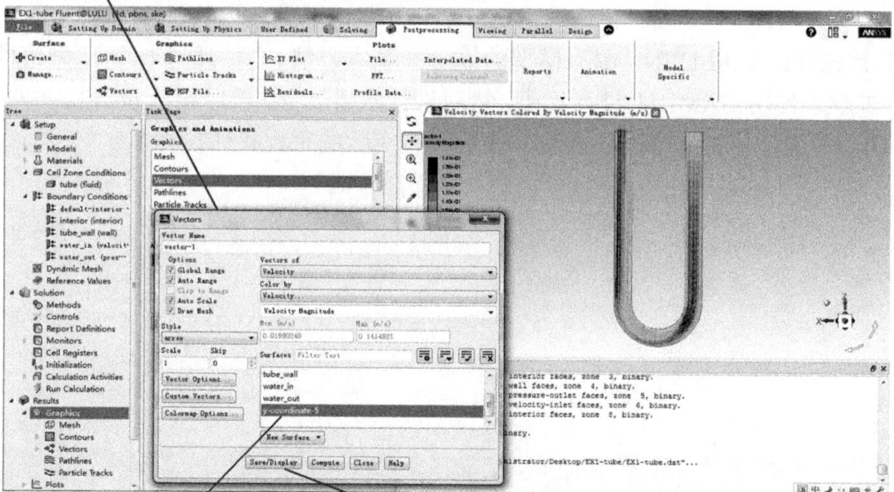

② 在 Vectors of 选项下选择 Velocity 和 Velocity Magnitude，在 Surface 选项下选择 y-coordinate-5，其余保持默认

③ 单击 Save/Display 按钮，并点击显示窗口中的 Y 轴，按照 Step15 的方法保存速度矢量图

图 7-52　速度矢量图（U 型管对称平面）

Step20 流线图，如图 7-53 所示。

① 选择 Graphics|Pathlines 选项，打开 Pathlines 对话框

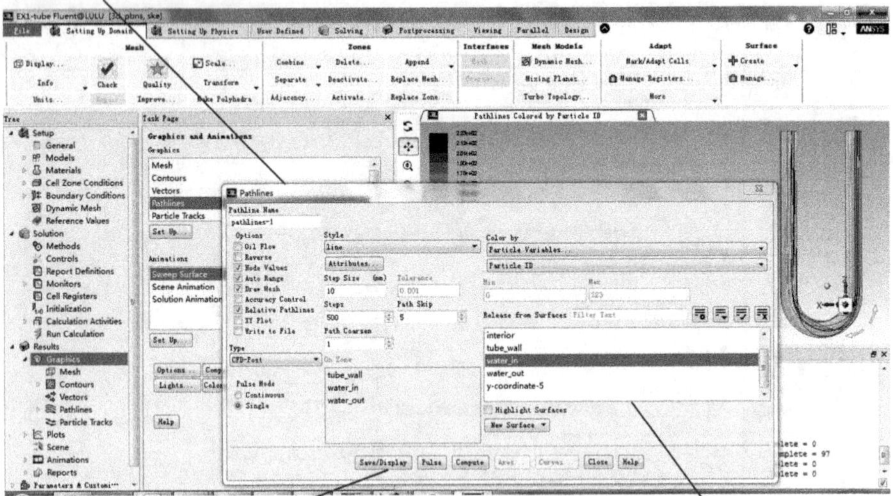

③ 单击 Save/Display 按钮，并点击显示窗口中的 Y 轴，按照 Step15 的方法保存流线图

② 在 Path Skip 文本框中输入 5，在 Release from Surface 选项下选择 water_in，其余保持默认

图 7-53　流线图

7.3　案例小结

本章首先介绍了 FLUENT 湍流模型的概念和基本方法。之后通过一个 U 型管内流动仿真案例，讲解了使用 GAMBIT 进行建模，然后进行网格划分，最后导出.msh 格式网格文件，使用 FLUENT 进行仿真的全过程方法，使读者有实际的工程操作认知。

第 8 章　三维冷热水混合器仿真案例

本章导读

FLUENT 边界条件是 CFD 分析中的关键，也是求解中的必要条件，本章主要介绍多种常用的边界条件，这对使用 FLUENT 进行分析是很重要的。本章通过三维冷热水混合器仿真案例的创建，讲解从混合器模型处理、网格划分到仿真设置的全部过程，加深读者对仿真设置和边界条件的认识。

学习要求	学习目标 知识点	了解	理解	应用	实践
	FLUENT 边界条件知识		√		
	三维冷热水混合器模型处理		√	√	√
	网格划分		√	√	√
	混合器仿真设置		√	√	√

8.1　案例分析

8.1.1　知识链接

边界条件包括流动变量和热变量在边界处的值，是 CFD 问题的关键，所有 CFD 问题都需要边界条件。只有给定了合理且与实际最接近的边界条件，才能得到精确的流程解，因此边界条件是在 FLUENT 16.0 中求解时的必要条件，常用的边界条件如下。

（1）速度入口边界条件

速度入口边界条件用于定义流动速度以及流动入口的流动属性相关标量。在这个边界条件中，所有流动的（驻点）属性不是固定的，无论什么时候提供流动速度描述，它们都会增加。

（2）压力入口边界条件

压力入口边界条件通常用于给出流体入口的压力和流动的其他标量参数，对计算可压和不可压问题都适用。压力入口边界条件通常用于不知道入口流率或流动速度时的流动，这类流动在工程中很常见，如浮力驱动的流动问题。压力入口条件还可以用于处理外部或者非受限流动的自由边界。

（3）质量入口边界条件

质量入口边界条件用于规定入口的质量流量。为了实现规定的质量流量中的速度，就要调节当地入口总压力。与压力入口边界条件不同，在压力入口边界条件中，规定的是流入驻点的属性，质量流量的变化依赖于内部解，当匹配规定的质量和能量流速而不是匹配流入的总压力时，通常就会使用质量入口边界条件。例如，一个小的冷却喷流流入主流场并和主流场混合，此时，主流的流速主要由（不同的）压力入口和出口边界条件控制，调节入口总压力可能会导致解的收敛，所以如果压力入口边界条件和质量入口条件都可以接受，则选择压力入口边界条件。在不可压缩流中不必使用质量入口边界条件，因为密度是常数，速度入口边界条件就已经确定了质量流。

（4）压力出口边界条件

压力出口边界条件需要在出口边界处指定静压（gauge），静压值的指定只用于亚声速流动。如果当地流动变为超声速，就不再使用指定压力，此时压力要从内部流动中推断，所有其他的流动属性都从内部推出。在解算过程中，如果压力出口边界处的流动是反向的，回流条件也需要指定，如果对于回流问题指定了比较符合实际的值，收敛性困难就会减到最小。

（5）质量出口边界条件

当流动出口的速度和压力在解决流动问题之前未知时，FLUENT 16.0 会使用质量出口边界条件来模拟流动。不需要定义流动出口边界的任何条件（除非模拟辐射热传导、粒子的离散相或者分离质量流），FLUENT 16.0 就会从内部推导出所需要的信息。

（6）壁面边界条件

壁面（WALL）用于限定流体和固体区域。在黏性流动中，壁面处默认为无滑移动边界条件，但用户可以根据壁面边界区域的平移或转动来指定一个切向速度分量，或者通过指定剪切来模拟一个“滑移”壁面。在流体和壁面之间的切应力和热传导可根据流场内部的流动参数来计算。

（7）流体

与前面介绍的各种边界条件不同，流体（fluid）条件实际上并不是针对具体边界而言的，而是一个单元组，即一个区域，因此称为流体区域条件。所有激活的方程都要在这些单元上进行求解，向流体区域输入的信息只是具有 fluid 类型的材料名称。

（8）固体

同流体区域类似，固体（solid）区域也是一个单元组，只不过这组单元仅用来进行传热求解计算，不进行任何流动计算。作为固体对待的材料可能事实上是流体，但是假定其中没有对流发生。固体区域仅需要输入 solid 类型的材料名称。

（9）周期性边界条件

周期性（periodic）边界条件用于所计算的物理几何模型和所期待的流动解具有周期性重复的情况。

（10）对称边界条件

对称（symmetry）边界条件用于物理外形以及所期望的流动解具有镜像对称特征的情况，也可以用来描述黏性流动中的零滑移壁面。在对称边界上，不需要定义任何边界条件，但必须定义对称边界的位置。

注意

对于轴的对称问题中的中心线，应使用轴边界条件来定义，而不是对称边界条件。

（11）内部界面边界条件

内部界面（interior）边界条件用在两个区域（如水泵中同叶轮一起旋转的流体区域与周围的非旋转流体区域）的界面处，将两个区域“隔开”。在该边界上，不需要用户输入任何内容，只需指定其位置。

8.1.2 设计思路

本案例的工况是如图 8-1 所示的冷热水混合器，上方两个切向入口分别是冷水和热水入口，直径均为 0.1m，入口速度均为 1m/s，冷水温度为 20℃，热水温度为 50℃，底部为混合水出口。

本例的模型相对复杂，使用 GAMBIT 建模有所不便，因此使用的是专业的三维建模软件 CREO 建立三维模型，将该模型输出为 SAT 格式，然后导入到 GAMBIT 中划分网格，最后使用 FLUENT 进行流体仿真。

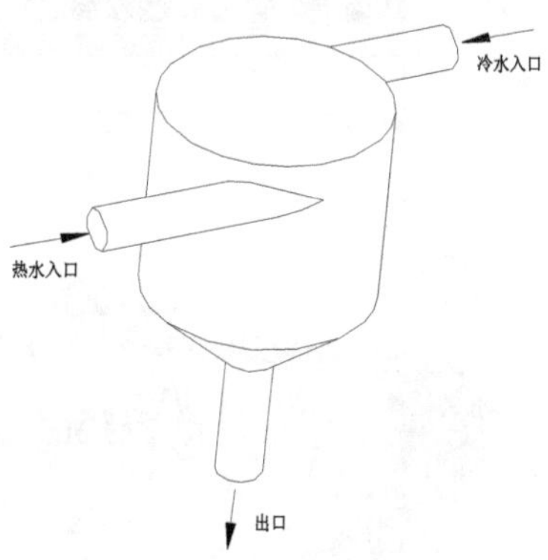

图 8-1　模型

8.2 案例操作

本案例文件：ywj/08/EX8-Water_Mixer 相关文件

多媒体教学路径：多媒体教学→第 8 章

8.2.1 模型处理及网格划分

Step1 打开 GAMBIT 软件，导入模型，如图 8-2 所示。

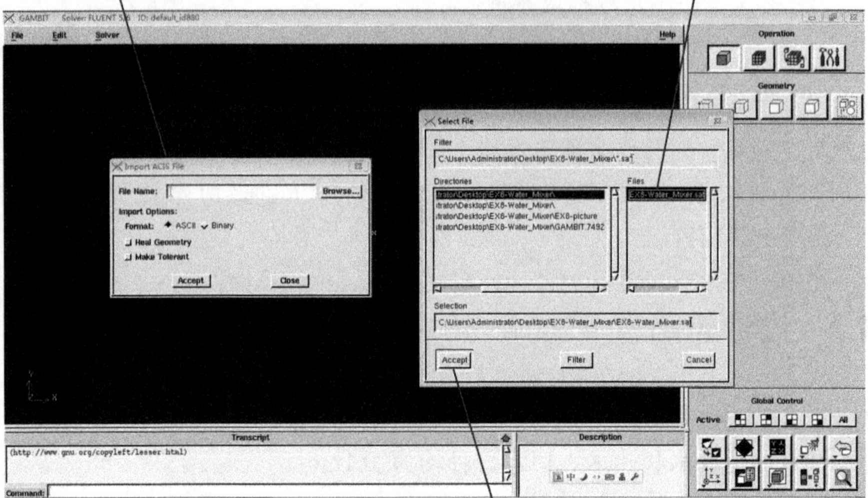

图 8-2 导入模型

提示

考虑到模型尺寸以及仿真速度，本例使用网格大小为 0.01 的四面体混合网格。

Step2 划分网格，如图 8-3 所示。

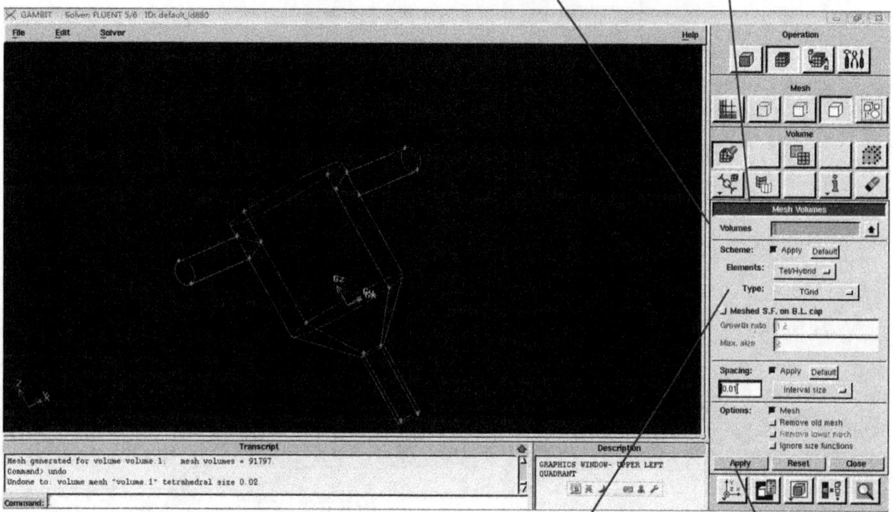

图 8-3　划分网格

Step3 隐藏网格，如图 8-4 所示。

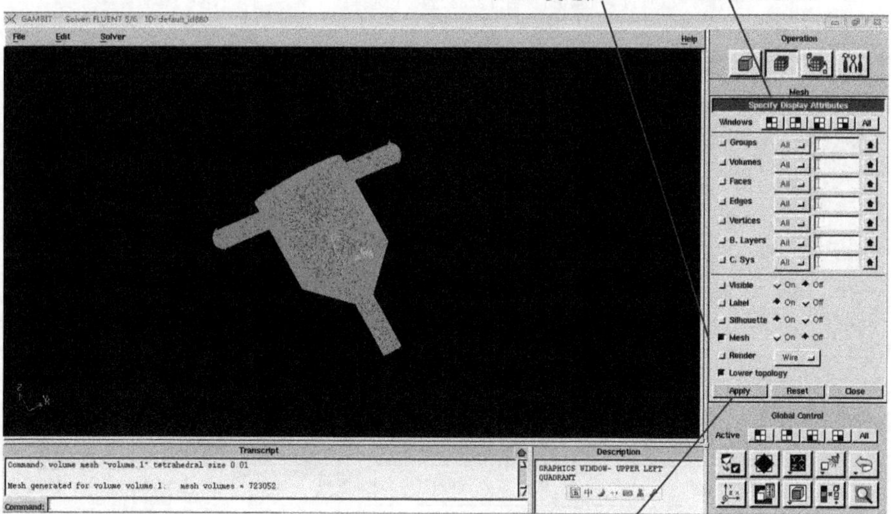

图 8-4　隐藏网格

Step4 设定流体域，如图 8-5 所示。

图 8-5　设定流体域

Step5 设定冷水入口边界，如图 8-6 所示。

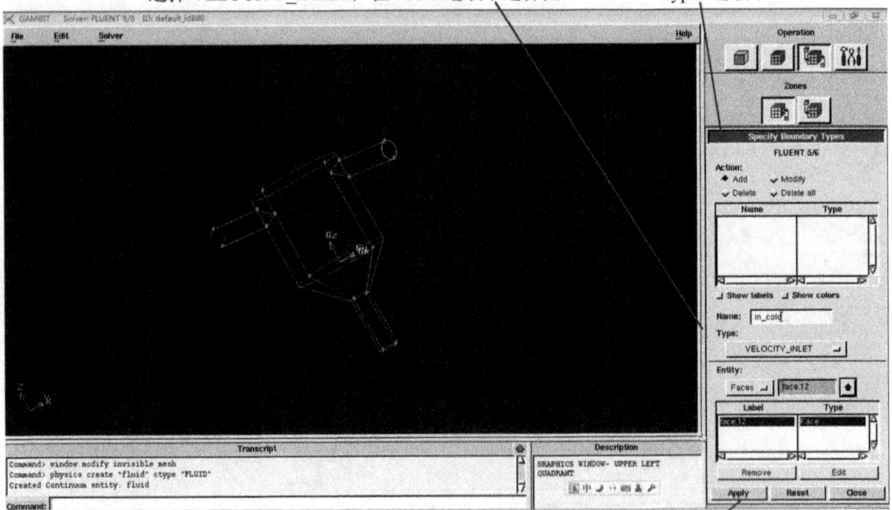

图 8-6　设定冷水入口边界

Step6 设定热水入口边界，如图 8-7 所示。

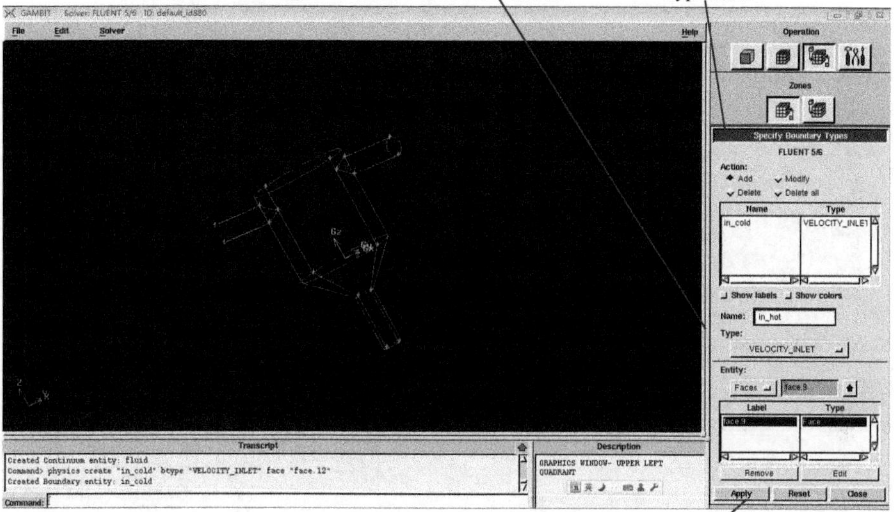

图 8-7 设定热水入口边界

Step7 设定出口边界，如图 8-8 所示。

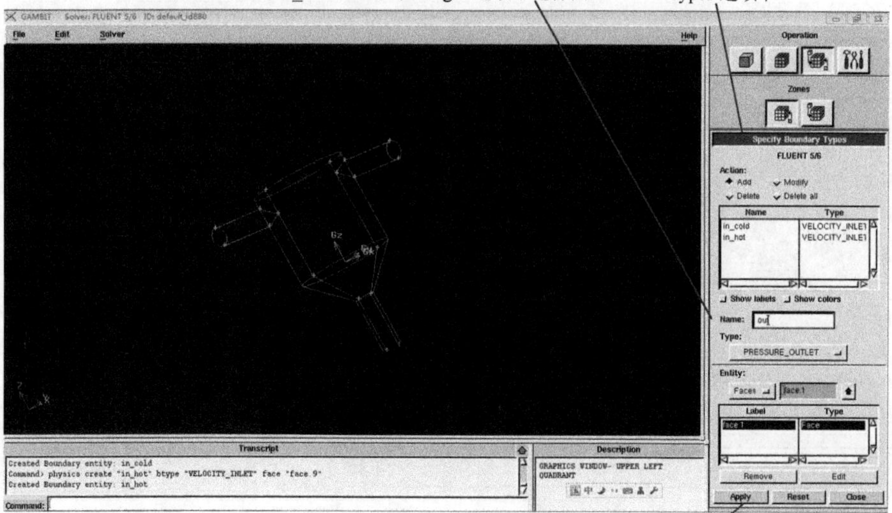

图 8-8 设定出口边界

Step8 显示网格，如图 8-9 所示。

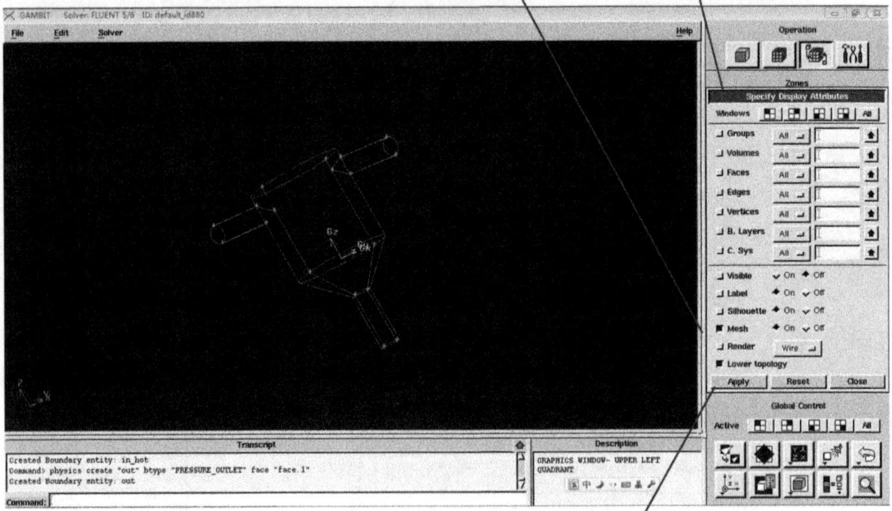

图 8-9　显示网格

Step9 保存网格，如图 8-10 所示。

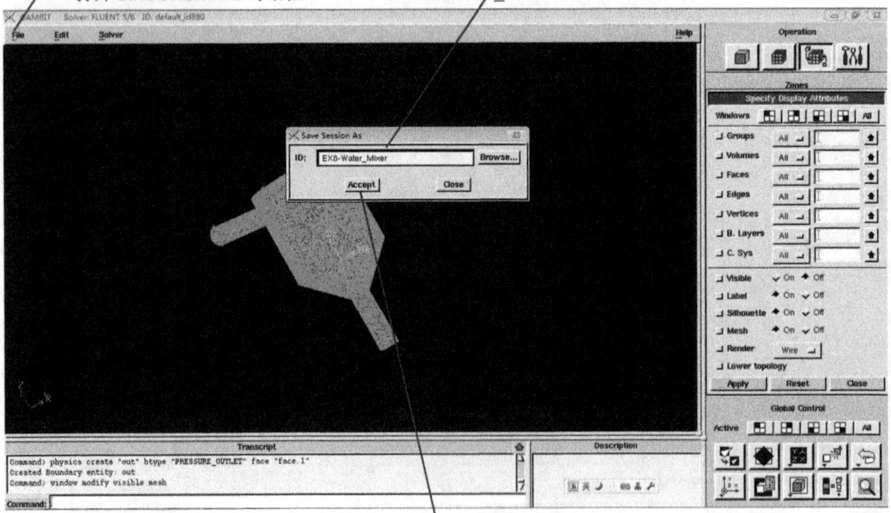

图 8-10　保存网格

Step10 导出网格，如图 8-11 所示。

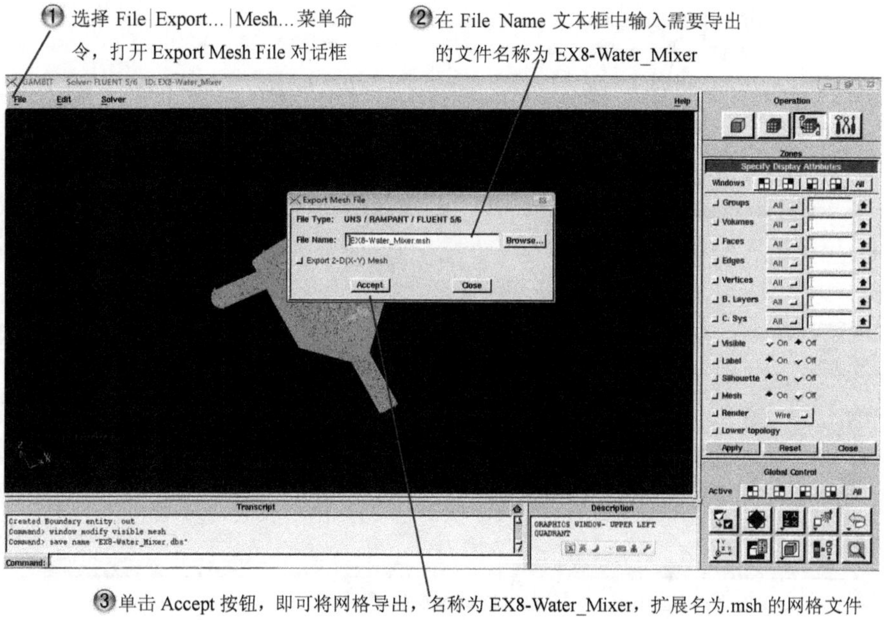

图 8-11　导出网格

8.2.2　仿真设置过程

Step1 打开 FLUENT18.0，读入网格文件，如图 8-12 所示。

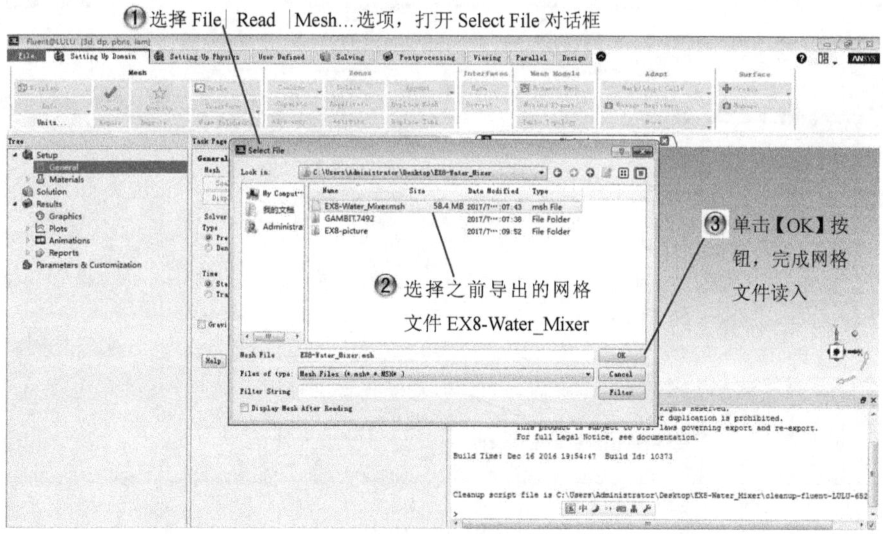

图 8-12　读入网格文件

Step2 显示网格，如图 8-13 所示。

①选择 Postprocessing | Mesh | Edit...选项，打开 Mesh Display 对话框

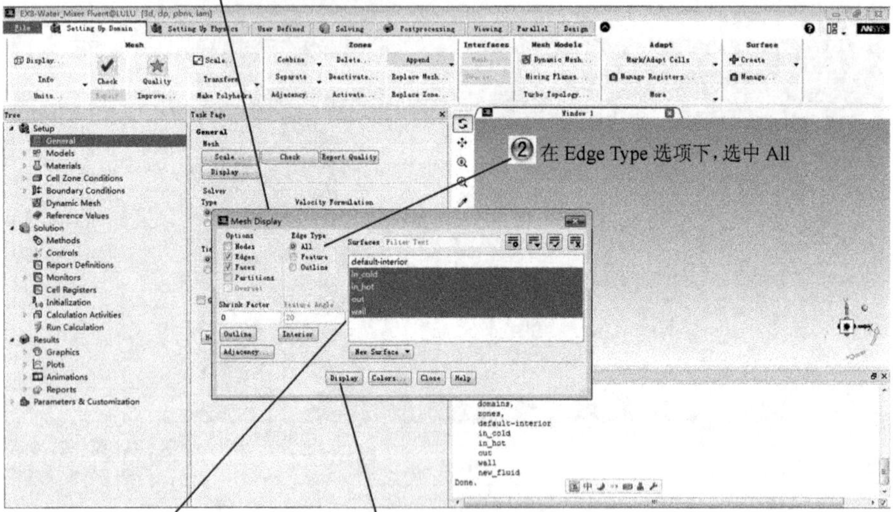

②在 Edge Type 选项下，选中 All

③在 Surfaces 选项下，选中所有的，选中后为蓝色

④单击 Display 按钮，以显示网格

图 8-13　显示网格

Step3 检查网格，如图 8-14 所示。

①选择 Stting Up Domain | Check 选项，对网格进行检查

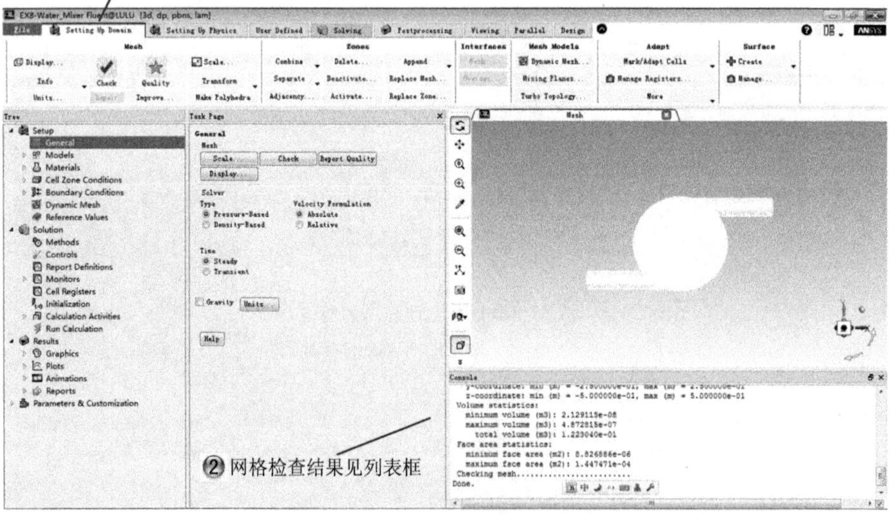

②网格检查结果见列表框

图 8-14　检查网格

Step4 网格质量检测，如图 8-15 所示。

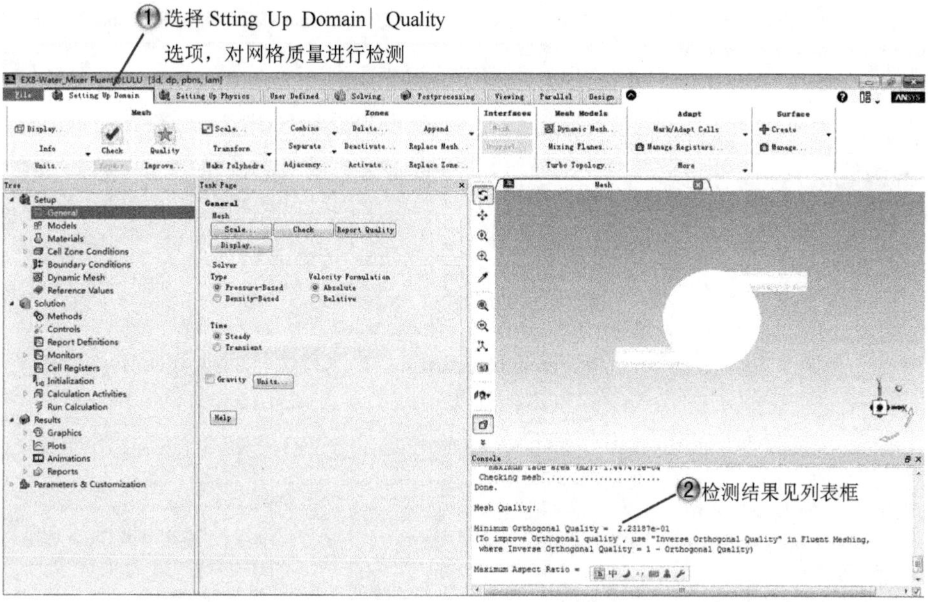

图 8-15　网格质量检测

Step5 调整尺寸单位，如图 8-16 所示。

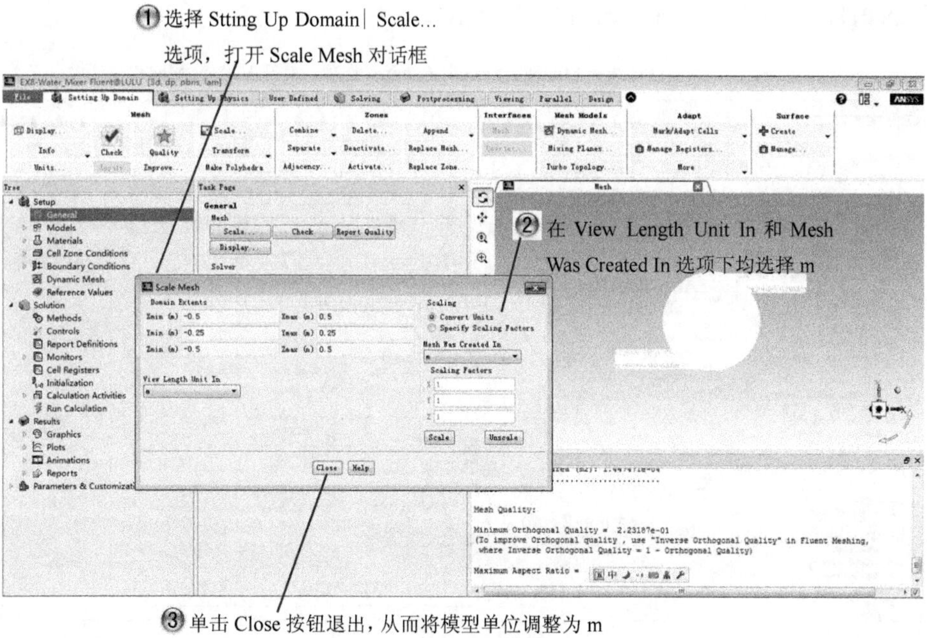

图 8-16　调整尺寸单位

Step6 求解器设置及温度单位设置，如图 8-17 所示。

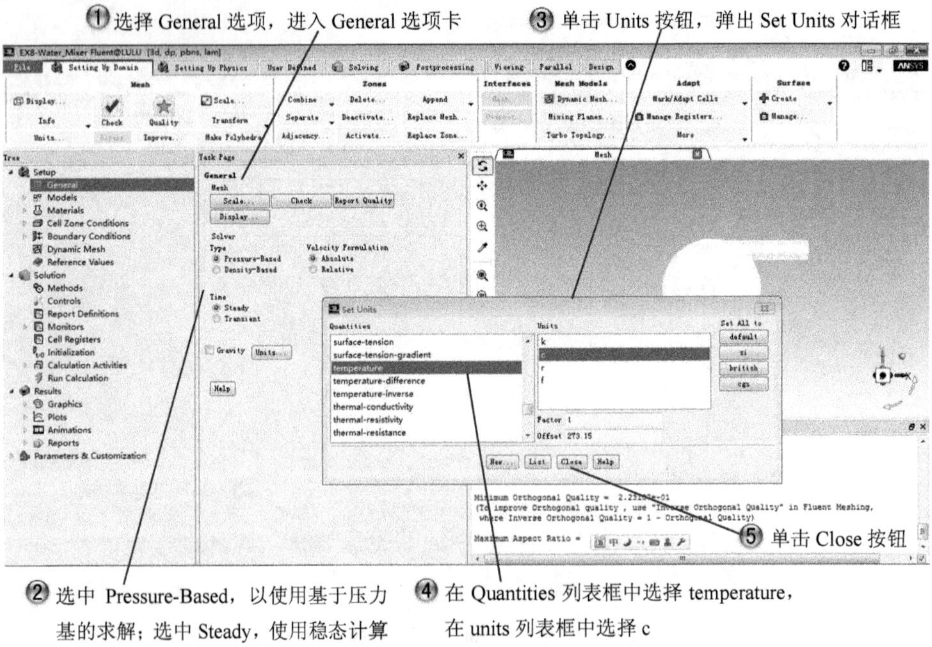

图 8-17　求解器设置及温度单位设置

Step7 湍流模型设置，如图 8-18 所示。

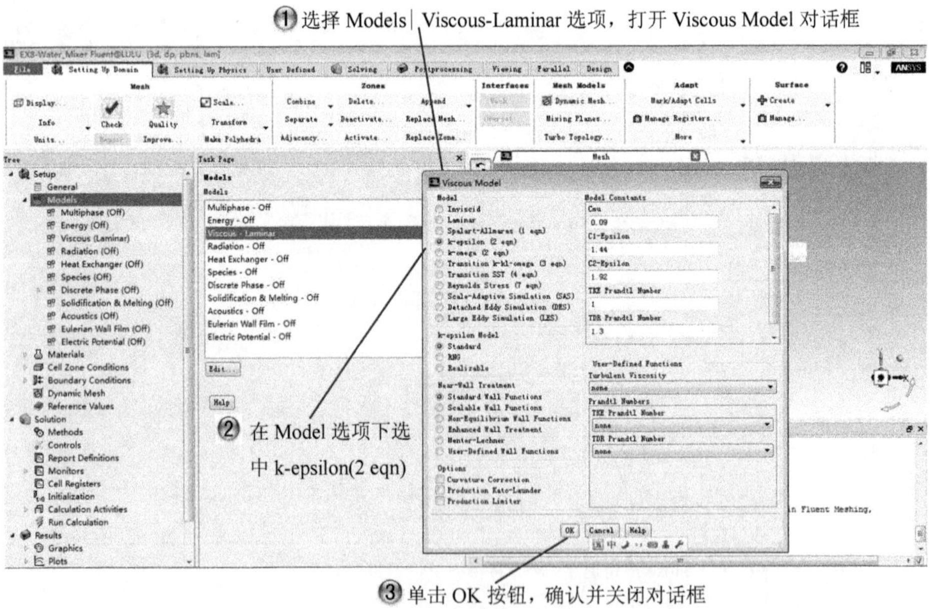

图 8-18　湍流模型设置

Step8 能量方程设置，如图 8-19 所示。

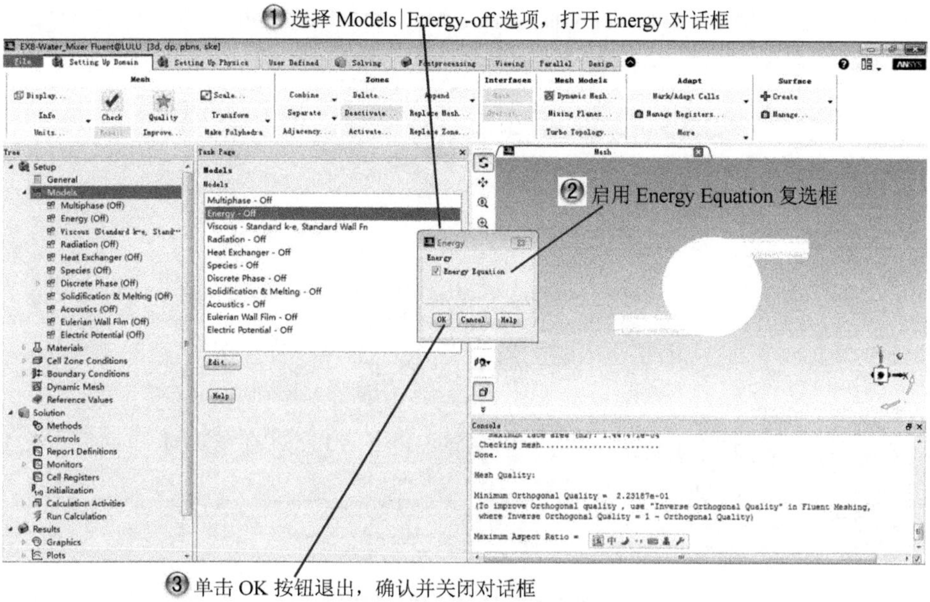

图 8-19　能量方程设置

Step9 选择流体材料（水），如图 8-20 所示。

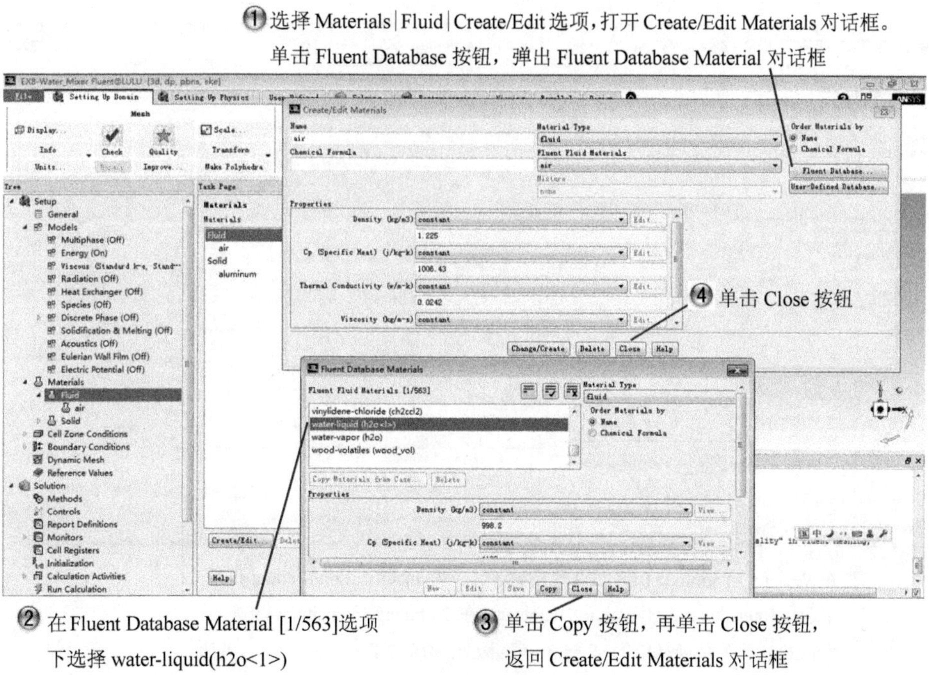

图 8-20　选择流体材料（水）

Step10 选择流体域材料，如图 8-21 所示。

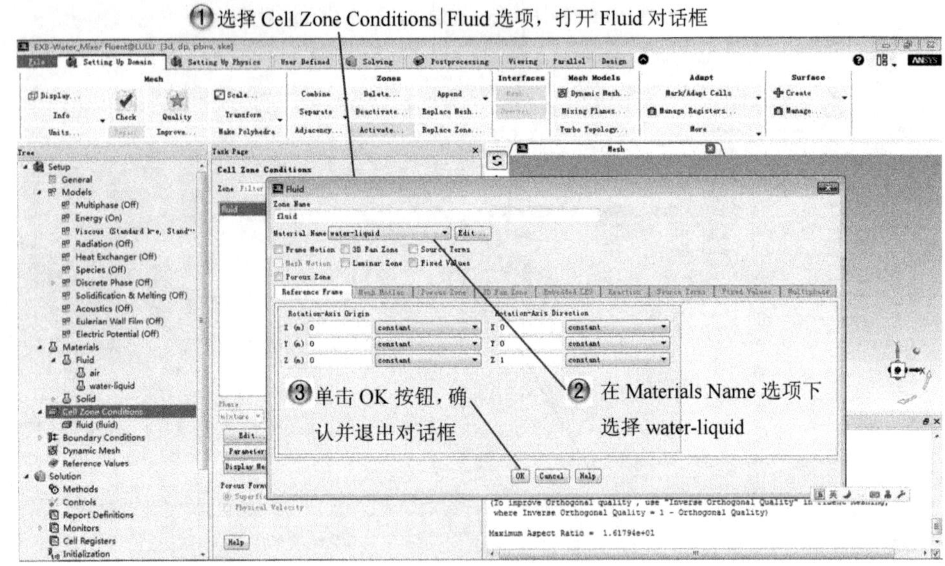

图 8-21　选择流体域材料

Step11 冷水入口设置，如图 8-22、图 8-23 所示。

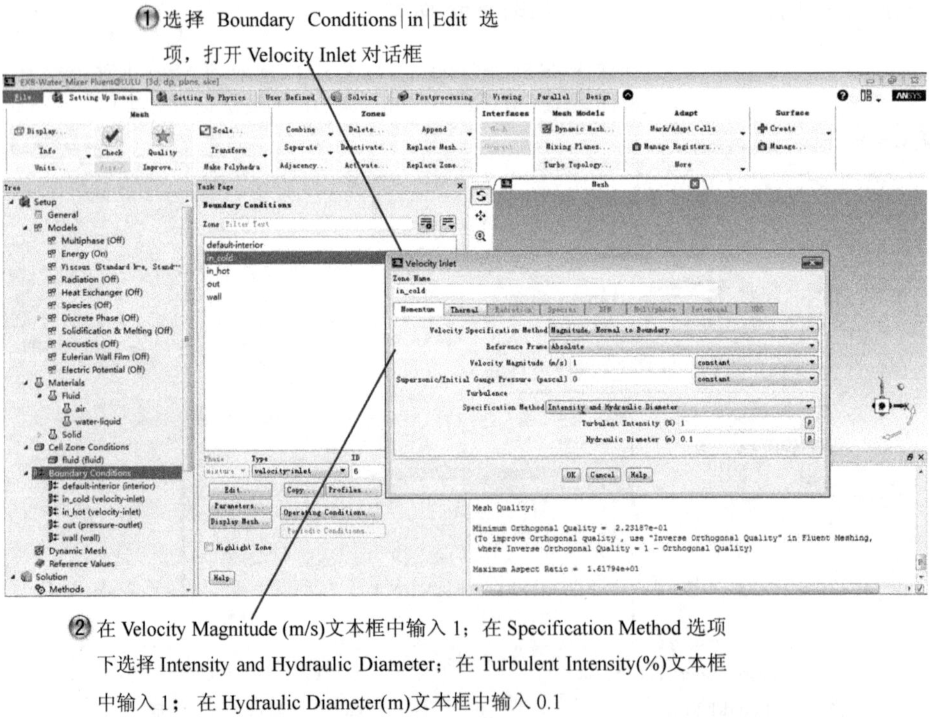

图 8-22　冷水入口设置（1）

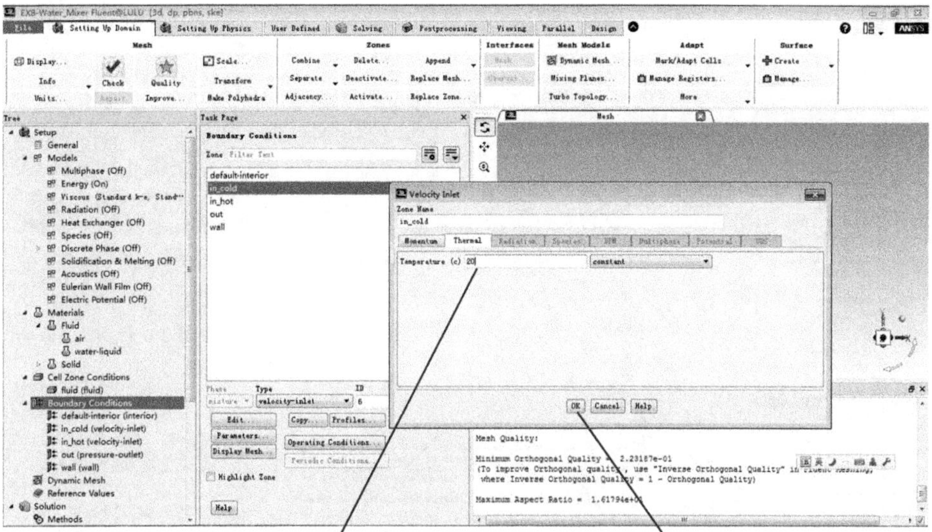

图 8-23　冷水入口设置（2）

Step12 热水入口设置，如图 8-24、图 8-25 所示。

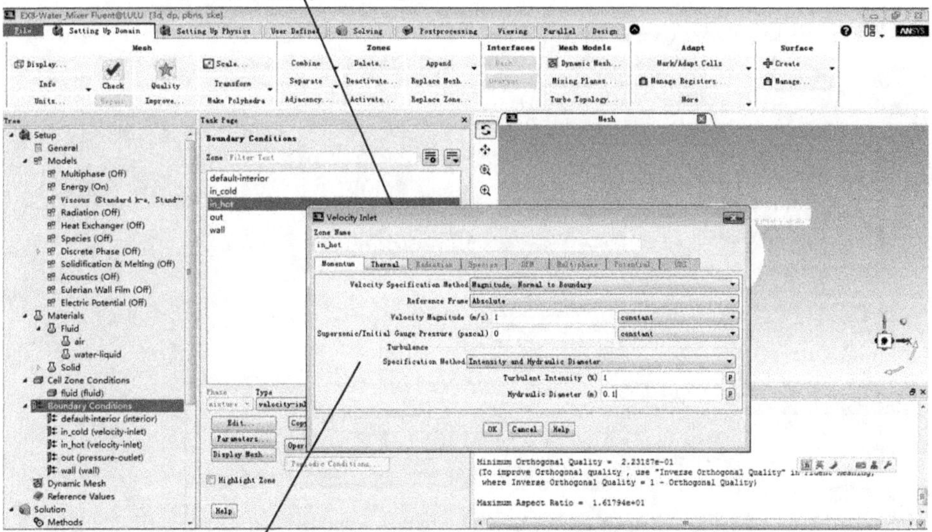

图 8-24　热水入口设置（1）

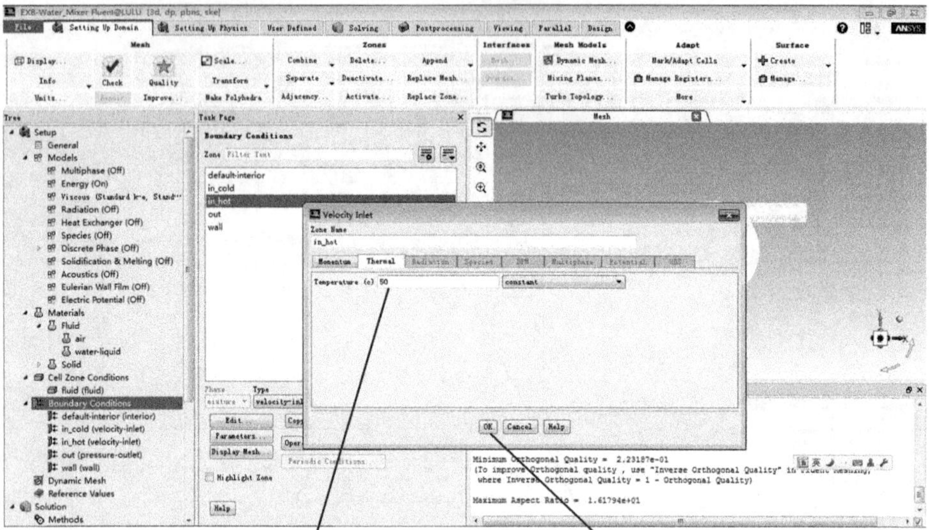

③ 切换到 Thermal 选项卡，在 Temperature (c)文本框中输入 50

④ 单击 OK 按钮，确认并退出对话框

图 8-25　热水入口设置（2）

Step13 出口设置，如图 8-26、图 8-27 所示。

① 选择 Boundary Conditions|out|Edit 选项，打开 Pressure Outlet 对话框

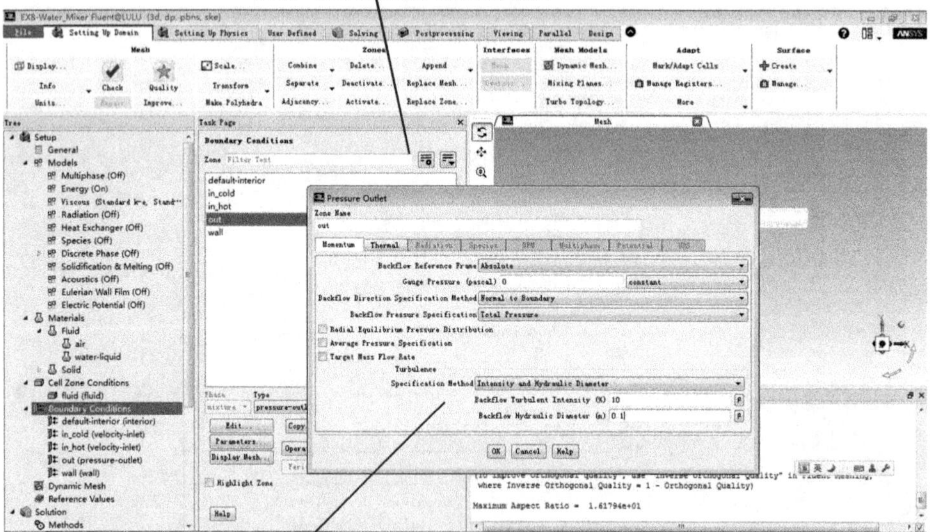

② 在 Specification Method 选项下选择 Intensity and Hydraulic Diameter；在 Backflow Turbulent Intensity(%)文本框中输入 10；在 Backflow Hydraulic Diameter(m)文本框中输入 0.1

图 8-26　出口设置（1）

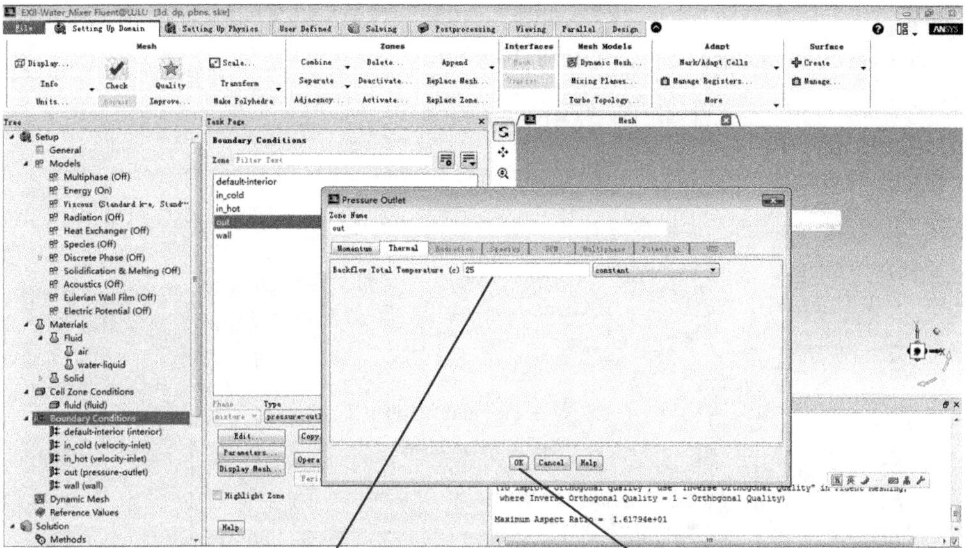

图 8-27　出口设置（2）

Step14 流场初始化，如图 8-28 所示。

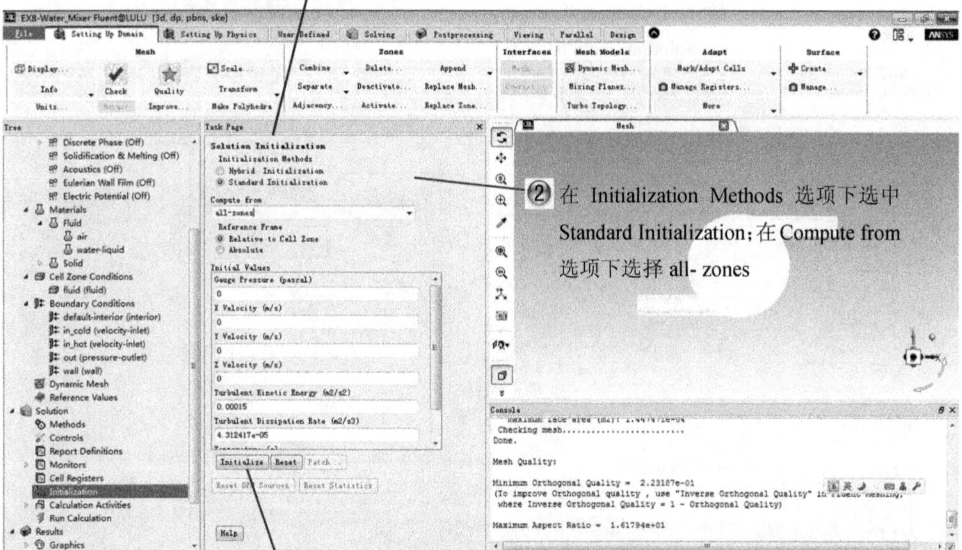

图 8-28　流场初始化

Step15 保存 Case 文件，如图 8-29 所示。

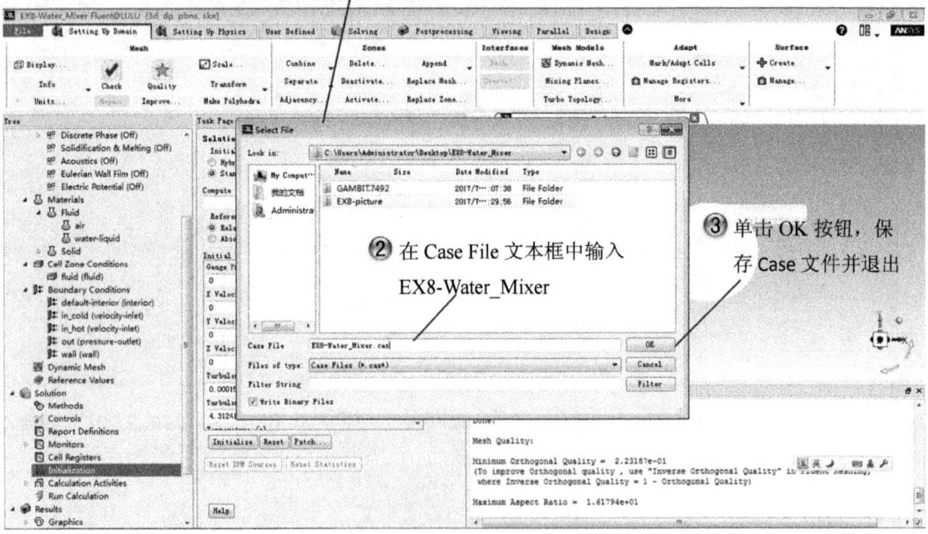

图 8-29　保存 Case 文件

Step16 调整能量方程收敛因子，如图 8-30 所示。

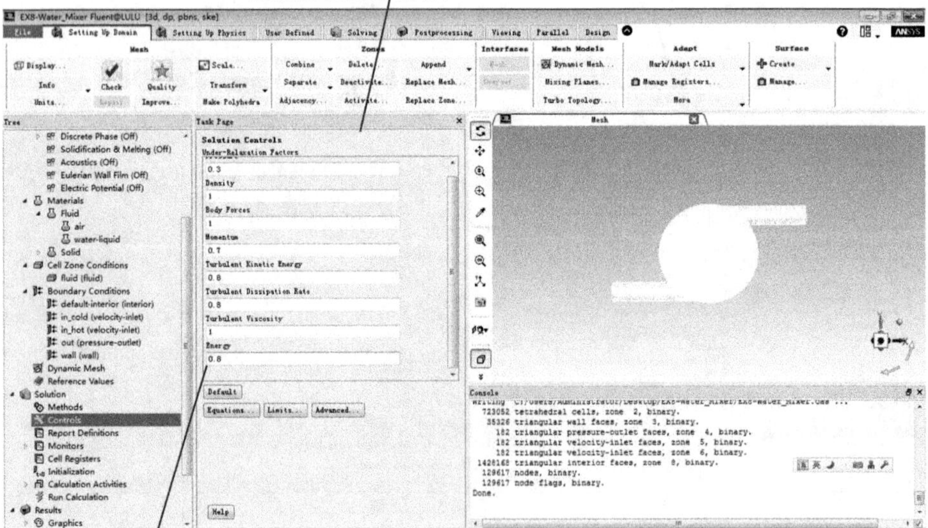

图 8-30　调整能量方程收敛因子

Step17 稳态求解计算，如图 8-31 所示。

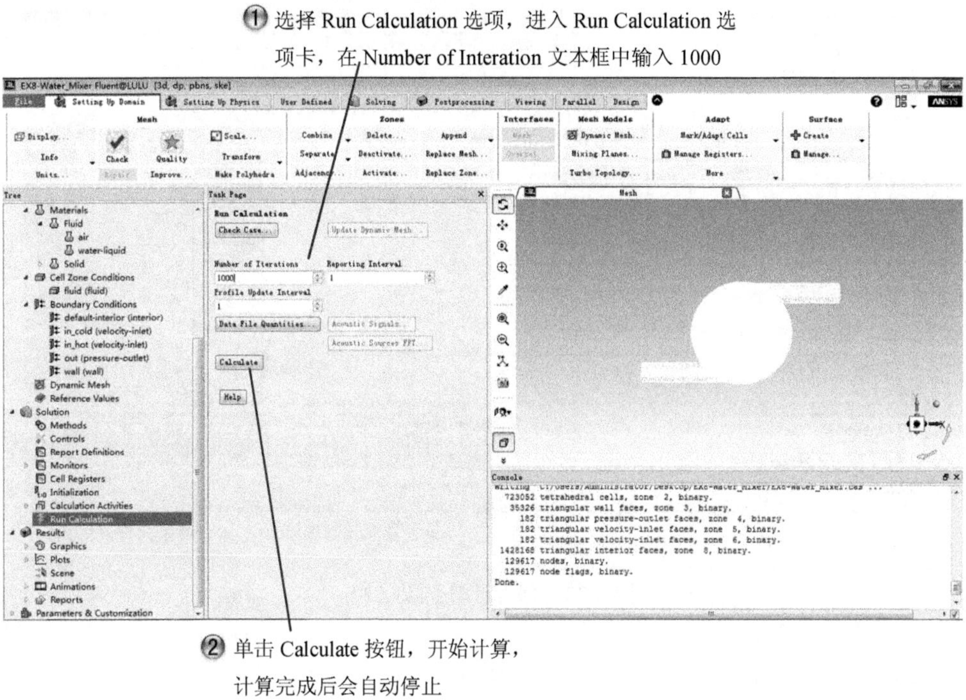

图 8-31　稳态求解计算

Step18 保存计算结果，如图 8-32、图 8-33 所示。

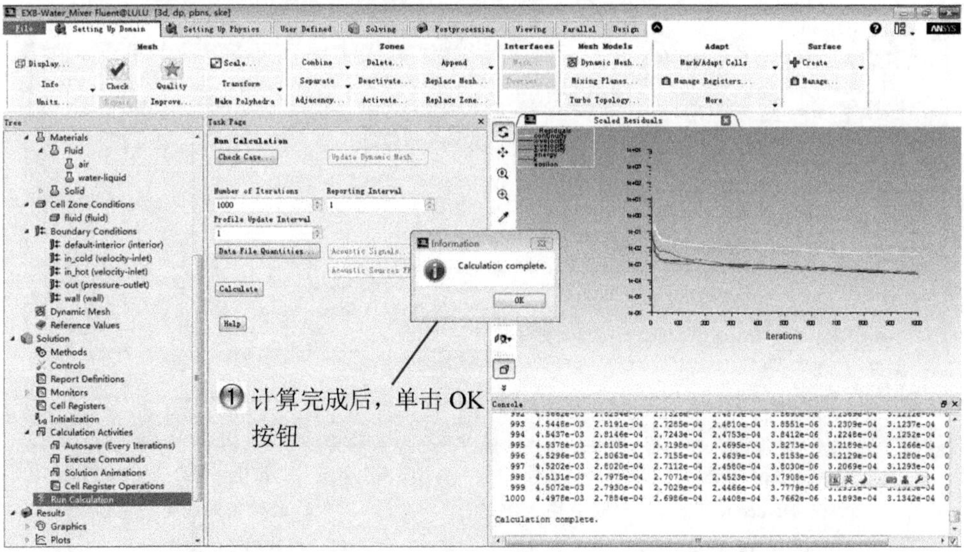

图 8-32　保存计算结果（1）

② 选择 File|Write|Case & Data...选项，打开 Select File 对话框。在 Case/Data File 文本框中输入 EX8-Water_Mixer

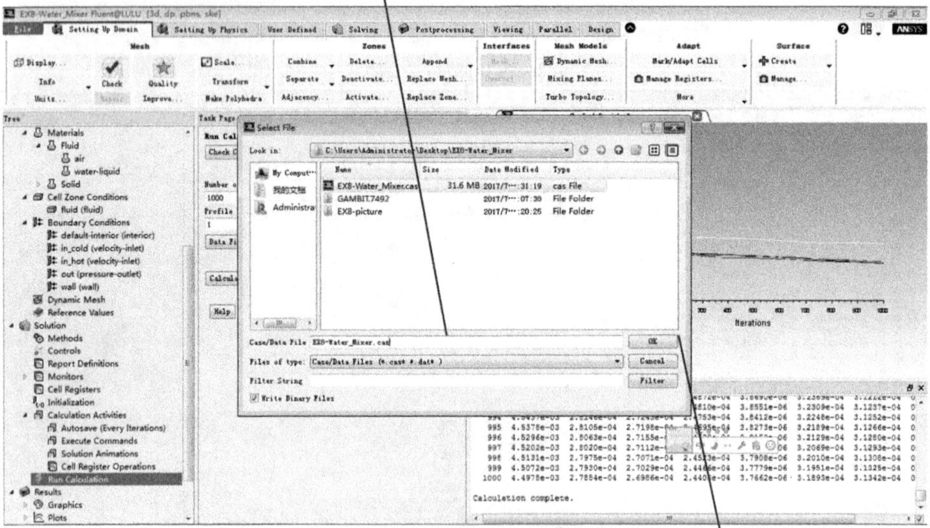

③ 单击 OK 按钮，保存结果文件并退出

图 8-33　保存计算结果（2）

Step19 保存残差曲线，如图 8-34 所示。

① 选择 File|Save Picture...选项，打开 Save Picture 对话框。在 Fromat 选项下选择 JPEG，Coloring 选项下选择 Color，Options 选项下启用 White Backgruond

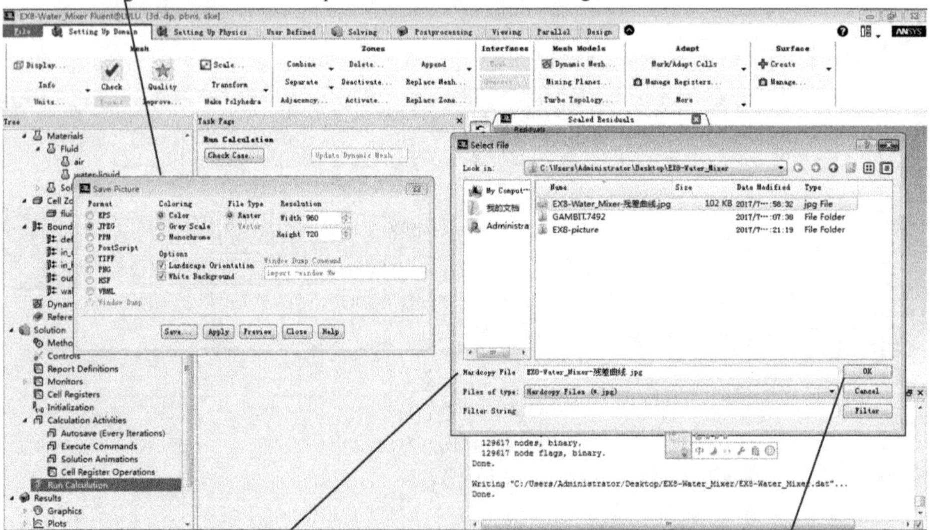

② 单击 Save 按钮，打开 Select File 对话框，在 Hardcopy File 文本框中输入名称 EX8-Water Mixer-残差曲线

③ 单击 OK 按钮，保存残差曲线，此时保存的残差曲线是白色前景下 JPEG 格式的彩色图片

图 8-34　保存残差曲线

Step20 创建辅助平面，如图 8-35、图 8-36、图 8-37 所示。

① 选择 Postprocessing|Creat|Iso-Surface 选项，打开 Iso-Surface 对话框

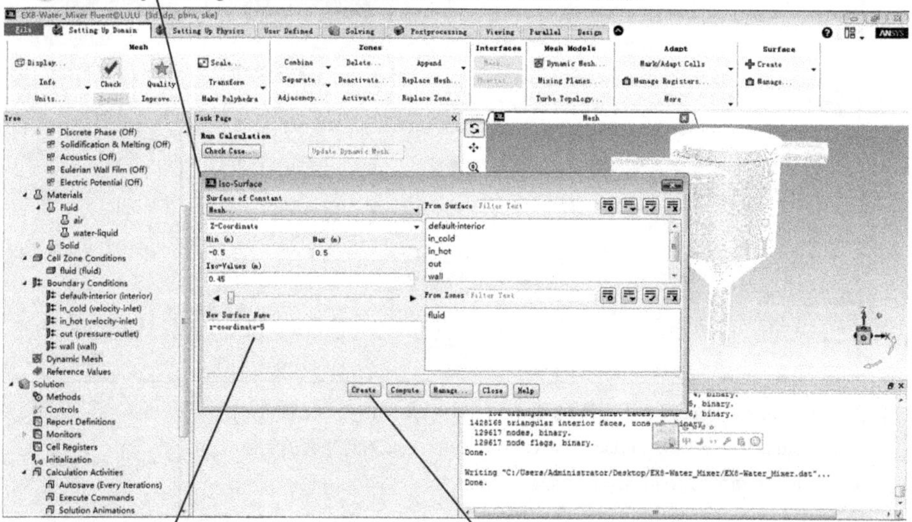

② 在 Surface of Constant 选项下选择 Mesh 和 Z-Coordinate，在 Iso-Values 文本框中输入 0.45；在 New Surface Name 文本框中输入新创建的面的名称，这里使用默认的 z-coordinate-5

③ 单击 Create 按钮，完成对称平面的创建

图 8-35　创建辅助平面（1）

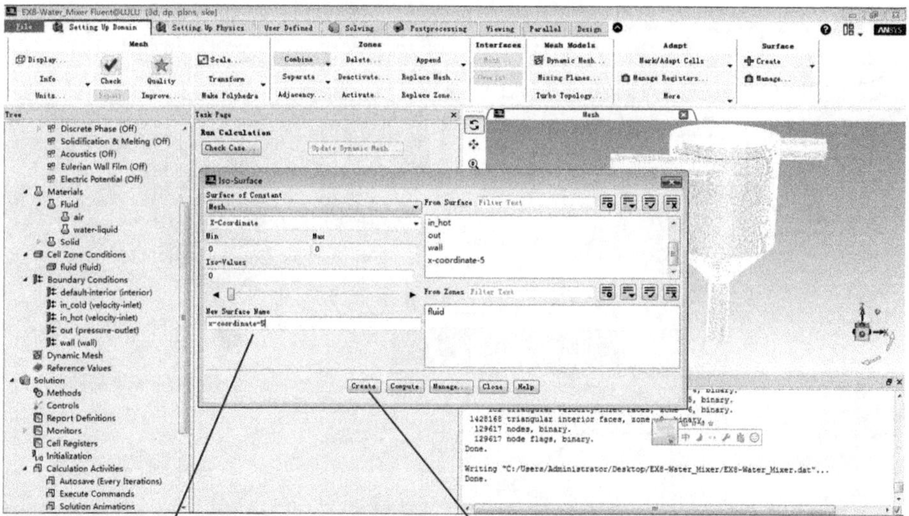

② 在 Surface of Constant 选项下选择 Mesh 和 X-Coordinate；在 New Surface Name 文本框中输入新创建的面的名称，这里使用默认的 x-coordinate-5

③ 单击 Create 按钮，完成对称平面的创建

图 8-36　创建辅助平面（2）

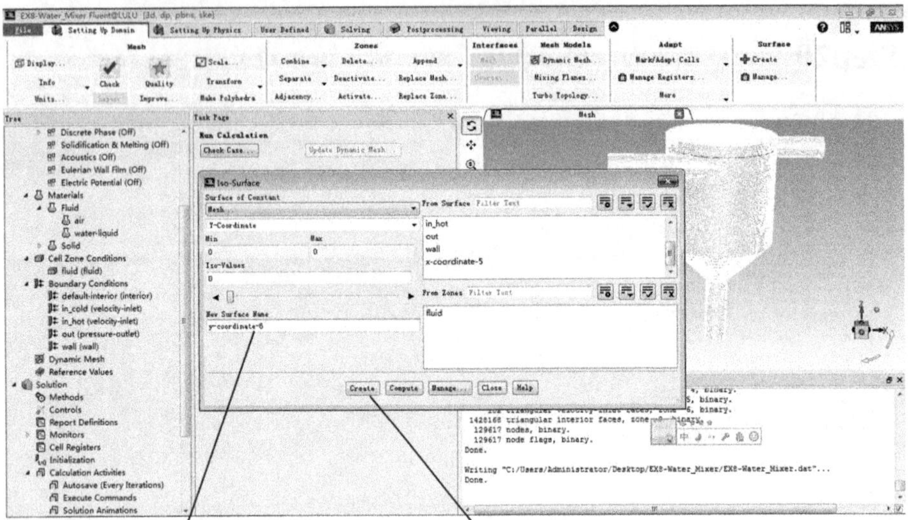

② 在 Surface of Constant 选项下选择 Mesh 和 Y-Coordinate；在 New Surface Name 文本框中输入新创建的面的名称，这里使用默认的 y-coordinate-6

③ 单击 Create 按钮，完成对称平面的创建

图 8-37　创建辅助平面（3）

Step21 静压分布云图，如图 8-38 所示。

① 选择 Graphics|Contours 选项，打开 Contours 对话框。在 Options 选项下启用 Filled

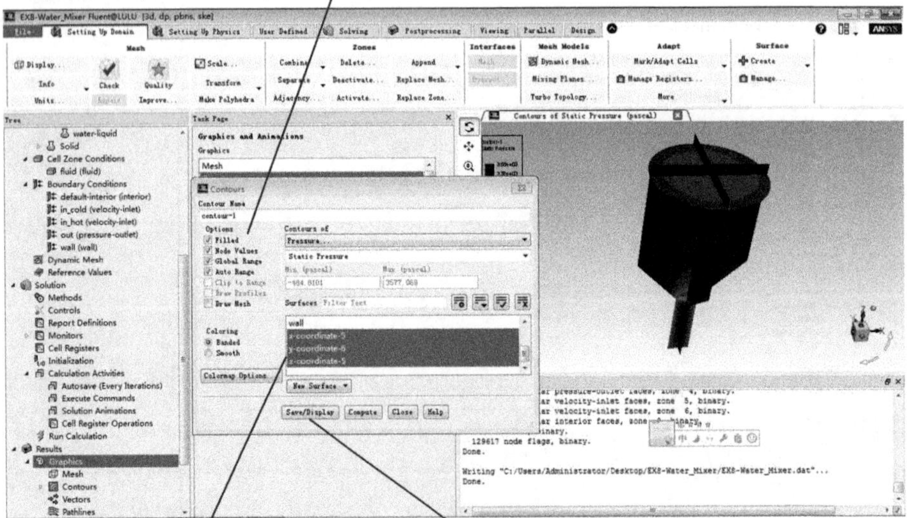

② 在 Contours of 选项下选择 Pressure 和 Static Pressure，在 Surface 选项下选择 x-coordinate-5 、 y-coordinate-6 和 z-coordinate-5 面，其余保持默认

③ 单击 Save/Display 按钮，按照 Step19 的方法保存静压分布云图

图 8-38　静压分布云图

提示

在本步中，若将 Contours of 选项下的 Static Pressure 改为选择 Dynamic Pressure 或 Total Pressure，则分别可以得到动压云图和总压云图；在本步的第 2 个操作步骤中若只选中一个面，则可展示某一个面上的云图情况。

Step22 速度分布云图，如图 8-39 所示。

① 选择 Graphics|Contours 选项，打开 Contours 对话框

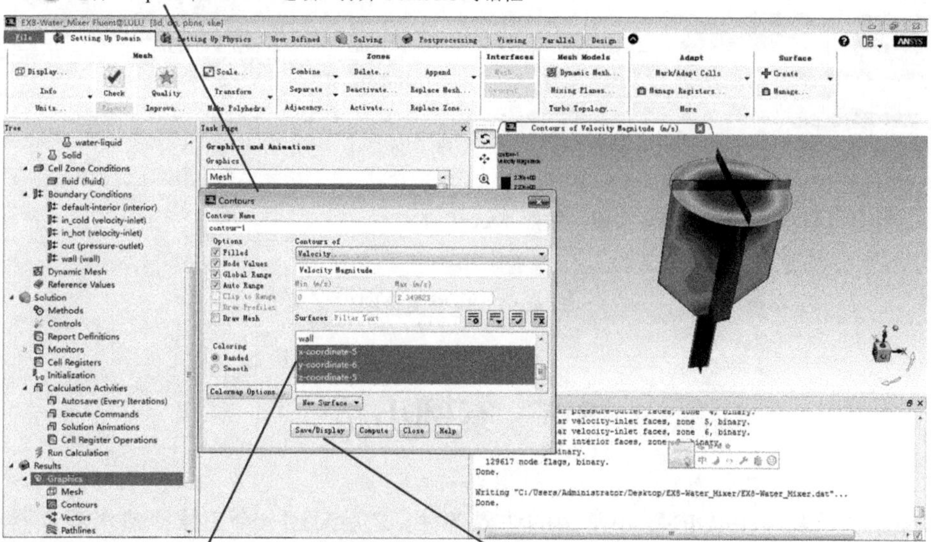

② 在 Options 选项下启用 Filled，在 Contours of 选项下选择 Velocity 和 Velocity Magnitude，在 Surface 选项下选择 x-coordinate-5、y-coordinate-6 和 z-coordinate-5 面，其余保持默认

③ 单击 Save/Display 按钮，按照 Step19 的方法保存速度云图

图 8-39　速度分布云图

Step23 速度矢量图，如图 8-40 所示。

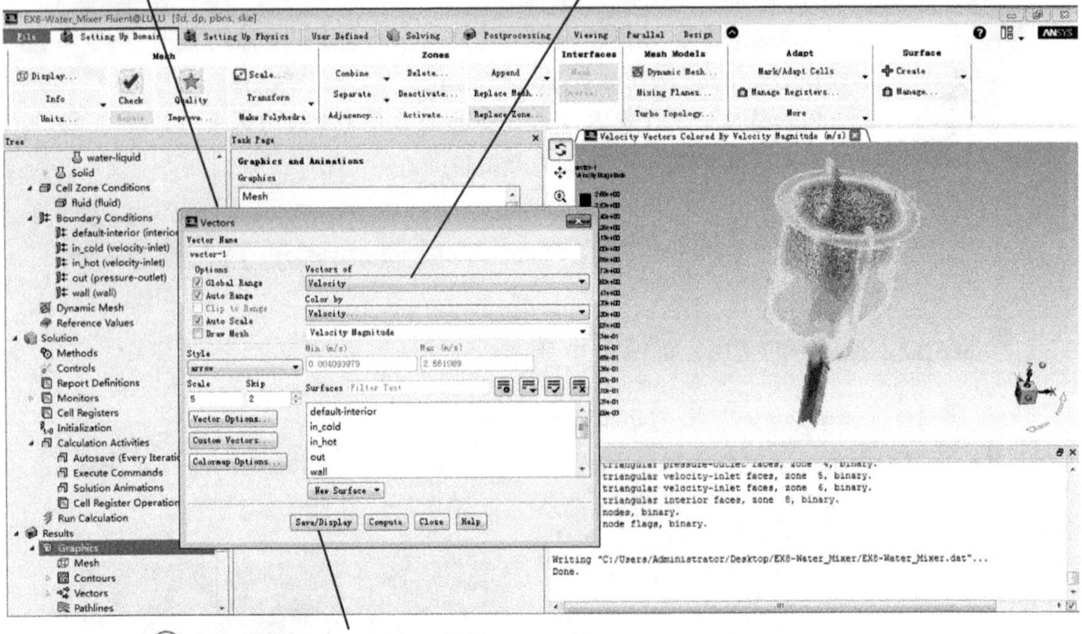

图 8-40　速度矢量图

8.3　案例小结

本章首先介绍了 FLUENT 中常用的边界条件。之后通过一个三维冷热水混合器仿真案例，着重介绍了从混合器模型处理、网格划分到仿真设置的全部过程，加深读者对仿真设置和边界条件的认识，并掌握了实际的操作方法。

第 9 章　三维滑动轴承仿真案例

本章导读

湍流模型是 FLUENT 中非常重要的模型，主要包括单方程模型、双方程模型、雷诺应力模型和大涡模拟等多种模型，掌握这些模型模拟知识很重要。同时，本章通过三维滑动轴承仿真案例的创建，着重讲解三维滑动轴承仿真从模型处理、划分网格到仿真设置的全部操作过程。

学习要求	知识点＼学习目标	了解	理解	应用	实践
	湍流模型模拟知识		√		
	三维滑动轴承模型处理		√	√	√
	划分网格方法		√	√	√
	三维滑动轴承仿真设置		√	√	√

9.1　案例分析

9.1.1　知识链接

FLUENT 提供的湍流模型包括单方程（Spalart-Allmaras）模型、双方程模型（标准 k-ε 模型、重整化群 k-ε 模型、可实现 k-ε 模型）及雷诺应力模型和大涡模拟。

（1）单方程模型

单方程（Spalart-Allmaras）模型求解的变量是 $\bar{v}$，它表征出了近壁（黏度影响）区域以外的湍流运动黏度。

（2）标准 k-ε 模型

标准 k-ε 模型需要求解湍动能及其耗散率方程。湍动能输运方程是通过精确的方程推导得到的，但耗散率方程是通过物理推理、数学上模拟相似原形方程得到的。该模型假设流动为完全湍流，分子黏性的影响可以忽略。因此，标准 k-ε 模型只适合完全湍流的流动过程模拟。

（3）重整化群 k-ε 模型

重整化群（RNG）k-ε 模型是对瞬时的 Navier-Stokes 方程用重整化群的数学方法推导出来的模型。模型中的常数与标准 k-ε 模型不同，而且方程中也出现了新的函数或者项。

（4）可实现 k-ε 模型

该模型适合的流动类型比较广泛，包括有限均匀剪切流、自由流（射流和混合层）、腔道流动和边界层流动。对以上流动过程的模拟结果都比标准 k-ε 模型模拟的结果好，特别是可实现 k-ε 模型对圆口射流和平板射流模拟，能给出较好的射流扩张角。

（5）雷诺应力模型

雷诺应力模型（RSM）是求解雷诺应力张量各个分量的输运方程。

（6）大涡模拟

湍流中包含了不同时间与长度尺度的涡旋。最大长度尺度通常为平均流动的特征长度尺度，最小尺度为 Komogrov 尺度，LES 的基本假设如下。

- 动量、能量、质量及其他标量主要由大涡输运；
- 流动的几何和边界条件决定了大涡的特性，而流动特性主要在大涡中体现；
- 小尺度涡旋受几何和边界条件影响较小，并且各向同性，大涡模拟（LES）过程中，利用小尺度涡旋进行模拟来求解大涡，从而使得网格要求比 DNS 低。

9.1.2 设计思路

本案例的滑动轴承的纵断面基本尺寸参数如图 9-1 所示，轴瓦内径 40mm，轴瓦外径 44mm，主轴直径 39.96mm，偏心距最大值为 0.016mm。供油孔直径 4mm，轴承宽度 15mm，转速 420rpm，润滑油黏度 0.048Pa/s，密度 890kg/m3，空穴压力 7550Pa。

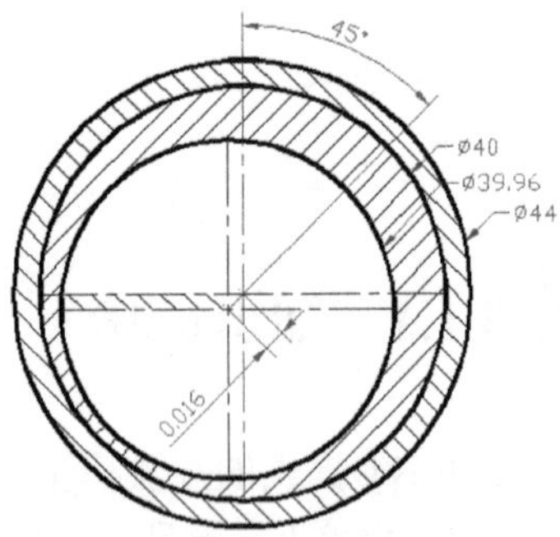

图 9-1 模型

本例的模型由于涉及标准化零件齿轮，其建模使用 GAMBIT 有所不便，因此使用的是专业的二维成图软件 CAD 绘制的齿轮模型，将该模型输出为 SAT 格式，然后导入到 GAMBIT 中划分网格，最后使用 FLUENT 进行网格划分。

9.2 案例操作

首先将 CREO 输出的 SAT 格式的三维模型导入 GAMBIT，然后进行切分操作，划分切分各部分网格，设定好边界名称，然后输出网格，最后进行仿真设置。

本案例文件：ywj/09/EX9-Bearing 相关文件

多媒体教学路径：多媒体教学→第 9 章

9.2.1 模型处理

Step1 打开 GAMBIT 软件，导入模型，如图 9-2 所示。

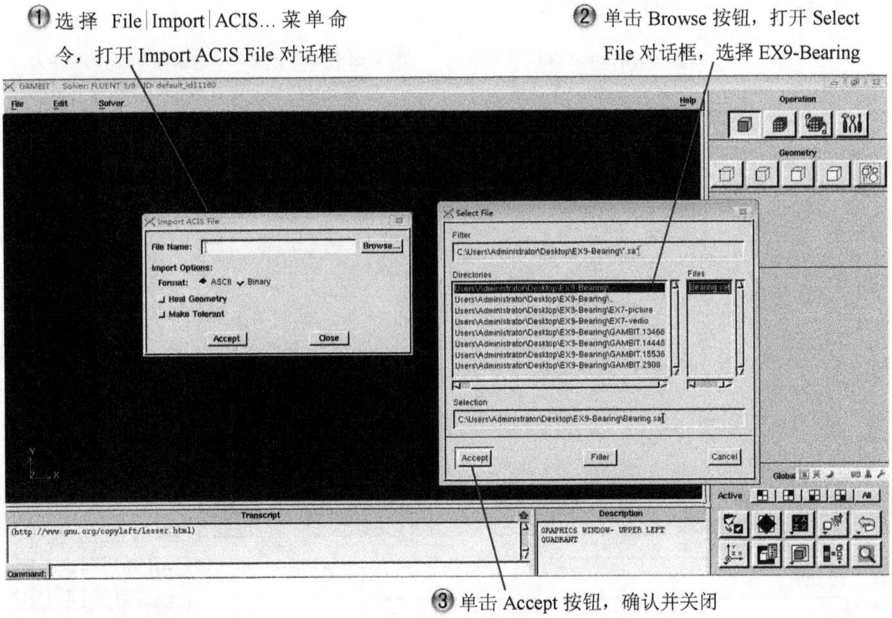

图 9-2 导入模型

Step2 创建面，如图 9-3 所示。

② 单击 Define 按钮，打开 Vector Definition 选项卡，启用 Y 选项的 Positive 复选框；启用 Magnitude 复选框，并在其后的文本框中输入-10，然后单击 Apply 按钮

① 打开 Sweep Edges 选项卡，在 Edges 选项下选择 edge.6；在 Path 选项下选择 Vector

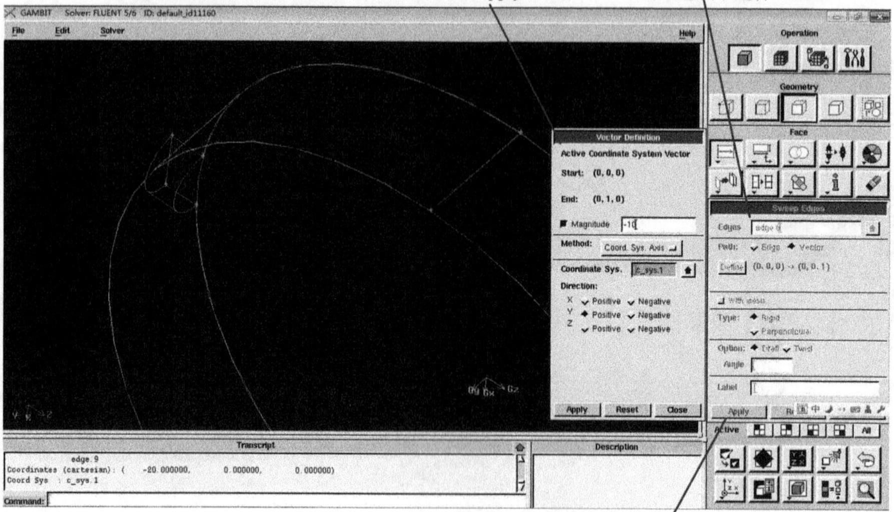

③ 单击 Apply 按钮，从而创建一个曲面

图 9-3 创建面

Step3 创建面，如图 9-4 所示。

② 在 Direction 选项下单击 XY Centered 复选按钮

① 打开 Create Real Rectangular Face 选项卡，在 Width 和 Height 文本框中分别输入 100

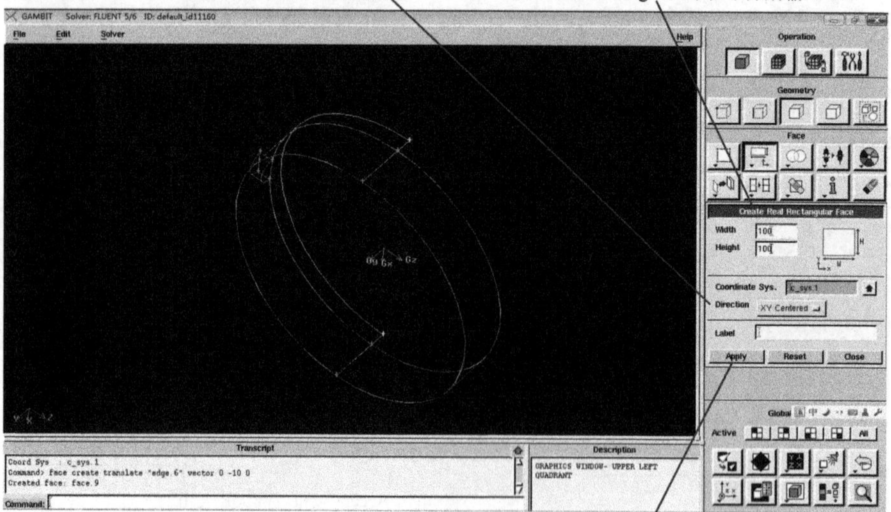

③ 单击 Apply 按钮，从而创建一个平面

图 9-4 创建面

Step4 模型一次切分，如图 9-5 所示。

① 打开 Split Volume 选项卡，在 Volume 选项下选择油膜模型，使其成为被切目标

② 在 Split With 选项下选择 Faces(Real)复选按钮；在 Faces 选项下选择前面两步生成的蓝色的面，使其作为切分工具

③ 单击 Apply 按钮，完成切分

图 9-5　模型一次切分

Step5 创建面，如图 9-6 所示。

① 打开 Sweep Edges 选项卡。在 Edges 选项下选择 edge.5；在 Path 选项下选择 Edge；在 Edge 选项下选择 edge.3

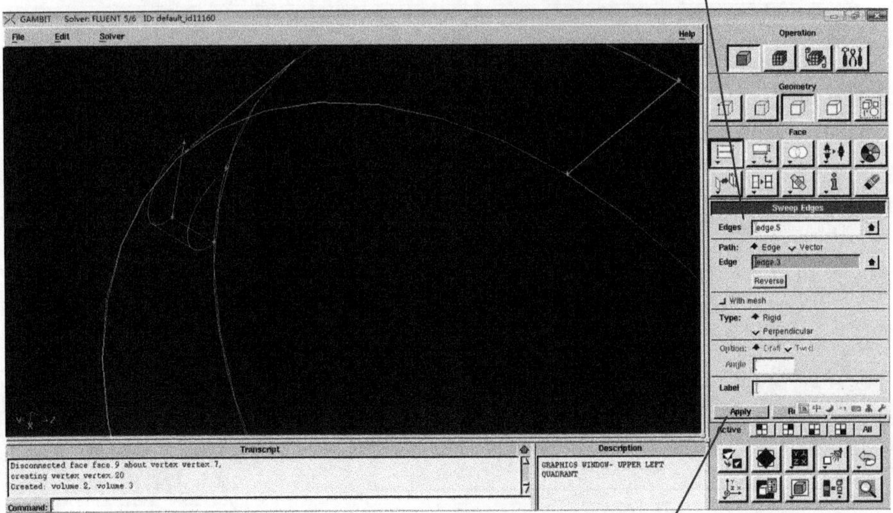

② 单击 Apply 按钮，从而创建一个曲面

图 9-6　创建面

Step6 模型二次切分，如图 9-7 所示。

② 在 Split With 选项下选择 Faces(Real)复选按钮；在 Faces 选项下选择上一步生成的蓝色的面，使其作为切分工具

① 打开 Split Volume 选项卡，在 Volume 选项下选择 Volume.1，使其成为被切目标

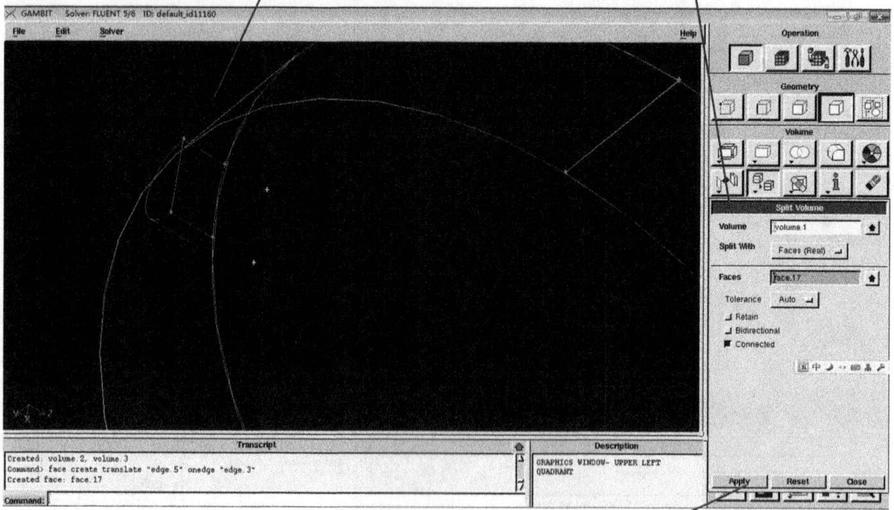

③ 单击 Apply 按钮，完成切分

图 9-7 模型二次切分

Step7 创建面，如图 9-8 所示。

② 在 Direction 选项下单击 YZ Centered 复选按钮

① 打开 Create Real Rectangular Face 选项卡，在 Width 和 Height 文本框中分别输入 100

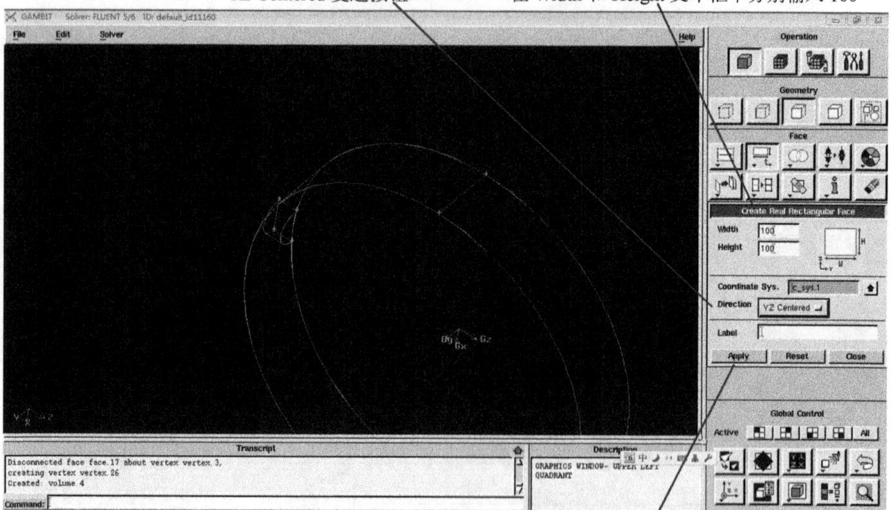

③ 单击 Apply 按钮，从而创建一个平面

图 9-8 创建面

Step8 模型三次切分，如图 9-9 所示。

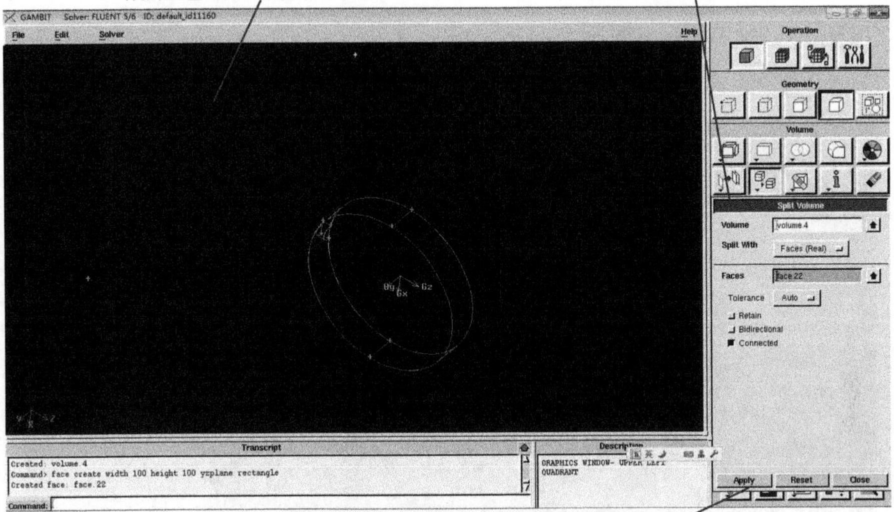

图 9-9 模型三次切分

Step9 面合并，如图 9-10 所示。

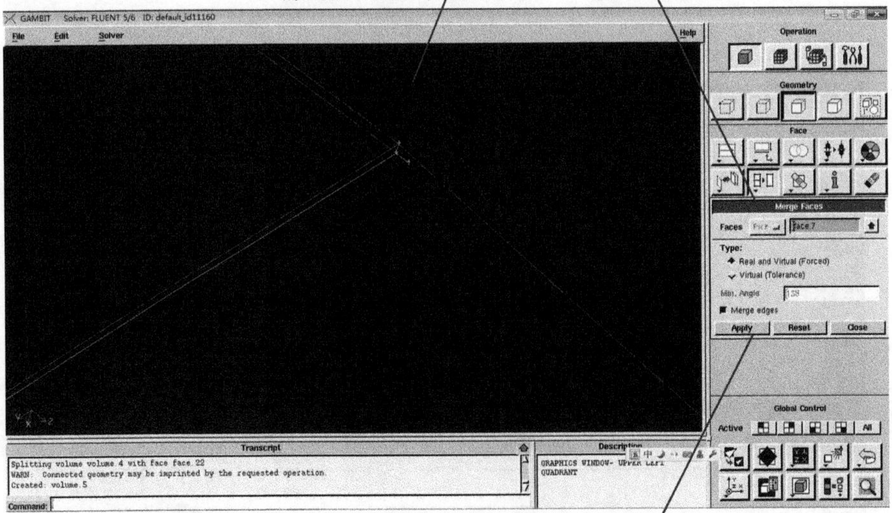

图 9-10 面合并

9.2.2 划分网格

先划分线网格，然后生成体网格。

Step1 划分线网格，如图 9-11 所示。

② 在 Edges 选项下选择图中的线　① 打开 Mesh Edges 选项卡

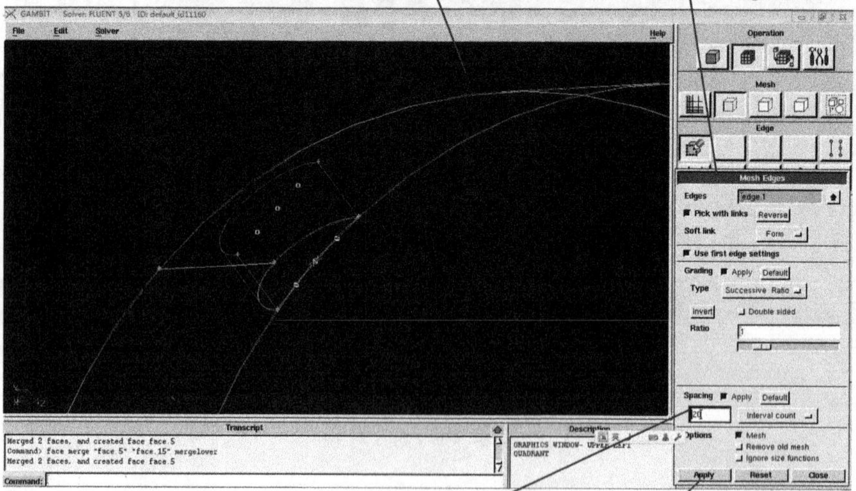

③单击 Interval size 复选按钮，选择 Interval count，并在其前面的文本框中输入 20　④ 单击 Apply 按钮

图 9-11　划分线网格

Step2 划分线网格，如图 9-12 所示。

② 在 Edges 选项下选择图中的线　① 打开 Mesh Edges 选项卡

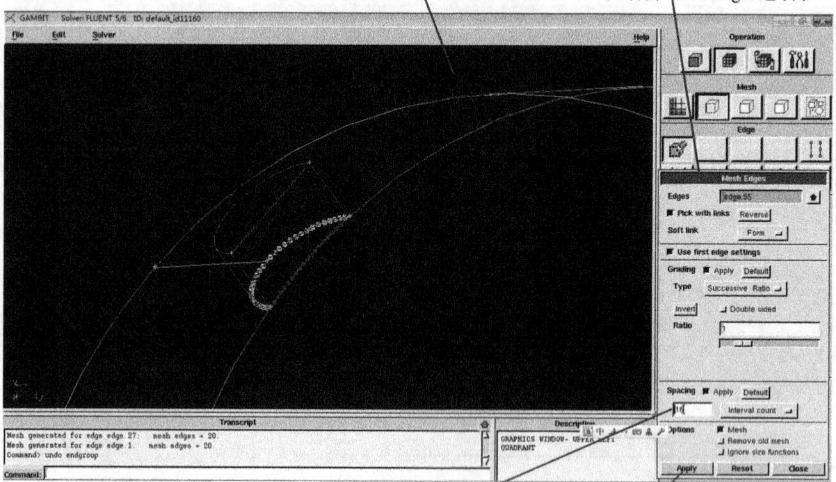

③单击 Interval size 复选按钮，选择 Interval count，并在其前面的文本框中输入 16　④ 单击 Apply 按钮

图 9-12　划分线网格

Step3 划分线网格，如图 9-13 所示。

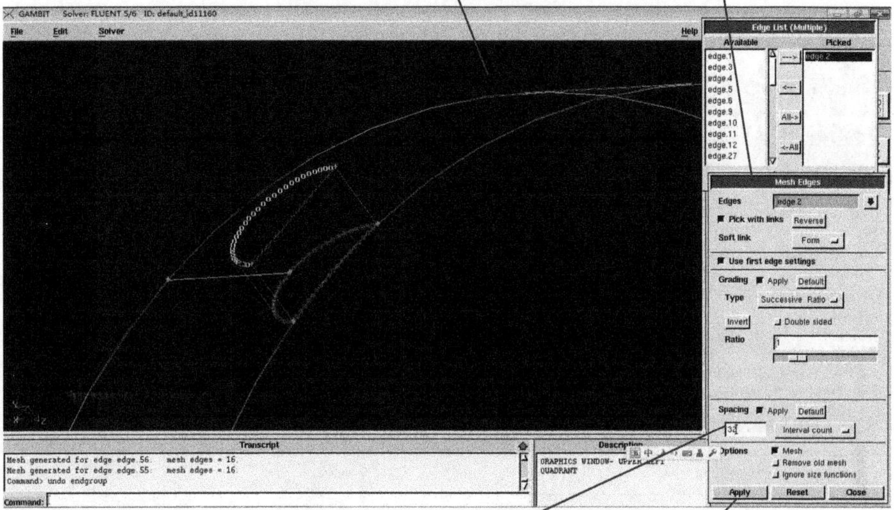

图 9-13　划分线网格

Step4 划分线网格，如图 9-14 所示。

图 9-14　划分线网格

Step5 划分线网格，如图 9-15 所示。

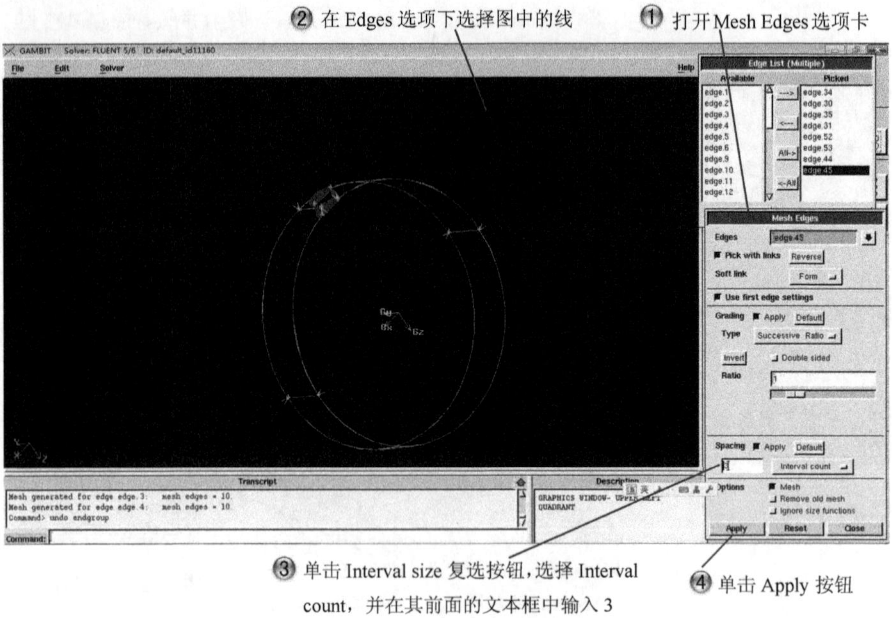

图 9-15　划分线网格

Step6 划分线网格，如图 9-16 所示。

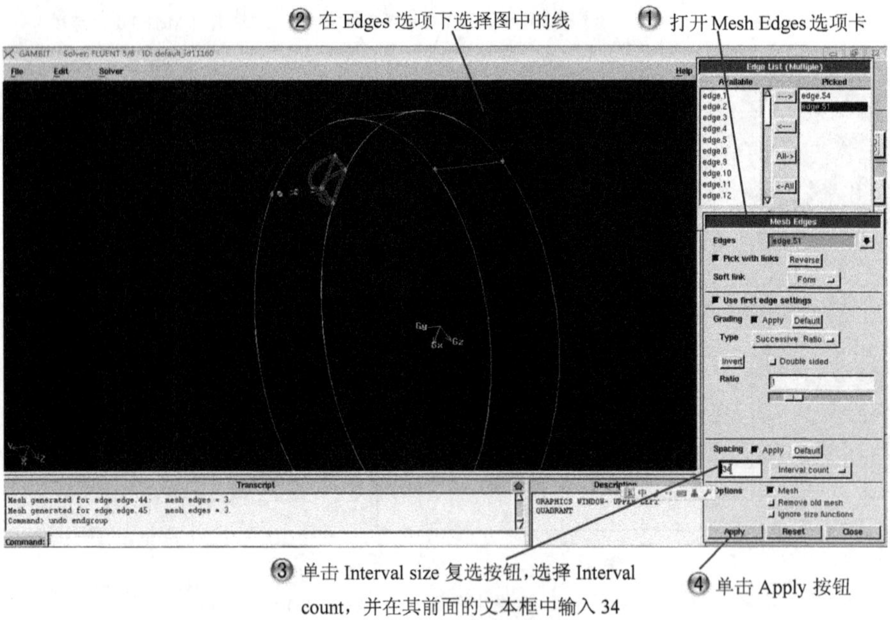

图 9-16　划分线网格

Step7 划分线网格，如图 9-17 所示。

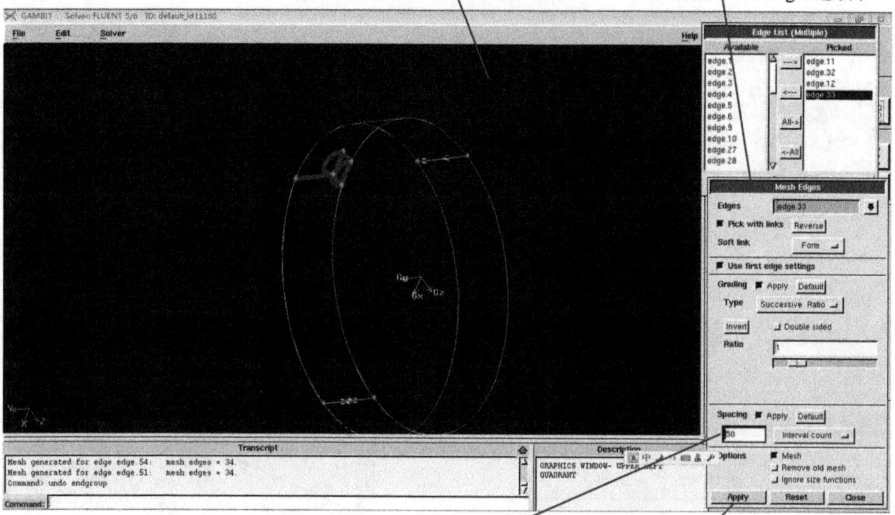

图 9-17　划分线网格

Step8 划分线网格，如图 9-18 所示。

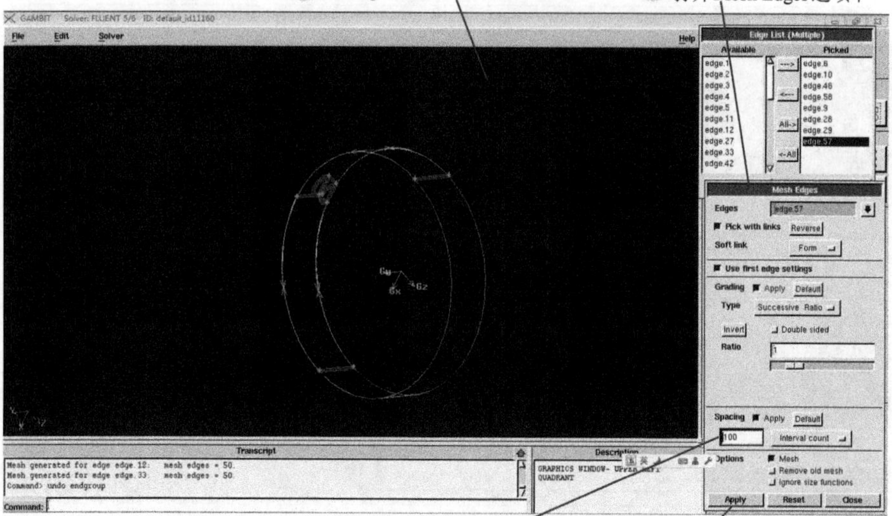

图 9-18　划分线网格

Step9 划分线网格，如图 9-19 所示。

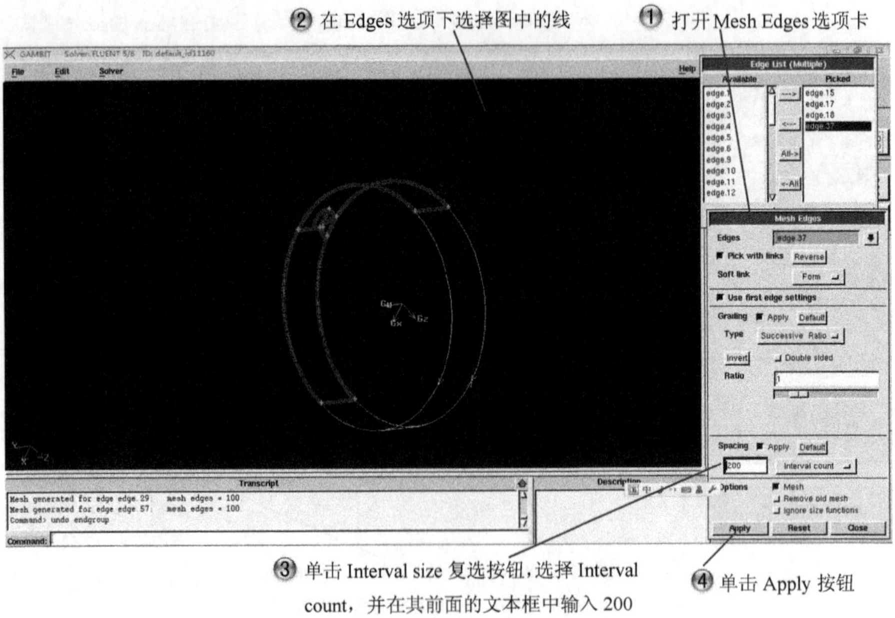

图 9-19　划分线网格

Step10 划分体网格，如图 9-20 所示。

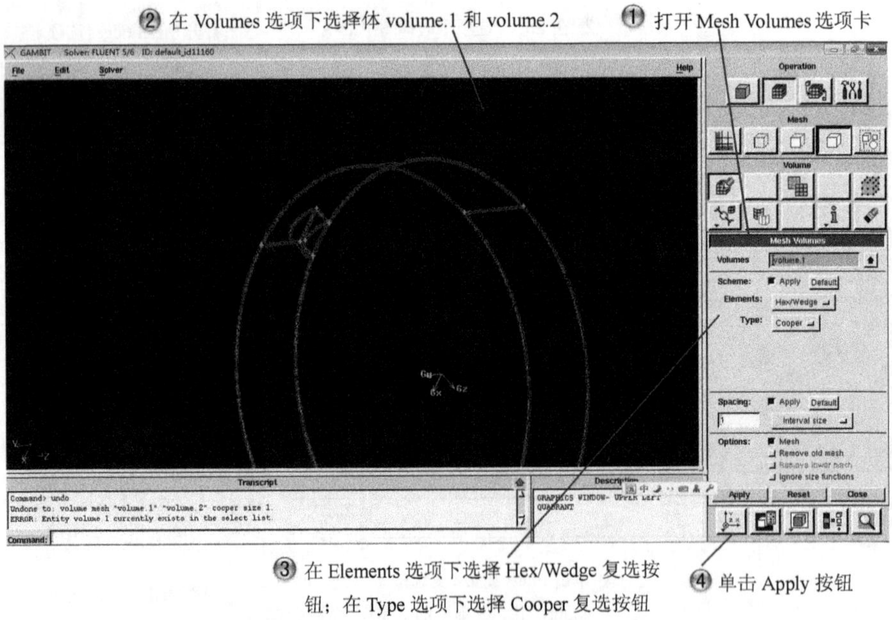

图 9-20　划分体网格

Step11 划分体网格，如图 9-21 所示。

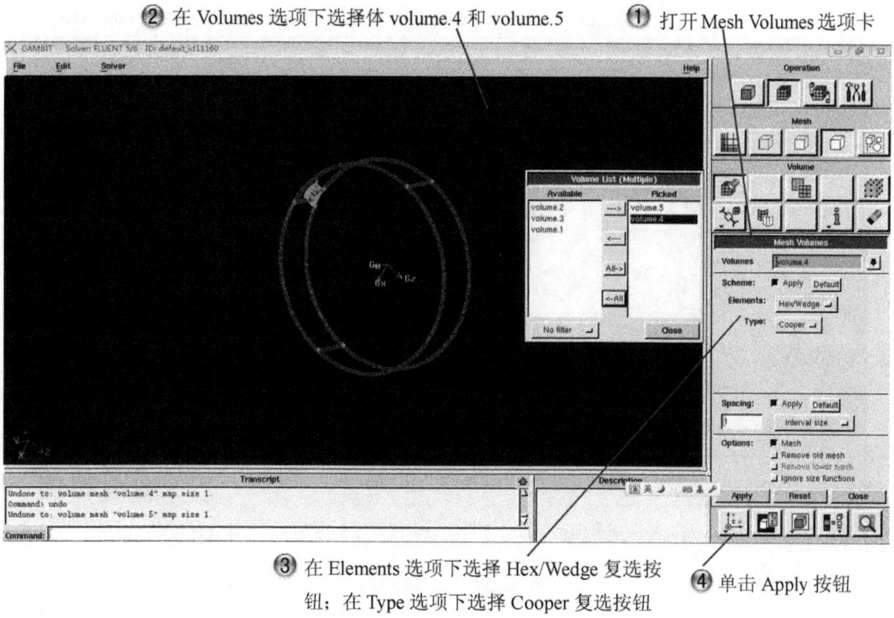

图 9-21　划分体网格

Step12 划分体网格，如图 9-22 所示。

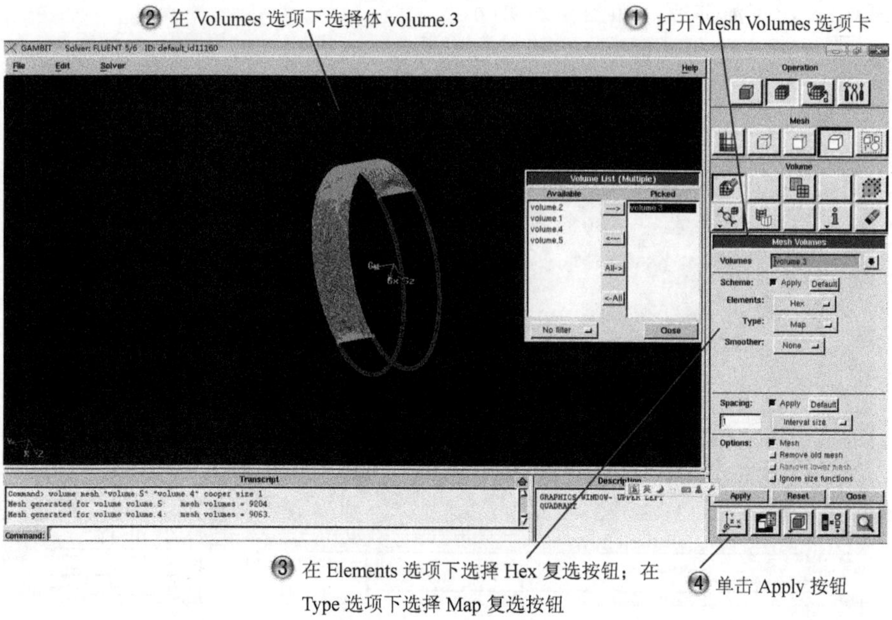

图 9-22　划分体网格

Step13 隐藏网格，如图 9-23 所示。

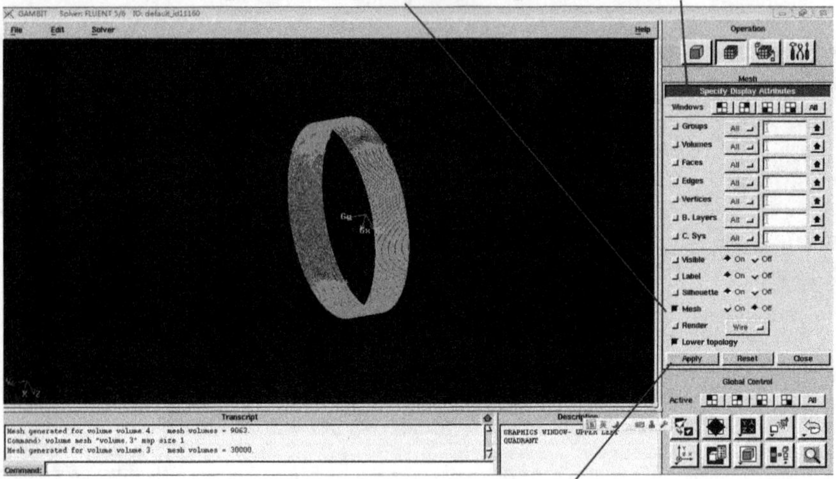

图 9-23　隐藏网格

9.2.3　设定边界

Step1 设定流体域，如图 9-24 所示。

图 9-24　设定流体域

Step2 设定入口边界，如图 9-25 所示。

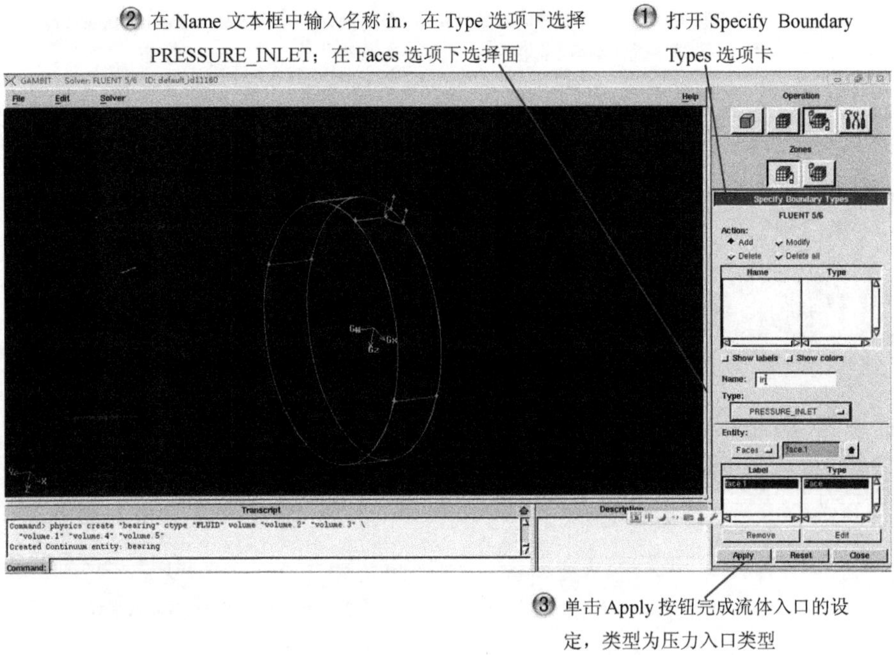

图 9-25 设定入口边界

Step3 设定出口边界，如图 9-26 所示。

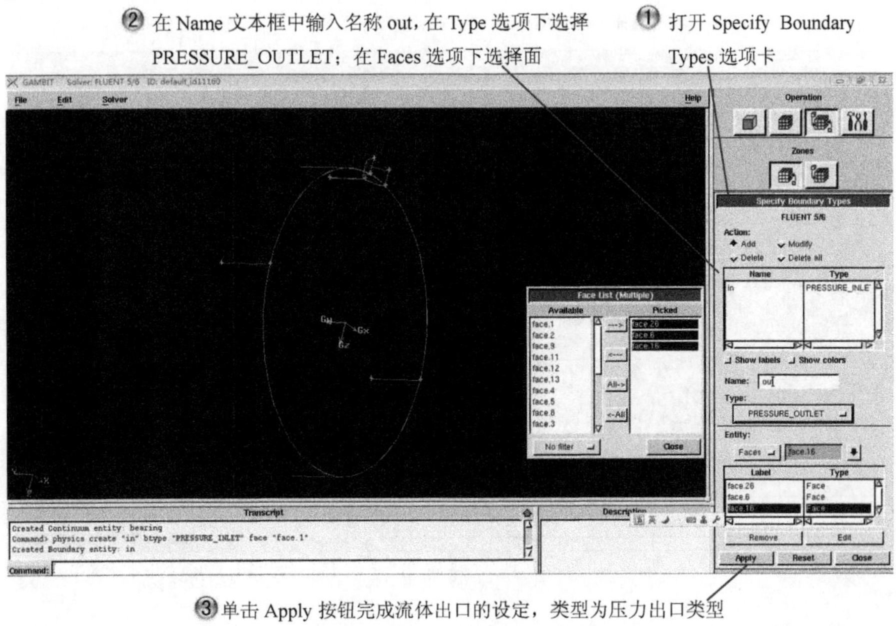

图 9-26 设定出口边界

Step4 设定轴边界，如图 9-27 所示。

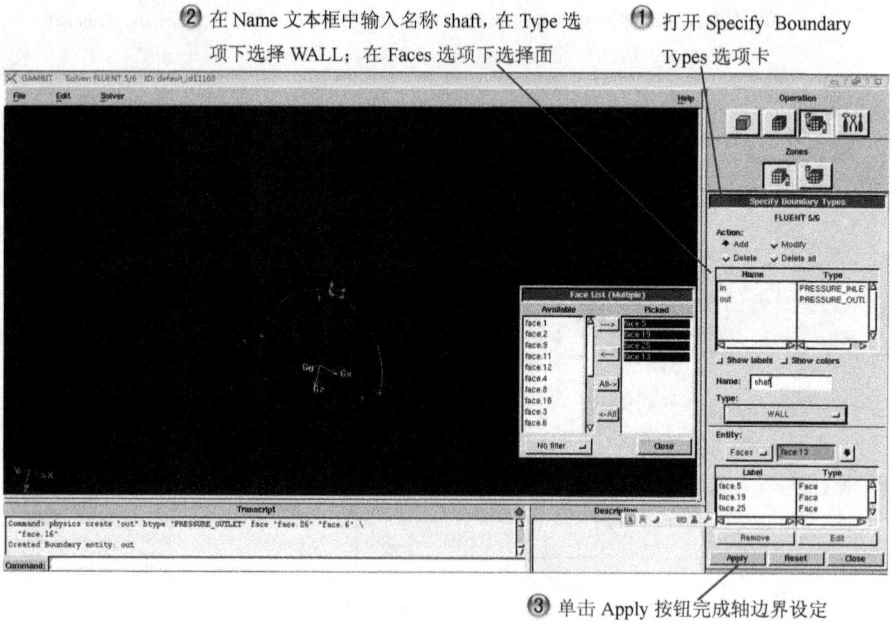

图 9-27 设定轴边界

Step5 设定对称边界，如图 9-28 所示。

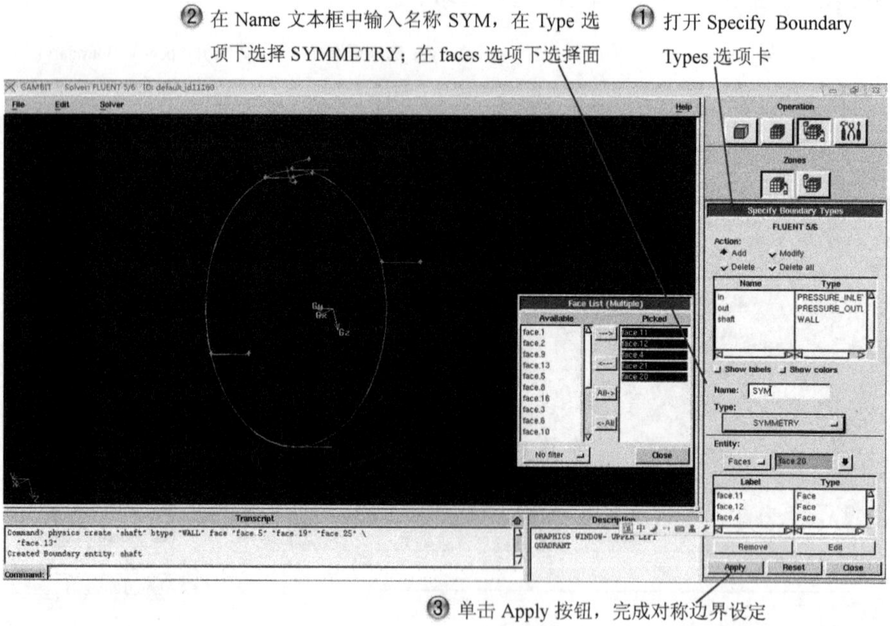

图 9-28 设定对称边界

Step6 显示网格，如图 9-29 所示。

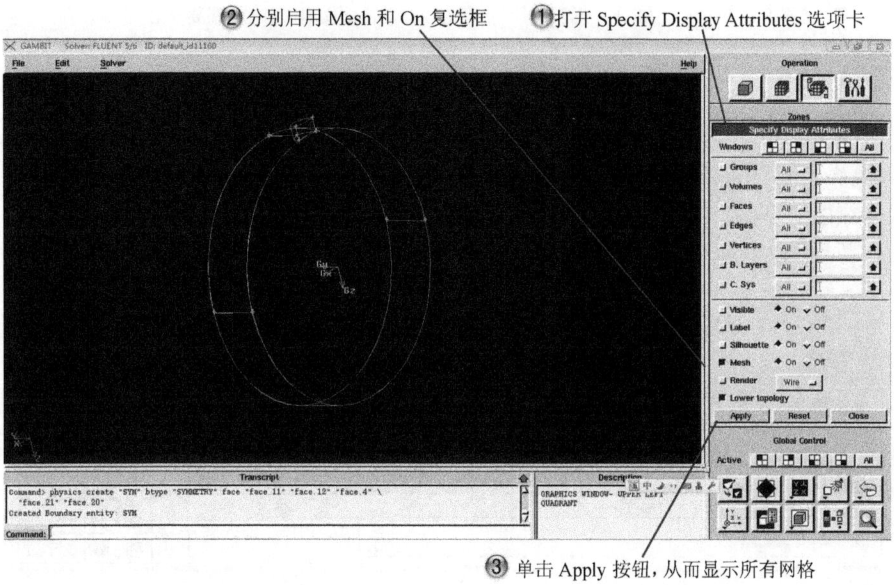

图 9-29　显示网格

Step7 保存网格，如图 9-30 所示。

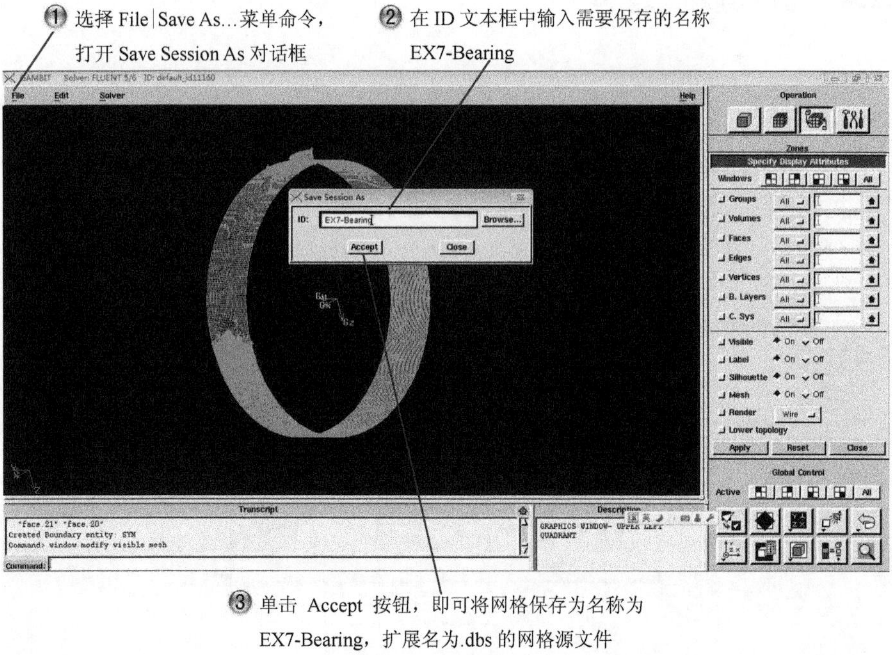

图 9-30　保存网格

Step8 导出网格，如图 9-31 所示。

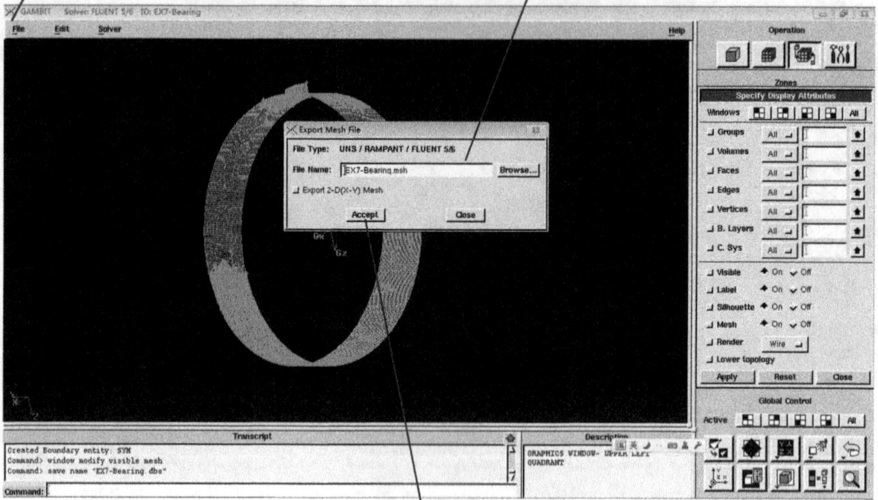

图 9-31 导出网格

9.2.4 仿真设置过程

Step1 打开 FLUENT18.0，读入网格文件，如图 9-32 所示。

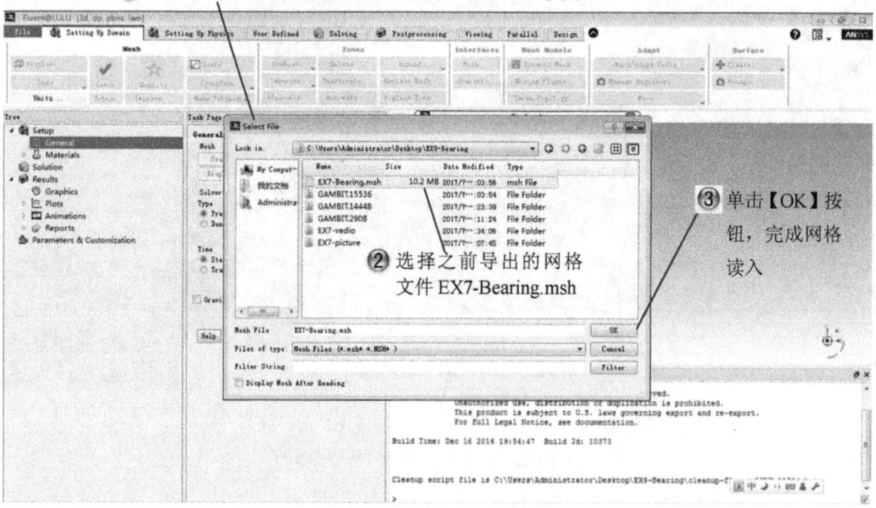

图 9-32 读入网格文件

Step2 显示网格，如图 9-33 所示。

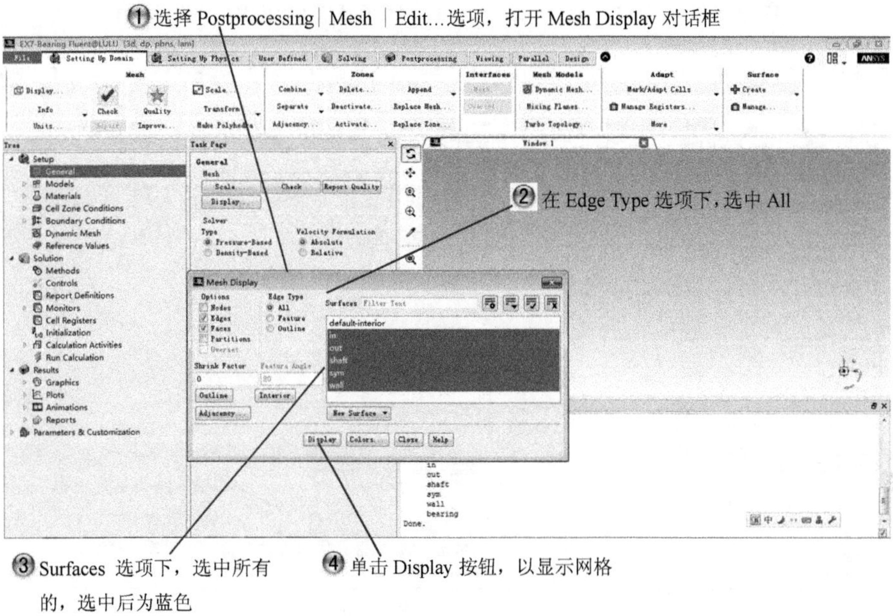

图 9-33　显示网格

Step3 检查网格，如图 9-34 所示。

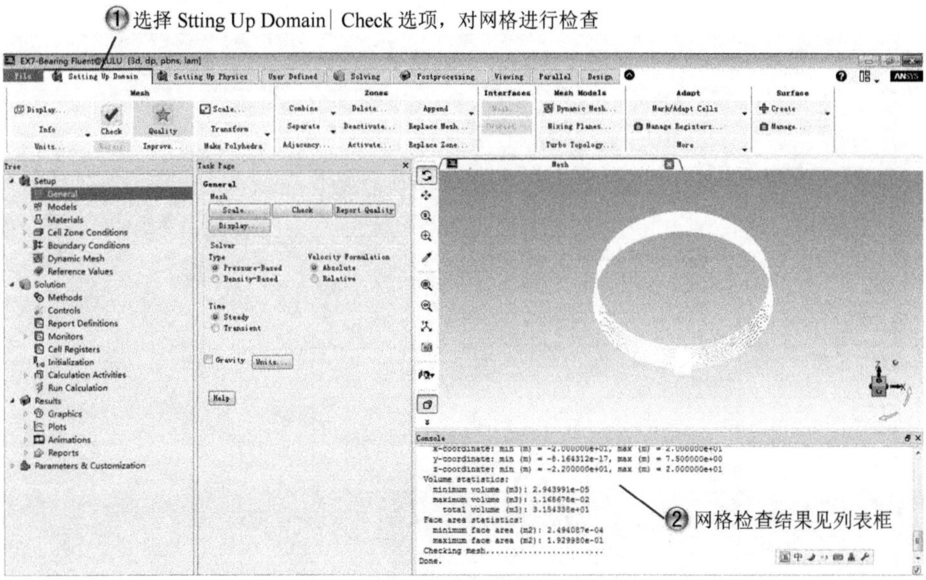

图 9-34　检查网格

Step4 网格质量检测，如图 9-35 所示。

① 选择 Stting Up Domain| Quality 选项，对网格质量进行检测

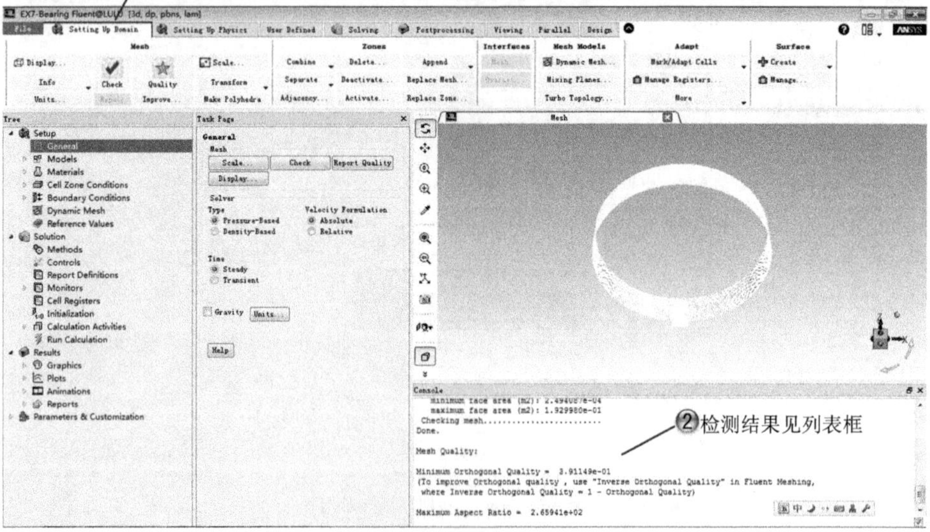

图 9-35　网格质量检测

Step5 调整尺寸单位，如图 9-36 所示。

① 选择 Stting Up Domain| Scale…选项，打开 Scale Mesh 对话框

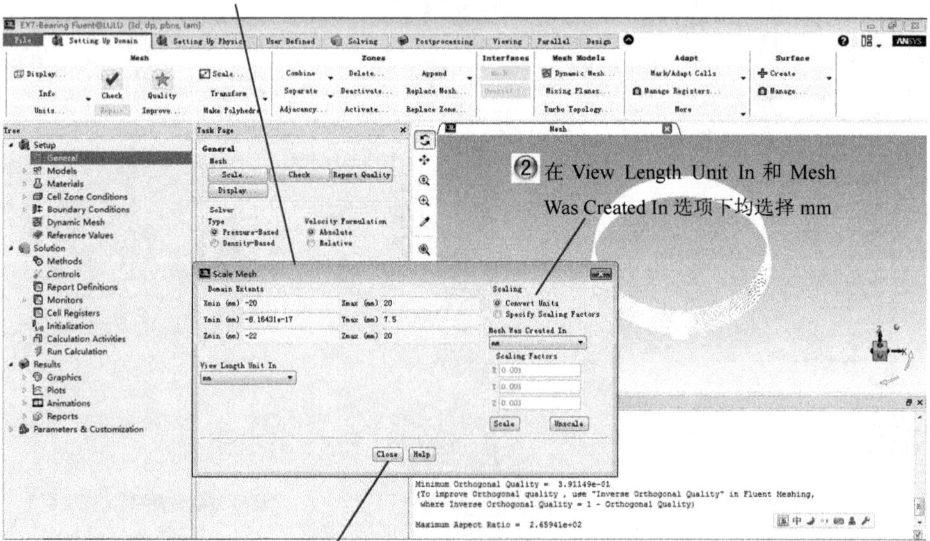

③ 单击 Close 按钮退出，从而将模型单位调整为 mm

图 9-36　调整尺寸单位

Step6 求解器设置及转速单位设置，如图 9-37 所示。

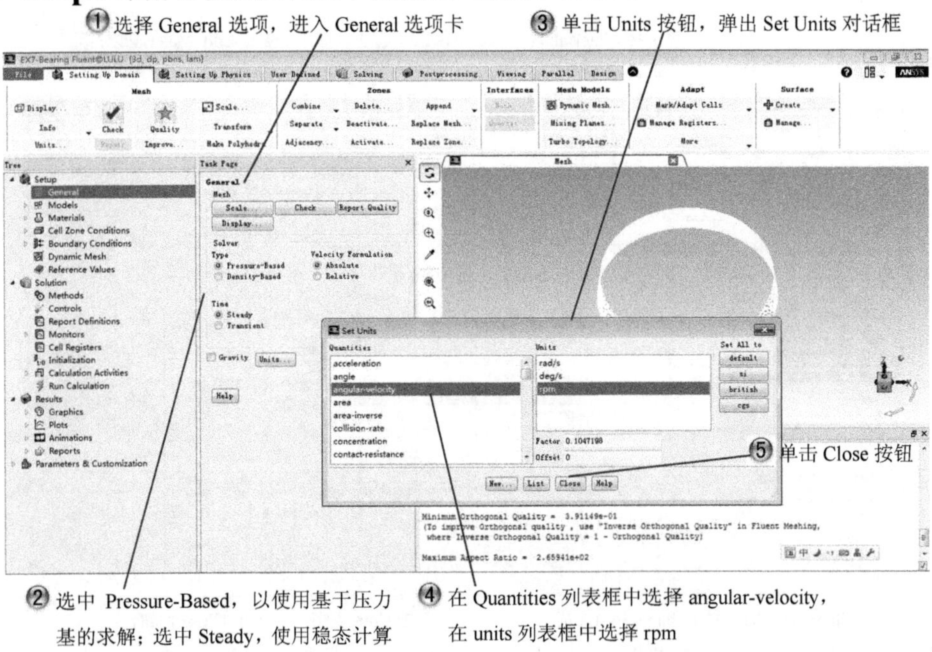

图 9-37　求解器设置及转速单位设置

Step7 多相流模型设置，如图 9-38 所示。

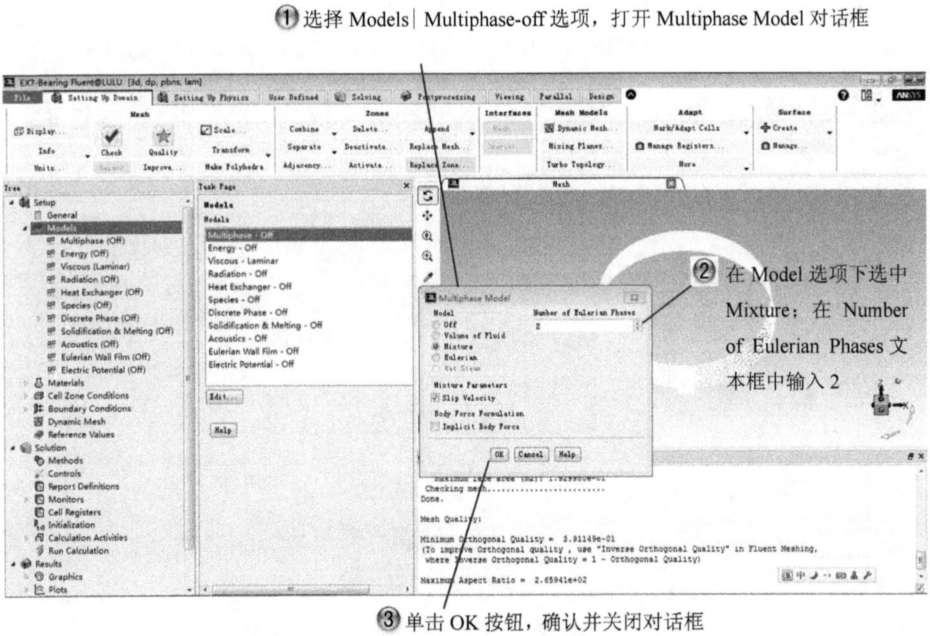

图 9-38　多相流模型设置

Step8 选择流体材料（工程油），如图 9-39 所示。

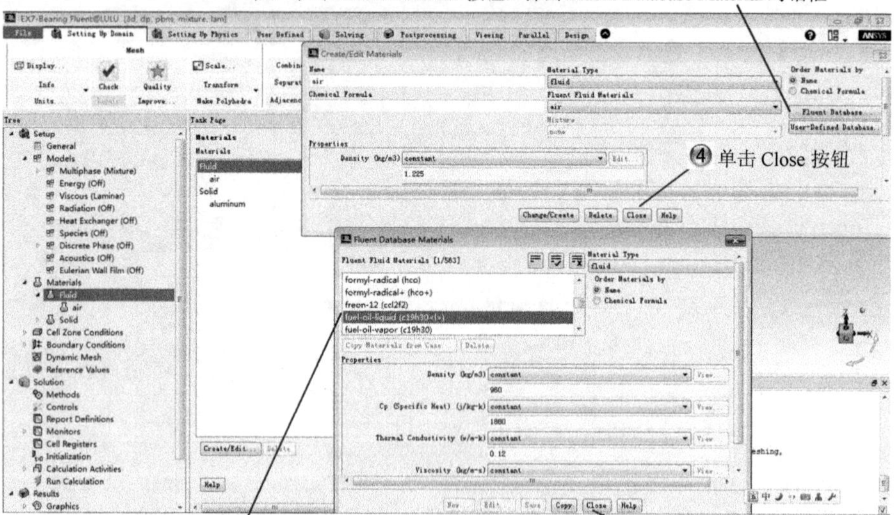

图 9-39 选择流体材料（工程油）

Step9 主相设置，如图 9-40 所示。

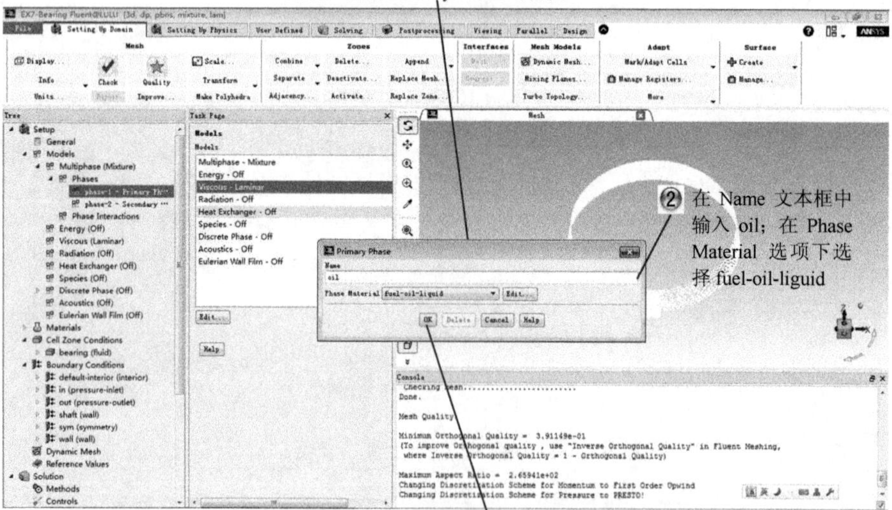

图 9-40 主相设置

Step10 第二相设置，如图 9-41 所示。

①双击 Models|Multiphase（Mixture）| Phases| phase-2-Secondary Phase 选项，打开 Secondary Phase 对话框

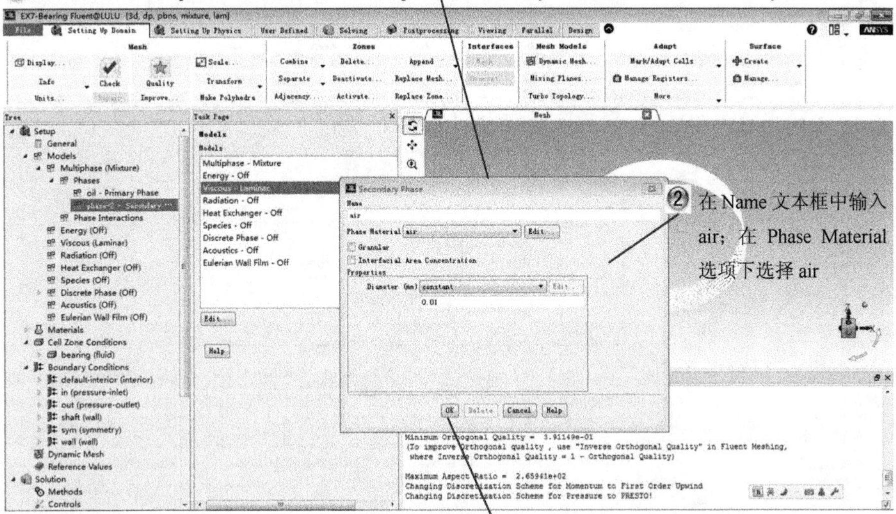

③ 单击 OK 按钮，确认并关闭对话框

图 9-41 第二相设置

Step11 空化反应设置，如图 9-42 所示。

① 双击 Models|Multiphase（Mixture）|Phases Interactions 选项，打开 Phases Interactions 对话框，切换到 Mass 选项卡

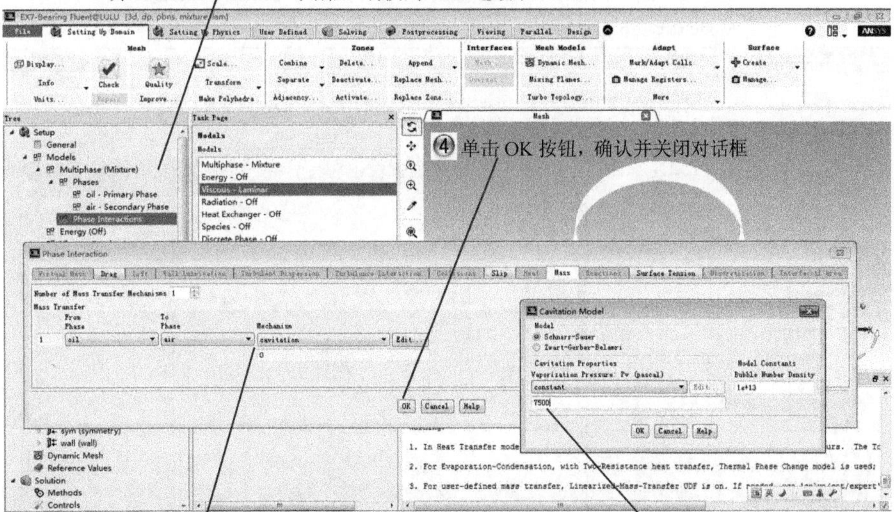

② 在 Number of Mass Transfer Mechanisms 文本框中输入 1；在 From Phase 选项下选择 oil，在 To Phase 选项下选择 air；在 Mechanism 选项下选择 cavitation，弹出 Cavitation Model 对话框

③ 在左下角的文本框中输入 7500，然后单击 OK 按钮，返回 Phases Interaction 对话框

图 9-42 空化反应设置

Step12 入口设置，如图 9-43 所示。

❶选择 Boundary Conditions | in | Edit 选项，打开 Pressure Inlet 对话框

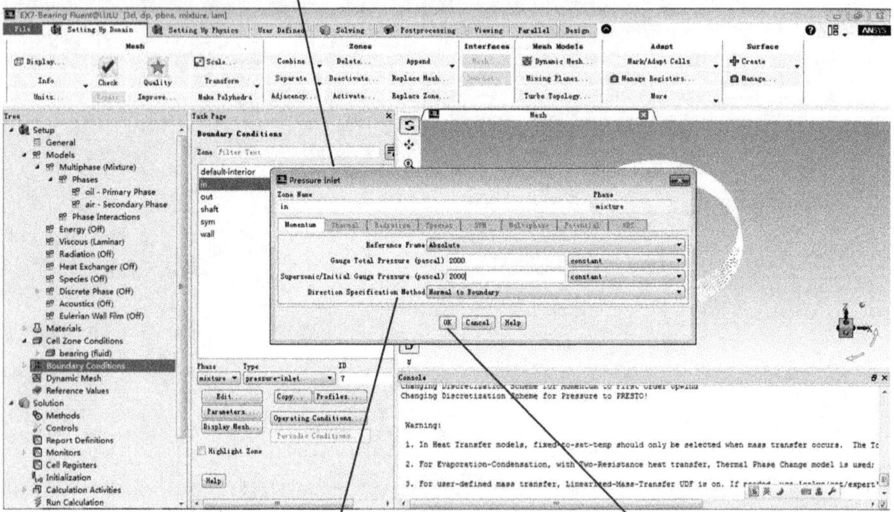

❷在 Gauge Total Pressure (pascal)文本框中输入 2000；在 Supersonic/Initial Gauge Pressure (pascal)文本框中输入 2000

❸单击 OK 按钮，确认并退出对话框

图 9-43　入口设置

Step13 轴的旋转设置，如图 9-44 所示。

❶选择 Boundary Conditions | shaft | Edit 选项，打开 Wall 对话框。在 Wall Motion 选项下选中 Moving Wall；在 Motion 选项下选中 Rotational

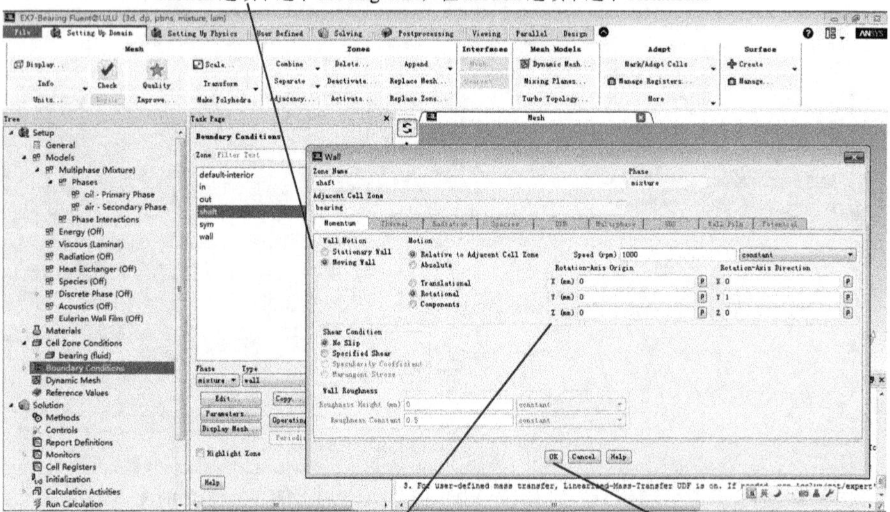

❷在 Rotation-Axis Direction 选项组的 Y 文本框中输入 1，X 和 Z 文本框中输入 0；在 Speed (rpm)文本框中输入 1000

❸单击 OK 按钮，确认并退出对话框

图 9-44　轴的旋转设置

Step14 参考值设定，如图 9-45 所示。

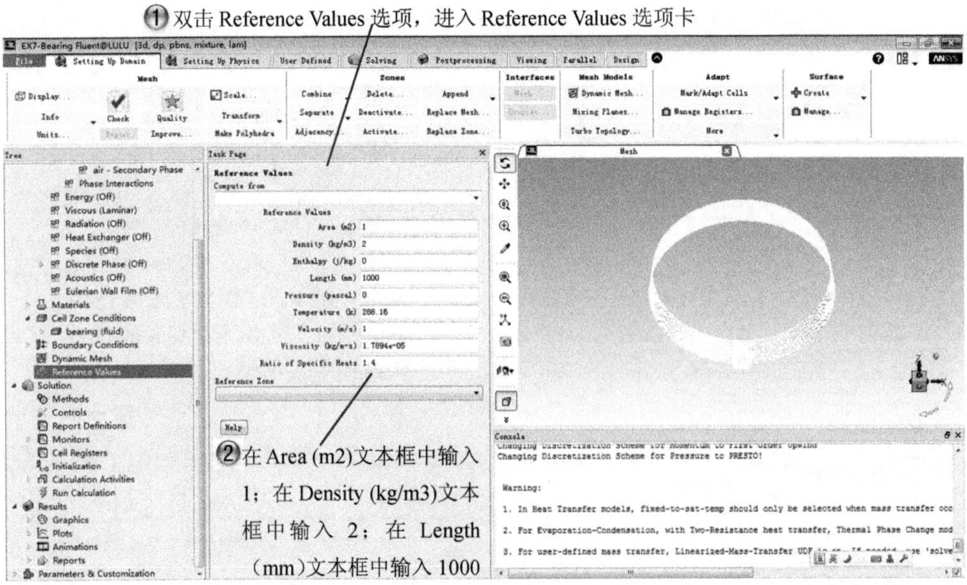

图 9-45　参考值设定

Step15 收敛因子，如图 9-46 所示。

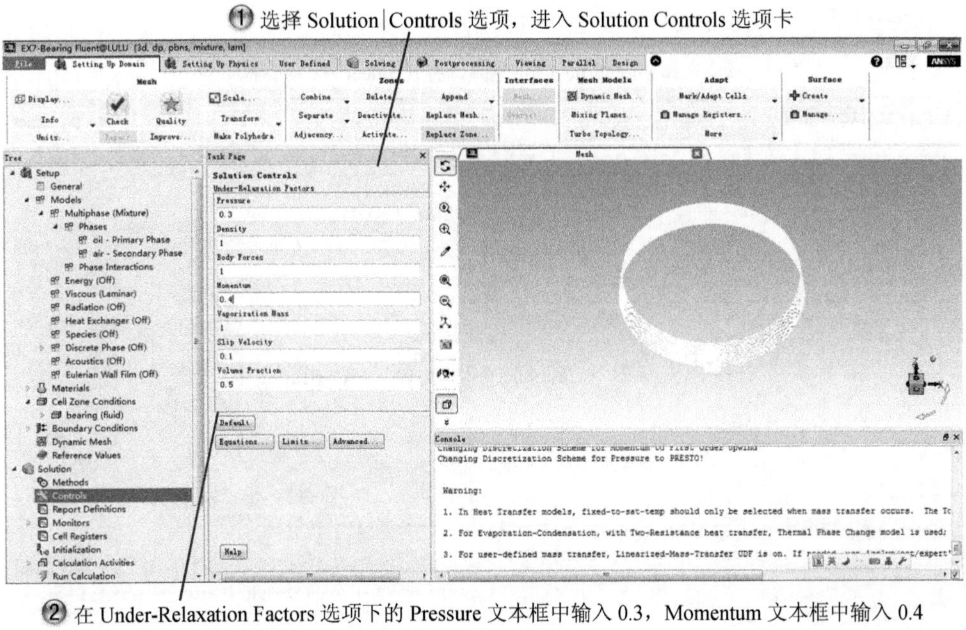

图 9-46　收敛因子

Step16 流场初始化，如图 9-47 所示。

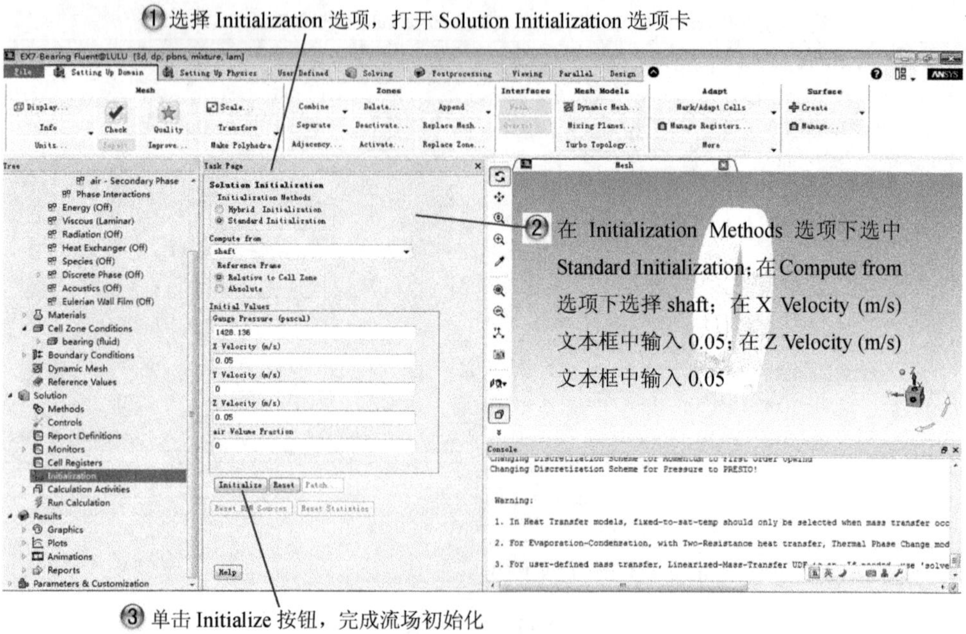

图 9-47　流场初始化

Step17 保存 Case 文件，如图 9-48 所示。

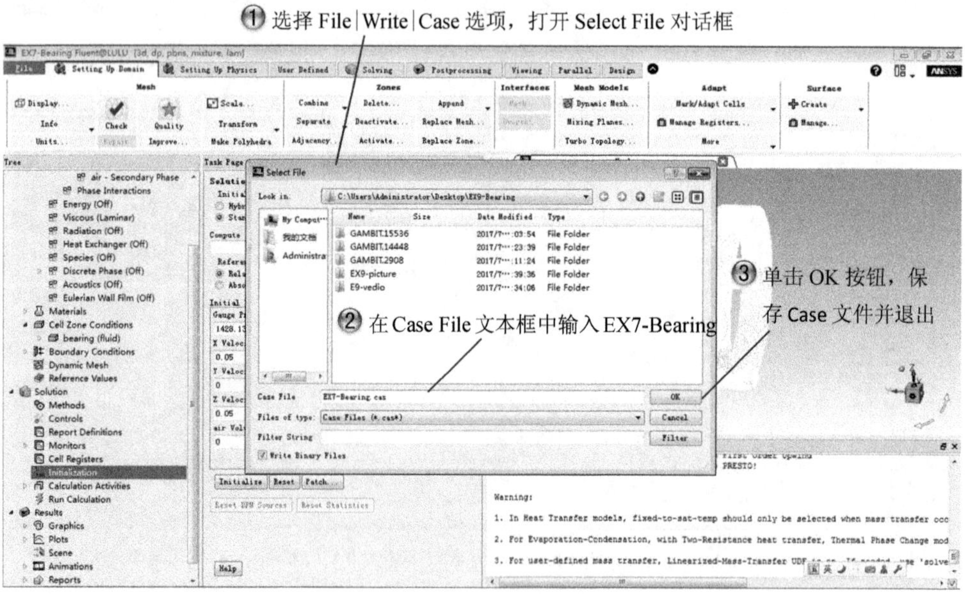

图 9-48　保存 Case 文件

Step18 稳态求解计算，如图 9-49 所示。

① 选择 Run Calculation 选项，进入 Run Calculation 选项卡，在 Number of Interation 文本框中输入 1000

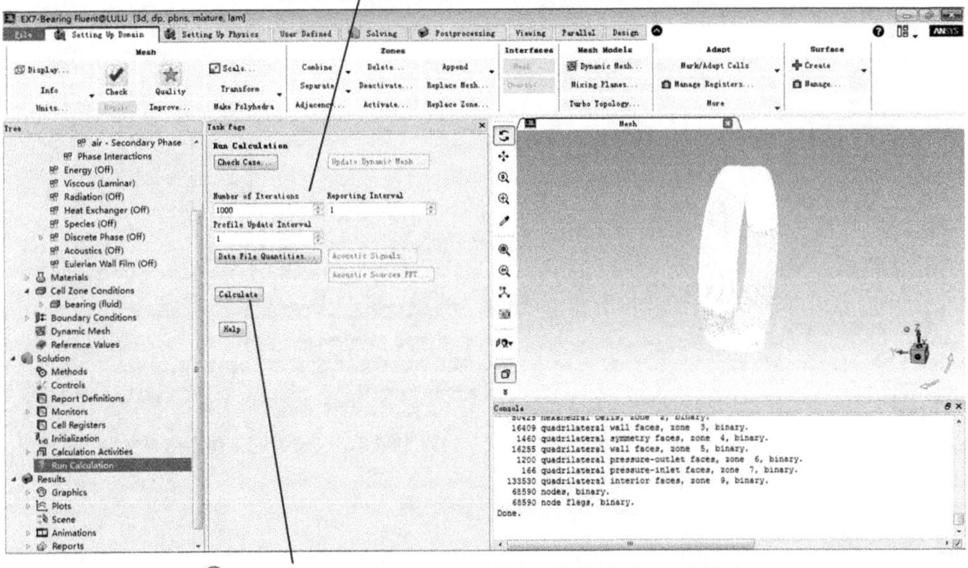

② 单击 Calculate 按钮，开始计算，计算完成后会自动停止

图 9-49　稳态求解计算

Step19 保存计算结果，如图 9-50、图 9-51 所示。

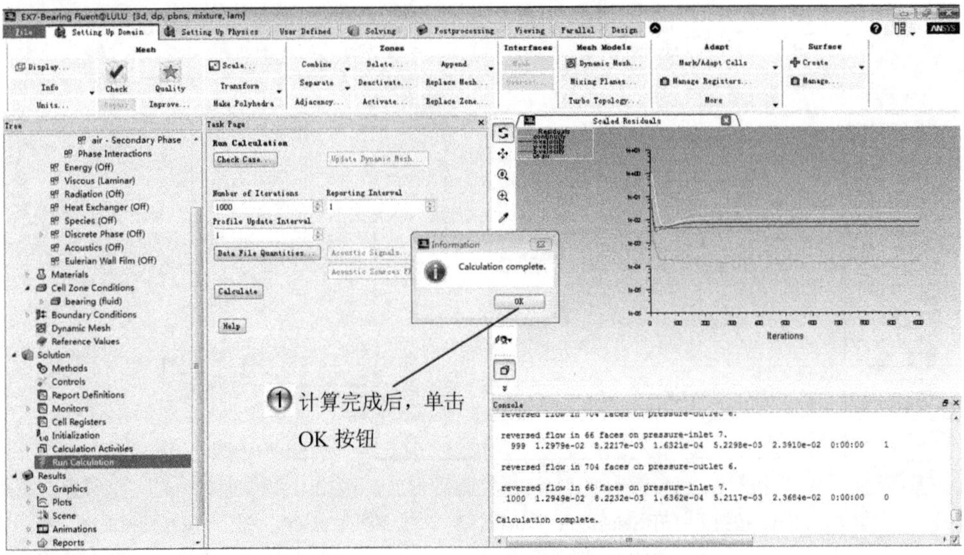

图 9-50　保存计算结果（1）

②选择 File|Write|Case & Data...选项，打开 Select File 对话框，在 Case/Data File 文本框中输入 EX7-Bearing

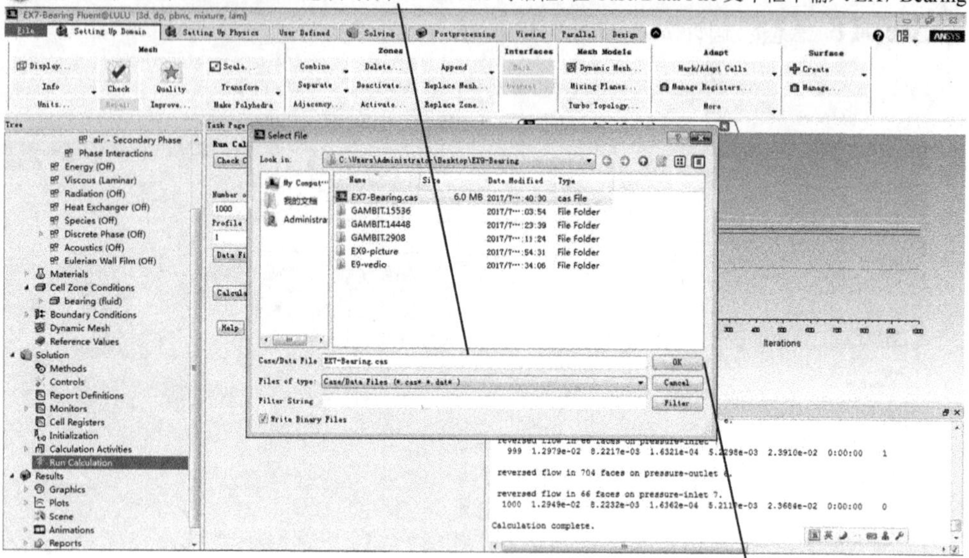

③ 单击 OK 按钮，保存结果文件并退出

图 9-51　保存计算结果（2）

Step20 保存残差曲线，如图 9-52 所示。

① 选择 File|Save Picture...选项，打开 Save Picture 对话框。在 Fromat 选项下选择 JPEG，Coloring 选项下选择 Color，Options 选项下启用 White Backgruond

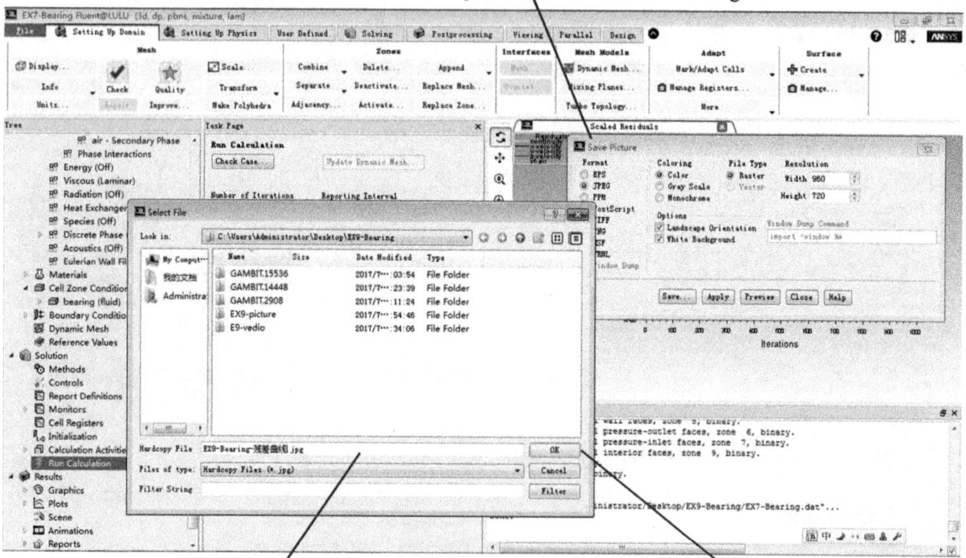

② 单击 Save 按钮，打开 Select File 对话框，在 Hardcopy File 文本框中输入名称 EX9-Bearing-残差曲线

③ 单击 OK 按钮，保存残差曲线，此时保存的残差曲线是白色前景下 JPEG 格式的彩色图片

图 9-52　保存残差曲线

Step21 设定对称显示，如图 9-53 所示。

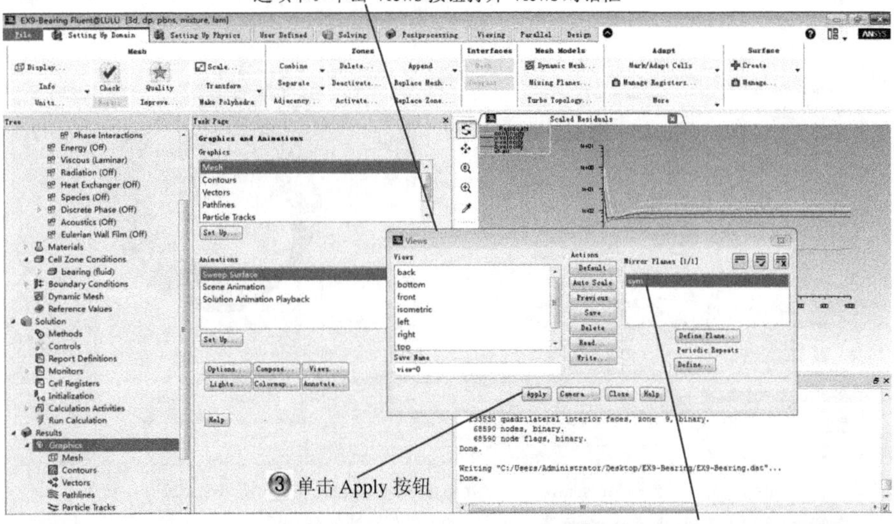

图 9-53 设定对称显示

Step22 静压分布云图，如图 9-54 所示。

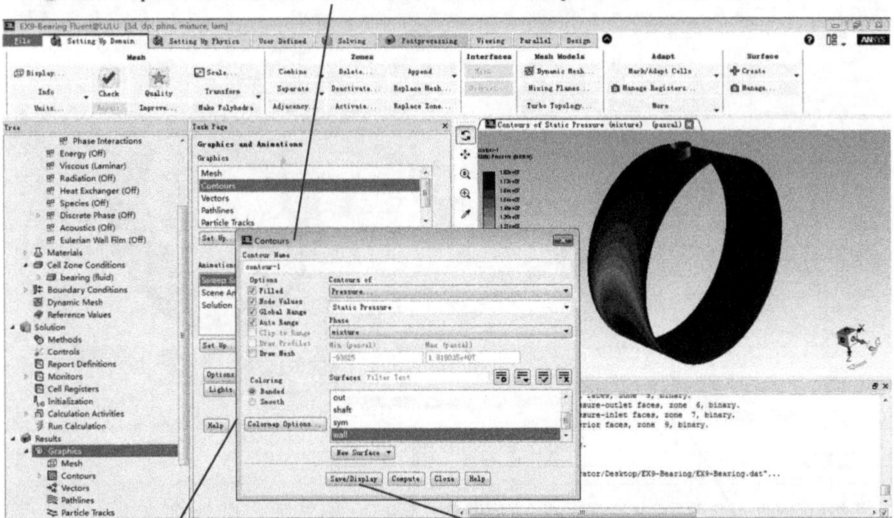

图 9-54 静压分布云图

Step23 油分布云图，如图 9-55 所示。

① 选择 Graphics|Contours 选项，打开 Contours 对话框，在 Options 选项下启用 Filled

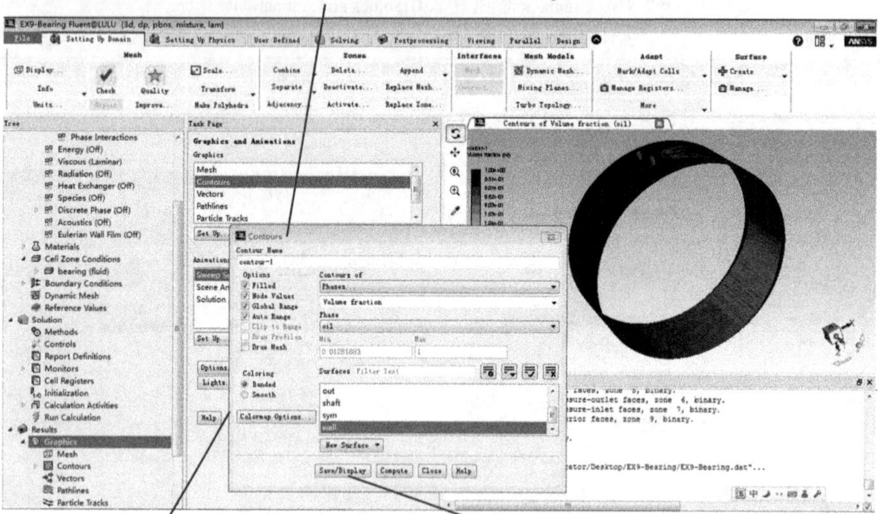

② 在 Contours of 选项下选择 Pressure，在 Phase 选项下选择 oil，在 Surface 选项下选择 wall，其余保持默认

③ 单击 Save/Display 按钮，按照 Step20 的方法保存油分布云图

图 9-55 油分布云图

Step24 气分布云图，如图 9-56 所示。

① 选择 Graphics|Contours 选项，打开 Contours 对话框，在 Options 选项下启用 Filled

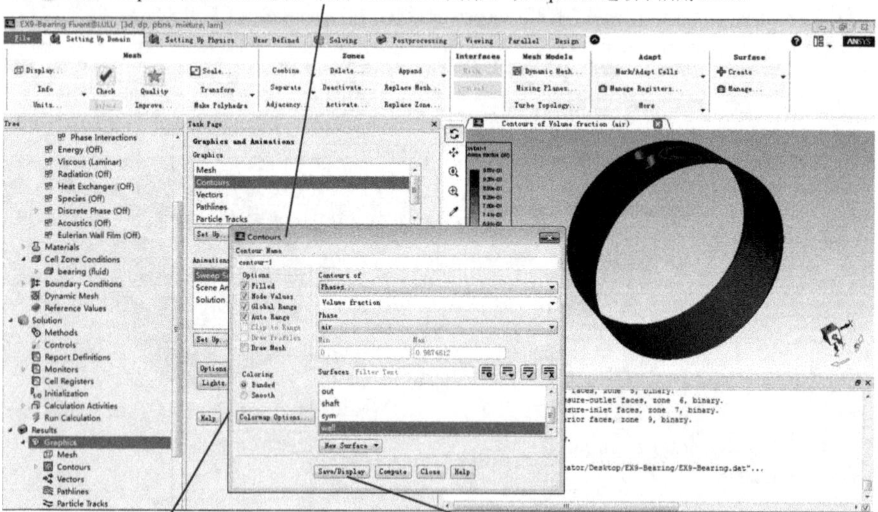

② 在 Contours of 选项下选择 Pressure，在 Phase 选项下选择 air，在 Surface 选项下选择 wall，其余保持默认

③ 单击 Save/Display 按钮，按照 Step20 的方法保存气分布云图

图 9-56 气分布云图

9.3 案例小结

本章首先介绍了 FLUENT 中湍流模型的模拟知识，之后通过一个三维滑动轴承仿真案例，着重介绍了从三维滑动轴承模型处理、网格划分到仿真设置的全部过程，使读者掌握实际的操作方法。

第 10 章　两相混合搅拌器仿真案例

本章导读

在 FLUENT 中提供了三种主要模型：VOF 模型、混合模型和欧拉模型，本章主要介绍这三种模型的知识和选择方法，同时，本章通过两相混合搅拌器仿真案例的创建，讲解案例全部仿真的实际操作过程。

学习要求	知识点 \ 学习目标	了解	理解	应用	实践
	三种模型介绍和选择		√		
	两相混合搅拌器模型处理		√	√	√
	划分网格和设定边界		√	√	√
	搅拌器仿真设置		√	√	√

10.1　案例分析

10.1.1　知识链接

1．模型分类

在 FLUENT 中提供了三种主要模型：VOF 模型（Volume of Fluid Model）、混合模型（Mixture Model）、欧拉模型（Eulerian Model）。

（1）VOF 模型

所谓 VOF 模型，是一种在固定的欧拉网格下的表面跟踪方法。当需要得到一种或多种互不相融流体间的交界面时，可以采用这种模型。在 VOF 模型中，不同的流体组分共用一套动量方程，计算时在全流场的每个计算单元内，都记录下各流体组分所占有的体积率。VOF 模型的应用例子包括分层流、自由面流动、灌注、晃动、液体中大气泡的流动、水坝决堤时的水流、对喷射衰竭（jet breakup）（表面张力）的预测，以及求得任意液-气分界面的稳态或瞬时分界面。

（2）混合模型

混合模型可用于两相流或多相流（流体或颗粒）。因为在欧拉模型中，各相被处理为互相贯通的连续体，混合模型求解的是混合物的动量方程，并通过相对速度来描述离散相。混合模型的应用包括低负载的粒子负载流、气泡流、沉降，以及旋风分离器。混合模型也可用于没有离散相、相对速度均匀的多相流。

混合模型在几种情形下可以很好地替代欧拉模型。当存在大范围的颗粒相分布或者界面的规律未知或它们的可靠性有疑问时，完善的多相流模型是不可行的。当求解变量的个数小于完善的多相流模型时，像混合模型这样简单的模型能和完善的多相流模型一样取得好的结果。

（3）欧拉模型

欧拉模型是 FLUENT 中最复杂的多相流模型。它建立了一套包含 n 个参数的动量方程和连续方程来求解每一相。压力项和各界面交换系数是耦合在一起的。耦合的方式则依赖于所含相的情况，颗粒流（流-固）的处理与非颗粒流（流-流）是不同的。对于颗粒流，可应用分子运动理论来求得流动特性。

不同相之间的动量交换也依赖于混合物的类别。通过 FLUENT 的用户自定义函数（user-defined functions），可以自己定义动量交换的计算方式。欧拉模型的应用包括气泡柱、上浮、颗粒悬浮，以及流化床等情形。

2．模型选择

（1）通用多相流模型的选择

解决多相流问题的第一步，就是挑选出最符合实际流动的模式。一旦决定了采用何种模式，就可以根据以下原则来挑选最佳的模型。

- 对于体积率小于 10%的气泡，液滴和粒子负载流动，采用离散相模型。
- 对于离散相混合物或单独的离散相体积率超出 10%的气泡、液滴和粒子负载流动，采用混合模型或者欧拉模型。
- 对于活塞流，采用 VOF 模型。
- 对于分层/自由面流动，采用 VOF 模型。
- 对于气动输运，如果是均匀流动，则采用混合模型；如果是粒子流，则采用欧拉模型。

- 对于流化床，采用欧拉模型模拟粒子流。
- 对于泥浆流和水力输运，采用混合模型或欧拉模型。
- 对于沉降，采用欧拉模型。
- 对于更加一般的，同时包含若干种多相流模式的情况，应根据最感兴趣的流动特征，选择合适的流动模型。此时由于模型只是对部分流动特征做了较好模拟，其精度必然低于只包含单个模式的流动。

（2）混合模型和欧拉模型的选择

如果离散相在计算域分布较广，采用混合模型；如果离散相只集中在一部分，使用欧拉模型；当考虑计算域内的 interphase drag laws 时，欧拉模型通常比混合模型能给出更精确的结果；选择何种模型要从计算时间和计算精度上考虑。

10.1.2 设计思路

本案例的工况是如图 10-1 所示的搅拌器，绕 Z 轴逆时针搅拌速度为 100r/min，，搅拌介质为水和砂浆的混合物，砂浆密度为 2400，黏度为 0.01，颗粒大小为 0.0074mm。

本例的模型相对较为复杂（特别是折叶桨部分），使用 GAMBIT 建模有所不便，因此，使用的是专业的三维建模软件 CREO 建立三维模型，将该模型输出为 SAT 格式，然后导入到 GAMBIT 中划分网格，最后使用 FLUENT 进行流体仿真，仿真方法使用 MRF 多重参考系法。

本例模型分为三个部分：叶片、桶体和叶轮区，这里的叶轮区是为了使用 MRF 方法而设置，MRF 方法是搅拌器仿真常用的一种方法。

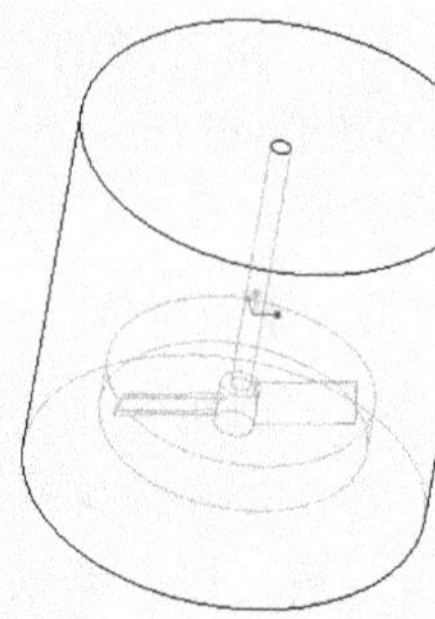

图 10-1　模型

10.2　案例操作

本案例文件：ywj/10/EX10-Mixing_Tank 相关文件

多媒体教学路径：多媒体教学→第 10 章

10.2.1 模型处理

将 CREO 输出的 SAT 格式的三维模型导入 GAMBIT，然后进行切分操作，这里的切分分为两部分：一方面需要在桶体内切除叶轮区和搅拌轴，另一方面需要在叶轮区内切除搅拌叶片和轴。划分网格的时候先划分线网格，而后使用非结构的四面体混合网格划分整体网格，设定好边界名称，输出网格。

Step1 打开 GAMBIT 软件，导入模型，如图 10-2 所示。

① 选择 File|Import|ACIS... 菜单命令，打开 Import ACIS File 对话框

② 单击 Browse 按钮，打开 Select File 对话框，选择 EX10-Mixing_Tank

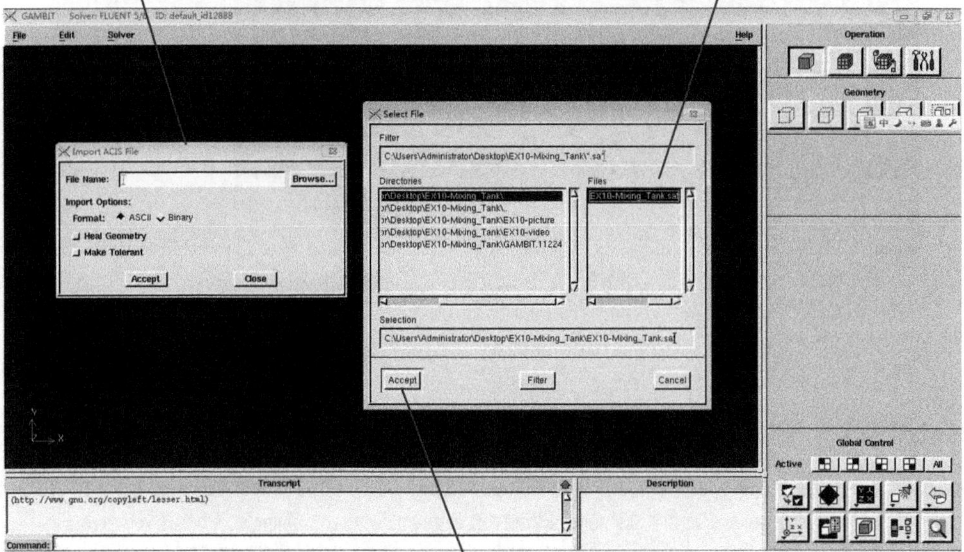

③ 单击 Accept 按钮，确认并关闭

图 10-2 导入模型

提示

本例导入的模型中有 3 个体（Volume.1、Volume.2 和 Volume.3），其中 Volume.1 为叶轮区，Volume.2 为搅拌桨以及搅拌轴，Volume.3 为桶体，在划分网格之前需要对模型进行切分处理，处理出旋转域和静域两部分，并在仿真的时候根据 MRF 方法给予相应的设置。

Step2 在桶体（Volume.3）内切除叶轮区（Volume.1），如图 10-3 所示。

② 在 Spilt With 选项下选择 Volumes(Real)复选按钮；在 Volumes 选项下选择 volume.1，使其作为切分工具；取消启用 Bidirectional 和 Connected 复选框

① 打开 Spilt Volume 选项卡，在 Volume 选项下选择 volume.3，使其成为被切目标

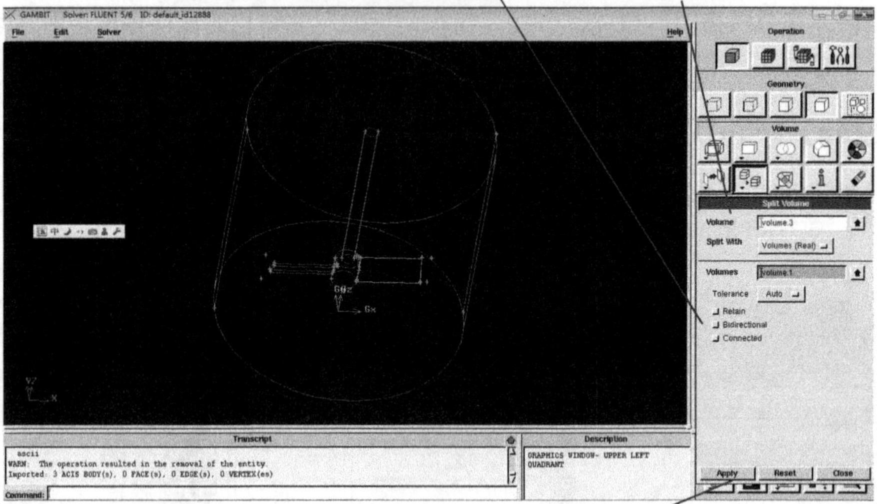

③ 单击 Apply 按钮

图 10-3　在桶体（Volume.3）内切除叶轮区（Volume.1）

Step3 在桶体（Volume.3）内切除搅拌轴（Volume.2），如图 10-4 所示。

② 在 Spilt With 选项下选择 Volumes(Real)复选按钮；在 Volumes 选项下选择 volume.2，使其作为切分工具；启用 Retain 和 Connected 复选框

① 打开 Spilt Volume 选项卡，在 Volume 选项下选择 volume.3，使其成为被切目标

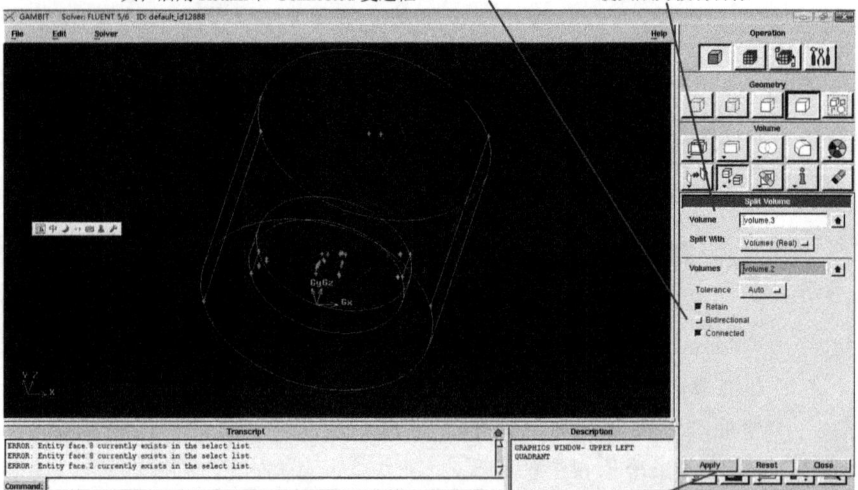

③ 单击 Apply 按钮

图 10-4　在桶体（Volume.3）内切除搅拌轴（Volume.2）

提示

此处启用 Retain 是因为搅拌轴对应的 Volume.2 在下一步切除操作中依然要用到，所以需要对 Volume.2 进行保留。

Step4 在叶轮区（Volume.1）内切除搅拌轴（Volume.2），如图 10-5 所示。

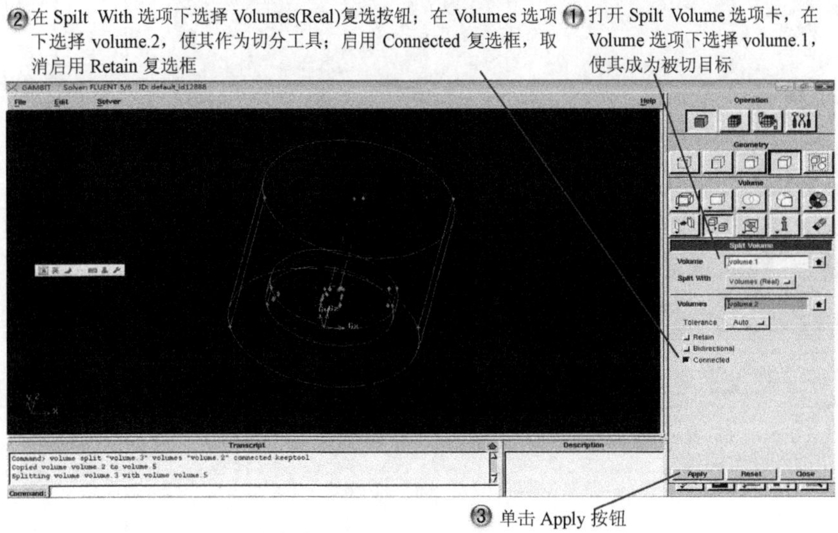

图 10-5　在叶轮区（Volume.1）内切除搅拌轴（Volume.2）

Step5 删除多余的体，如图 10-6 所示。

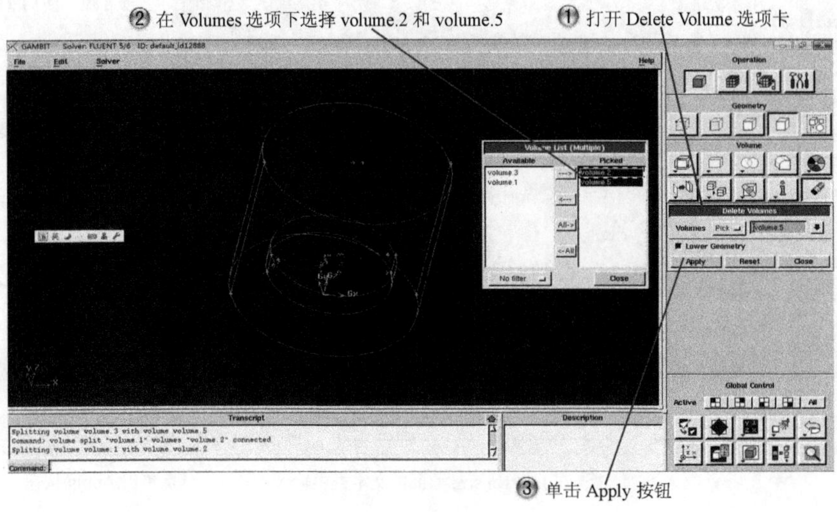

图 10-6　删除多余的体

10.2.2 划分网格和设定边界

Step1 划分线网格，如图 10-7 所示。

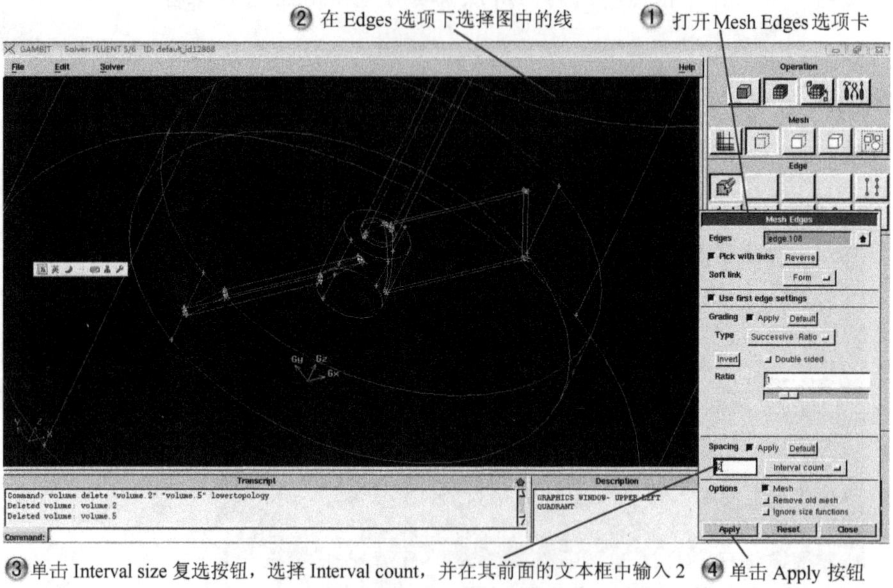

图 10-7 划分线网格

Step2 划分线网格，如图 10-8 所示。

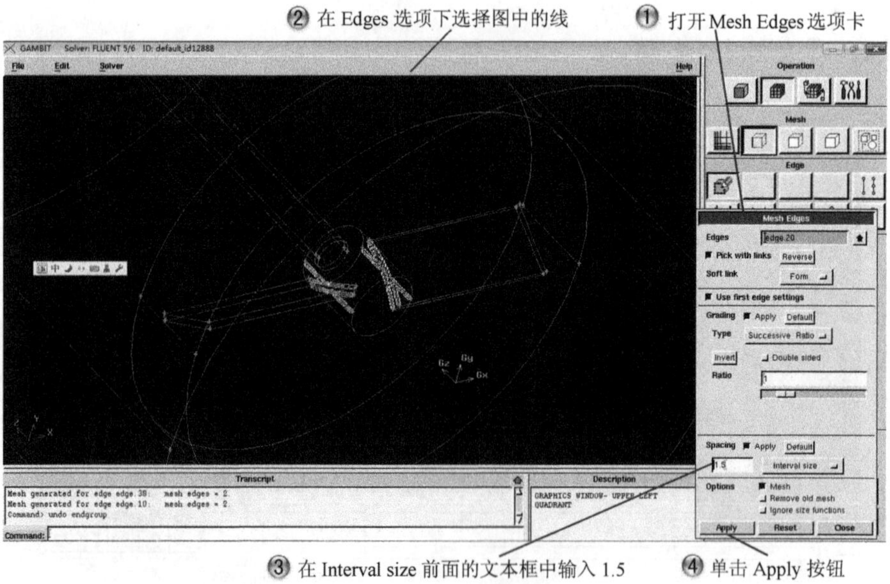

图 10-8 划分线网格

Step3 划分线网格，如图 10-9 所示。

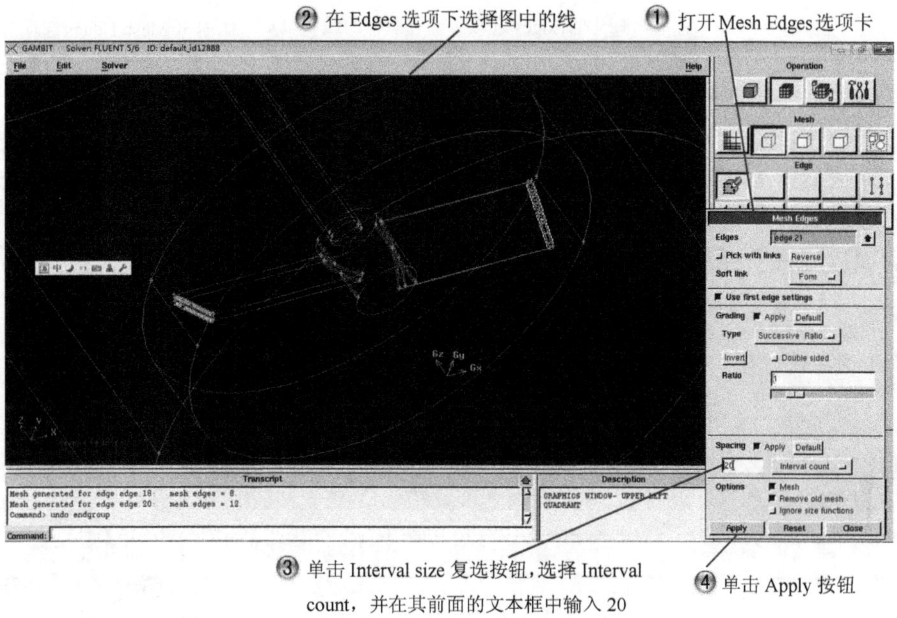

图 10-9　划分线网格

Step4 划分线网格，如图 10-10 所示。

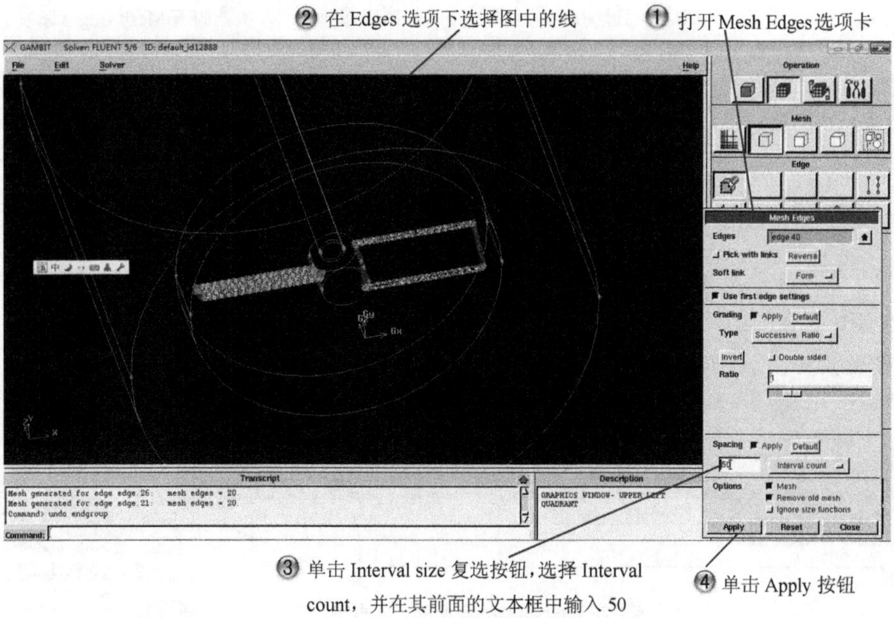

图 10-10　划分线网格

Step5 划分线网格，如图 10-11 所示。

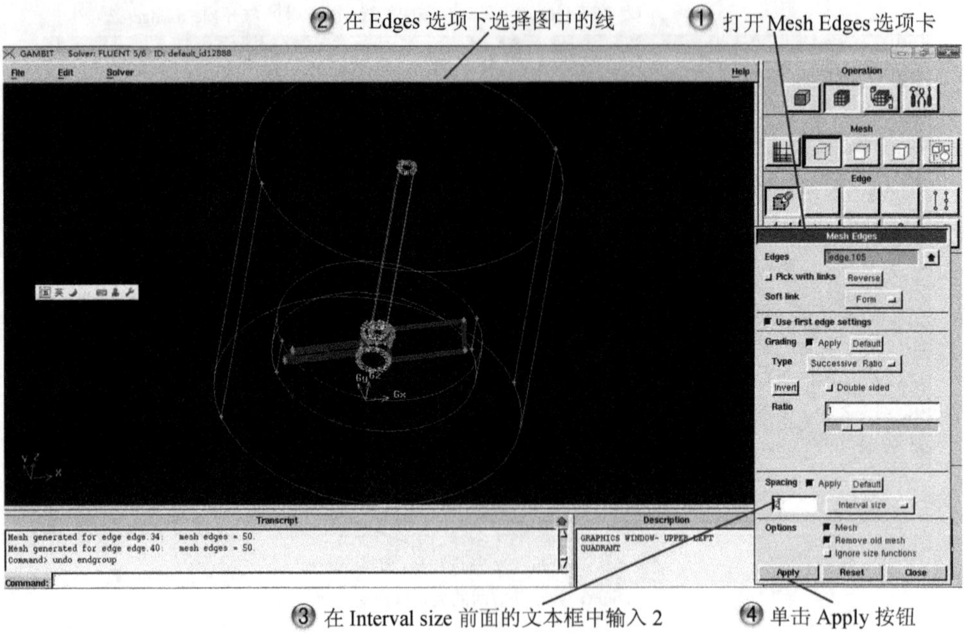

图 10-11 划分线网格

Step6 划分线网格，如图 10-12 所示。

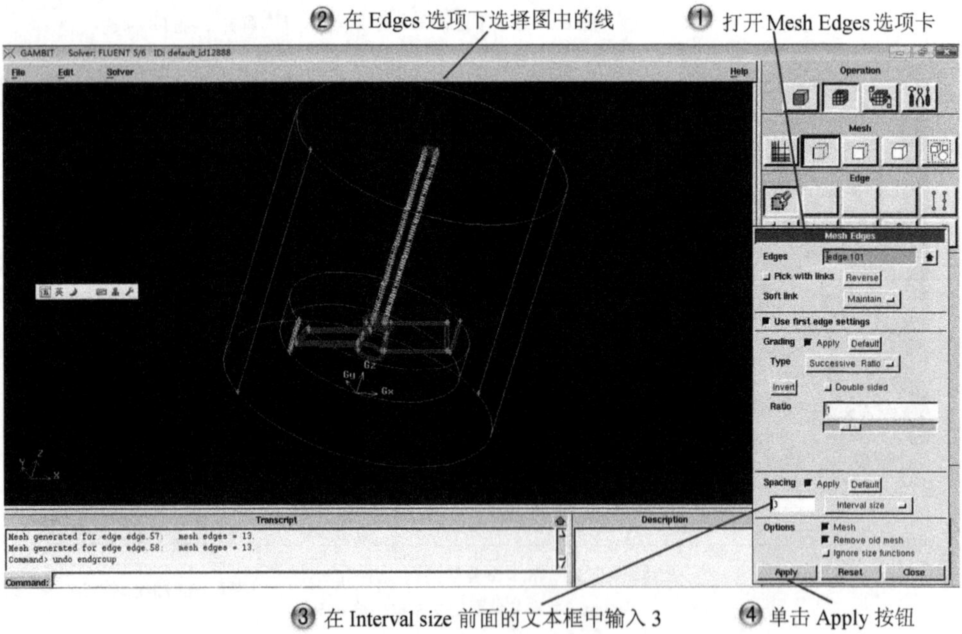

图 10-12 划分线网格

Step7 划分线网格，如图 10-13 所示。

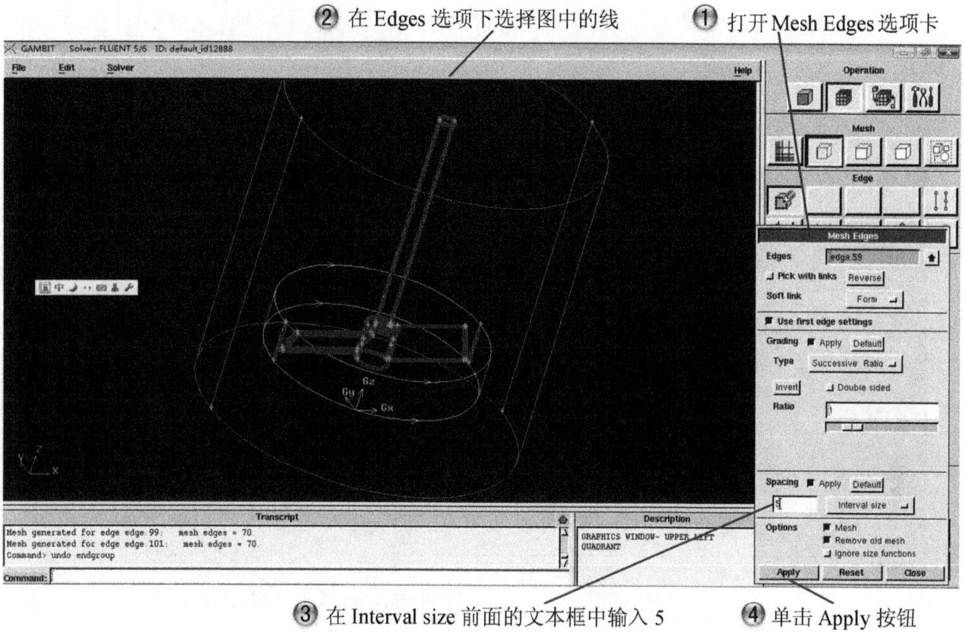

图 10-13　划分线网格

Step8 划分线网格，如图 10-14 所示。

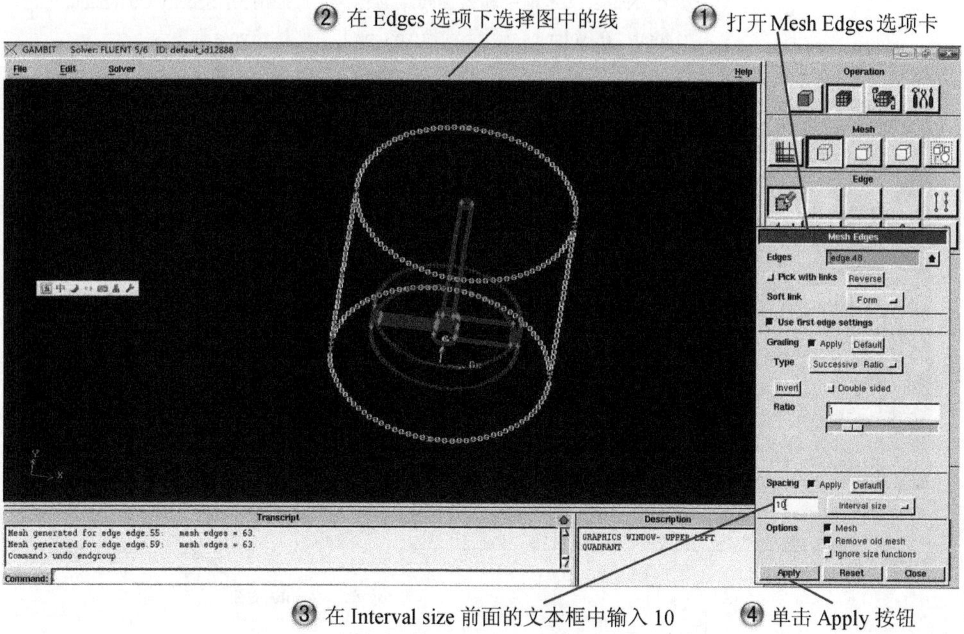

图 10-14　划分线网格

Step9 划分体网格，如图 10-15 所示。

② 在 Elements 选项下选择 Tet/Hybrid；在 Type 选项下选择 TGrid

① 打开 Mesh Volume 选项卡，在 Volumes 选项下选择所有的体

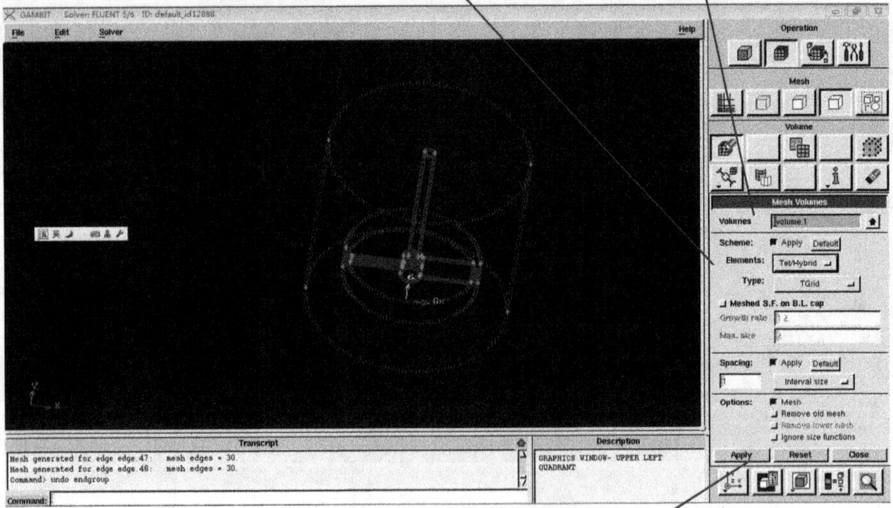

③ 单击 Apply 按钮，完成体网格划分

图 10-15　划分体网格

Step10 设定旋转域，如图 10-16 所示。

② 在 Name 文本框中输入旋转域名称为 rotar；在 Volumes 选项下选择 Volume.1

① 打开 Specify Continuum Types 选项卡

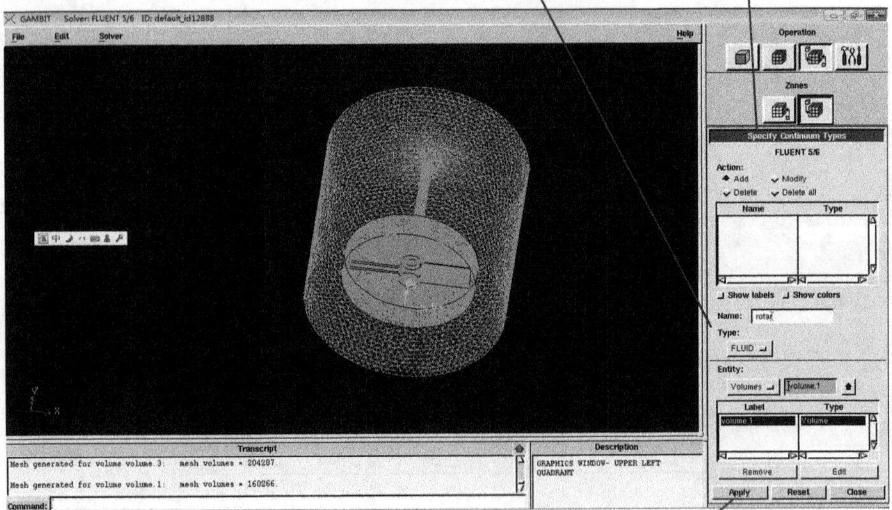

③ 单击 Apply 按钮

图 10-16　设定旋转域

Step11 设定静止域，如图 10-17 所示。

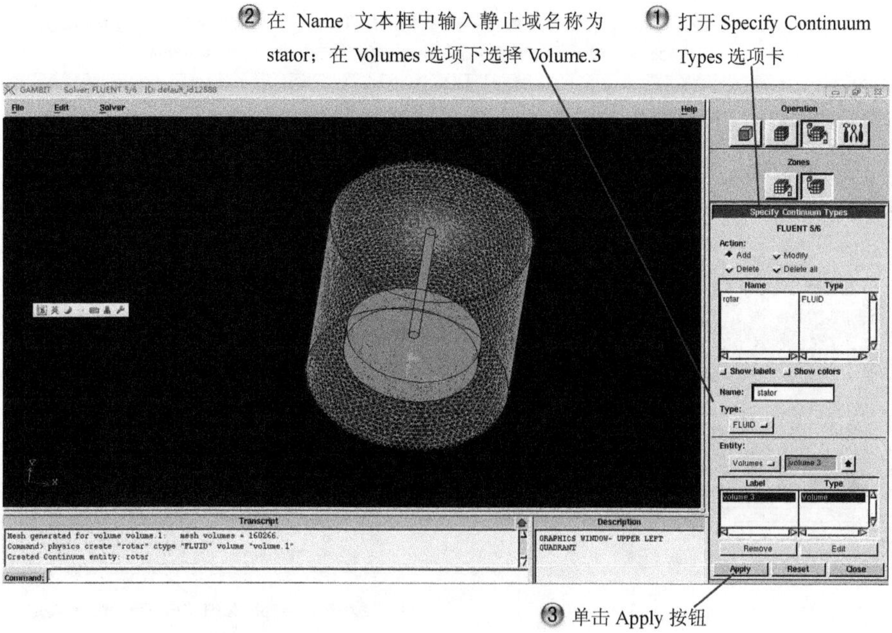

图 10-17　设定静止域

Step12 设定桨片边界，如图 10-18 所示。

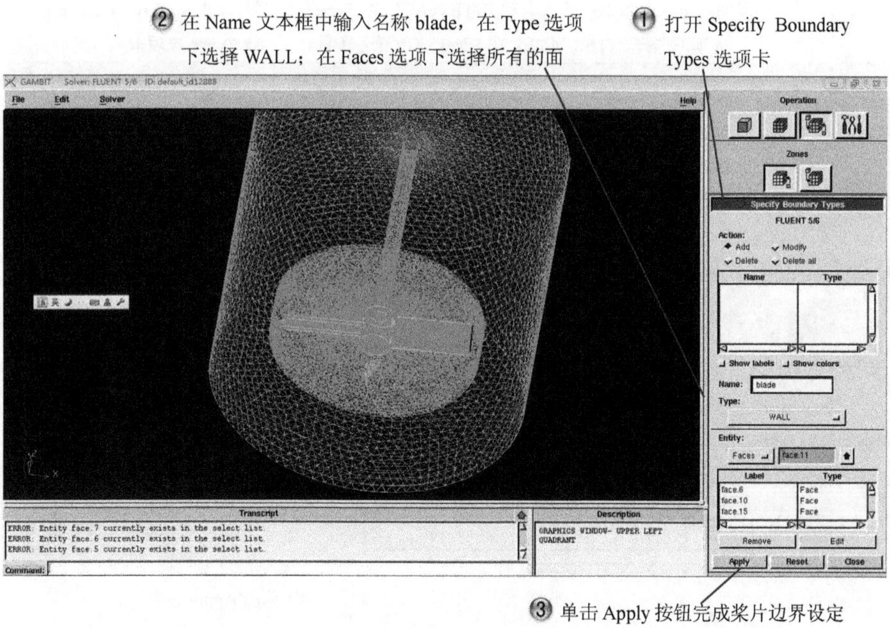

图 10-18　设定桨片边界

Step13 设定旋转轴边界，如图 10-19 所示。

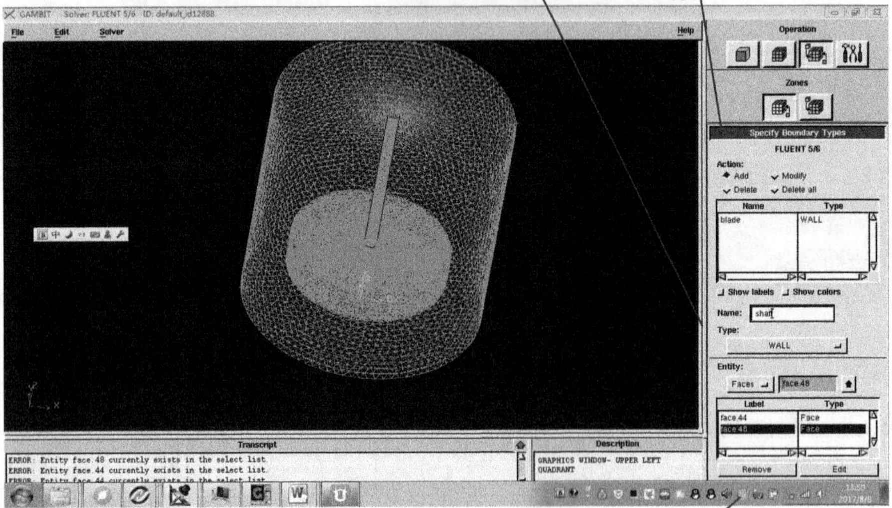

图 10-19　设定旋转轴边界

Step14 设定交界面，如图 10-20 所示。

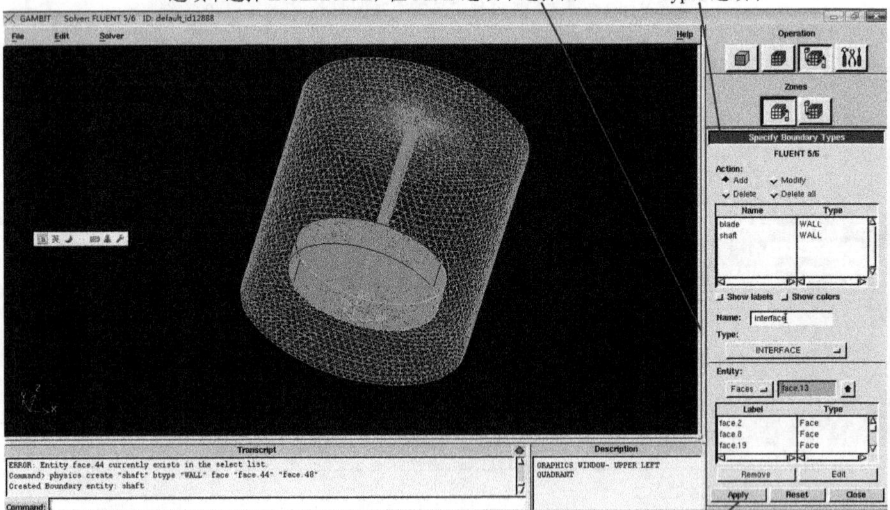

图 10-20　设定交界面

Step15 设定其余壁面边界，如图 10-21 所示。

② 在 Name 文本框中输入名称 wall，在 Type 选项下选择 WALL；在 Faces 选项下选择面

① 打开 Specify Boundary Types 选项卡

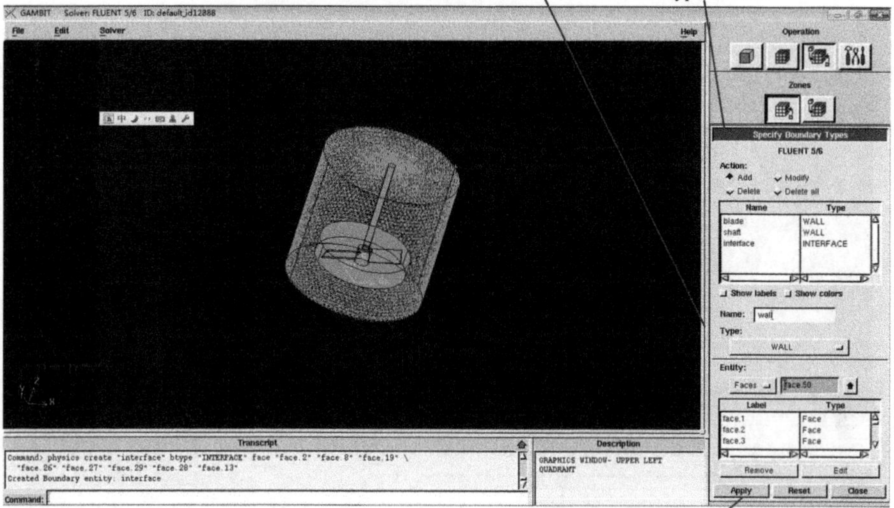

③ 单击 Apply 按钮完成壁面边界设定

图 10-21 设定其余壁面边界

Step16 保存网格，如图 10-22 所示。

① 选择 File|Save As...菜单命令，打开 Save Session As 对话框

② 在 ID 文本框中输入需要保存的名称为 EX10-Mixing_Tank

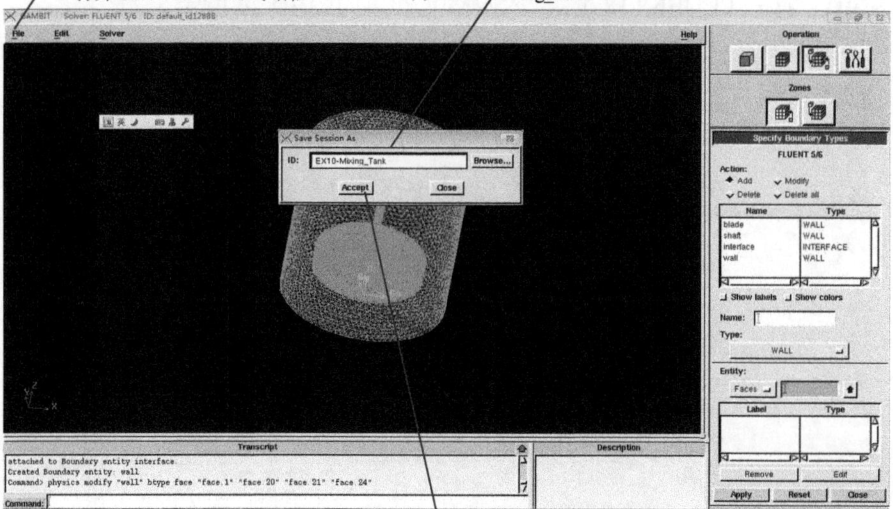

③ 单击 Accept 按钮，即可将网格保存为名称为 EX10-Mixing_Tank，扩展名为.dbs 的网格源文件

图 10-22 保存网格

Step17 导出网格，如图 10-23 所示。

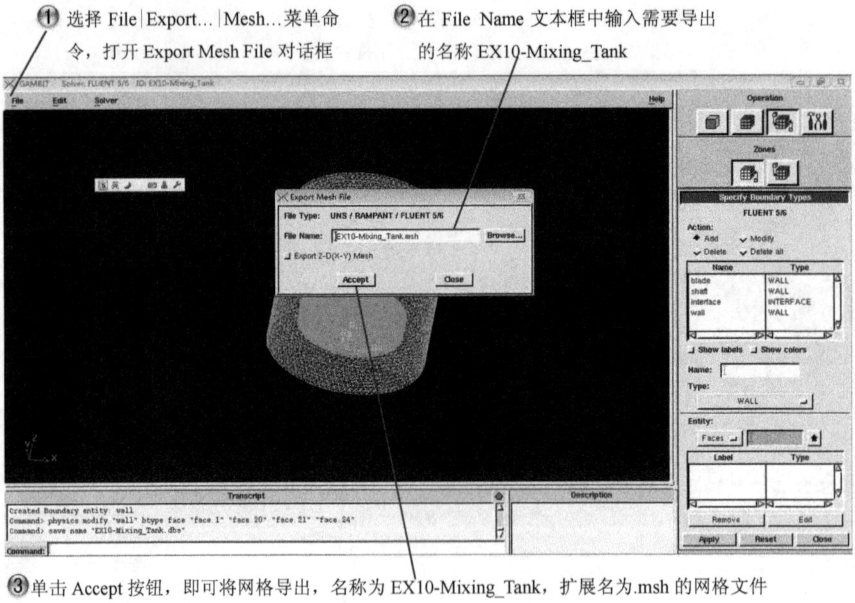

图 10-23　导出网格

10.2.3　仿真设置过程

Step1 打开 FLUENT18.0，读入网格文件，如图 10-24 所示。

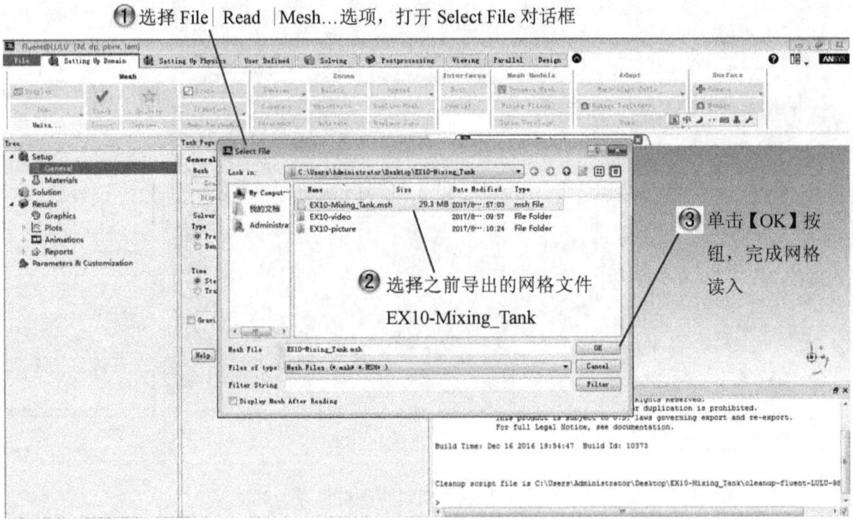

图 10-24　读入网格文件

Step2 显示网格，如图 10-25 所示。

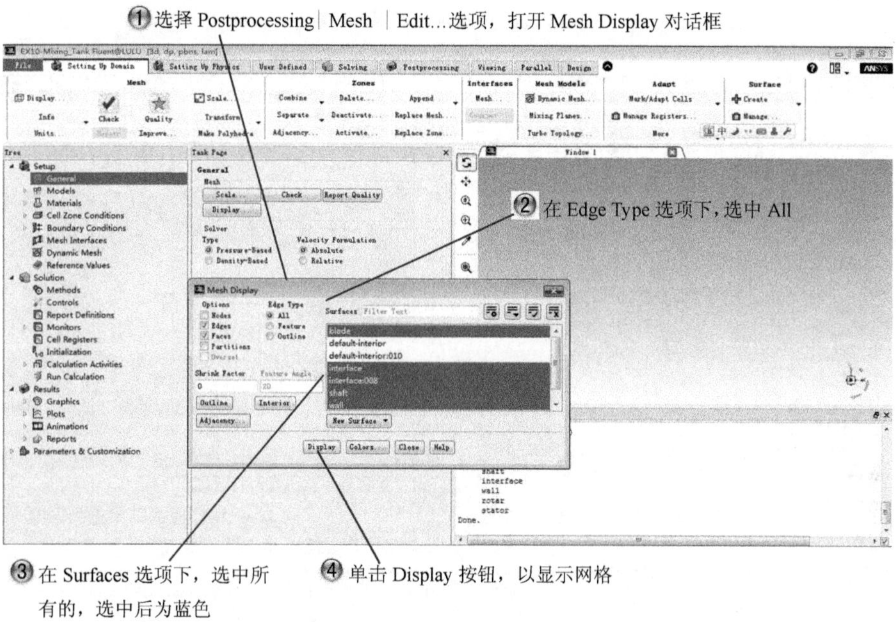

图 10-25　显示网格

Step3 检查网格，如图 10-26 所示。

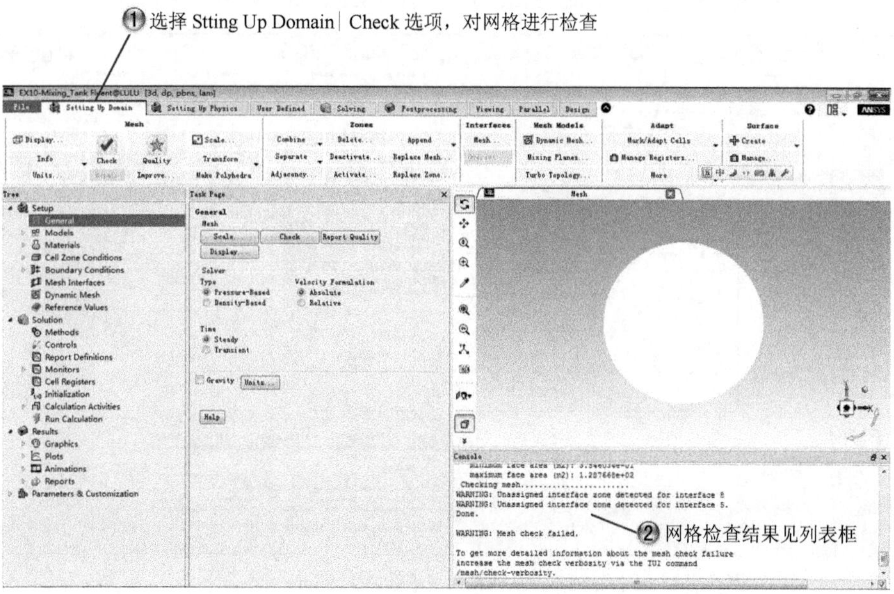

图 10-26　检查网格

Step4 网格质量检测，如图 10-27 所示。

①选择 Stting Up Domain| Quality 选项，对网格质量进行检测

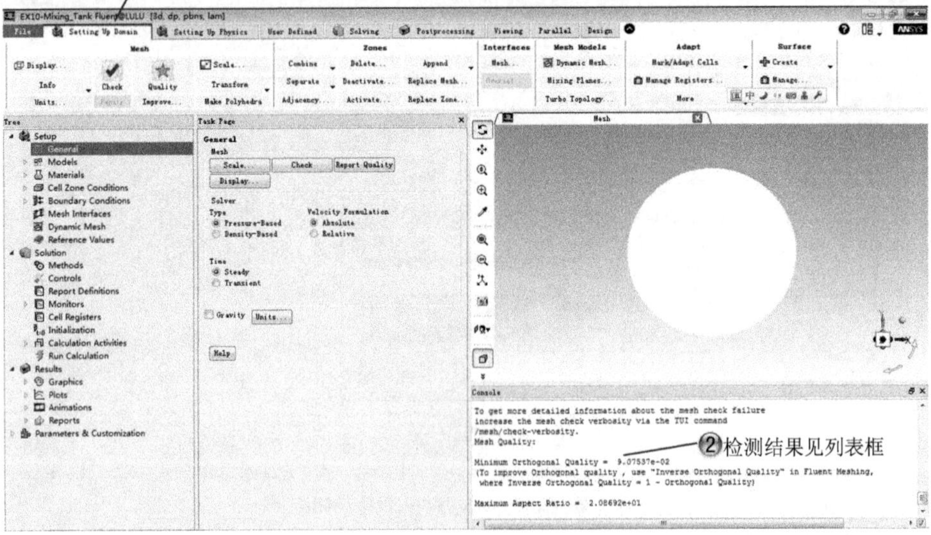

图 10-27　网格质量检测

Step5 调整尺寸单位，如图 10-28 所示。

①选择 Stting Up Domain| Scale…选项，打开 Scale Mesh 对话框

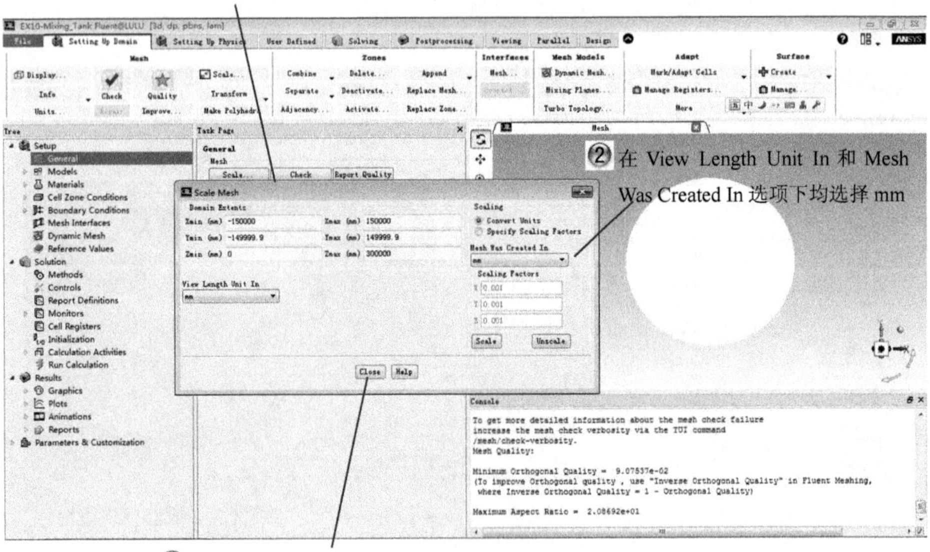

③单击 Close 按钮退出，从而将模型单位调整为 mm

图 10-28　调整尺寸单位

Step6 求解器设置及转速单位设置，如图 10-29 所示。

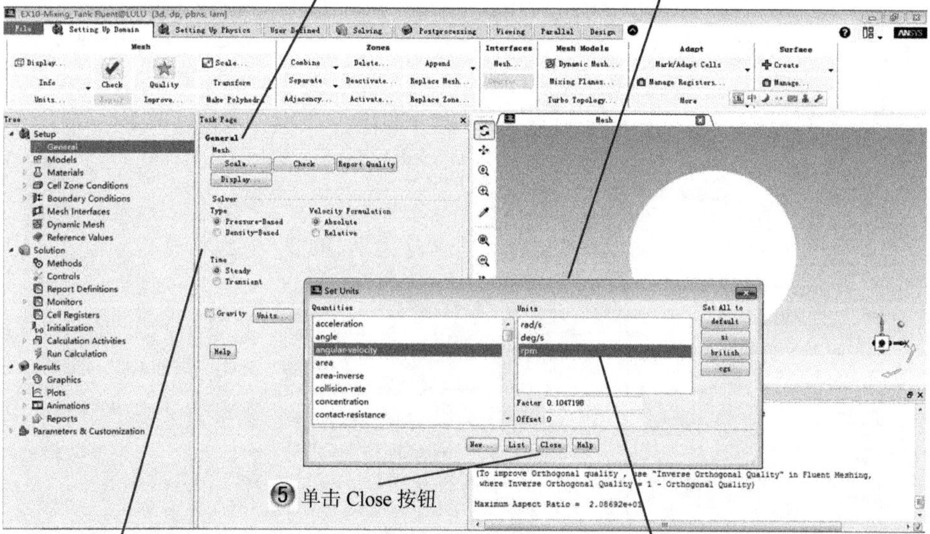

图 10-29　求解器设置及转速单位设置

Step7 湍流模型设置，如图 10-30 所示。

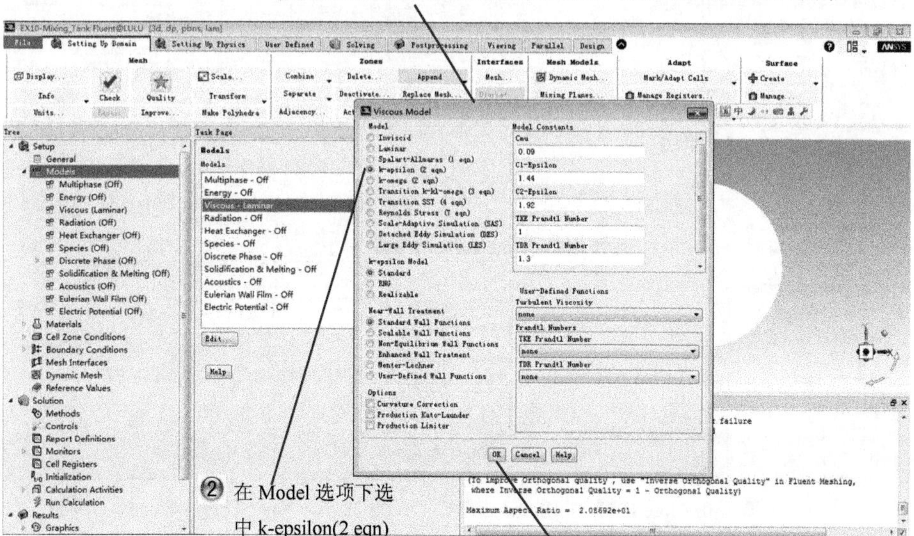

图 10-30　湍流模型设置

Step8 创建流体材料，如图 10-31、图 10-32 所示。

① 选择 Materials|Fluid|Create/Edit 选项，打开 Create/Edit Materials 对话框。单击 Fluent Database 按钮，弹出 Fluent Database Material 对话框

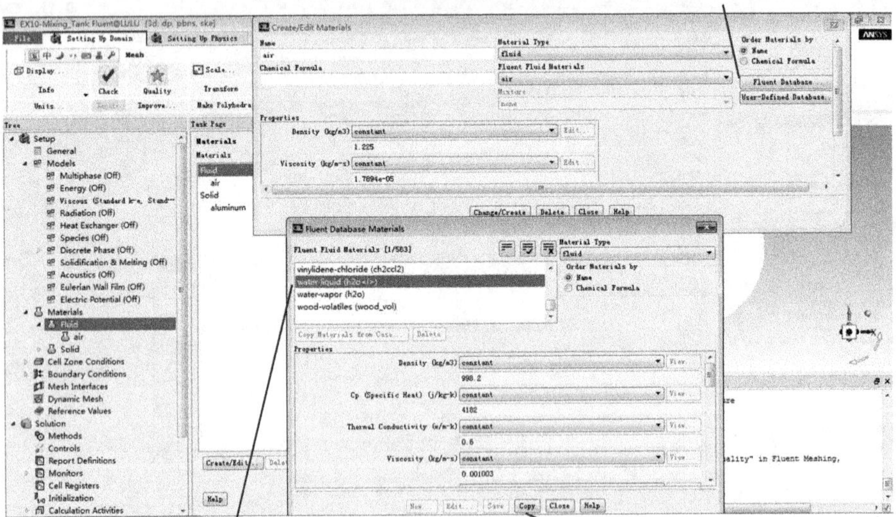

② 在 Material Type 选项下选择 fluid；在 Fluent Database Material [1/563]选项下选择 water-liquid(h2o<l>)

③ 两次单击 Copy 按钮，弹出如图 10-32 所示的 New Material Name 对话框

图 10-31　创建流体材料（1）

⑥ 单击 Create/Edit Materials 对话框中的 Close 按钮。进行上述操作后，材料 water-liquid 和 acid 出现在 Materials 选项栏中

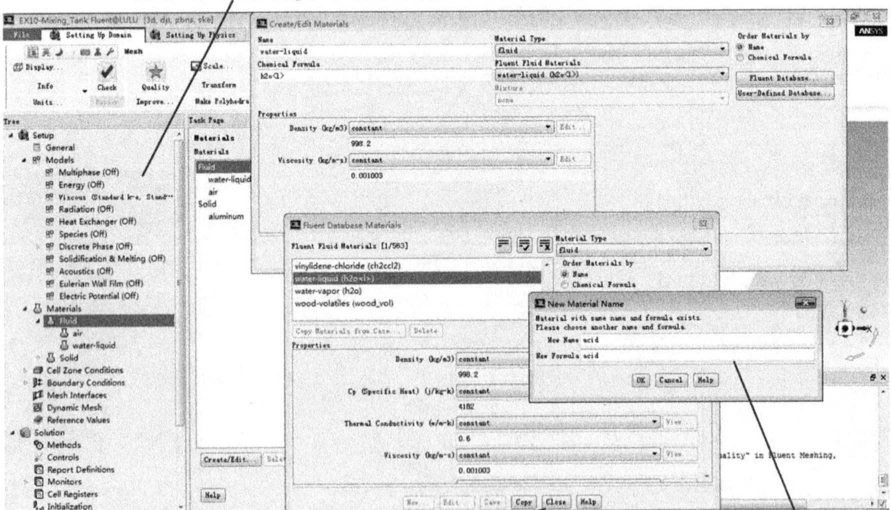

⑤ 单击 Close 按钮，关闭 Fluent Database Materials 对话框

④ 在 New Name 和 New Formula 文本框中均输入 acid，然后单击 OK 按钮，返回 Fluent Database Materials 对话框

图 10-32　创建流体材料（2）

Step9 修改砂浆材料属性，如图 10-33 所示。

①创建好 acid 材料后，在 Materials 选项下选择 acid，单击 Create/Edit 按钮，打开 Create/Edit Materials 对话框

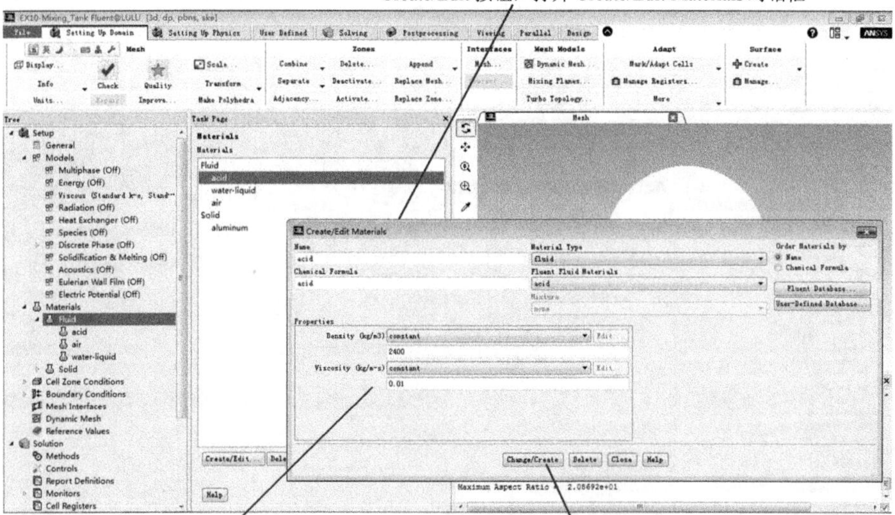

② 在 Density (kg/m3)文本框中输入 2400，在 Viscosity (kg/m-s)文本框中输入 0.01

③ 依次单击 Change/Create 和 Close 按钮

图 10-33　修改砂浆材料属性

Step10 两相流设置，如图 10-34 所示。

① 双击 Multiphase (off)选项，打开 Multiphase Model 对话框。选中 Fulerian 单选按钮

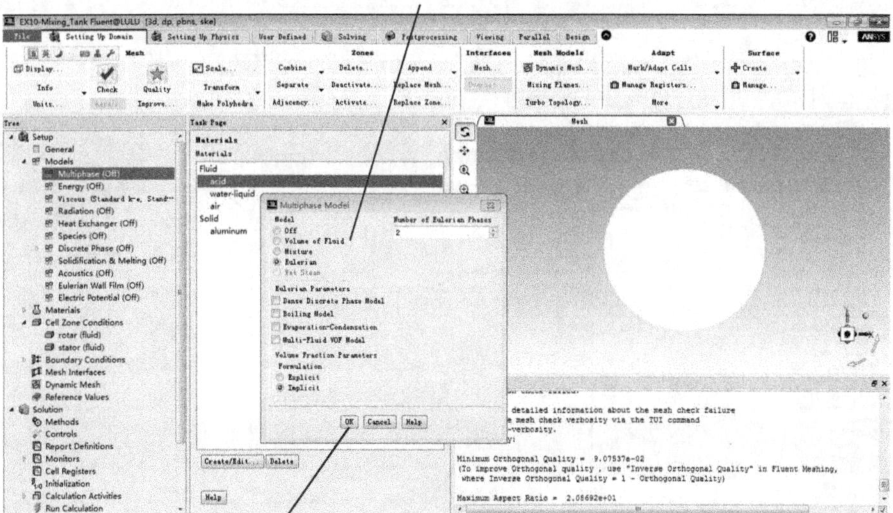

② 单击 OK 按钮，从而完成多相流设置，并且默认为两相流

图 10-34　两相流设置

Step11 第一相流体设置，如图 10-35 所示。

①依次单击 Multiphase (Eulerian)和 Phases 选项，双击 phase-1-Primary Phase 选项，打开 Primary Phase 对话框

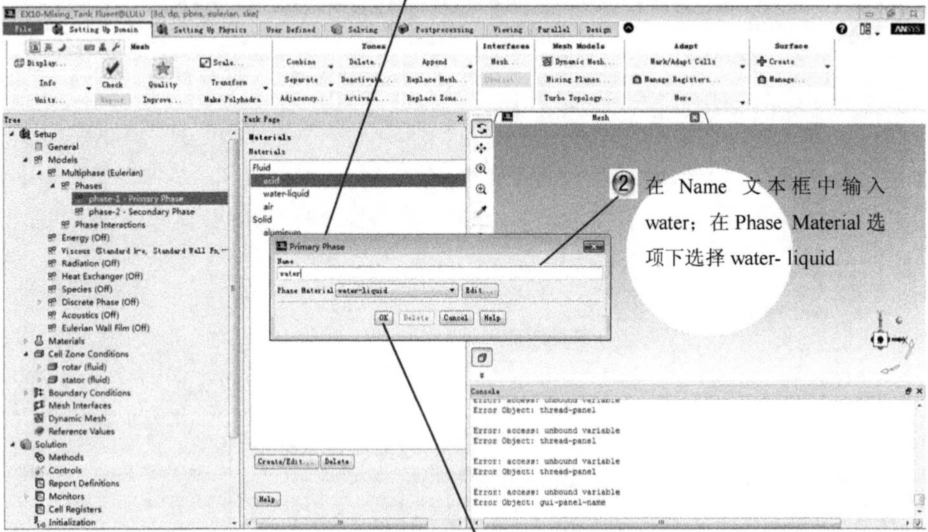

②在 Name 文本框中输入 water；在 Phase Material 选项下选择 water- liquid

③单击 OK 按钮，从而将主相设置为水

图 10-35　第一相流体设置

Step12 第二相流体设置，如图 10-36 所示。

①继上一步操作之后，双击 phase-2-Secondary Phase 选项，打开 Secondary Phase 对话框

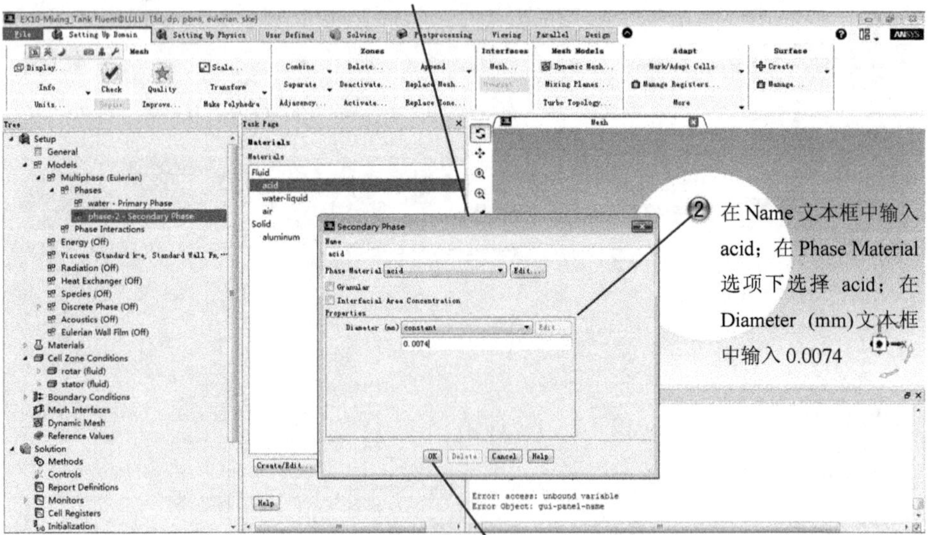

②在 Name 文本框中输入 acid；在 Phase Material 选项下选择 acid；在 Diameter (mm)文本框中输入 0.0074

③单击 OK 按钮，从而将次相设置为砂浆

图 10-36　第二相流体设置

Step13 叶轮转速设置，如图 10-37 所示。

①选择 Cell Conditions|rotar|Edit 选项，打开 Fluid 对话框，启用 Frame Motion 复选框

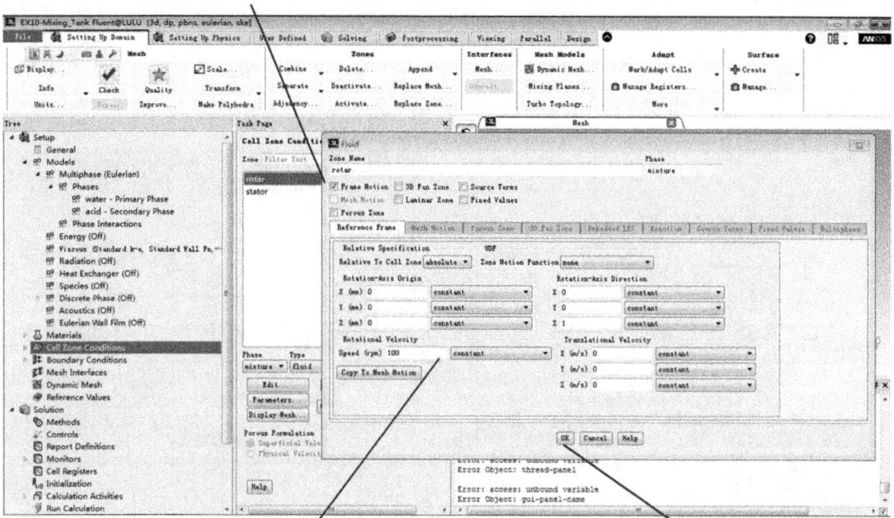

②在 Rotational Velocity 选项组的 Speed(rpm)文本框中输入 100

③单击 OK 按钮，确认并退出对话框

图 10-37　叶轮转速设置

Step14 叶片转速设置，如图 10-38 所示。

①选择 Boundary Conditions|blade|Edit 选项，打开 Wall 对话框

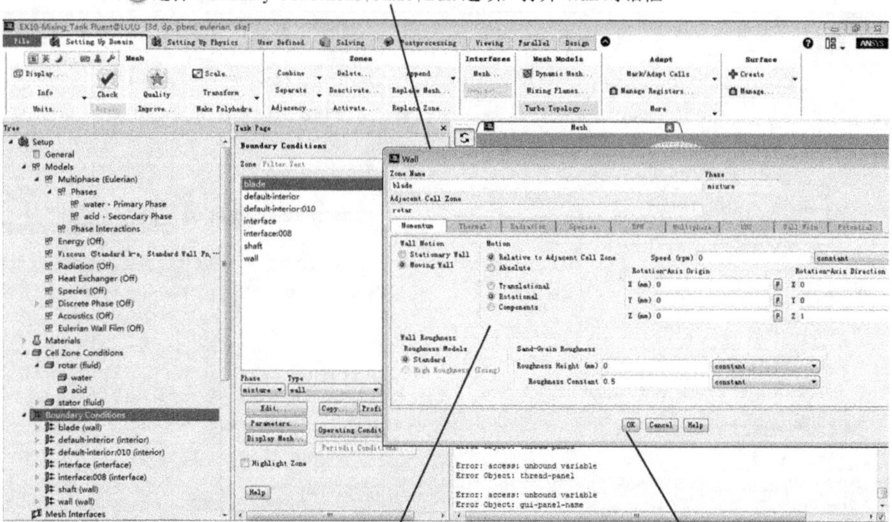

②在 Wall Motion 选项下选中 Moving Wall；在 Motion 选项下选中 Rotational

③单击 OK 按钮，确认并退出对话框

图 10-38　叶片转速设置

Step15 轴转速设置，如图 10-39 所示。

① 选择 Boundary Conditions|shaft|Edit 选项，打开 Wall 对话框。在 Wall Motion 选项下选中 Moving Wall；在 Motion 选项下选中 Rotational

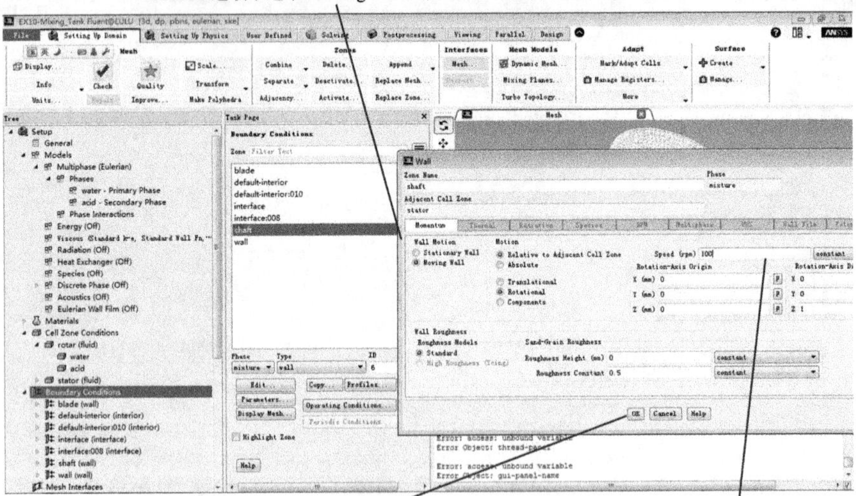

③ 单击 OK 按钮，确认并退出对话框

② 在 Speed (rpm)文本框中输入 100

图 10-39　轴转速设置

Step16 交界面设置，如图 10-40 所示。

① 选择 Mesh Interfaces|Create/Edit 选项，打开 Create/Edit Mesh Interfaces 对话框

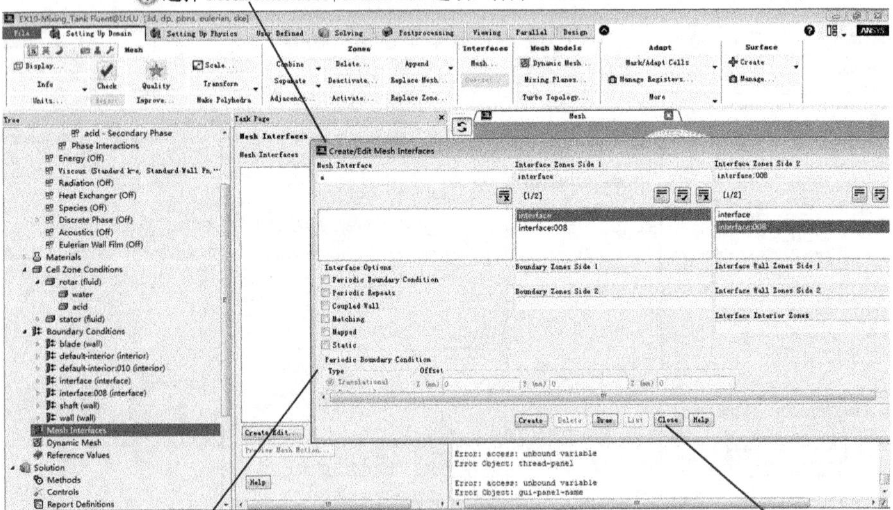

② 在 Mesh Interface 文本框中输入 a；在 Interface Zone Side 1 和 Interface Zone Side 2 中分别选择 interface 和 interface：008

③ 依次单击 Create 和 Close 按钮，确认并退出对话框

图 10-40　交界面设置

提示

此处的 interface 和 interface:008 是自动生成的名称，实际操作过程中生成的名称可能会与此不太相同，但前缀中肯定会有 interface 这个单词。

Step17 流场初始化，如图 10-41 所示。

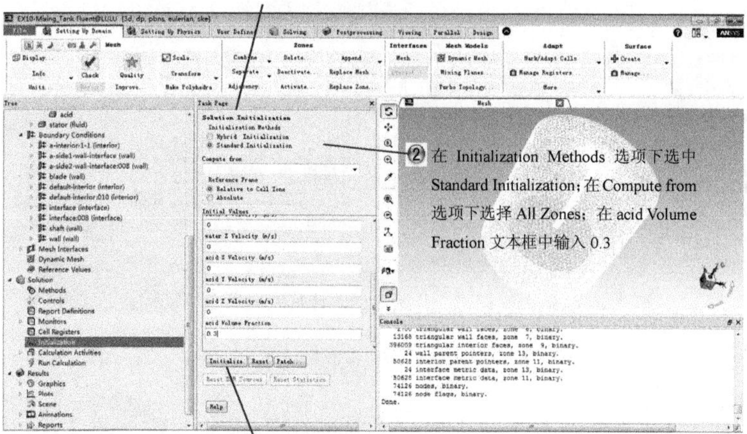

图 10-41　流场初始化

Step18 保存 Case 文件，如图 10-42 所示。

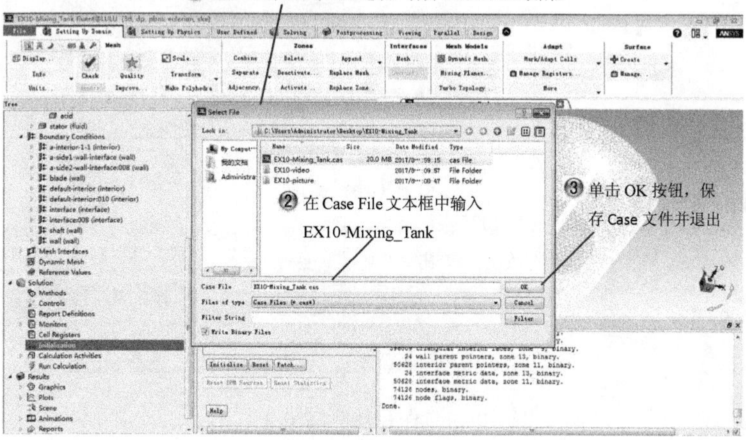

图 10-42　保存 Case 文件

Step19 稳态求解计算，如图 10-43 所示。

① 选择 Run Calculation 选项，进入 Run Calculation 选项卡，在 Number of Interation 文本框中输入 3000

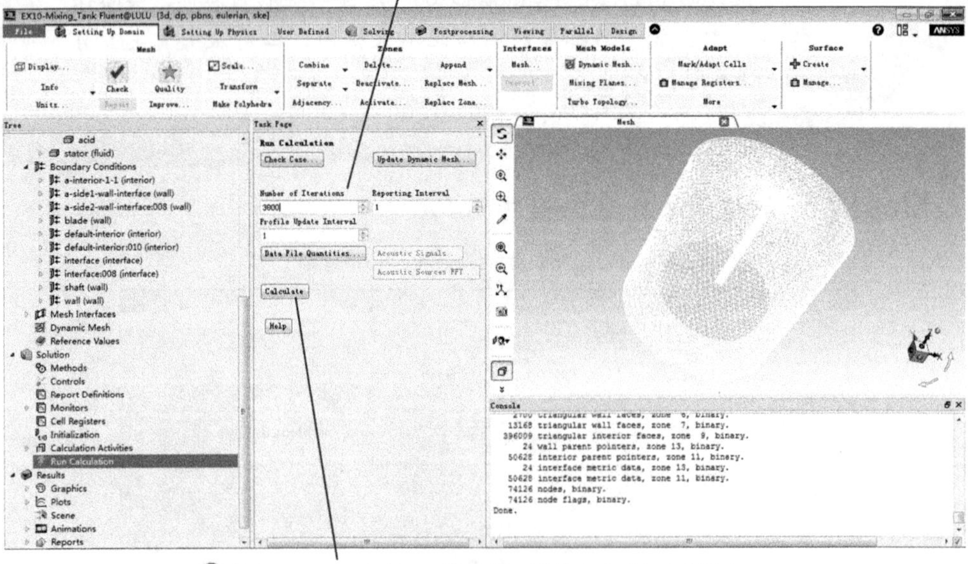

② 单击 Calculate 按钮，开始计算，计算完成后会自动停止

图 10-43　稳态求解计算

Step20 保存计算结果，如图 10-44、图 10-45 所示。

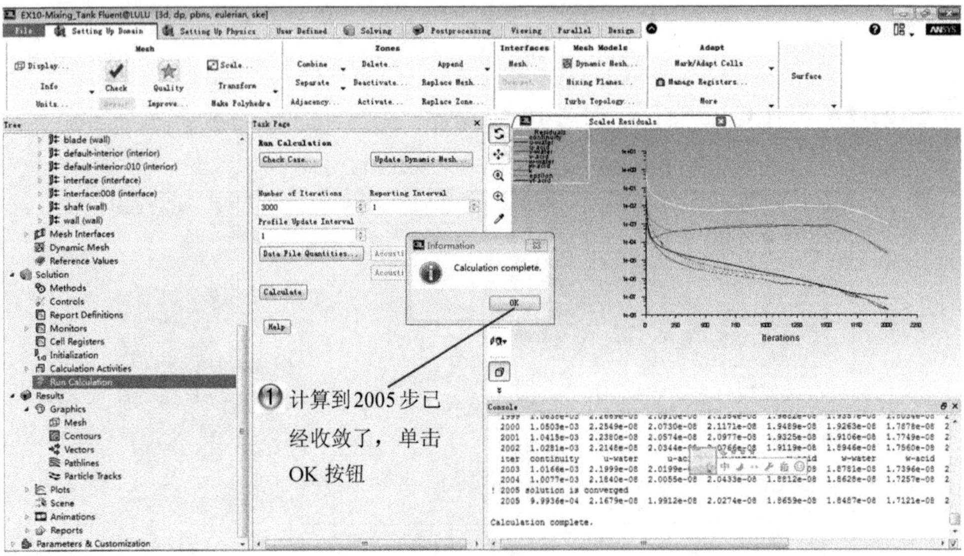

图 10-44　保存计算结果（1）

② 选择 File | Write | Case & Data...选项，打开 Select File 对话框。

在 Case/Data File 文本框中输入 EX10-Mixing_Tank

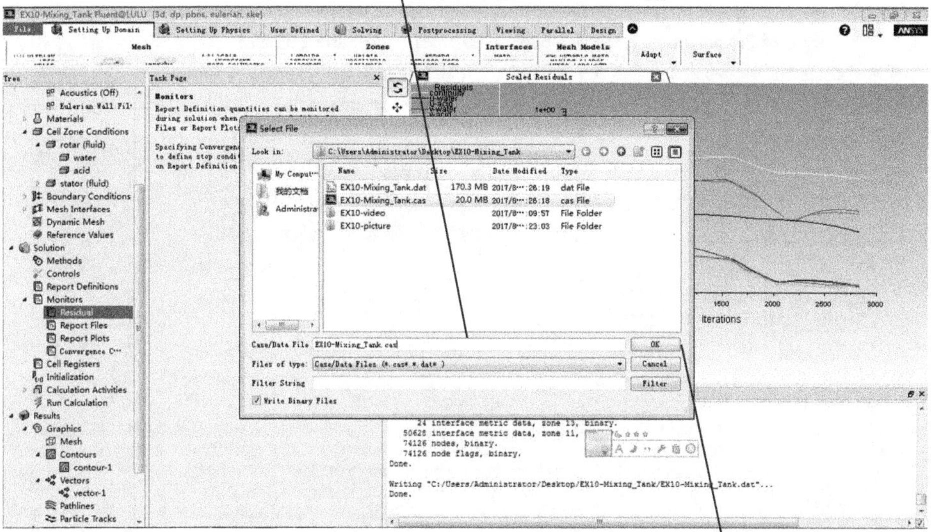

③ 单击 OK 按钮，保存结果文件并退出

图 10-45 保存计算结果（2）

Step21 保存残差曲线，如图 10-46 所示。

① 选择 File | Save Picture...选项，打开 Save Picture 对话框。在 Fromat 选项下选择 JPEG，Coloring 选项下选择 Color，Options 选项下启用 White Backgruond

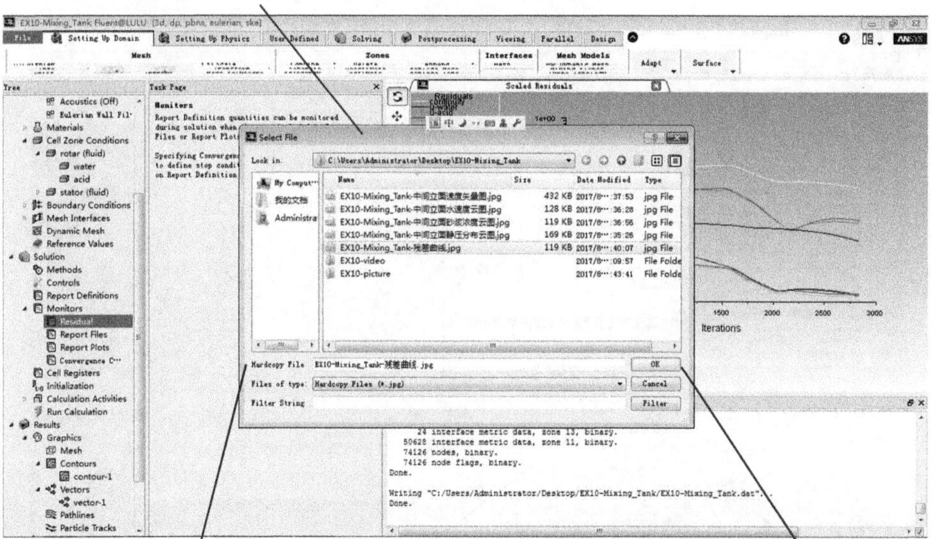

② 单击 Save 按钮，打开 Select File 对话框，在 Hardcopy File 文本框中输入名称 EX10-Mixing_Tank-残差曲线

③ 单击 OK 按钮，保存残差曲线，此时保存的残差曲线是白色前景下 JPEG 格式的彩色图片

图 10-46 保存残差曲线

Step22 创建中间立面，如图 10-47 所示。

① 选择 Postprocessing | Creat | Iso-Surface 选项，打开 Iso-Surface 对话框

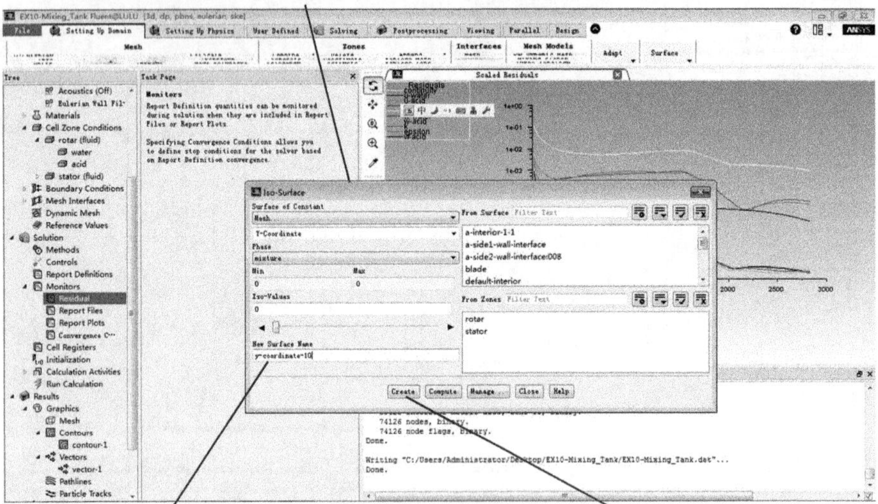

② 在 Surface of Constant 选项下选择 Mesh 和 Y-Coordinate，在 Iso-Values 文本框中输入 0；在 New Surface Name 文本框中输入新创建的面的名称，这里使用默认的 y-coordinate-10

③ 单击 Create 按钮，完成中间立面的创建

图 10-47　创建中间立面

Step23 中间立面静压分布云图，如图 10-48 所示。

① 单击 Graphics，双击 Contours 选项，打开 Contours 对话框，在 Options 选项下启用 Filled

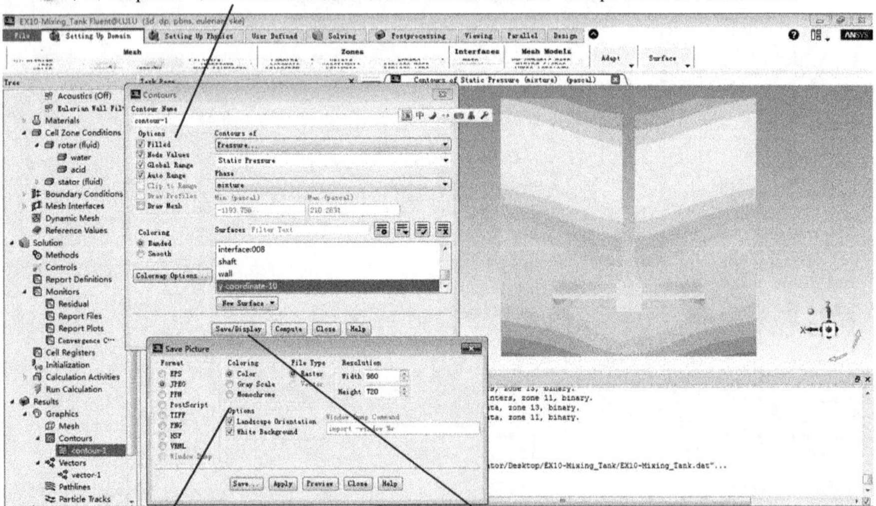

② 在 Contours of 选项下选择 Pressure，在 Phase 选项下选择 mixture；在 Surface 选项下选择 y-coordinate-10，其余保持默认

③ 单击 Save/Display 按钮，并单击显示窗口中的 Y 轴，按照 Step21 的方法保存静压分布云图

图 10-48　中间立面静压分布云图

Step24 中间立面速度分布云图（水），如图 10-49 所示。

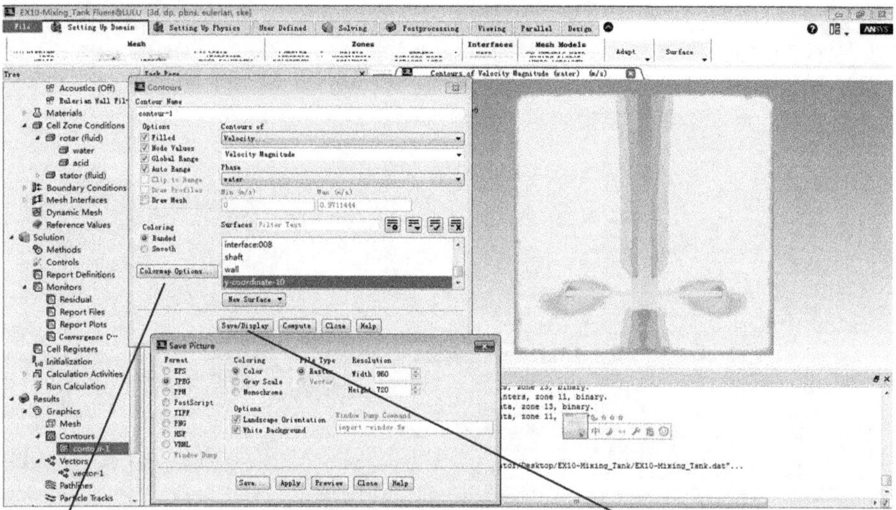

① 在 Contours 对话框的 Options 选项下启用 Filled ，在 Contours of 选项下选择 Velocity 和 Velocity Magnitude，在 Surface 选项下选择 y-coordinate-10，在 Phase 选项下选择 water，其余保持默认

② 单击 Save/Display 按钮，并单击显示窗口中的 Y 轴，按照 Step21 的方法保存速度云图

图 10-49　中间立面速度分布云图（水）

Step25 中间立面砂浆浓度云图，如图 10-50 所示。

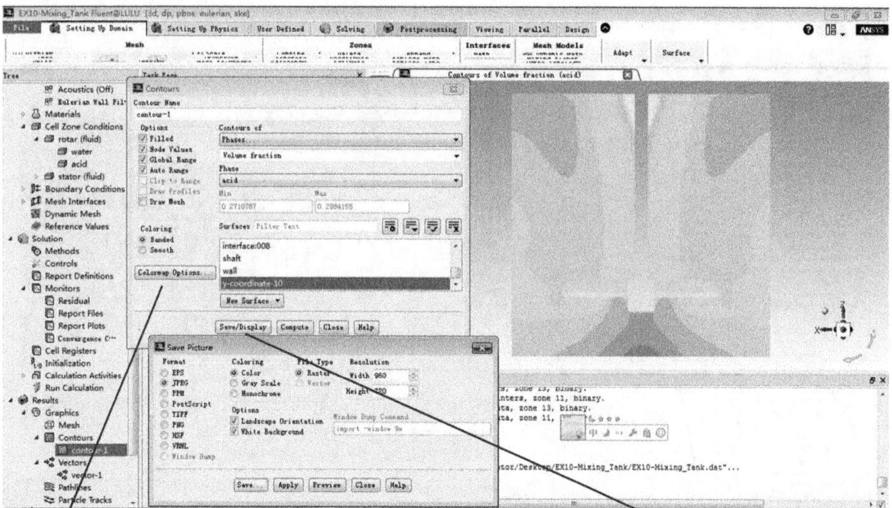

① 在 Contours 对话框的 Options 选项下启用 Filled，在 Contours of 选项下选择 Phases 和 Volume Fraction，在 Phase 选项下选择 acid，在 Surface 选项下选择 y-coordinate-10，其余保持默认

② 单击 Save/Display 按钮，并单击显示窗口中的 Y 轴，按照 Step21 的方法保存砂浆浓度云图

图 10-50　中间立面砂浆浓度云图

Step26 中间立面速度矢量图，如图 10-51 所示。

① 双击 Vectors 选项，打开 Vectors 对话框

② 在 Vectors of 选项下选择 Velocity 和 Velocity Magnitude，在 Surface 选项下选择 y-coordinate-10，在 Scale 文本框输入 5，Skip 文本框输入 2，其余保持默认

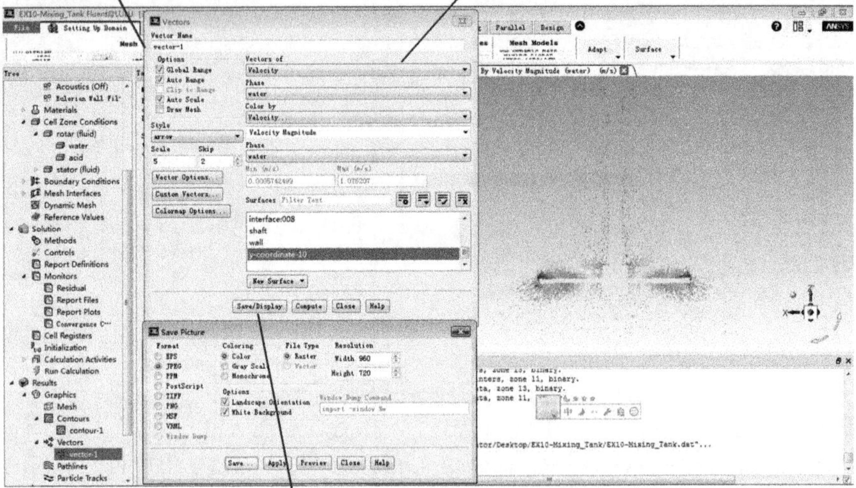

③单击 Save/Display 按钮，并单击显示窗口中的 Y 轴，按照 Step21 的方法保存速度矢量图

图 10-51　中间立面速度矢量图

Step27 创建水平面，如图 10-52 所示。

① 选择 Postprocessing|Creat|Iso-Surface 选项，打开 Iso-Surface 对话框

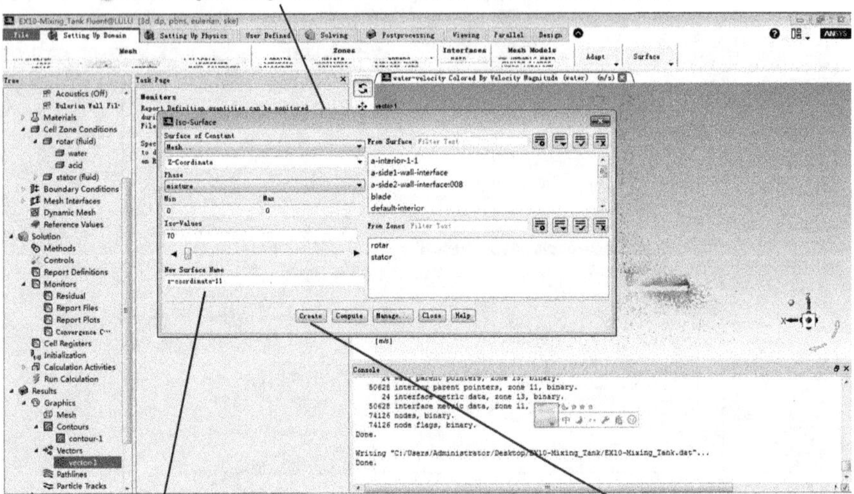

② 在 Surface of Constant 选项下选择 Mesh 和 Z-Coordinate，在 Iso-Values 文本框中输入 70；在 New Surface Name 文本框中输入新创建的面的名称，这里使用默认的 z-coordinate-11

③ 单击 Create 按钮，完成水平面的创建

图 10-52　创建水平面

Step28 水平面静压分布云图，如图 10-53 所示。

① 双击 Contours 选项，打开 Contours 对话框。在 Options 选项下启用 Filled

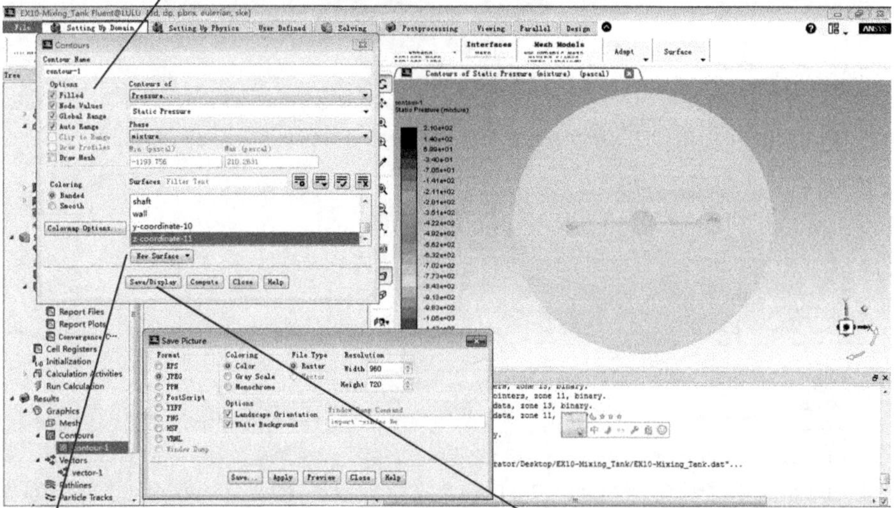

② 在 Contours of 选项下选择 Pressure，在 Phase 选项下选择 mixture；在 Surface 选项下选择 z-coordinate-11，其余保持默认

③ 单击 Save/Display 按钮，并单击显示窗口中的 Z 轴，按照 Step21 的方法保存静压分布云图

图 10-53　水平面静压分布云图

Step29 水平面速度分布云图（水），如图 10-54 所示。

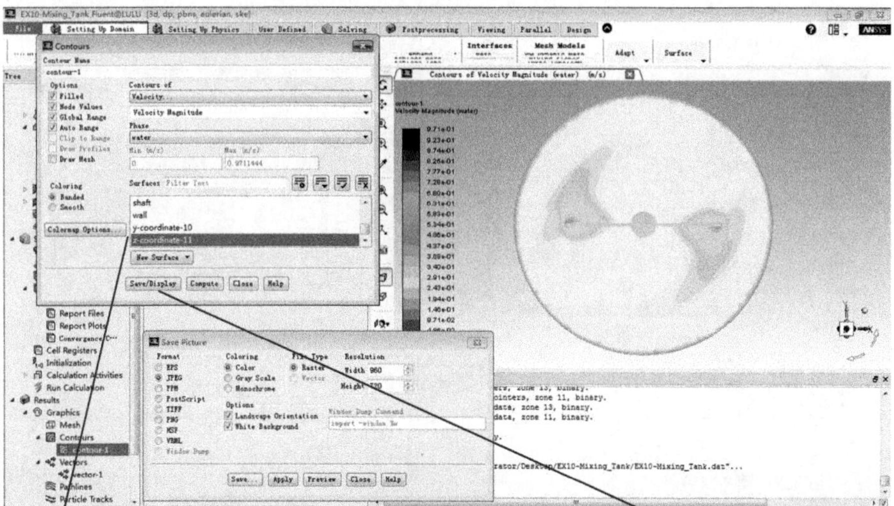

① 在 Contours 对话框的 Options 选项下启用 Filled ，在 Contours of 选项下选择 Velocity 和 Velocity Magnitude，在 Surface 选项下选择 z-coordinate-11，在 Phase 选项下选择 water，其余保持默认

② 单击 Save/Display 按钮，并单击显示窗口中的 Z 轴，按照 Step21 的方法保存速度云图

图 10-54　水平面速度分布云图（水）

Step30 水平面砂浆浓度云图，如图 10-55 所示。

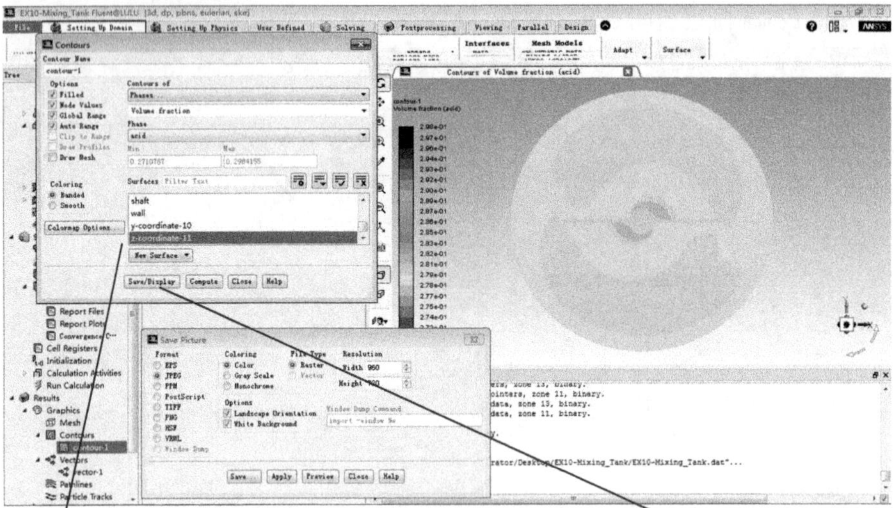

① 在 Contours 对话框的 Options 选项下启用 Filled ，在 Contours of 选项下选择 Phases 和 Volume Fraction，在 Phase 选项下选择 acid，在 Surface 选项下选择 z-coordinate-11，其余保持默认

② 单击 Save/Display 按钮，并单击显示窗口中的 Z 轴，按照 Step21 的方法保存砂浆浓度云图

图 10-55　水平面砂浆浓度云图

Step31 水平面速度矢量图，如图 10-56 所示。

① 双击 Vectors 选项，打开 Vectors 对话框

② 在 Vectors of 选项下选择 Velocity 和 Velocity Magnitude，在 Surface 选项下选择 z-coordinate-11，在 Scale 文本框输入 5，Skip 文本框输入 2，其余保持默认

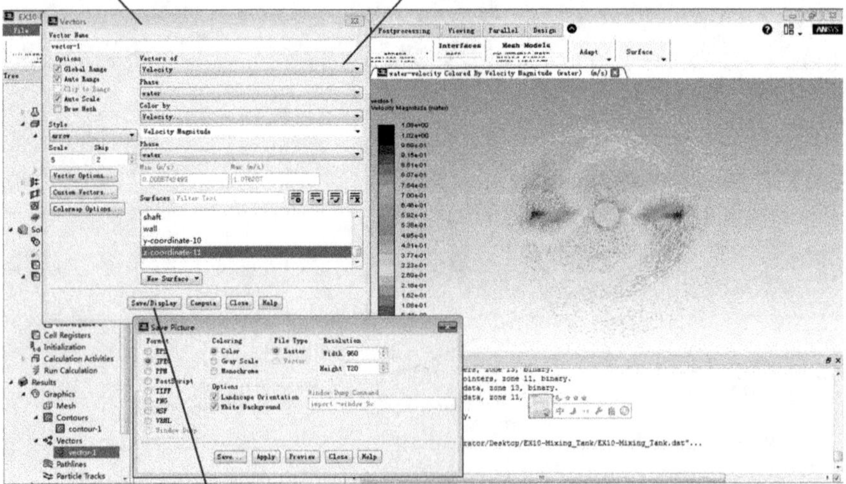

③ 单击 Save/Display 按钮，并单击显示窗口中的 Z 轴，按照 Step21 的方法保存速度矢量图

图 10-56　水平面速度矢量图

10.3 案例小结

本章首先介绍了 FLUENT 三种常用模型和选择方法，之后通过一个两相混合搅拌器仿真案例，着重介绍了 FLUENT 仿真方法，由于本例的模型相对较为复杂，本案例使用的是专业的三维建模软件 CREO 建立三维模型后导入到 GAMBIT 中划分网格，最后使用 FLUENT 进行流体仿真，大家可以在实际操作中予以理解。

第 11 章　水库溃坝仿真案例

本章导读

FLUENT 的滑移网格是在 MRF 和混合平面的基础上发展起来的，用来描述计算区域内的运动，滑移网格技术可以处理非定常问题，因此其知识很重要。本章通过水库溃坝仿真案例的创建，讲解从模型制作到仿真的全部过程。

学习要求	知识点 ＼ 学习目标	了解	理解	应用	实践
	FLUENT 滑移网格知识		√		
	水库溃坝模型处理		√	√	√
	划分网格和设定边界		√	√	√
	水库溃坝仿真设置		√	√	√

11.1　案例分析

11.1.1　知识链接

滑移网格是在 MRF 和混合平面的基础上发展起来的，用来描述计算区域内的运动。在滑移网格中，静止和转动部分间的相对运动会引发瞬态交互效应。这些交互效应通常分为：潜在作用、尾迹作用和冲击作用。

- 潜在作用：由于上游和下游压力波的传播导致的流动不稳定。
- 尾迹作用：由于上游叶片组的尾流传递至下游引起的流动不稳定。
- 冲击作用：在跨声速或超声速流动中，由于激波冲击下游叶片组导致不稳定。

滑移网格技术可以处理非定常问题，这是它与 MRF 模型和混合模型的最大区别。滑移网格技术通常处理的是带有周期性的问题，比如涡轮机械中转子和静子的相互干扰问题。但是滑移网格也可以计算非周期性问题，比如两列火车交错行驶过程中周围流场的变化。在不需要考虑转子和静子相互干扰的细节时，用 MRF 模型和混合面模型进行计算就可以获得相互干扰的平均效果，但是在需要考虑干扰过程的细节时，则必须使用滑移网格技术。滑移网格技术在计算中需要使用的系统资源比较大，因此，在使用滑移网格技术时需要使用配置较高的计算机。

在滑移网格计算中，计算域至少包含 2 个以上存在相对运动的子域。每个运动子域至少有一个与相邻子域连接的交界面。原则上交界面形状是任意的，但在实际计算中，交界面的实际形状都设计成在滑移后相邻子域不能相互重叠的形状，或者说交界面上的运动速度必须与交界面相垂直。例如，在旋转机械问题中，交界面都设计成轴对称形式，包括圆锥面、圆柱面等形状。在列车交错问题中，交界面则设计成平面等。

滑移网格技术中设定的交界面在计算过程中总是有一部分与相邻子域相连，而其余区域则不与相邻子域相连。与相邻子域相连的区域称为内部区域。与相邻子域不相连的区域，在平动问题中称为壁面区域，在周期性流动问题中则称为周期区域。在每次迭代结束后，FLUENT 都会重新计算内部区域的范围，将交界面的其余部分划定为壁面区域或周期性区域，并在壁面区域和周期性区域上设定相应的边界条件。在新的迭代步中，只计算内部区域上的通量。滑移网格计算中采用非正则网格技术，即交界面两侧子域在交界面上不共用网格节点，因此内部区域不是用交界面两侧的网格面直接构成的，而是通过子域间的相对移动量重新计算得出内部区域的边界位置。当期望获得转子-定子作用时间精确解时，需要采用滑移网格进行瞬态流场计算。

11.1.2 设计思路

如图 11-1 所示，图中左下方正方形区域为一水库（图中加有阴影），水库内充满水，其他区域为空气，水库左侧进水，水流速度为 2m/s，水库上方气流速度 2m/s，方向如图所示。需要模拟当

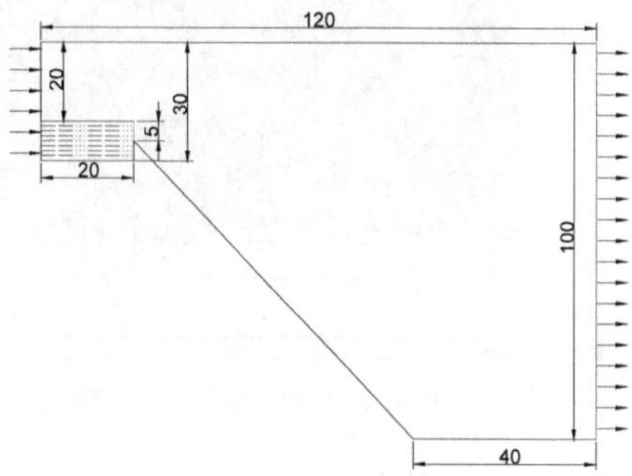

图 11-1 模型

绿色部分水坝（图中标注长为 5mm 的线）溃败后的水流情况。

本例的模拟模型较为简单，可以直接使用 GAMBIT 建模，并划分网格，最后导入 FLUENT 中进行仿真求解。

11.2 案例操作

本案例文件：ywj/11/EX11-Dam_Break 相关文件和动画文件

多媒体教学路径：多媒体教学→第 11 章

11.2.1 模型处理

Step1 打开 GAMBIT 软件，创建点，如图 11-2 所示。

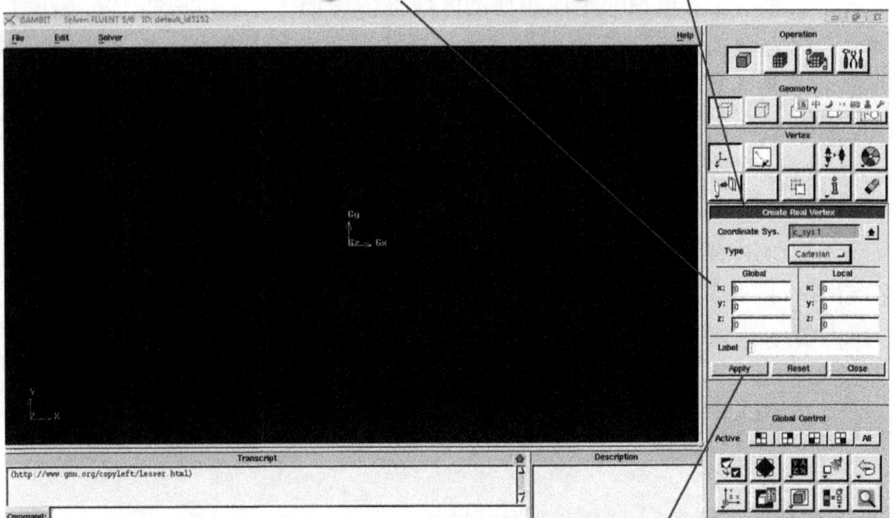

图 11-2　创建点

提示

本例为二维模型，建模过程使用点线面原则，由点成线，由线成面。本例模型由水库中的水和周围气体两部分组成，因此模型由这两个面构成。

Step2 连接点，如图 11-3 所示。

① 打开 Create Straight Edge 选项卡，在 Vertices 选项下依次选择上一步创建的坐标分别为（0，0，0）、（0，10，0）、（0，30，0）、（120，30，0）、（120，-70，0）、（80，-70，0）和（20，5，0）的点

③ 在 Vertices 选项下依次选择（0，0，0）、（20，0，0）、（20，5，0）、（20，10，0）和（0，10，0）的点，单击 Apply 按钮，连接各点

② 单击 Apply 按钮，确认将以上各点连接成折线

图 11-3　连接点

Step3 生成第一个平面（代表水），如图 11-4 所示。

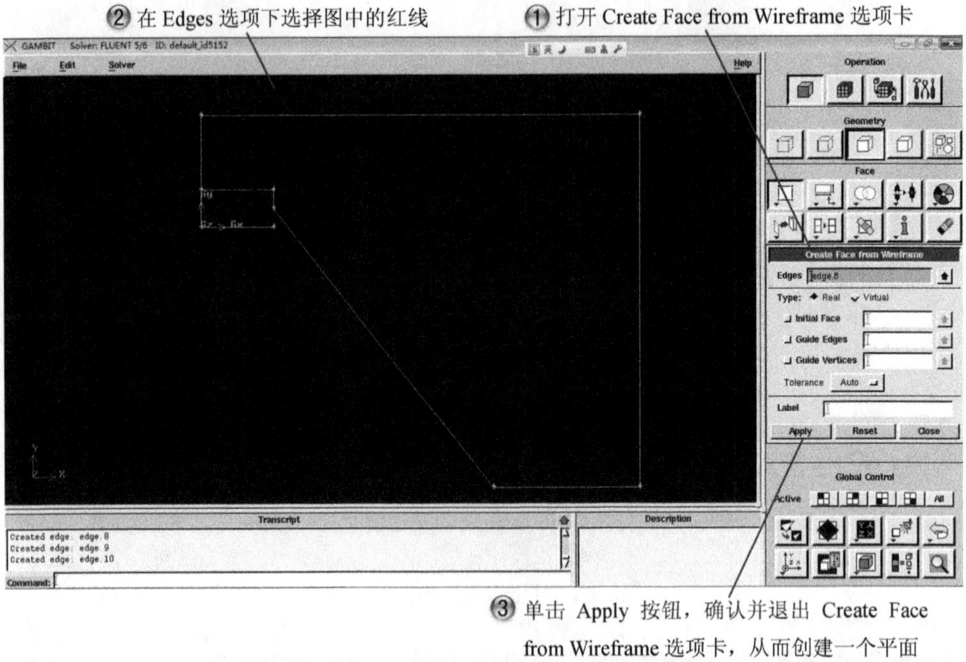

图 11-4　生成第一个平面（代表水）

Step4 生成第二个平面（代表空气），如图 11-5 所示。

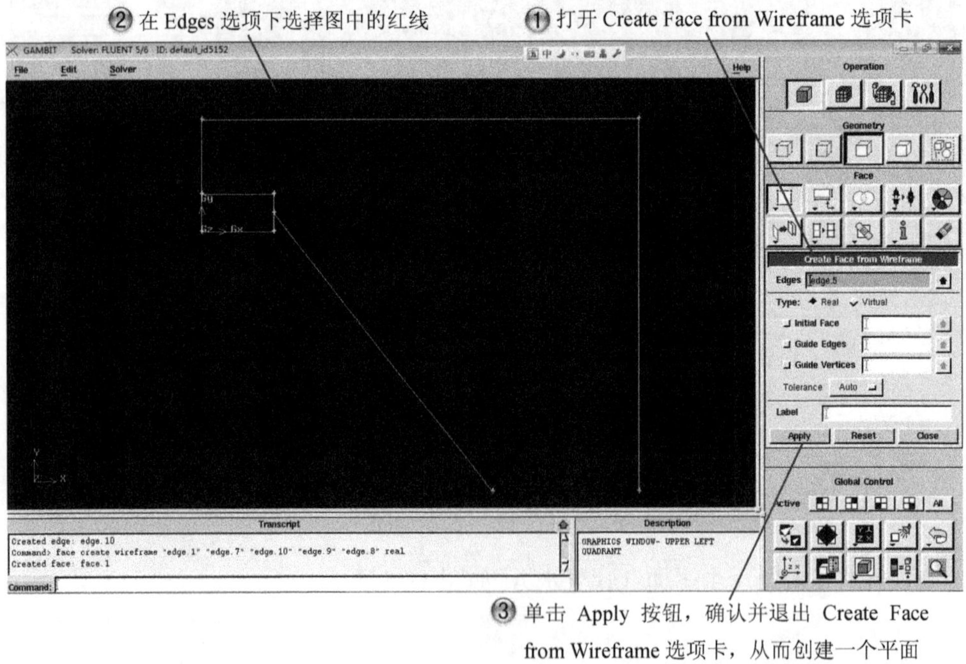

图 11-5　生成第二个平面（代表空气）

11.2.2 划分网格和设定边界

为了得到结构化的四边形网格，需要先对模型进行切分，将其切分为规则的四边形块，然后对每个部分划分规则的四边形网格。

Step1 创建第一条辅助线，如图 11-6 所示。

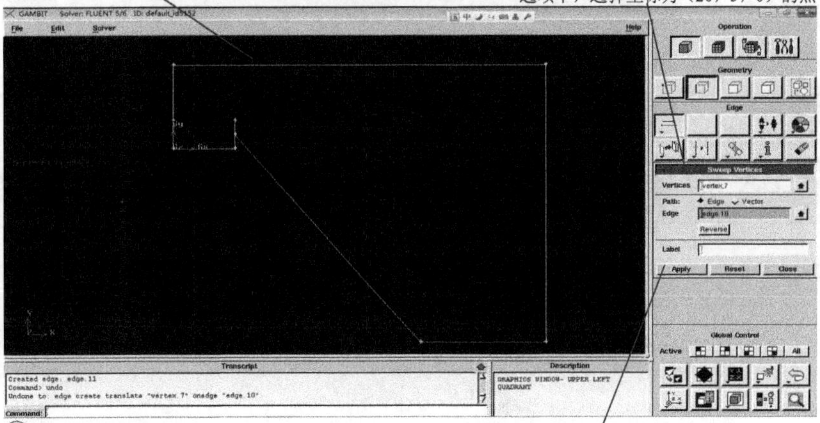

图 11-6　创建第一条辅助线

Step2 创建第二条辅助线，如图 11-7 所示。

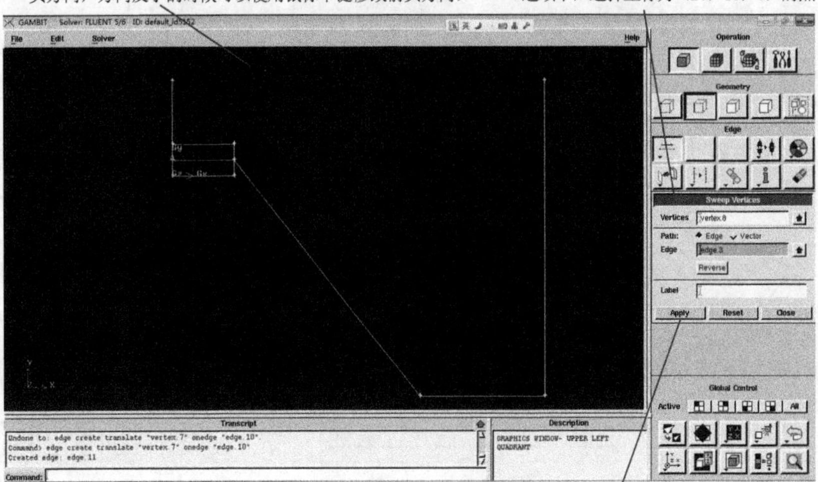

图 11-7　创建第二条辅助线

Step3 创建辅助点，如图 11-8 所示。

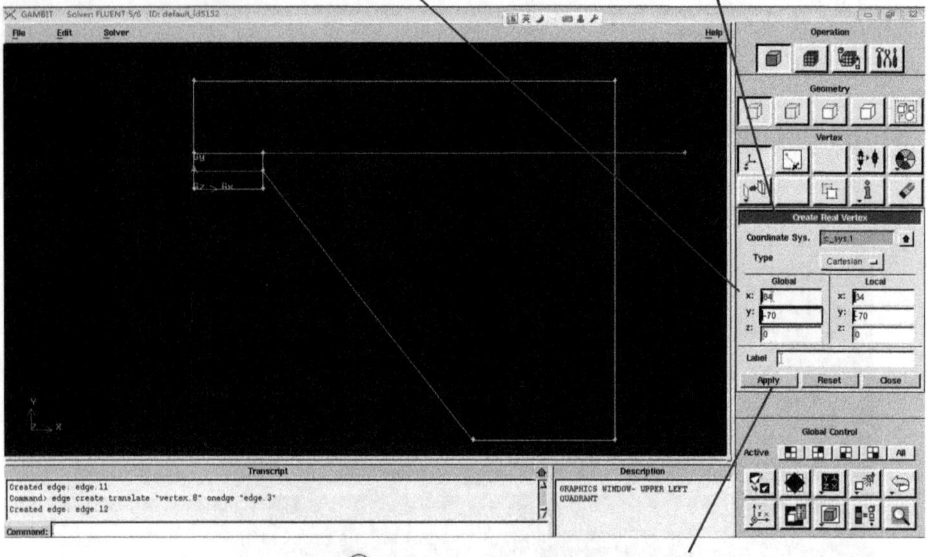

图 11-8　创建辅助点

Step4 创建第三条辅助线，如图 11-9 所示。

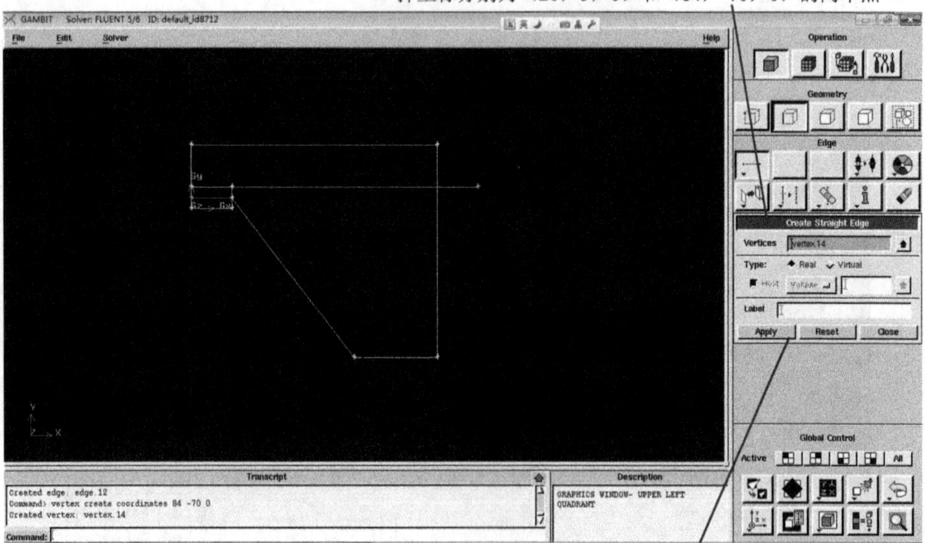

图 11-9　创建第三条辅助线

Step5 对第一个平面进行切分，如图 11-10 所示。

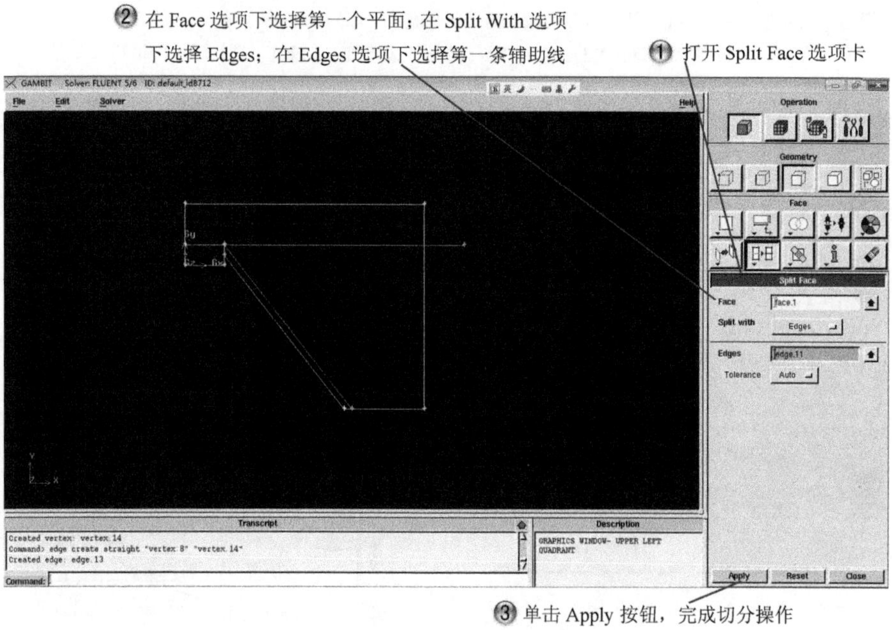

图 11-10　对第一个平面进行切分

Step6 对第二个平面进行第一次切分，如图 11-11 所示。

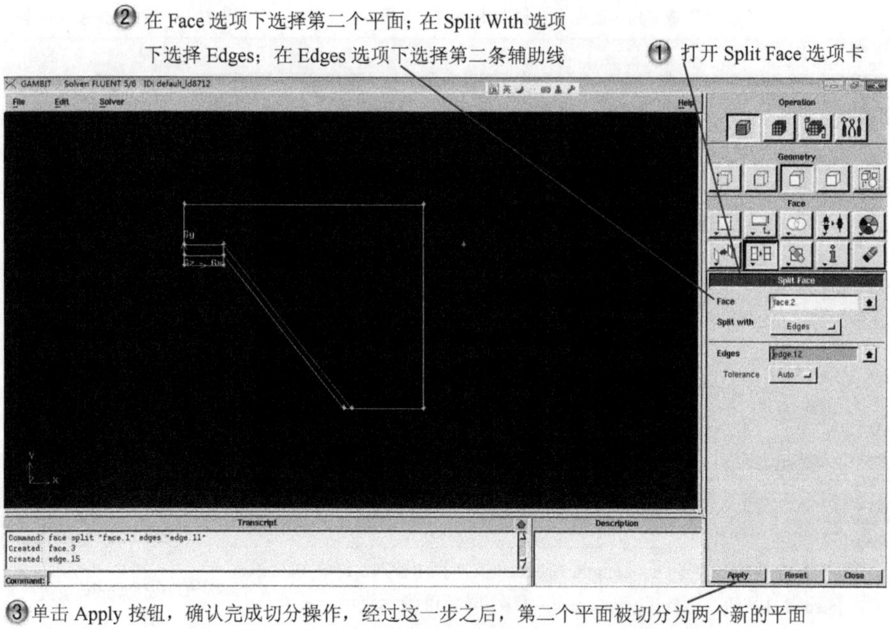

图 11-11　对第二个平面进行第一次切分

Step7 对第二个平面进行第二次切分，如图 11-12 所示。

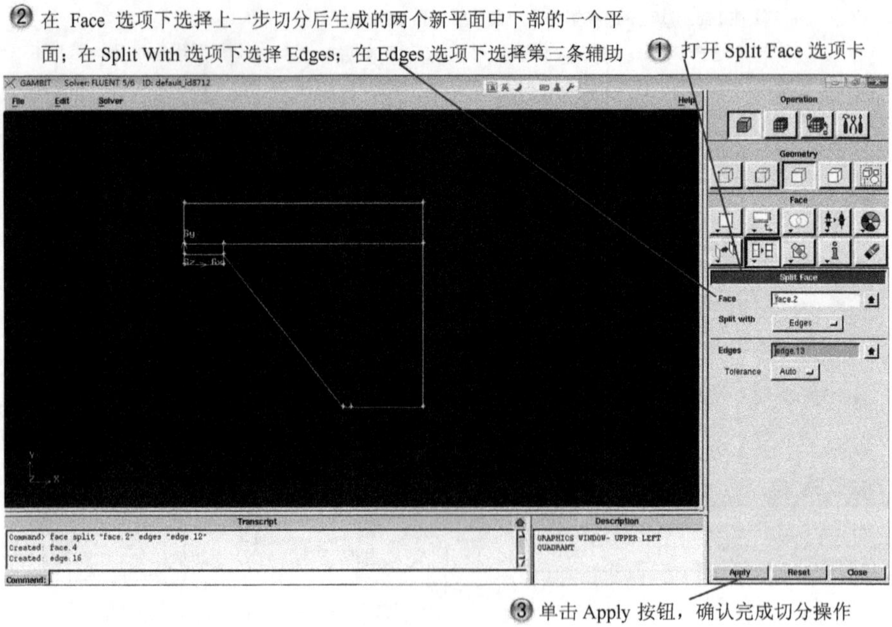

图 11-12　对第二个平面进行第二次切分

Step8 划分线网格，如图 11-13 所示。

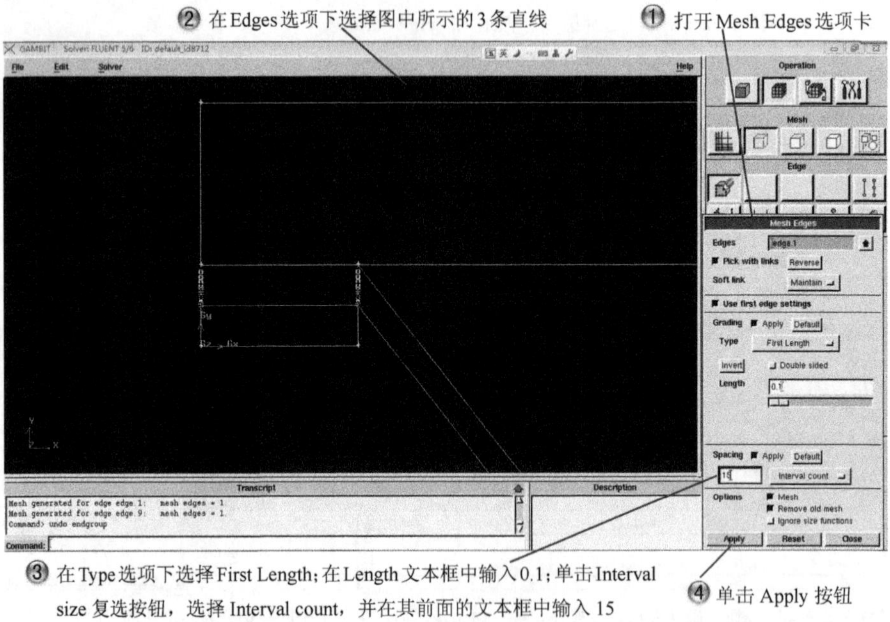

图 11-13　划分线网格

Step9 划分线网格，如图 11-14 所示。

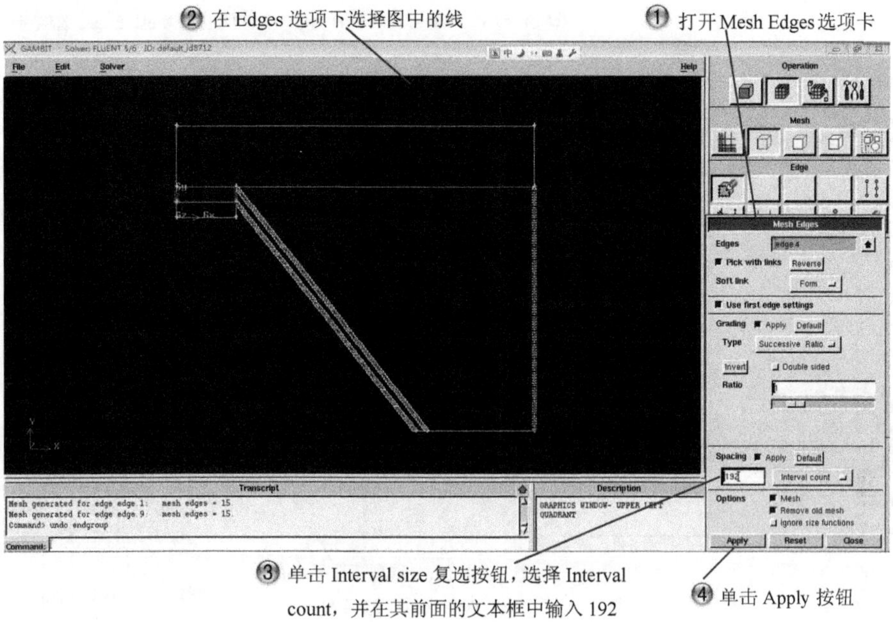

图 11-14　划分线网格

Step10 划分线网格，如图 11-15 所示。

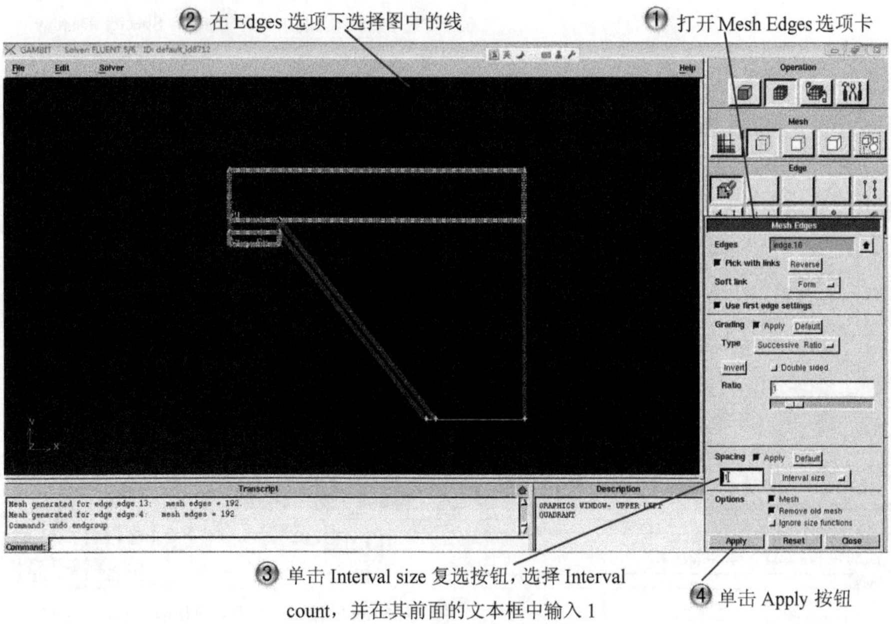

图 11-15　划分线网格

Step11 划分面网格，如图 11-16 所示。

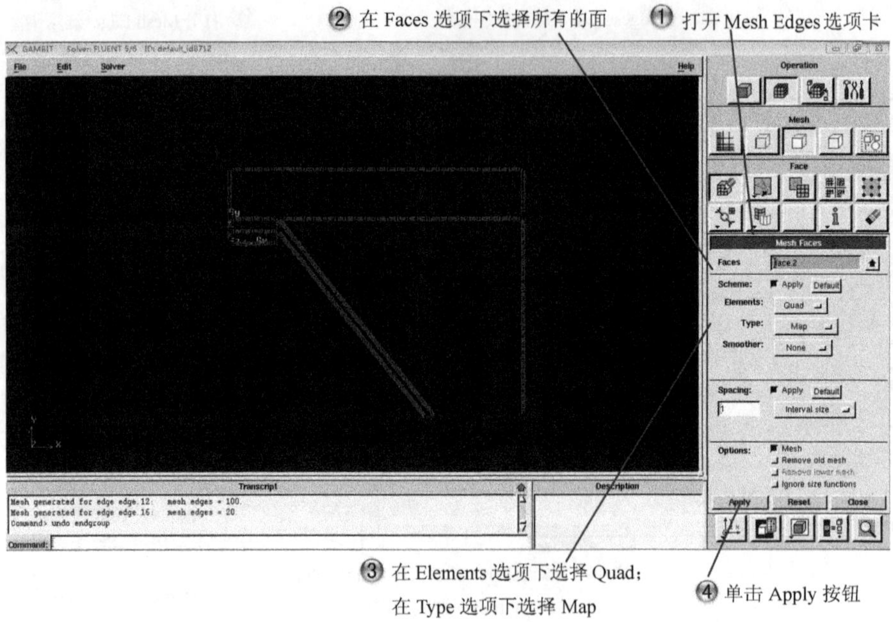

图 11-16　划分面网格

Step12 隐藏网格，如图 11-17 所示。

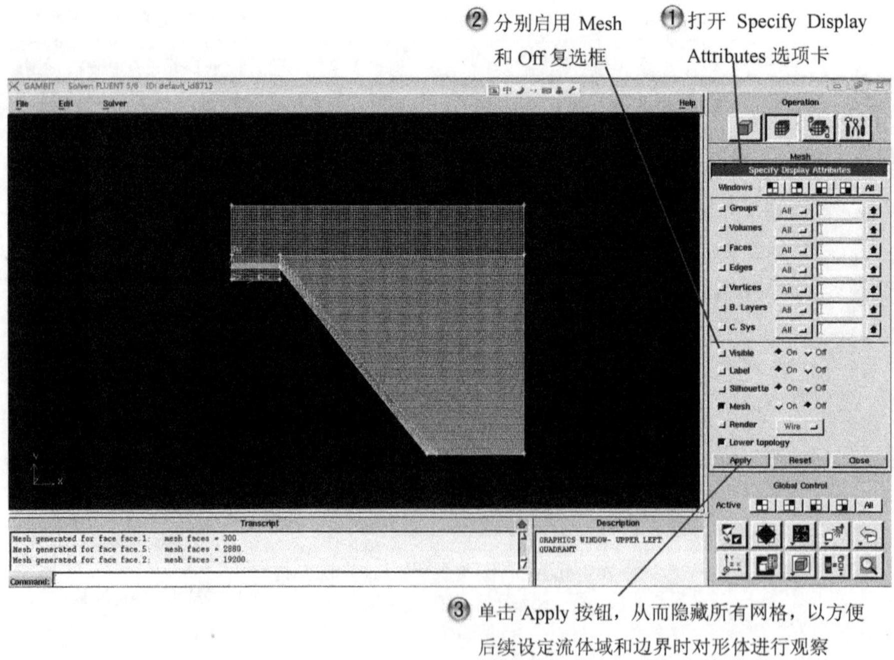

图 11-17　隐藏网格

Step13 设定第一个流体域（水），如图 11-18 所示。

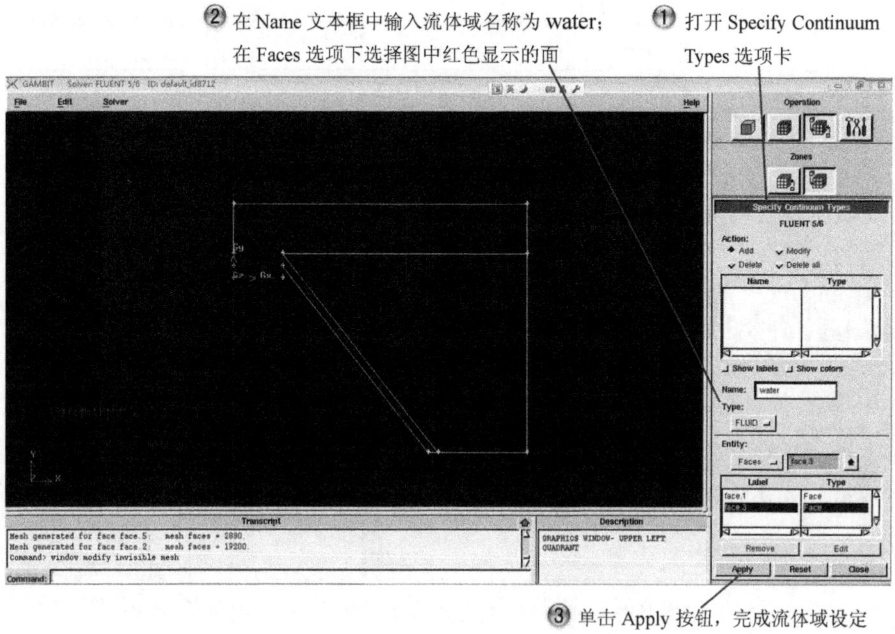

图 11-18 设定第一个流体域（水）

Step14 设定第一个流体域（空气），如图 11-19 所示。

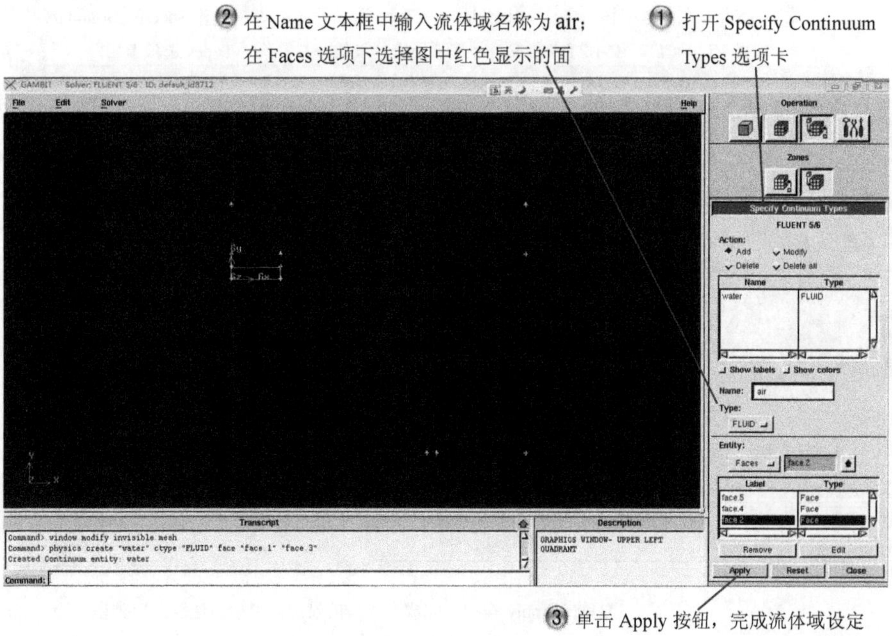

图 11-19 设定第一个流体域（空气）

Step15 设定空气入口边界，如图 11-20 所示。

② 在 Name 文本框中输入名称 airinlet，在 Type 选项下选择 VELOCITY_INLET；在 Edges 选项下选择红线

① 打开 Specify Boundary Types 选项卡

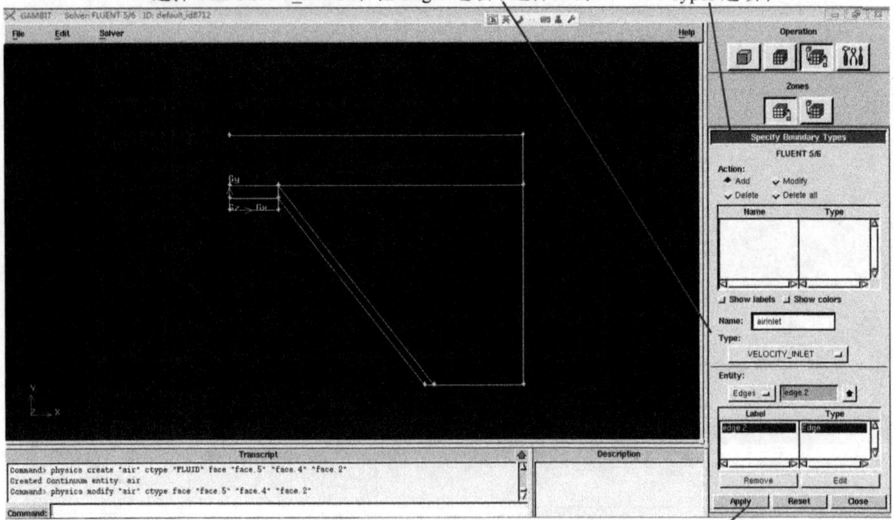

③ 单击 Apply 按钮，完成空气入口的设定，类型为速度入口类型

图 11-20　设定空气入口边界

Step16 设定水入口边界，如图 11-21 所示。

② 在 Name 文本框中输入名称 waterinlet，在 Type 选项下选择 VELOCITY_INLET；在 Edges 选项下选择红线

① 打开 Specify Boundary Types 选项卡

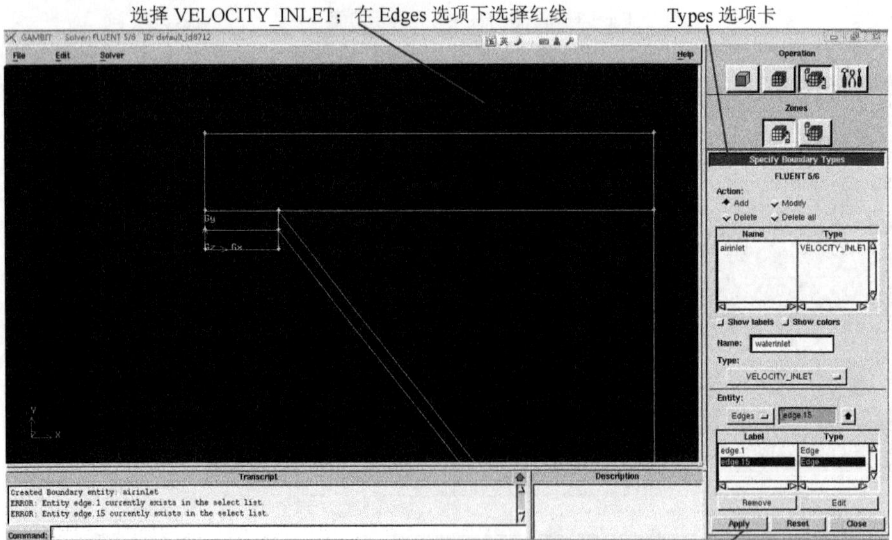

③ 单击 Apply 按钮，完成水入口的设定，类型为速度入口类型

图 11-21　设定水入口边界

Step17 设定出口边界，如图 11-22 所示。

② 在 Name 文本框中输入名称 out，在 Type 选项下选择 PRESSURE_OUTLET；在 Edges 选项下选择红线

① 打开 Specify Boundary Types 选项卡

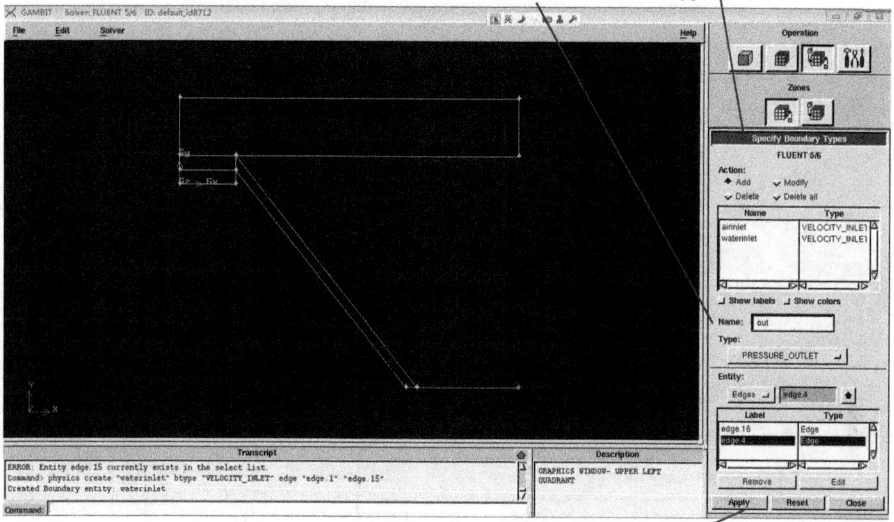

③ 单击 Apply 按钮，完成流体出口的设定，类型为压力出口类型

图 11-22　设定出口边界

Step18 设定对称边界，如图 11-23 所示。

② 在 Name 文本框中输入名称 SYM，在 Type 选项下选择 SYMMETRY；在 Edges 选项下选择红线

① 打开 Specify Boundary Types 选项卡

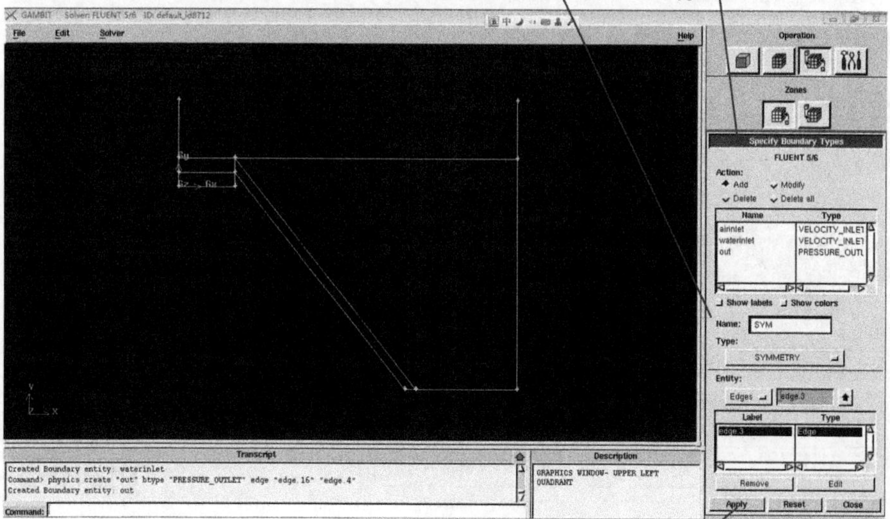

③ 单击 Apply 按钮，完成对称边界设定

图 11-23　设定对称边界

Step19 显示网格，如图 11-24 所示。

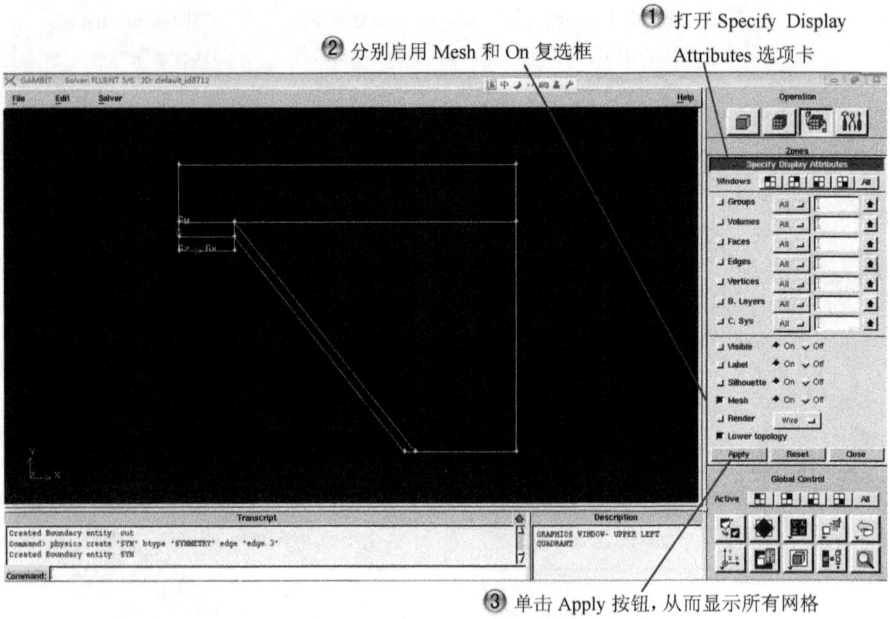

图 11-24　显示网格

Step20 保存网格，如图 11-25 所示。

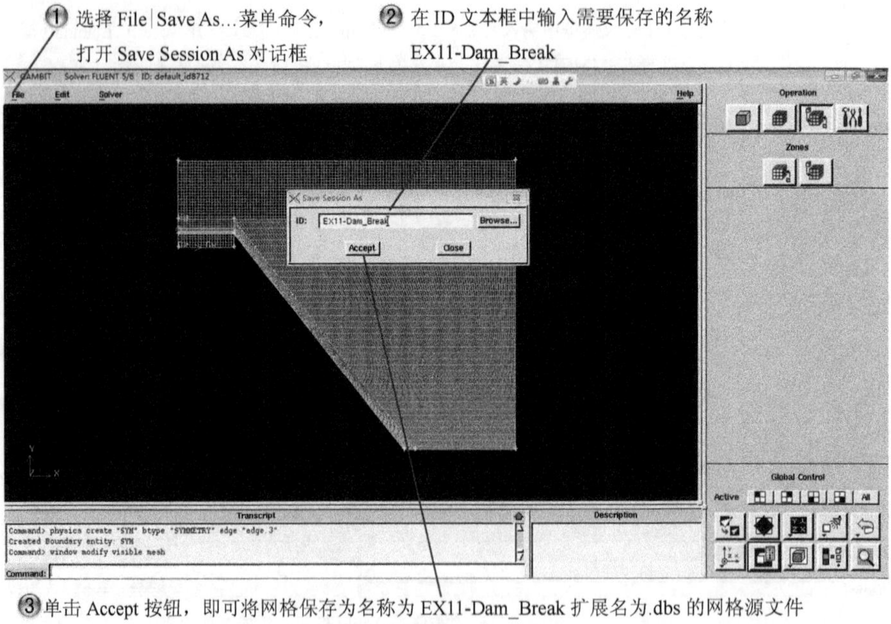

图 11-25　保存网格

Step21 导出网格，如图 11-26 所示。

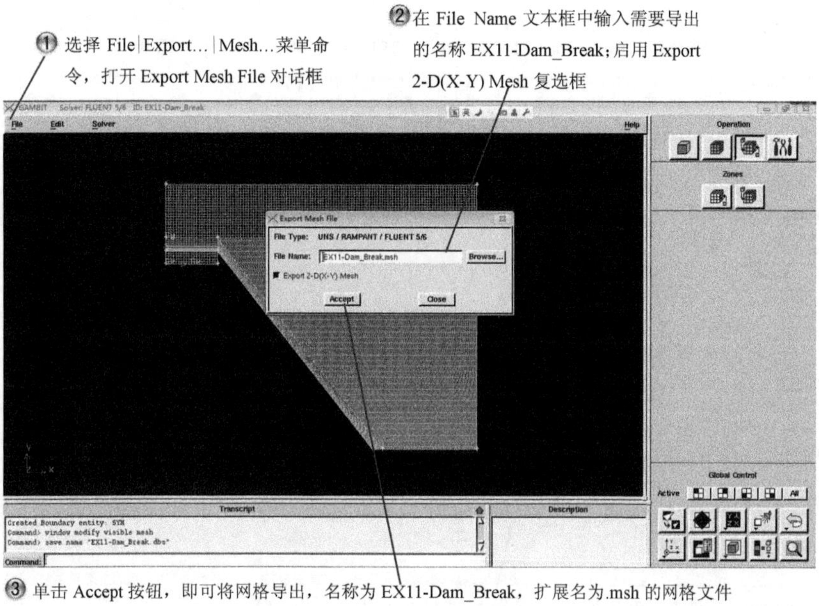

图 11-26　导出网格

11.2.3　仿真设置过程

Step1 打开 FLUENT18.0，读入网格文件，如图 11-27 所示。

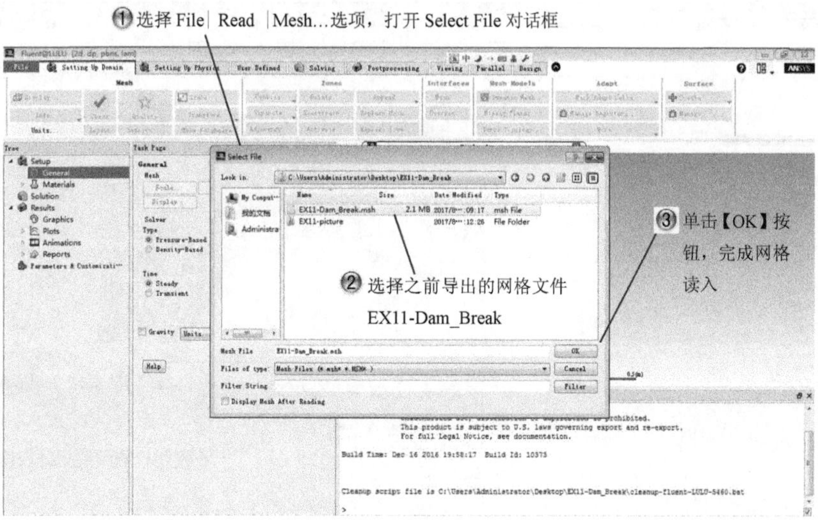

图 11-27　读入网格文件

Step2 显示网格，如图 11-28 所示。

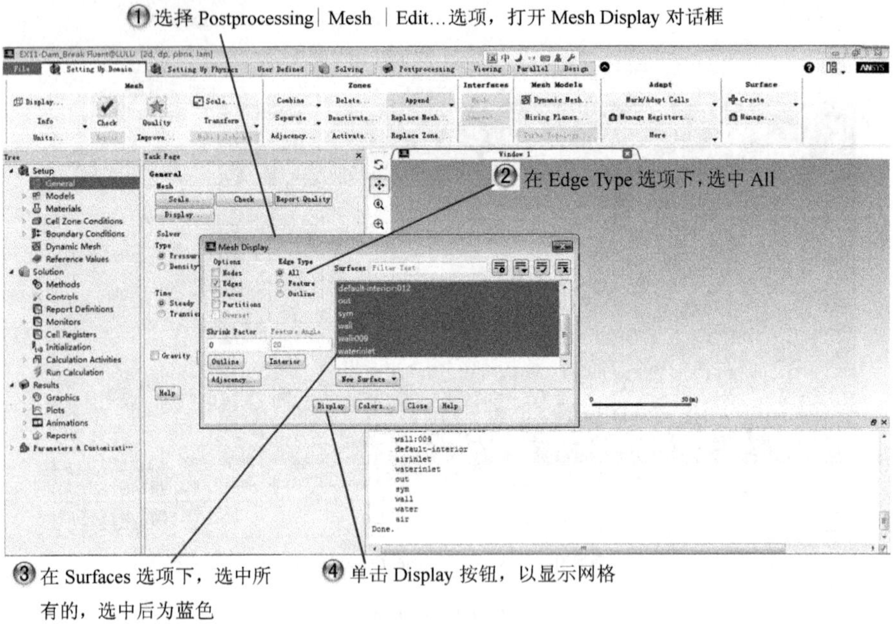

图 11-28　显示网格

Step3 检查网格，如图 11-29 所示。

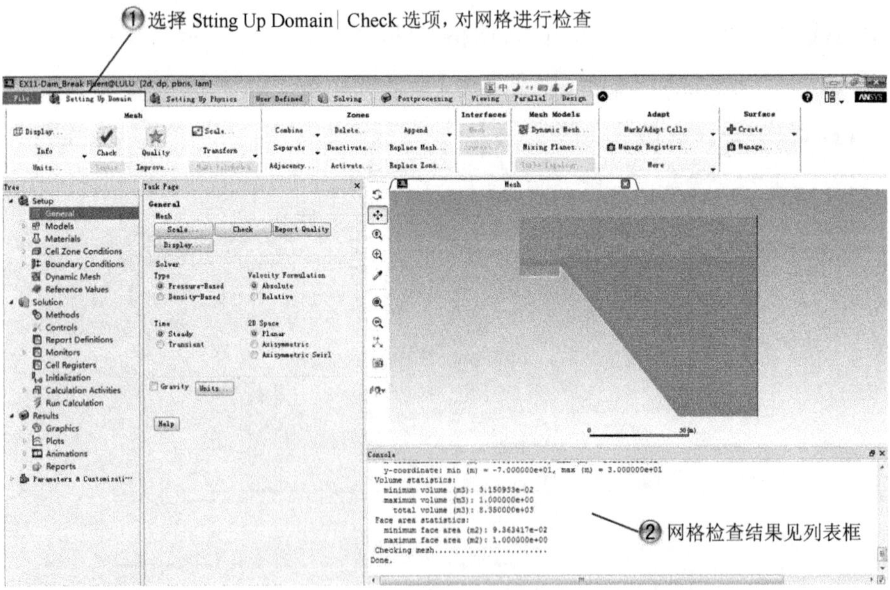

图 11-29　检查网格

Step4 网格质量检测，如图 11-30 所示。

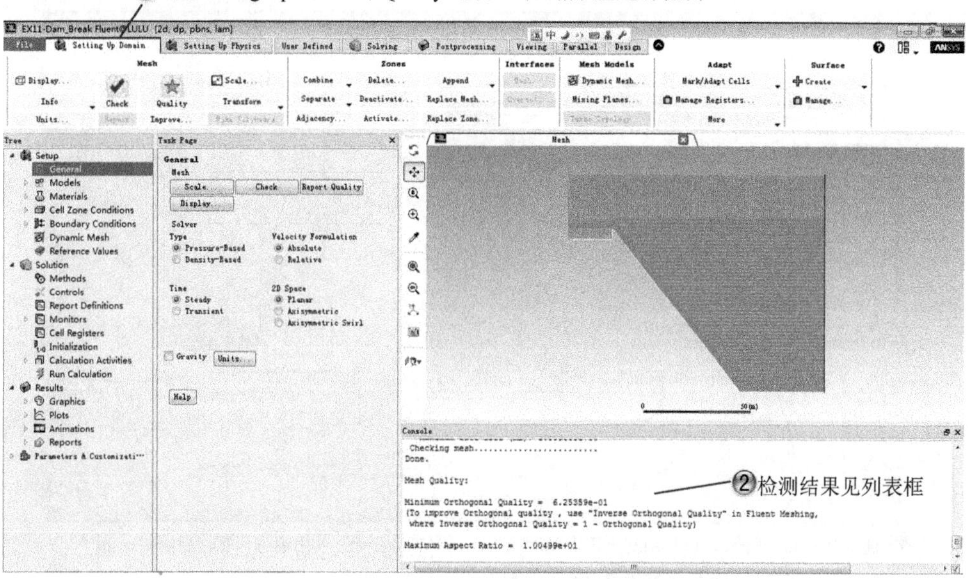

图 11-30　网格质量检测

Step5 调整尺寸单位，如图 11-31 所示。

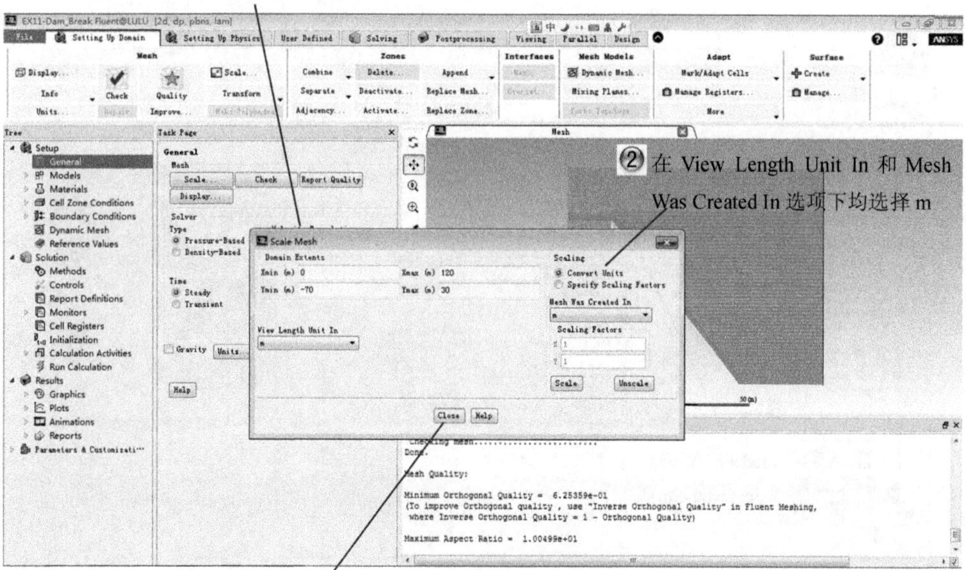

图 11-31　调整尺寸单位

Step6 求解器设置，如图 11-32 所示。

①选择 General 选项，进入 General 选项卡

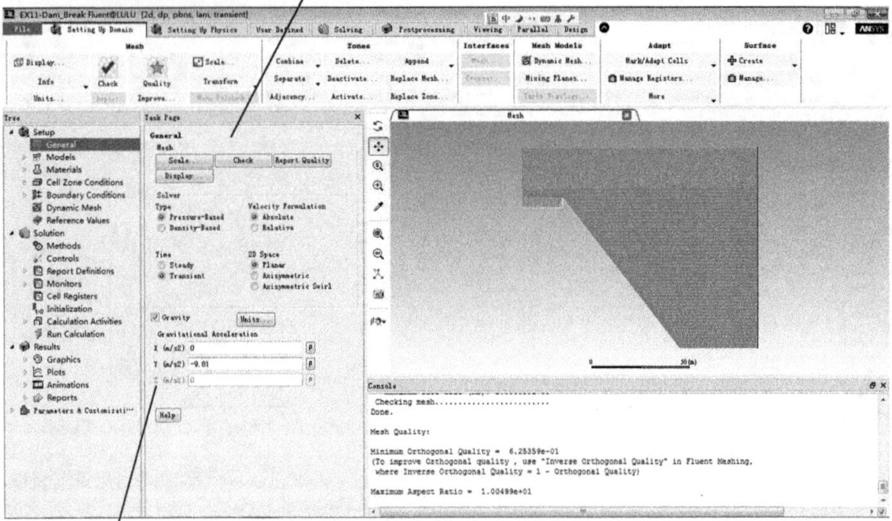

②选中 Pressure-Based，以使用基于压力基的求解；选中 Transient，使用瞬态计算；启用 Gravity 复选框，并在 Y （m/s2）文本框中输入-9.81

图 11-32　求解器设置

Step7 湍流模型设置，如图 11-33 所示。

①依次双击 Models | Viscous-Laminar 选项，打开 Viscous Model 对话框

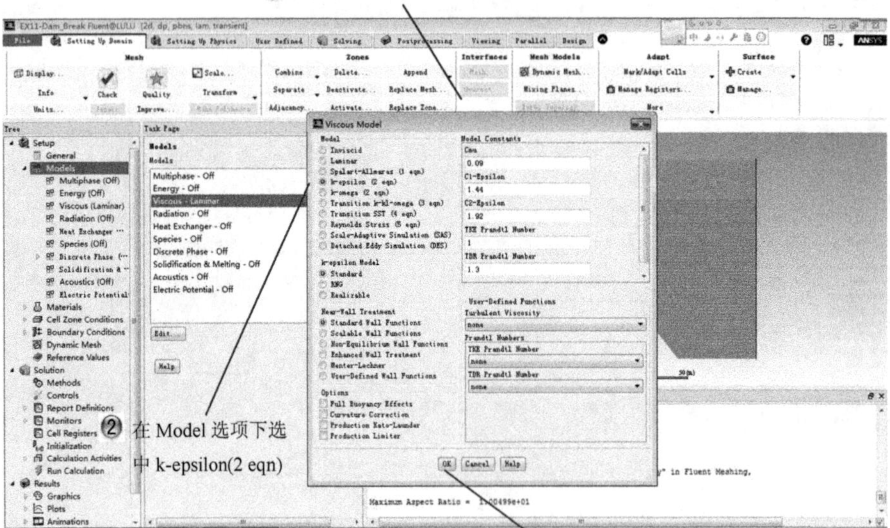

②在 Model 选项下选中 k-epsilon(2 eqn)

③单击 OK 按钮，确认并关闭对话框

图 11-33　湍流模型设置

Step8 创建流体材料，如图 11-34 所示。

图 11-34　创建流体材料

Step9 两相流设置，如图 11-35 所示。

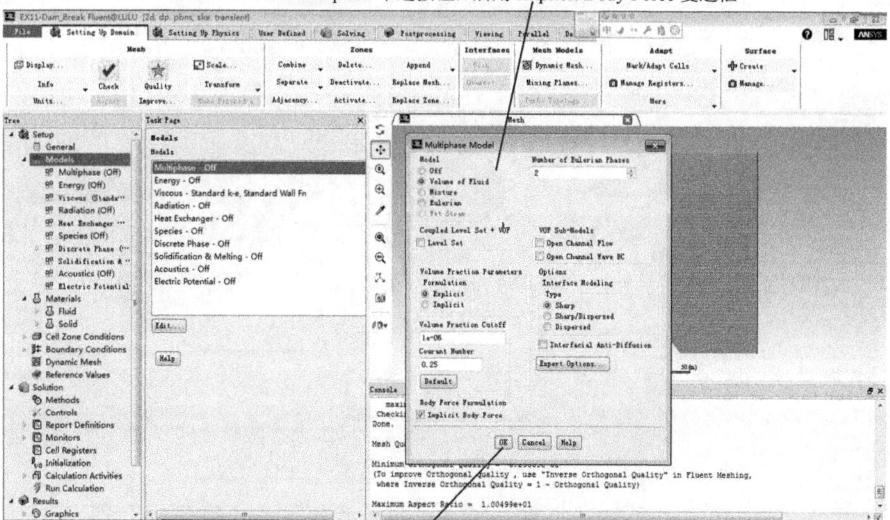

图 11-35　两相流设置

Step10 第一相流体设置，如图 11-36 所示。

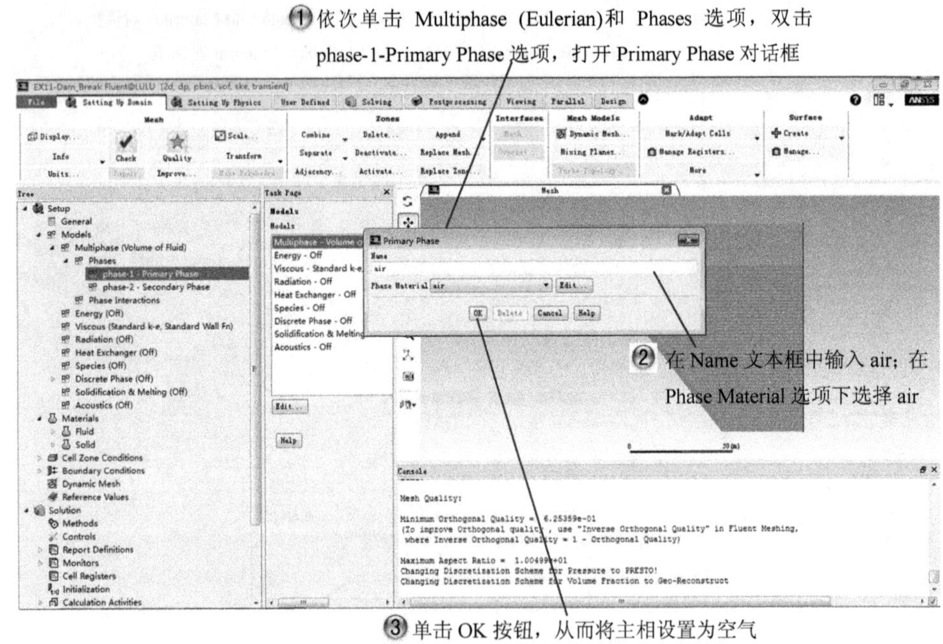

图 11-36　第一相流体设置

Step11 第二相流体设置，如图 11-37 所示。

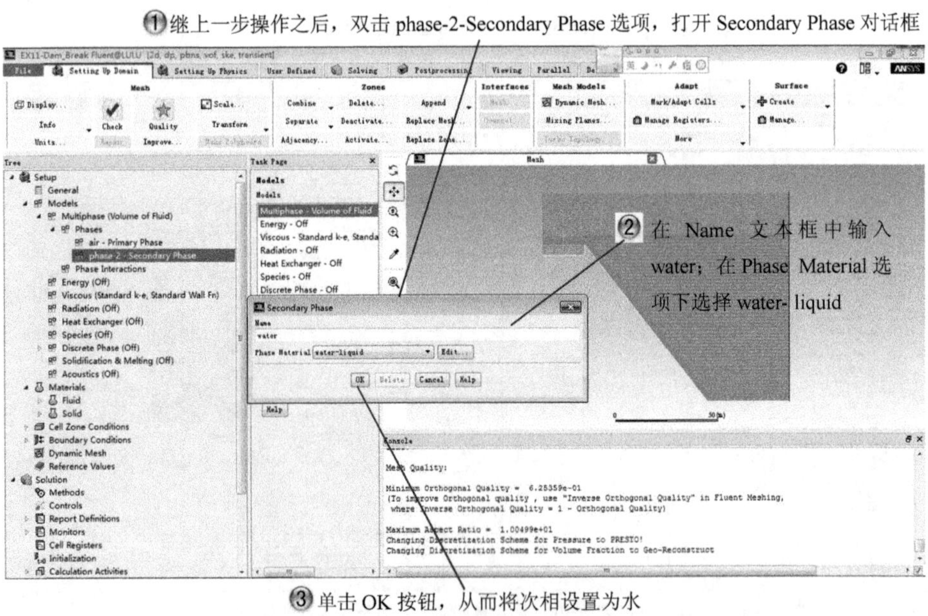

图 11-37　第二相流体设置

Step12 进水速度设置，如图 11-38、图 11-39 所示。

①选择 Boundary Conditions|waterinlet 选项，在 Phase 选项下选择 mixture，单击 Edit 按钮，打开 Velocity Inlet 对话框

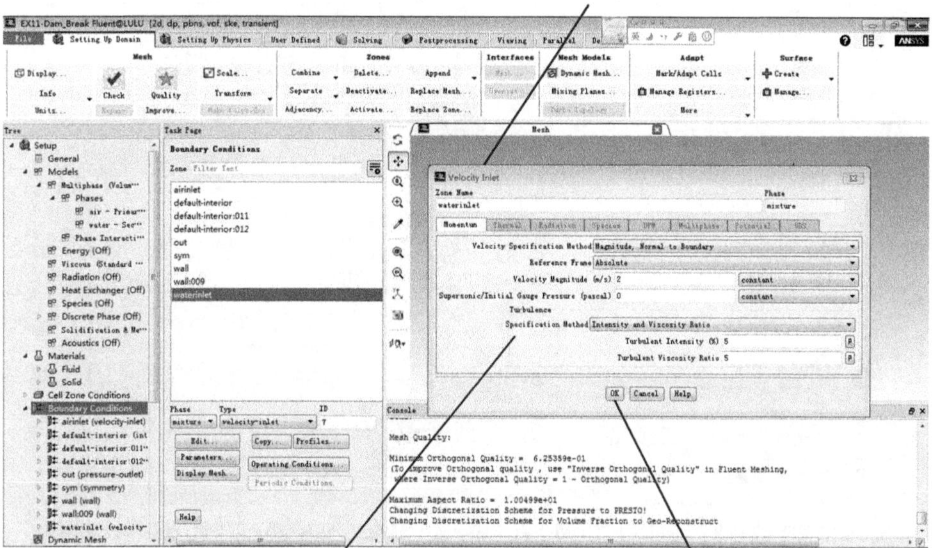

②在 Velocity Magnitude(m/s)文本框中输入 2，即设定入口流速为 2m/s；在 Specification Method 选项下选择 Intensity and Viscosity Ratio；在 Turbulent Intensity 和 Turbulent Viscosity Ratio 文本框中均输入 5

③单击 OK 按钮，确认并退出

图 11-38　进水速度设置（1）

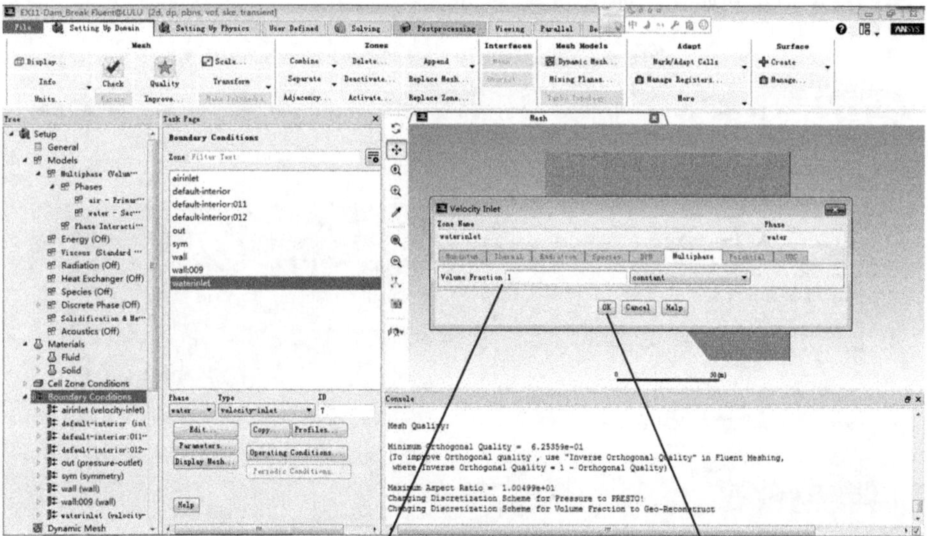

④切换到 Multiphase 选项卡，在 Phase 选项下选择 water；在 Volume Fraction 文本框中输入 1

⑤单击 OK 按钮，确认并退出

图 11-39　进水速度设置（2）

Step13 空气速度设置，如图 11-40 所示。

① 选择 Boundary Conditions|airinlet 选项，在 Phase 选项下选择 mixture，单击 Edit 按钮，打开 Velocity Inlet 对话框

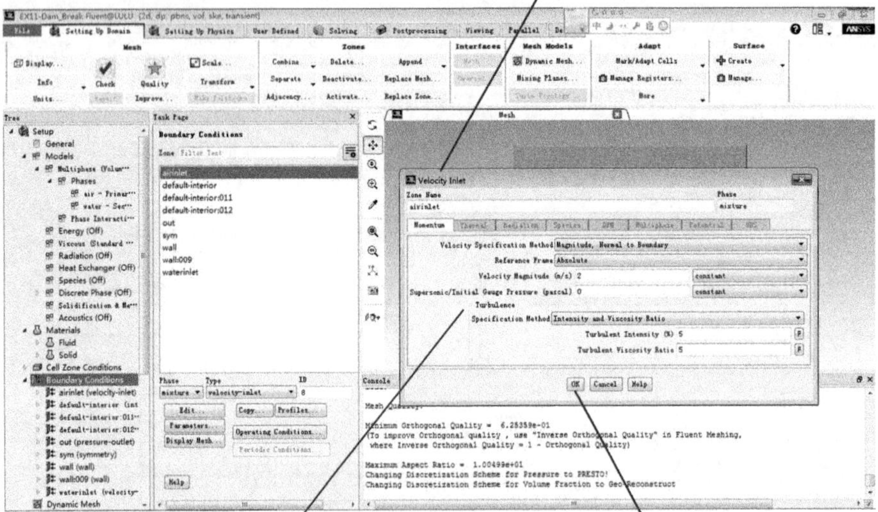

② 在 Velocity Magnitude(m/s)文本框中输入 2，即设定入口流速为 2m/s；在 Specification Method 选项下选择 Intensity and Viscosity Ratio；在 Turbulent Intensity 和 Turbulent Viscosity Ratio 文本框中均输入 5

③ 单击 OK 按钮，确认并退出

图 11-40　空气速度设置

Step14 流场初始化，如图 11-41 所示。

① 选择 Initialization 选项，打开 Solution Initialization 选项卡

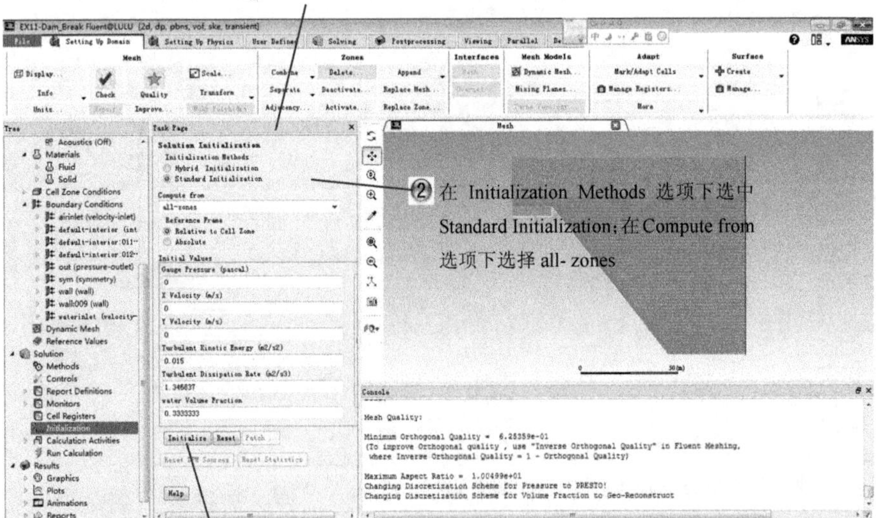

② 在 Initialization Methods 选项下选中 Standard Initialization；在 Compute from 选项下选择 all- zones

③ 单击 Initialize 按钮，完成流场初始化

图 11-41　流场初始化

Step15 设置空气的初始状态，如图 11-42 所示。

①选择 Patch 选项，打开 Patch 对话框。在 Phase 选项下选择 water；在 Variable 选项下选择 Volume Fraction；在 Zones to Patch 选项下选择 air；在 Value 文本框中输入 0

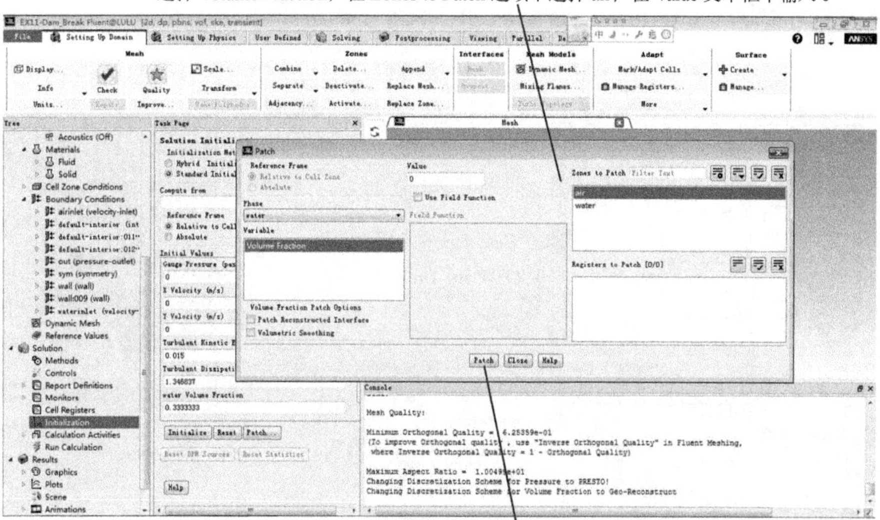

②单击 Patch 按钮

图 11-42　设置空气的初始状态

Step16 设置水的初始状态，如图 11-43 所示。

①选择 Patch 选项，打开 Patch 对话框。在 Phase 选项下选择 water；在 Variable 选项下选择 Volume Fraction；在 Zones to Patch 选项下选择 water；在 Value 文本框中输入 1

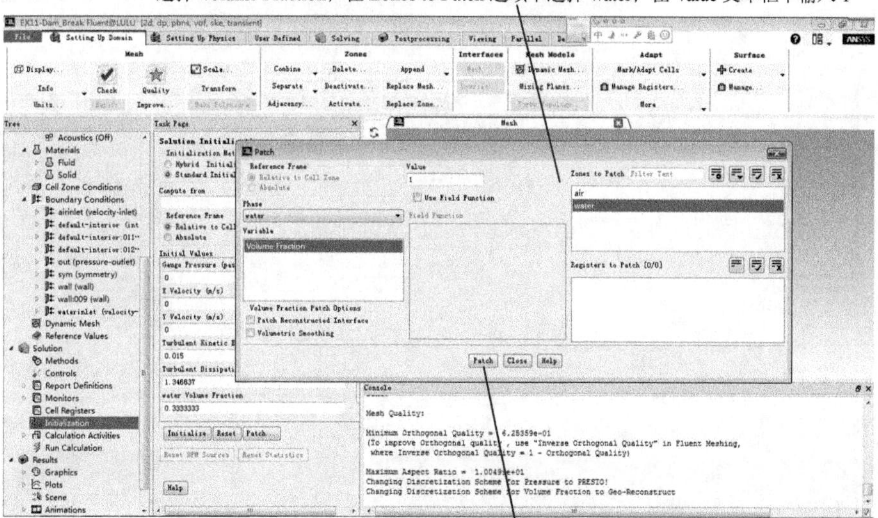

②单击 Patch 按钮

图 11-43　设置水的初始状态

Step17 保存 Case 文件，如图 11-44 所示。

① 选择 File|Write|Case 选项，打开 Select File 对话框

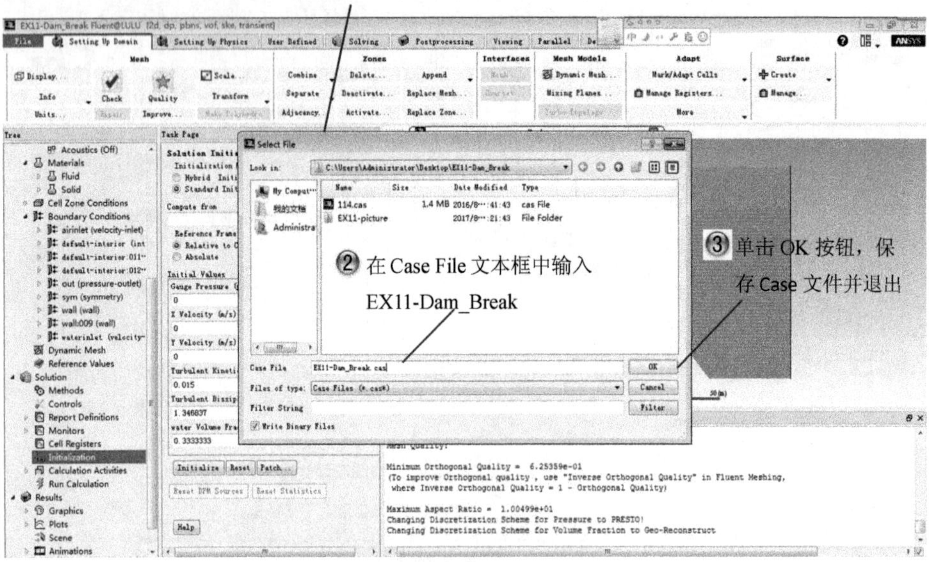

图 11-44 保存 Case 文件

Step18 设置自动保存，如图 11-45 所示。

① 选择 File|Write|Autosave 选项，打开 Autosave 对话框。在 Save Data File Every (Time Steps)文本框中输入 2

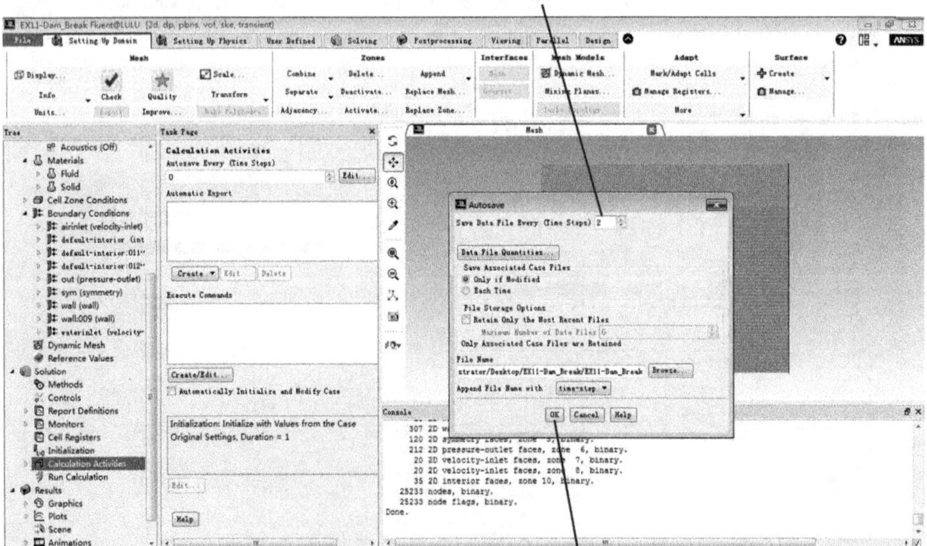

② 单击 OK 按钮

图 11-45 设置自动保存

Step19 瞬态求解计算，如图 11-46 所示。

① 选择 Run Calculation 选项，进入 Run Calculation 选项卡，在 Time Step Size (s)文本框中输入 0.005，在 Number of Interation 文本框中输入 1000

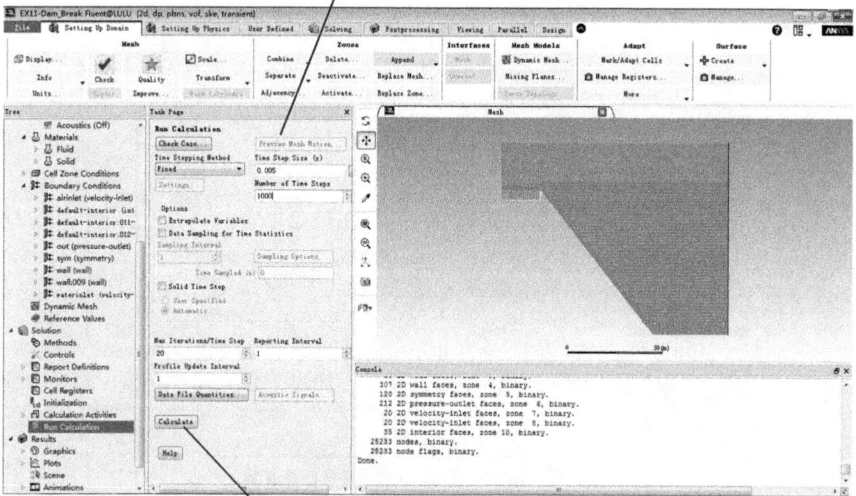

② 单击 Calculate 按钮，开始计算，计算完成后会自动停止

图 11-46　设置自动保存

Step20 保存计算结果，如图 11-47、图 11-48 所示。

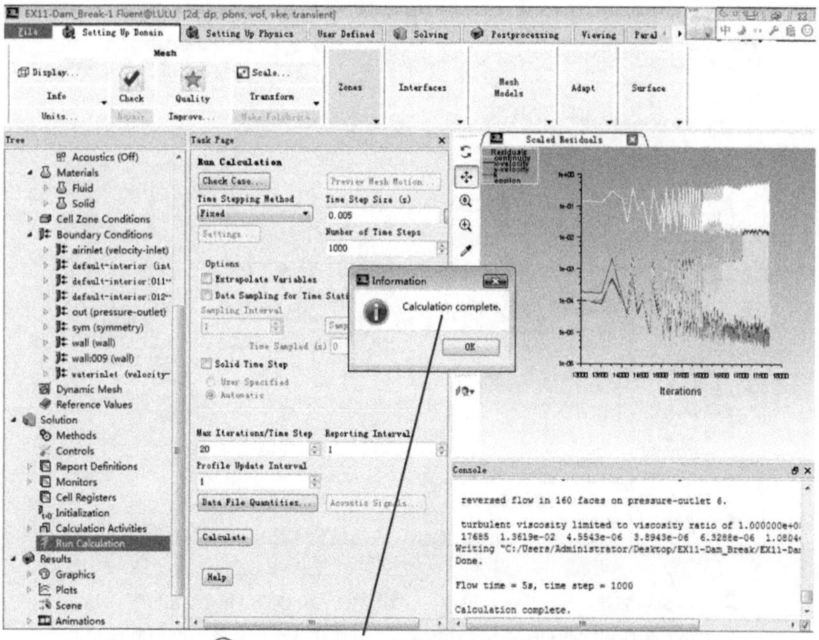

① 计算完成之后，在图中所示的界面上点击 Complete

图 11-47　保存计算结果（1）

②选择 File|Write|Case & Data…选项，打开 Select File 对话框。在 Case/Data File 文本框中输入 EX11-Dam_Break

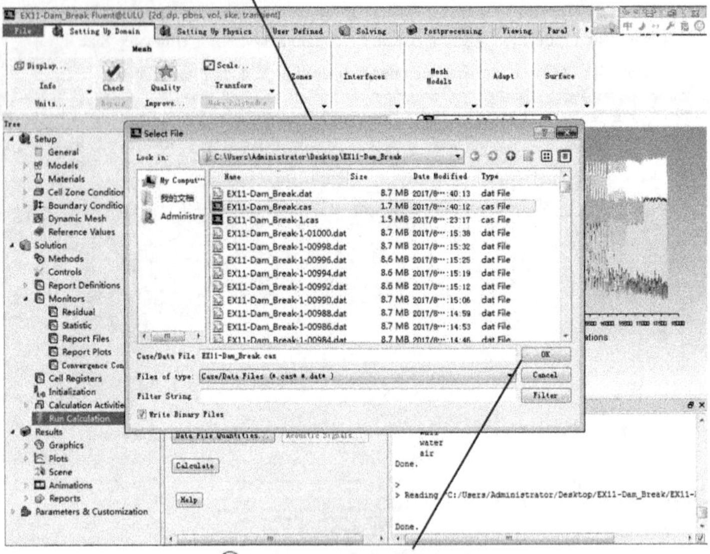

③单击 OK 按钮，保存结果文件并退出

图 11-48　保存计算结果（2）

Step21 保存残差曲线，如图 11-49 所示。

①选择 File|Save Picture…选项，打开 Save Picture 对话框。在 Fromat 选项下选择 JPEG，Coloring 选项下选择 Color，Options 选项下启用 White Backgruond

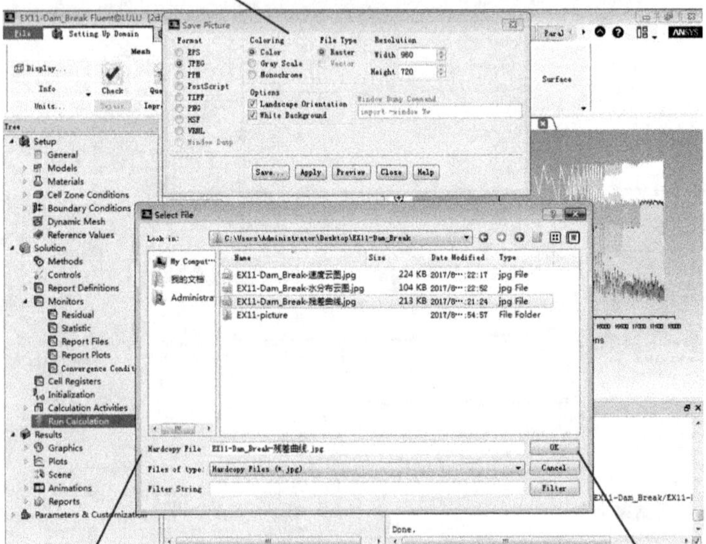

②单击 Save 按钮，打开 Select File 对话框，在 HardCopy File 文本框中输入名称 EX11-Dam Break-残差曲线

③单击 OK 按钮，保存残差曲线，此时保存的残差曲线是白色前景下 JPEG 格式的彩色图片

图 11-49　保存残差曲线

Step22 速度分布云图，如图 11-50 所示。

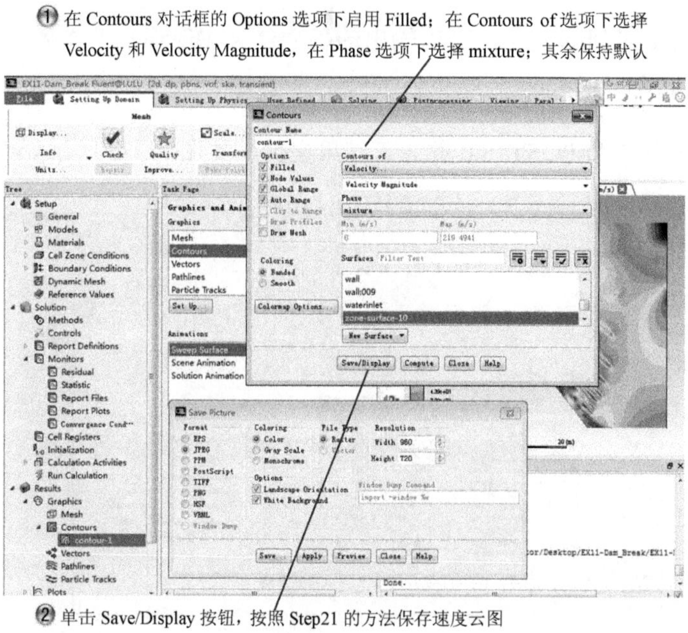

图 11-50　速度分布云图

Step23 水分布云图，如图 11-51 所示。

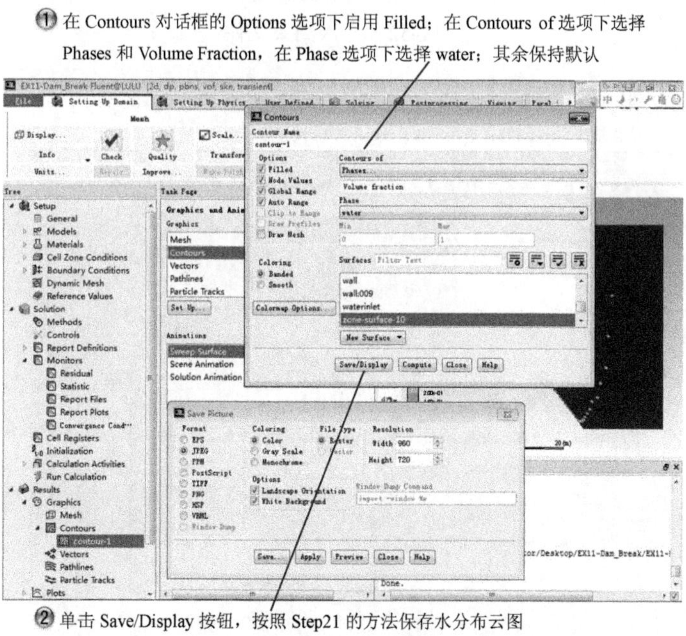

图 11-51　水分布云图

11.2.4 输出动画文件

为了得到水流随时间的变化，可以输出动画文件来实现观察动态效果，这里输出动画文件使用的是 CFD-POST18.0。

Step1 打开 CFD-POST18.0 并导入结果文件，如图 11-52 所示。

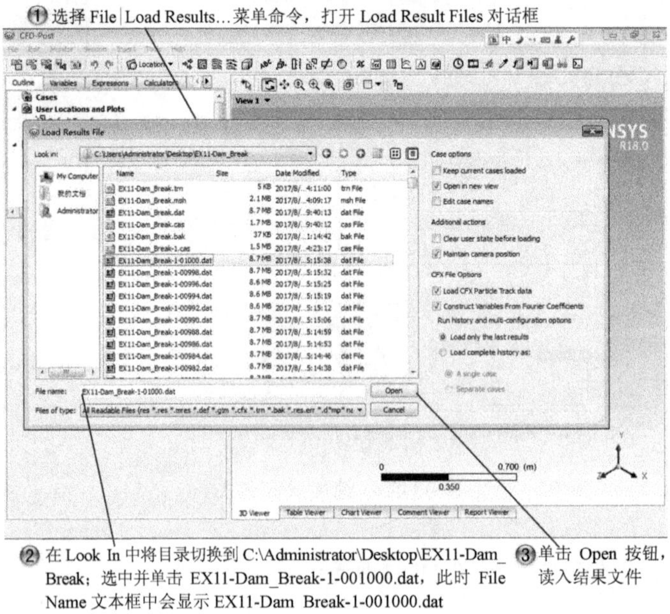

图 11-52　导入结果文件

Step2 创建平面，如图 11-53、图 11-54 所示。

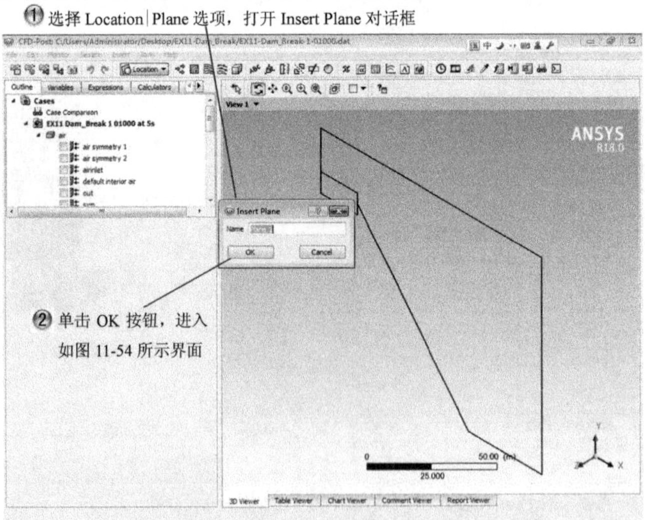

图 11-53　创建平面（1）

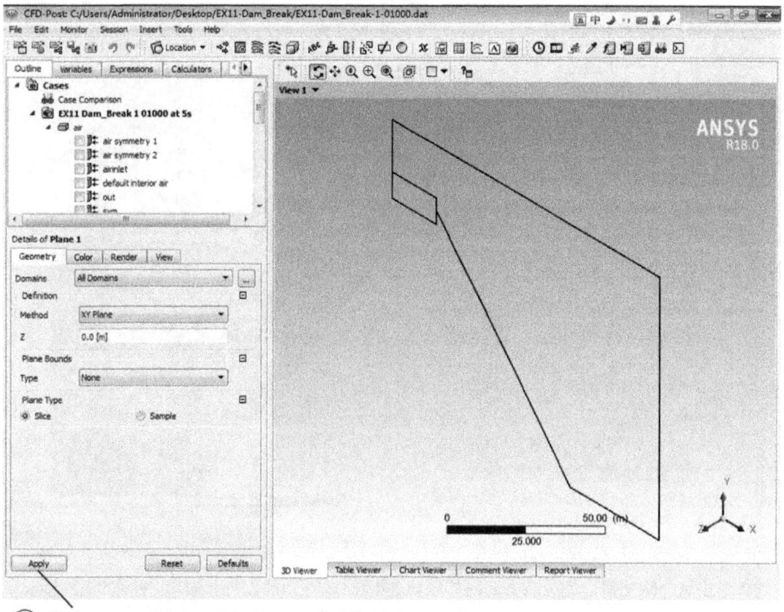

③ 单击 Apply 按钮，则完成 XY 平面的创建

图 11-54　创建平面（2）

Step3 创建云图，如图 11-55、图 11-56 所示。

① 单击 Contour 按钮，打开 Insert Contour 对话框

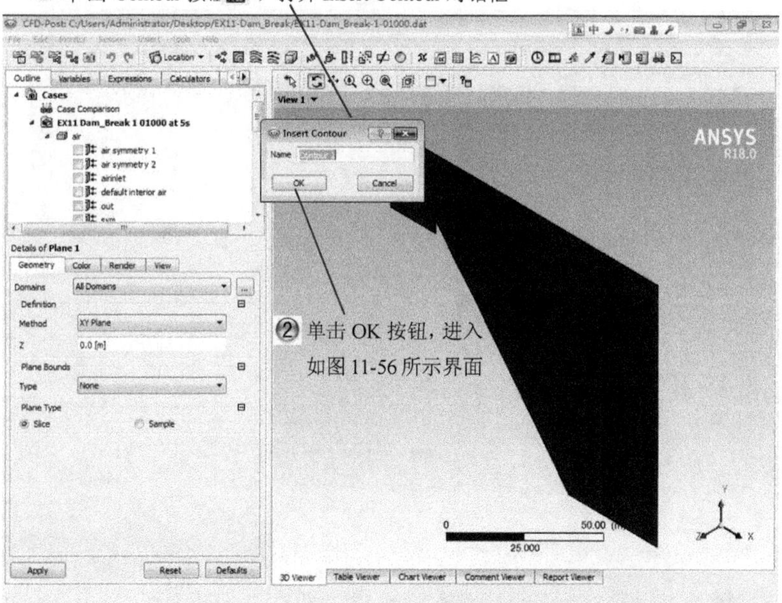

图 11-55　创建云图（1）

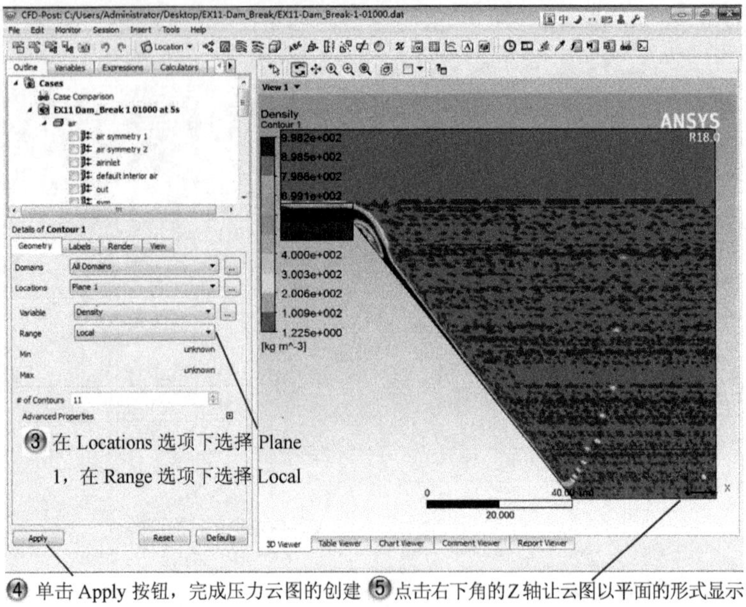

图 11-56　创建云图（2）

Step4 生成动画，如图 11-57 所示。

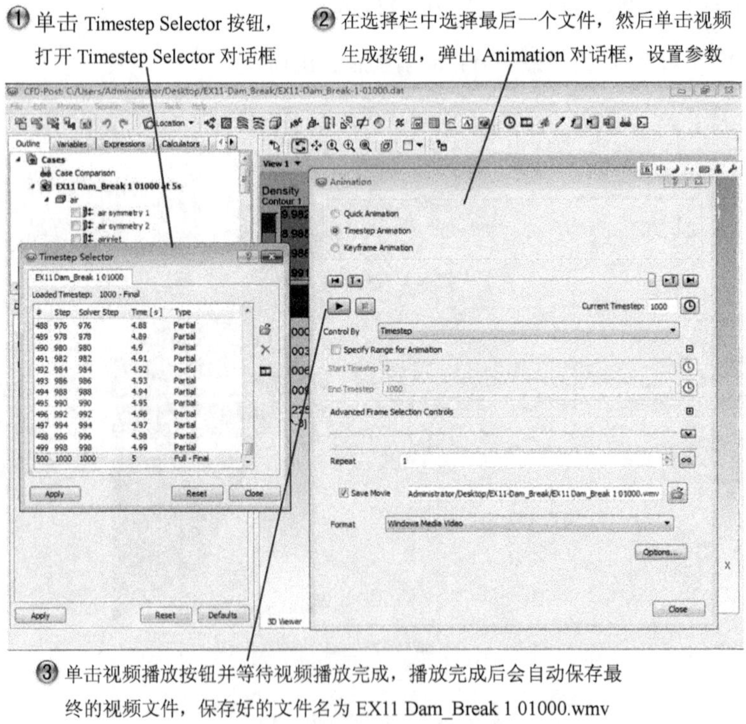

图 11-57　生成动画

11.3 案例小结

本章首先介绍了 FLUENT 的滑移网格技术的基本知识，之后通过一个水库溃坝仿真案例，着重介绍了从水库溃坝模型处理、网格划分到仿真设置的全部过程，虽然本案例不复杂，但是涉及了很多实用的操作，希望读者能掌握实际的操作方法。

第 12 章　多孔介质内流动与换热仿真案例

本章导读

在 FLUENT 中，动网格模型用来模拟流场形状因边界运动而随时间改变的情况，网格的更新过程由 FLUENT 根据每个迭代步中边界的变化情况自动完成，本章主要介绍动网格计算中网格的动态变化过程的三种计算模型。同时，本章通过多孔介质内流动与换热仿真案例的创建，讲解建立流体仿真模型并进行网格划分，然后仿真并输出动画的全部过程。

学习要求	学习目标 知识点	了解	理解	应用	实践
学习要求	动网格模型知识		√		
	建立流体仿真模型		√	√	√
	划分网格和设定边界		√	√	√
	内流动与换热仿真设置		√	√	√
	输出动画文件		√	√	√

12.1　案例分析

12.1.1　知识链接

动网格模型用来模拟流场形状因边界运动而随时间改变的情况。边界的运动形式可以是预先定义的运动，即可以在计算前指定其速度或角速度；也可以是预先未定义的运动，即边界的运动由前一步的计算结果决定。

网格的更新过程由 FLUENT 根据每个迭代步中边界的变化情况自动完成。在使用移动网格模型时，必须首先定义初始网格、边界运动的方式并指定参与运动的区域，也可以用边界型函数或者 UDF 定义边界的运动方式。FLUENT 要求将运动的描述定义在网格面或网格区域上。如果流场中包含运动与不运动两种区域，则需要将它们组合在初始网格中，以对它们进行识别。那些由于周围区域运动而发生变形的区域必须被组合到各自的初始网格区域中。不同区域之间的网格不必是正则的，可以在模型设置中用 FLUENT 软件提供的非正则或者滑动界面功能将各区域连接起来。

在动网格计算中，网格的动态变化过程可以用三种模型进行计算，即弹簧光滑模型（spring-based smoothing model）、动态分层模型（dynamic layering model）和局部重划模型（local remeshing model）。

（1）弹簧光滑模型

在弹簧光滑模型中，网格的边被理想化为节点间相互连接的弹簧。移动前的网格间距相当于边界移动前由弹簧组成的系统处于平衡状态。在网格边界节点发生位移后，会产生与位移成比例的力，力的大小根据胡克定律计算。边界节点位移形成的力虽然破坏了弹簧系统原有的平衡，但是在外力作用下，弹簧系统经过调整将达到新的平衡，也就是说，由弹簧连接在一起的节点，将在新的位置上重新获得力的平衡。从网格划分的角度来说，从边界节点的位移出发，采用胡克定律，经过迭代计算，最终可以得到使各节点上的合力等于零的、新的网格节点位置。原则上弹簧光滑模型可以用于任何一种网格体系，但是在非四面体网格区域（二维非三角形），需要满足下列条件：

- 移动是单方向的。
- 移动方向垂直于边界。

（2）动态分层模型

对于棱柱型网格区域（六面体或楔形），可以应用动态分层模型。动态分层模型可根据紧邻运动边界网格层高度的变化，添加或减少动态层。即在边界发生运动时，如果紧邻边界的网格层高度增大到一定程度，就将其划分为两个网格层；如果网格层高度降低到一定程度，就将紧邻边界的两个网格层合并为一个层。动态分层模型的应用有以下限制：

- 与运动边界相邻的网格必须为楔形或六面体（二维四边形）网格。
- 在滑动网格交界面以外的区域，网格必须被单面网格区域包围。
- 如果网格周围区域中有双侧壁面区域，则必须首先将壁面和阴影区分割开，再用滑动交界面将二者耦合起来。
- 如果动态网格附近包含周期性区域，则只能用 FLUENT 的串行版求解；但是如果周期性区域被设置为周期性非正则交界面，则可以用 FLUENT 的并行版求解。

（3）局部重划模型

在使用非结构网格的区域上，一般采用弹簧光滑模型进行动网格划分，但是，如果运动边界的位移远远大于网格尺寸，则采用弹簧光滑模型可能会导致网格质量下降，甚至出现体积为负值的网格，或因网格畸变过大导致计算不收敛。为了解决这个问题，FLUENT在计算过程中，将畸变率过大或尺寸变化过于剧烈的网格集中在一起进行局部网格的重新划分，如果重新划分后的网格可以满足畸变率要求和尺寸要求，则用新的网格代替原来的网格；如果新的网格仍然无法满足要求，则放弃重新划分的结果。

在重新划分局部网格之前，首先要将需要重新划分的网格识别出来。FLUENT 中识别不合乎要求网格的判据有两个，一个是网格畸变，一个是网格尺寸，其中网格尺寸又分最大尺寸和最小尺寸。在计算过程中，如果一个网格的尺寸大于最大尺寸，或者小于最小尺寸，或者网格畸变率大于系统畸变率标准，则这个网格就被标记为需要重新划分的网格。在识别所有动网格之后，再开始重新划分的过程。局部重划模型不仅可以调整体网格，也可以调整动边界上的表面网格。需要注意的是，局部重划模型仅能用于四面体网格和三角形网格。在定义动边界面以后，如果在动边界面附近还同时定义了局部重划模型，则动边界上的表面网格必须满足以下条件：

- 需要进行局部调整的表面网格是三角形（三维）或直线（二维）。
- 必须将重新划分的面网格单元紧邻动网格节点。
- 表面网格单元必须处于同一个面上并构成一个循环。
- 被调整单元不能是对称面（线）或正则周期性边界的一部分。

动网格的实现在 FLUENT 中是由系统自动完成的。如果在计算中设置了动边界，则 FLUENT 会根据动边界附近的网格类型，自动选择动网格计算模型。如果动边界附近采用的是四面体网格（三维）或三角形网格（二维），则 FLUENT 会自动选弹簧光滑模型和局部重划模型对网格进行调整。如果是棱柱型网格，则会自动选择动态层模型进行网格调整，在静止网格区域则不进行网格调整。

12.1.2　设计思路

如图 12-1 所示为一个烧结矿气固换热数值模拟物理模型，图中阴影部分为烧结矿，初始温度为 873K，底部进口管道直径为 160mm，上部出口管道直径为 230mm。

本例模型是一个二维的模型，可以直接使用 GAMBIT 建模，然后划分网格，最后导入 FLUENT 中进行仿真求解。

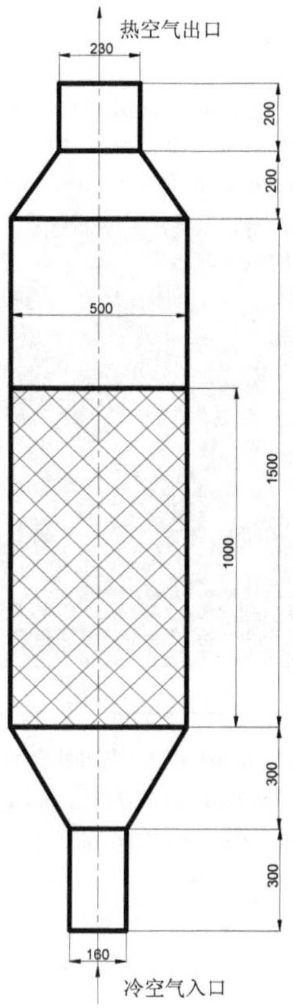

图 12-1　模型

12.2　案例操作

本案例文件：ywj/12/EX12-Porous_Heat 相关文件和动画文件

多媒体教学路径：多媒体教学→第 12 章

12.2.1　建立流体仿真模型

本例为二维模型，建模过程使用点线面原则，由点成线，由线成面。

Step1 打开 GAMBIT 软件，创建点，如图 12-2 所示。

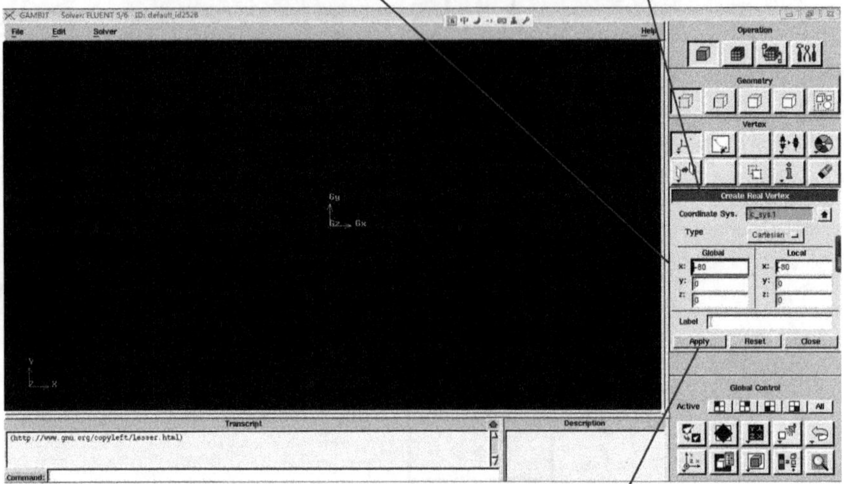

图 12-2　创建点

Step2 连接点，如图 12-3 所示。

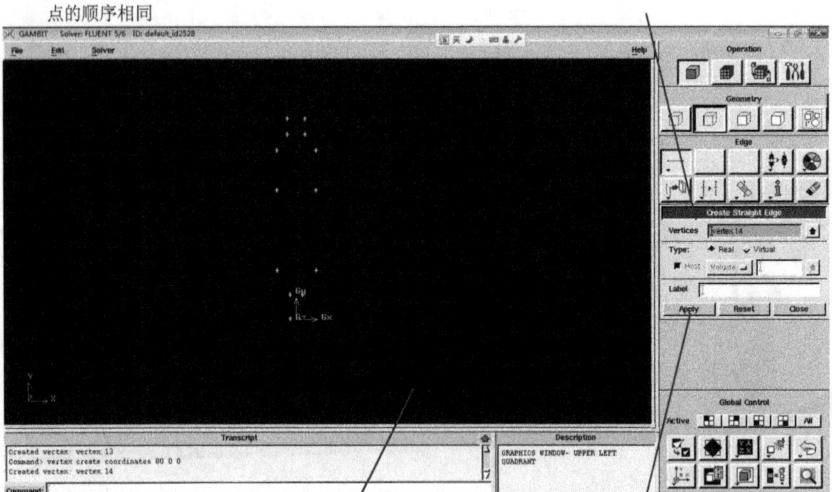

图 12-3　连接点

Step3 生成第一个平面（上部流体域），如图 12-4 所示。

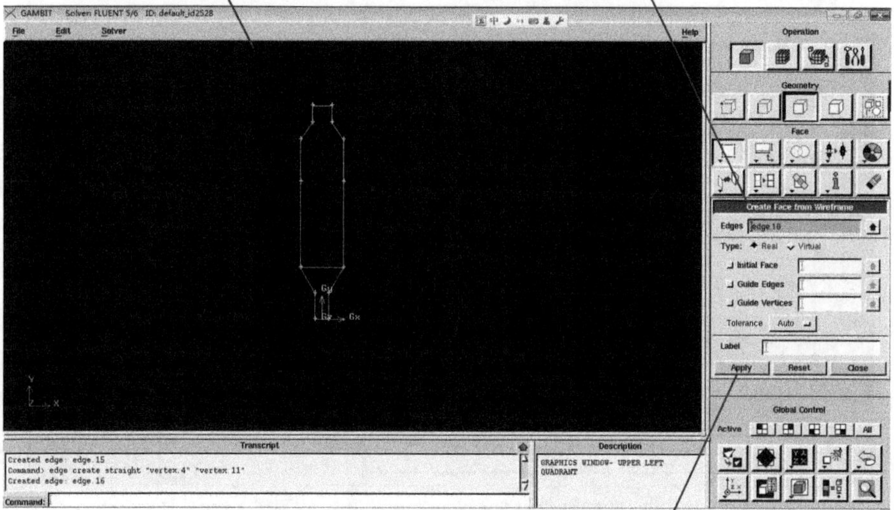

图 12-4　生成第一个平面（上部流体域）

Step4 生成第二个平面（多孔介质区），如图 12-5 所示。

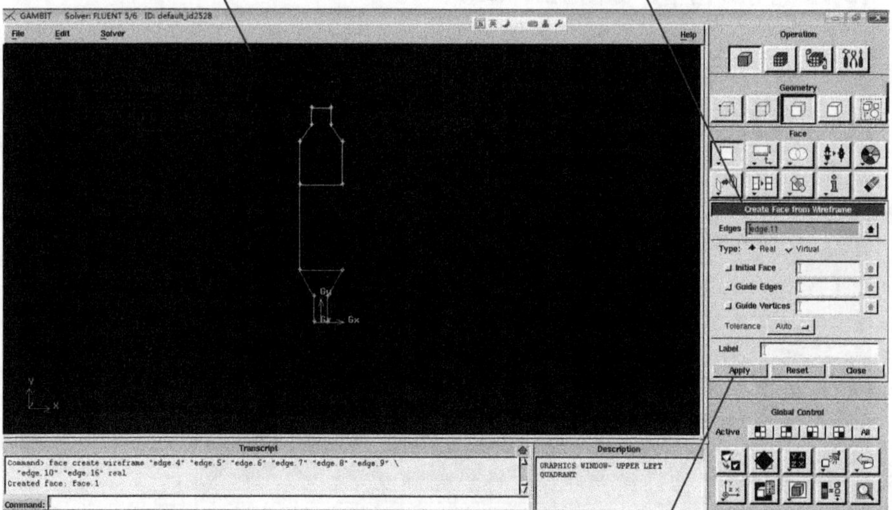

图 12-5　生成第二个平面（多孔介质区）

Step5 生成第三个平面（下部流体域），如图 12-6 所示。

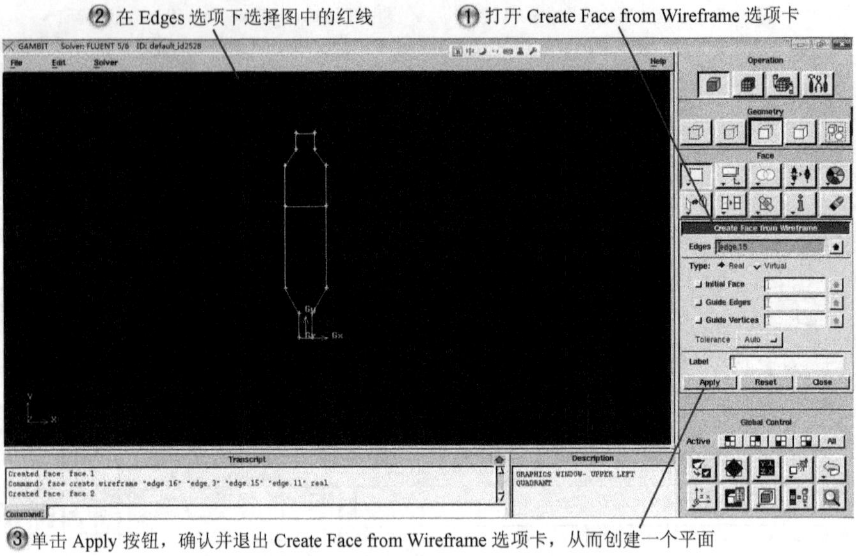

图 12-6　生成第三个平面（下部流体域）

12.2.2　划分网格和设定边界

Step1 划分线网格，如图 12-7 所示。

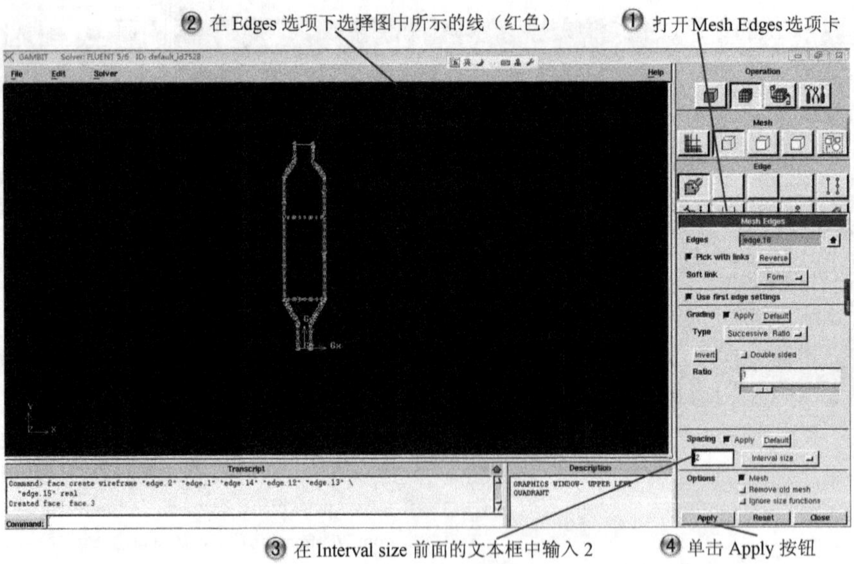

图 12-7　划分线网格

Step2 划分面网格，如图 12-8 所示。

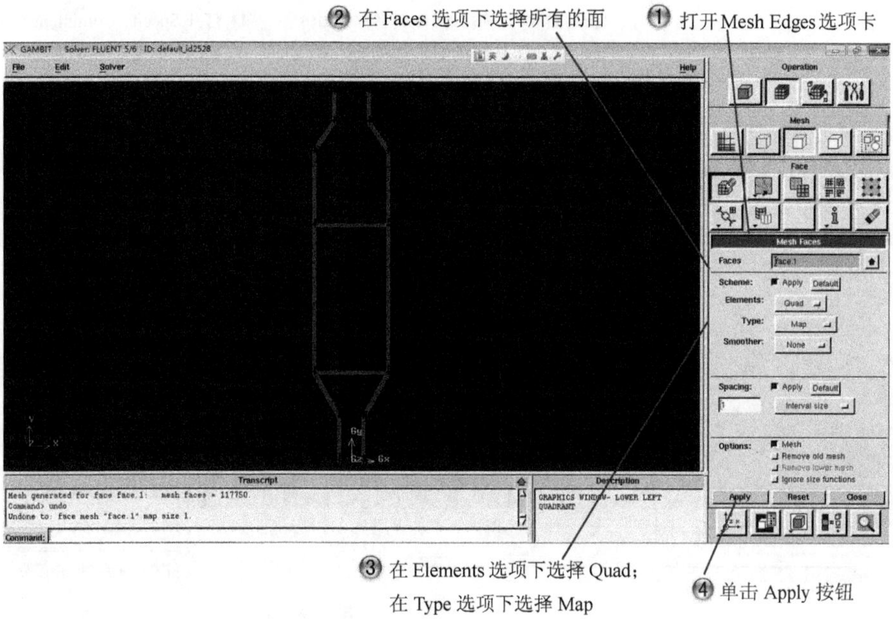

图 12-8　划分面网格

Step3 隐藏网格，如图 12-9 所示。

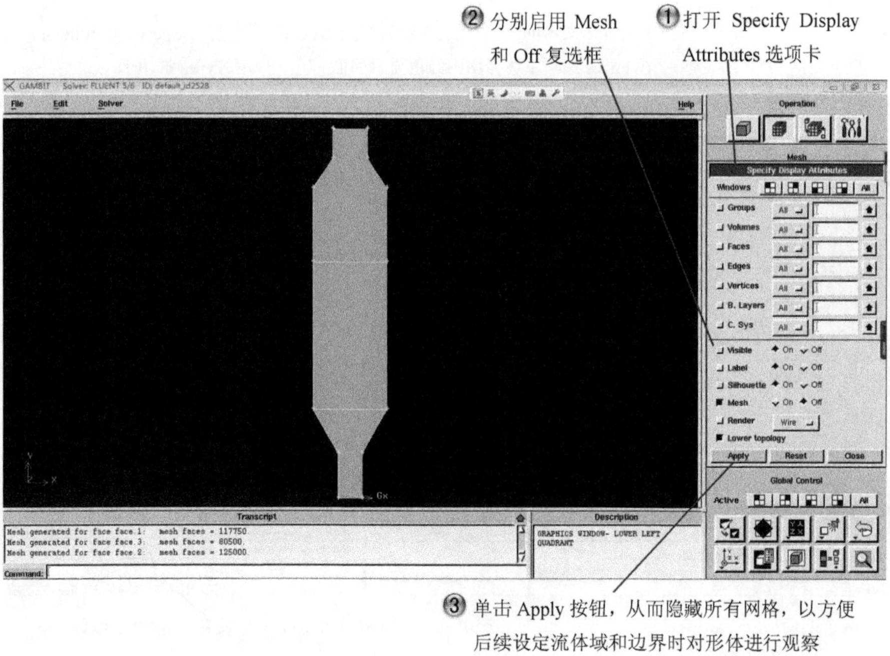

图 12-9　隐藏网格

Step4 设定上部流体域，如图 12-10 所示。

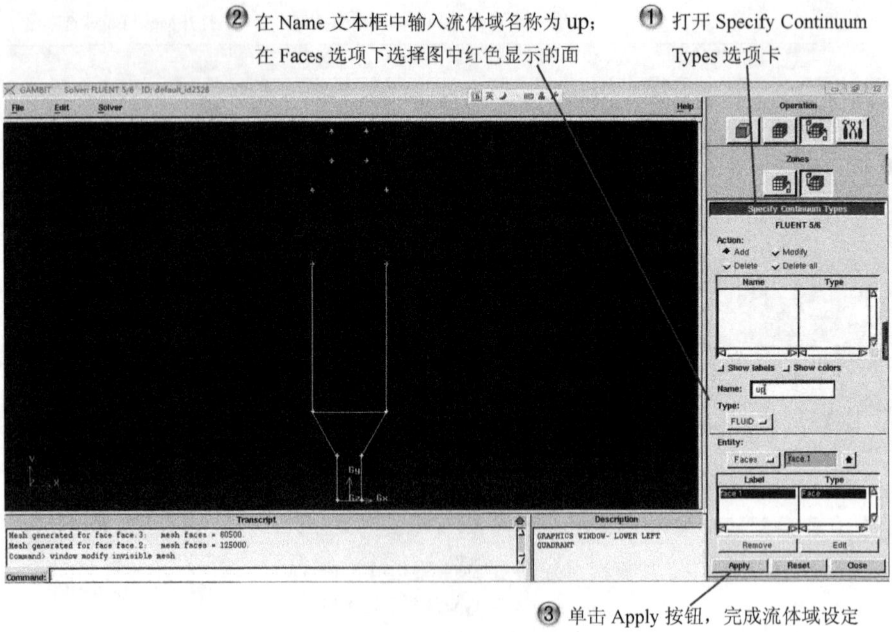

图 12-10　设定上部流体域

Step5 设定多孔介质区域，如图 12-11 所示。

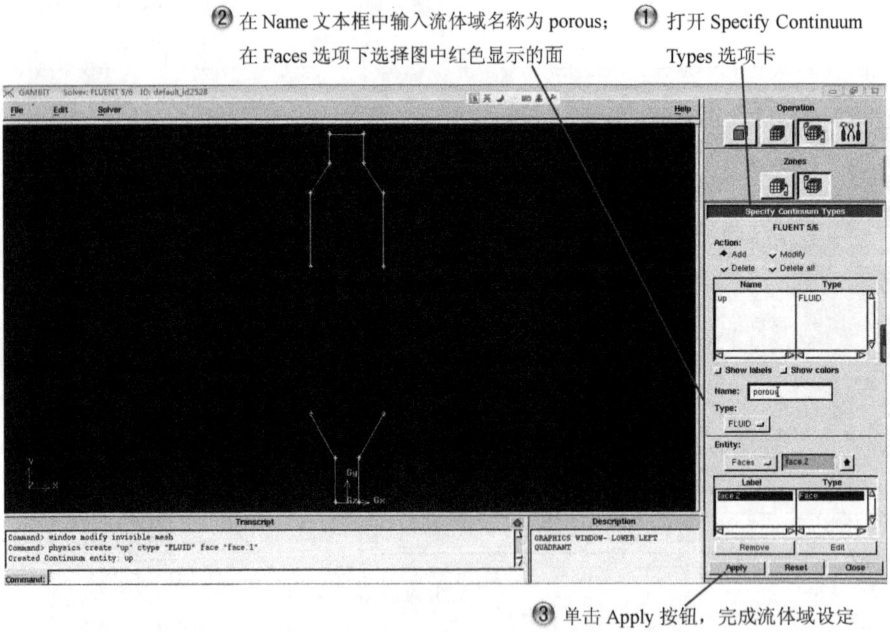

图 12-11　设定多孔介质区域

Step6 设定下部流体域，如图 12-12 所示。

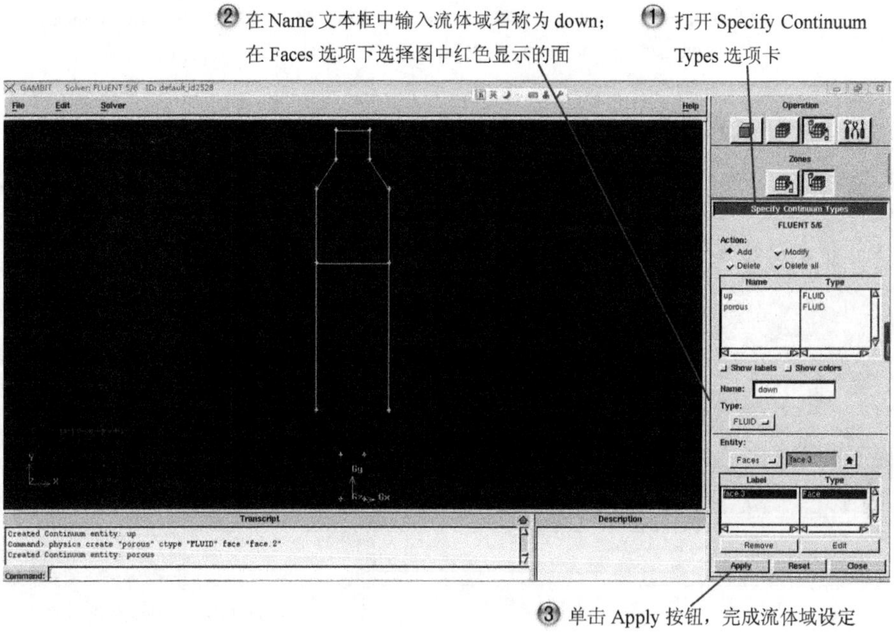

图 12-12　设定下部流体域

Step7 设定入口边界，如图 12-13 所示。

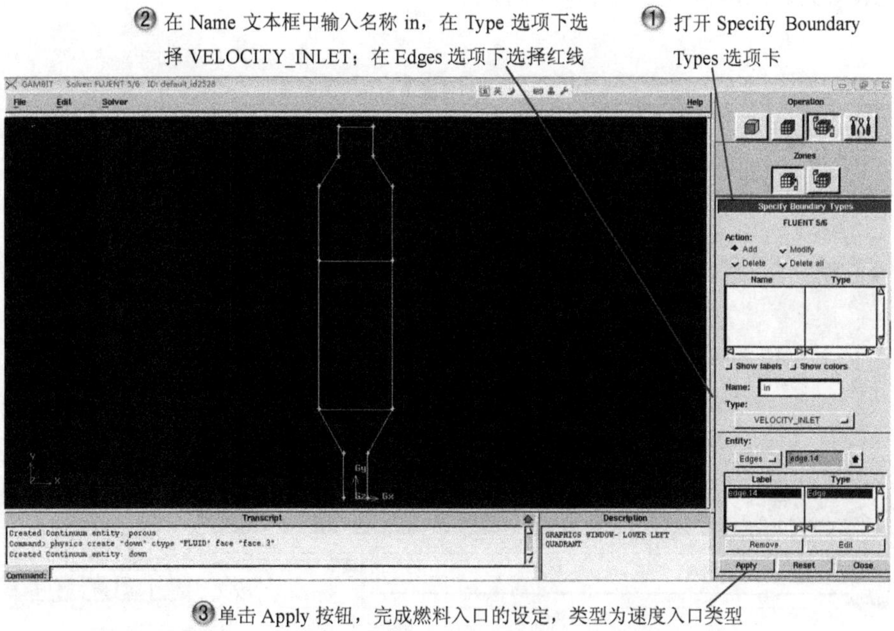

图 12-13　设定入口边界

Step8 设定出口边界，如图 12-14 所示。

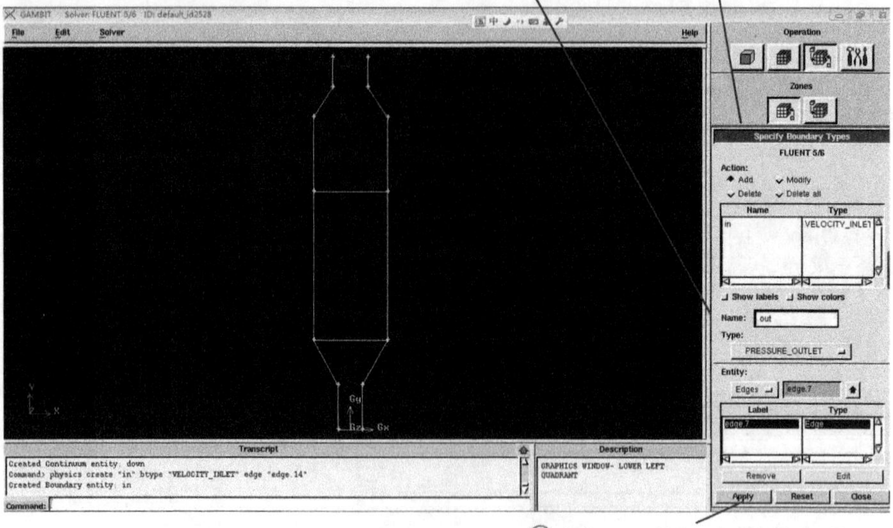

图 12-14 设定出口边界

Step9 显示网格，如图 12-15 所示。

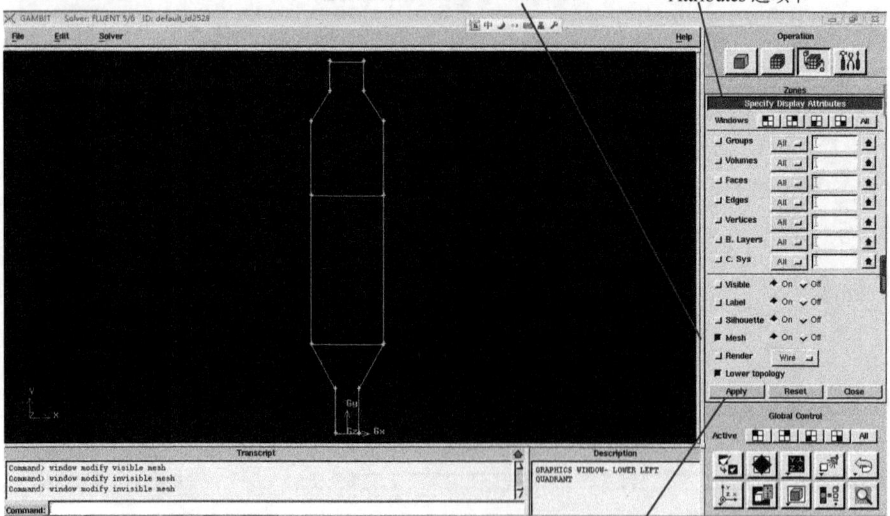

图 12-15 显示网格

Step10 保存网格，如图 12-16 所示。

① 选择 File|Save As...菜单命令，打开 Save Session As 对话框

② 在 ID 文本框中输入需要保存的名称 EX12-Porous_Heat

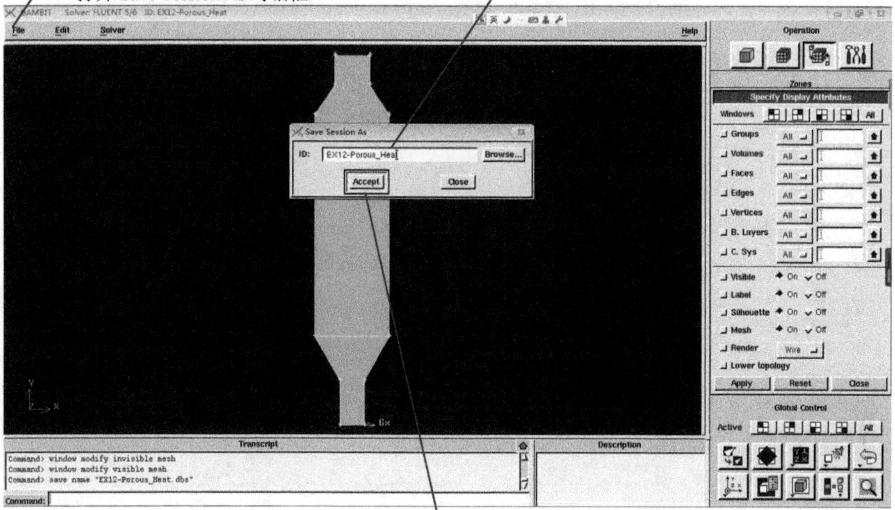

③单击 Accept 按钮，即可将网格保存为名称为 EX12-Porous_Heat 扩展名为.dbs 的网格源文件

图 12-16　保存网格

Step11 导出网格，如图 12-17 所示。

① 选择 File|Export...|Mesh...菜单命令，打开 Export Mesh File 对话框

② 在 File Name 文本框中输入需要导出的文件名称 EX12-Porous_Heat；启用 Export 2-D(X-Y) Mesh 复选框

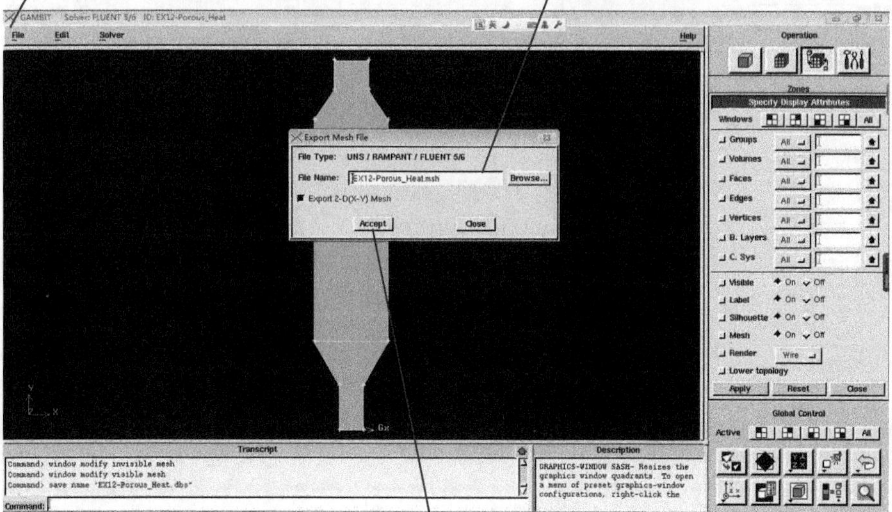

③单击 Accept 按钮，即可将网格文件导出，名称为 EX12-Porous_Heat，扩展名为.msh 的网格文件

图 12-17　导出网格

12.2.3 仿真设置过程

Step1 打开 FLUENT18.0，读入网格文件，如图 12-18 所示。

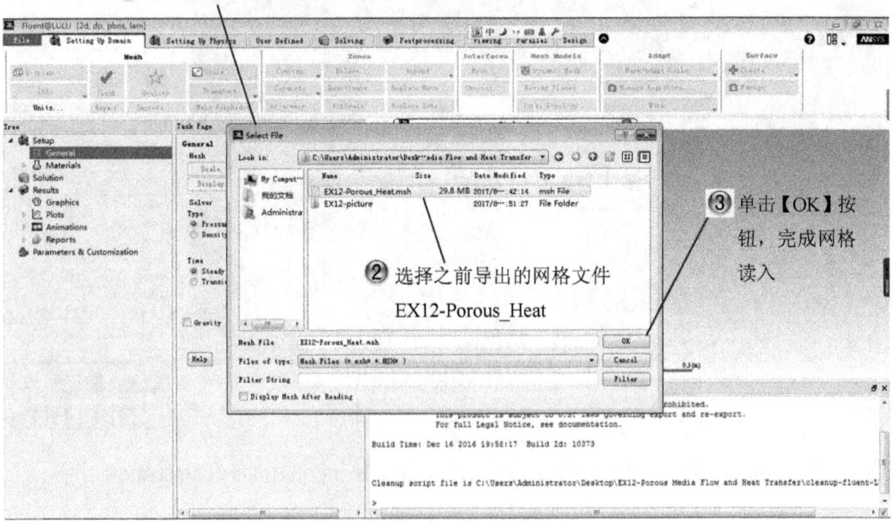

图 12-18　读入网格文件

Step2 显示网格，如图 12-19 所示。

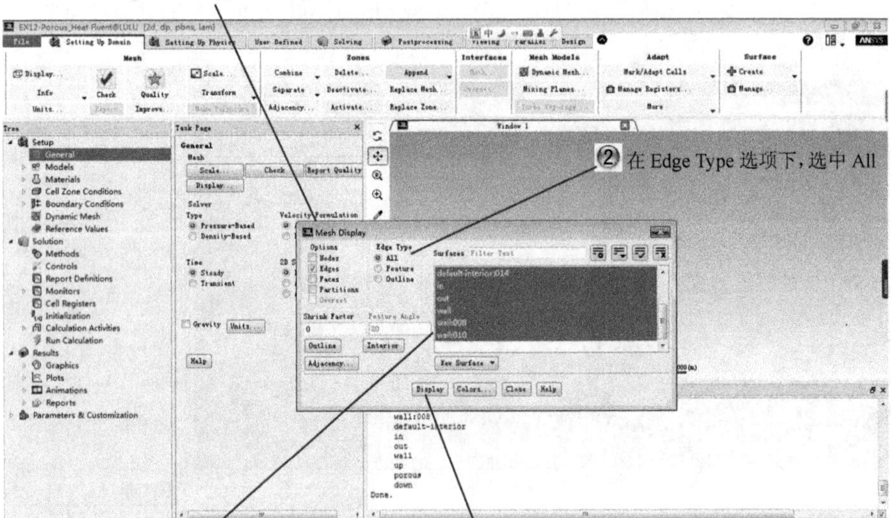

图 12-19　显示网格

Step3 调整尺寸单位，如图 12-20 所示。

①选择 Stting Up Domain | Scale...选项，打开 Scale Mesh 对话框

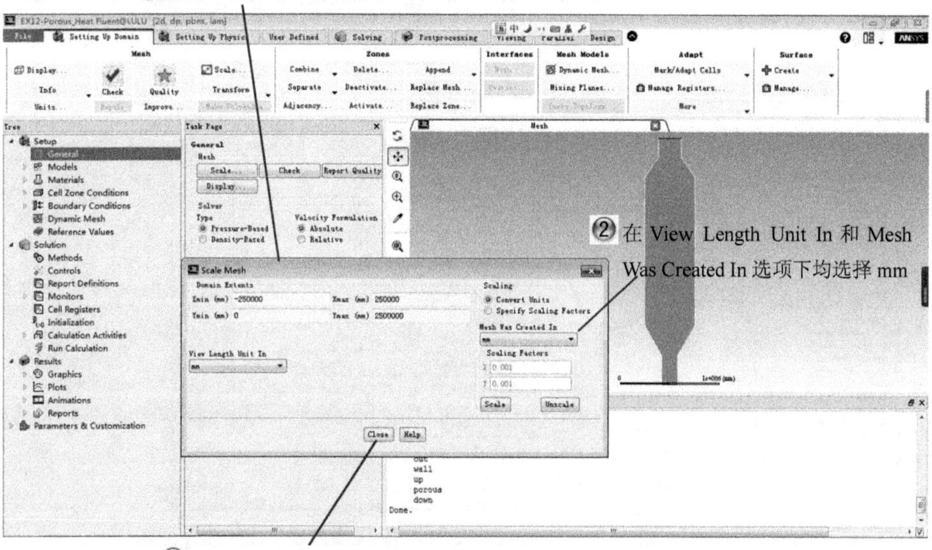

③依次单击 Scale 和 Close 按钮，从而将模型单位调整为 mm

图 12-20 调整尺寸单位

Step4 求解器设置，如图 12-21 所示。

①选择 General 选项，进入 General 选项卡

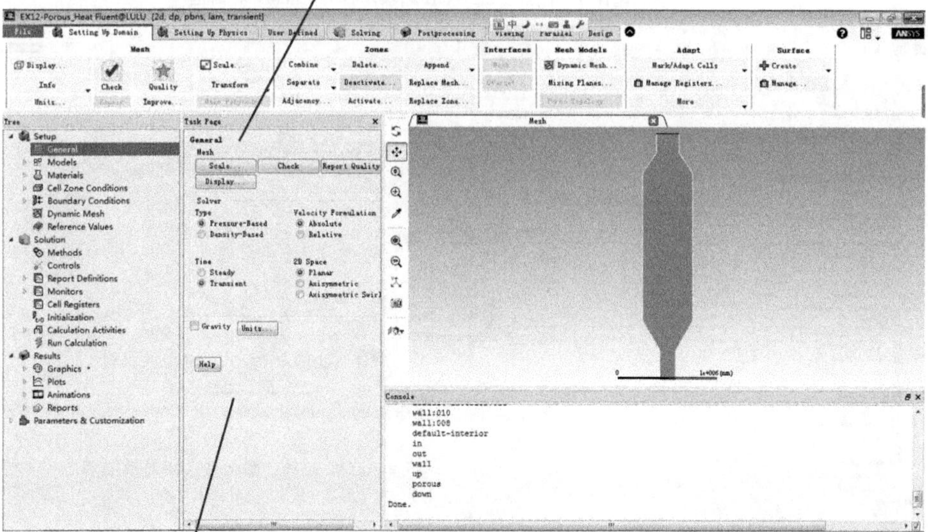

②选中 Pressure-Based，以使用基于压力基的求解；选中 Transient，使用瞬态求解

图 12-21 求解器设置

Step5 湍流模型设置，如图 12-22 所示。

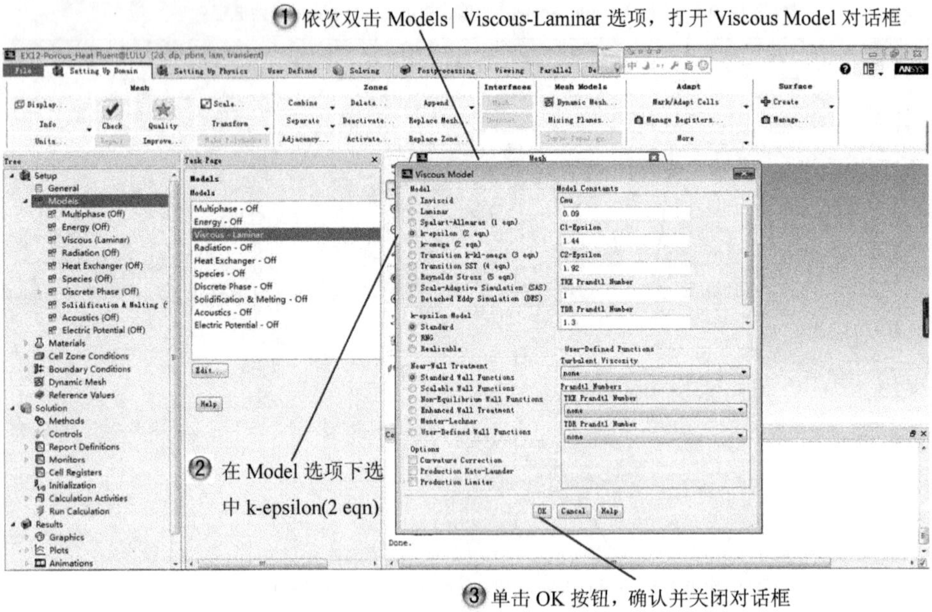

图 12-22　湍流模型设置

Step6 能量方程设置，如图 12-23 所示。

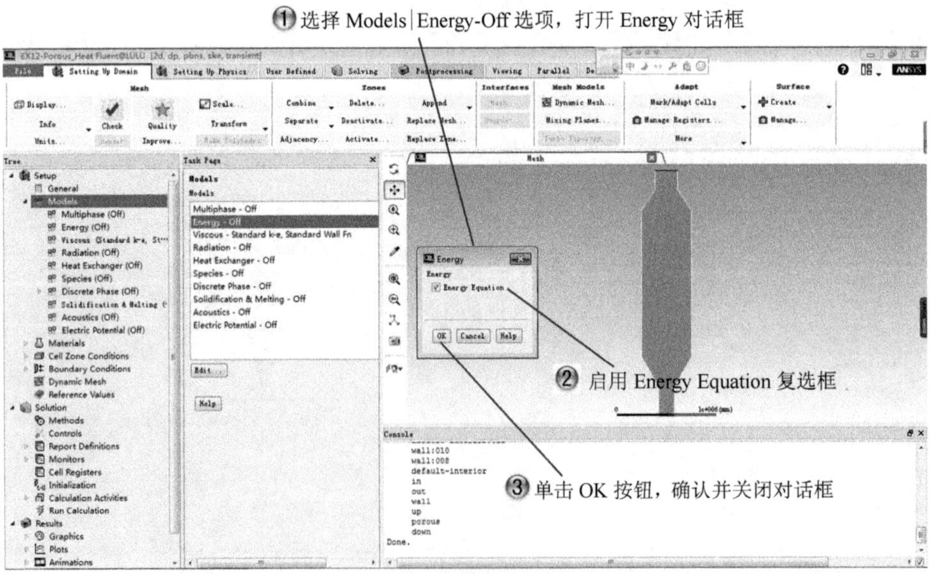

图 12-23　能量方程设置

Step7 固体填充材料（烧结矿）设置，如图 12-24 所示。

①选择 Materials|Solid|alumimum 选项，打开 Create/Edit Materials 对话框

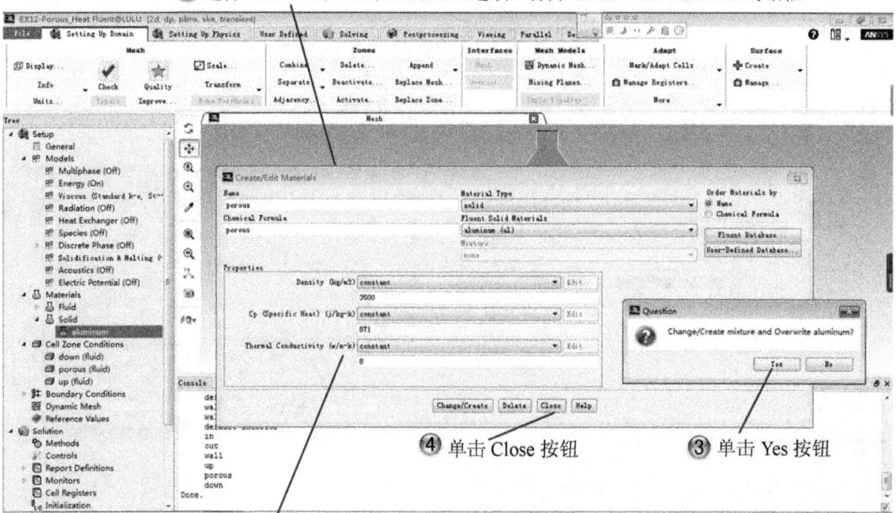

④单击 Close 按钮

③单击 Yes 按钮

②在 Name 文本框中输入 porous；在 Chemical Formula 文本框中输入 porous；在 Density (kg/m3)文本框中输入 3500；在 Thermal Conductivity （w/m-k）文本框中输入 8；单击 Change/Create 按钮，弹出 Question 对话框

图 12-24　固体填充材料（烧结矿）设置

Step8 多孔区域设置，如图 12-25 所示。

①选择 Cell Conditions|porous|Edit 选项，打开 Fluid 对话框。启用 Laminar Zone 和 Porous Zone 复选框

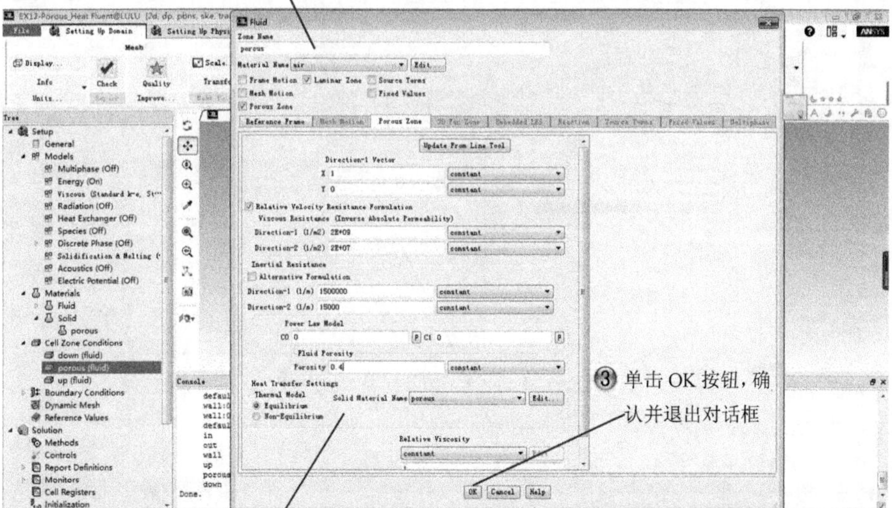

③单击 OK 按钮，确认并退出对话框

②切换到 Porous Zone 选项卡，启用 Relative Velocity Resistance Formulation 复选框，并在其 Direction-1 (1/m2)和 Direction-2 (1/m2)文本框中分别输入 2E+09 和 2E+07；在 Intertial Resistance 选项组的 Direction-1 (1/m)和 Direction-2 (1/m)文本框中分别输入 1500000 和 15000；在 Fluid Porosity 选项组的 Porosity 文本框中输入 0.4

图 12-25　多孔区域设置

Step9 入口设置，如图 12-26、图 12-27 所示。

① 选择 Boundary Conditions | in 选项，单击 Edit 按钮，打开 Velocity Inlet 对话框

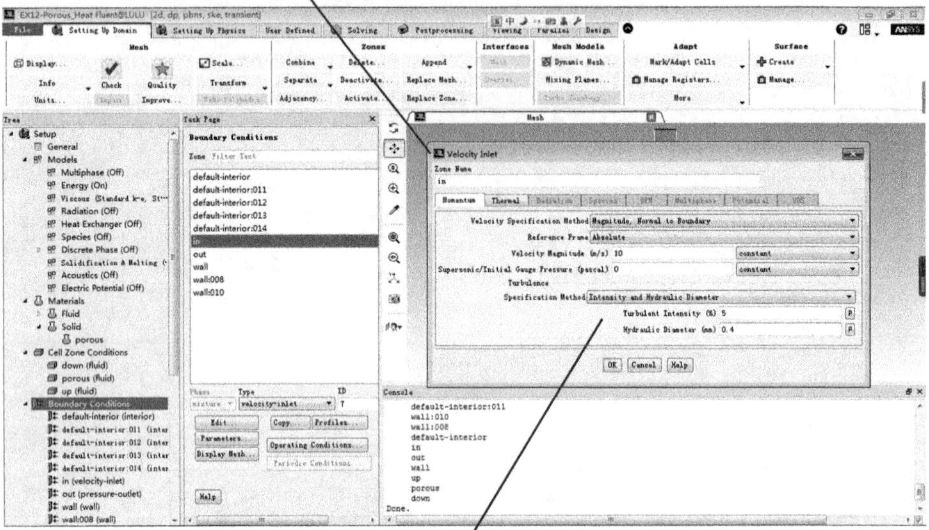

② 在 Velocity Magnitude (m/s)文本框中输入 2，即设定入口流速 2m/s；在 Specification Method 选项下选择 Intensity and Hydraulic Diameter；在 Hydraulic Diameter 文本框中输入 0.4

图 12-26　入口设置（1）

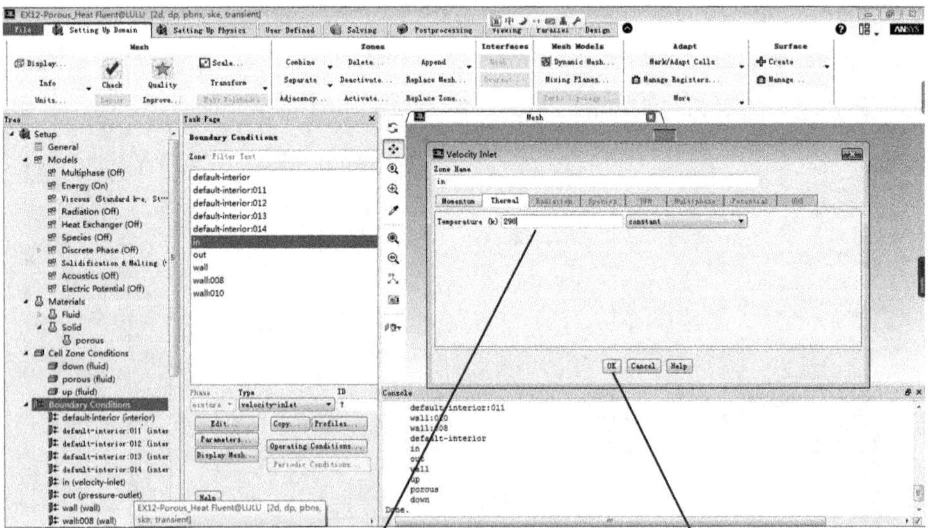

③ 切换到 Thermal 选项卡，在 Temperature (c)文本框中输入 298

④ 单击 OK 按钮，确认并退出对话框

图 12-27　入口设置（2）

Step10 收敛因子，如图 12-28 所示。

① 选择 Solution|Controls 选项，进入 Solution Controls 选项卡

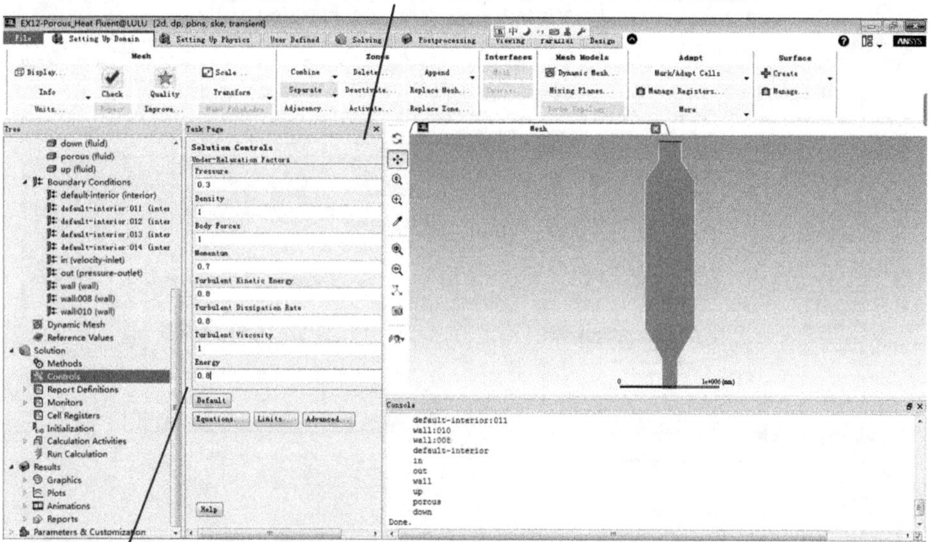

② 在 Under-Relaxation Factors 选项下的 Pressure 文本框中输入 0.8

图 12-28 收敛因子

Step11 流场初始化，如图 12-29 所示。

① 选择 Initialization 选项，打开 Solution Initialization 选项卡

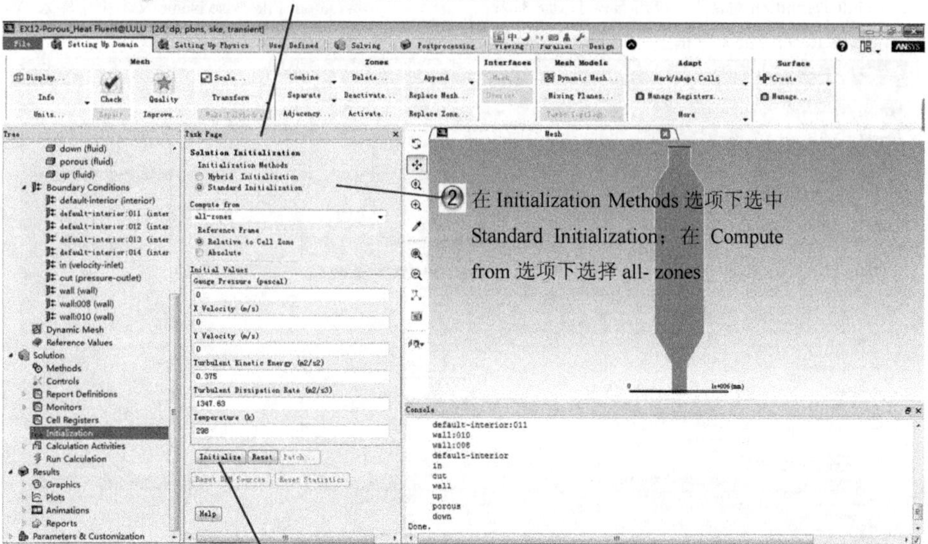

③ 单击 Initialize 按钮，完成流场初始化

图 12-29 流场初始化

Step12 设置烧结矿的初始温度，如图 12-30 所示。

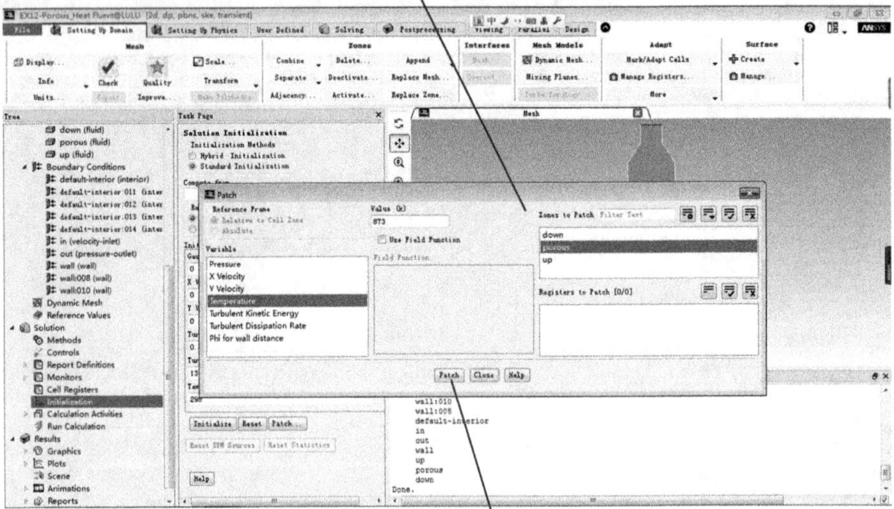

图 12-30　设置烧结矿的初始温度

Step13 设置出口温度监测，如图 12-31、图 12-32 所示。

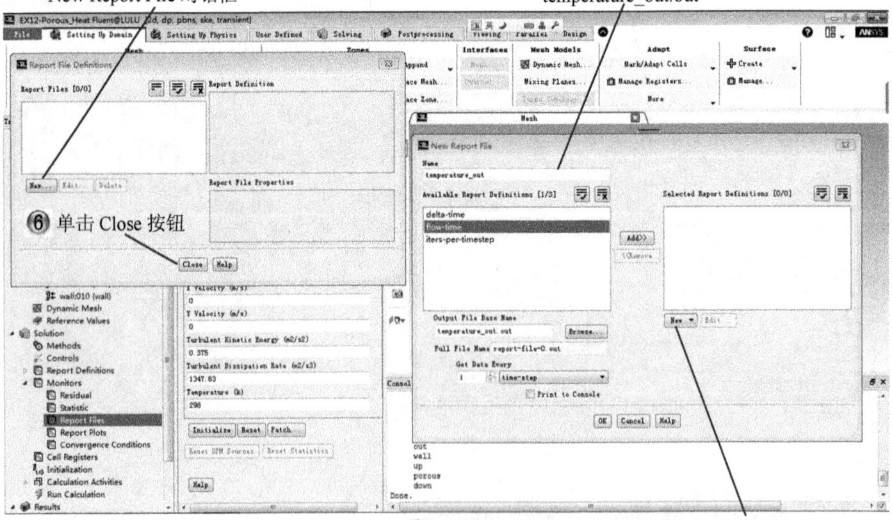

图 12-31　设置出口温度监测（1）

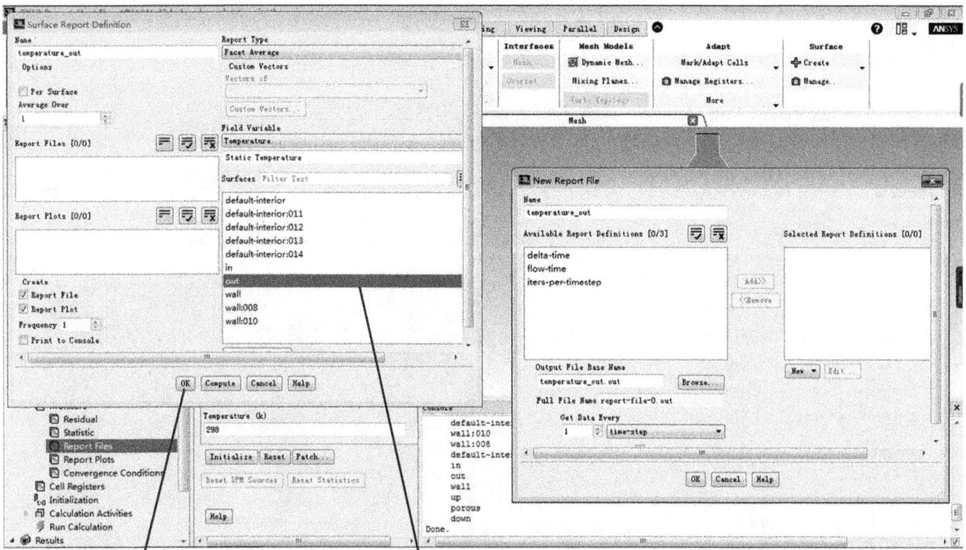

⑤ 单击 OK 按钮

④ 在 Name 文本框中输入 temperature_out；在 Field Variable 选项下选择 temperature；在 Surfaces 选项下选择 out；在 Create 选项下启用 Report File 和 Report Plot 复选框

图 12-32 设置出口温度监测（2）

Step14 保存 Case 文件，如图 12-33 所示。

① 选择 File|Write|Case 选项，打开 Select File 对话框

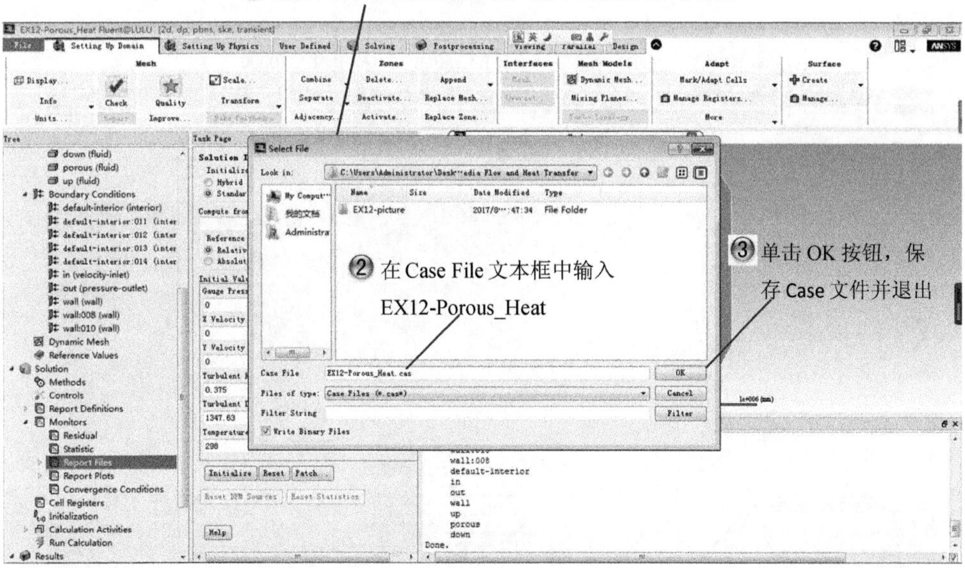

图 12-33 保存 Case 文件

Step15 设置自动保存，如图 12-34 所示。

① 选择 File|Write|Autosave 选项，打开 Autosave 对话框。
在 Save Data File Every (Time Steps)文本框中输入 2

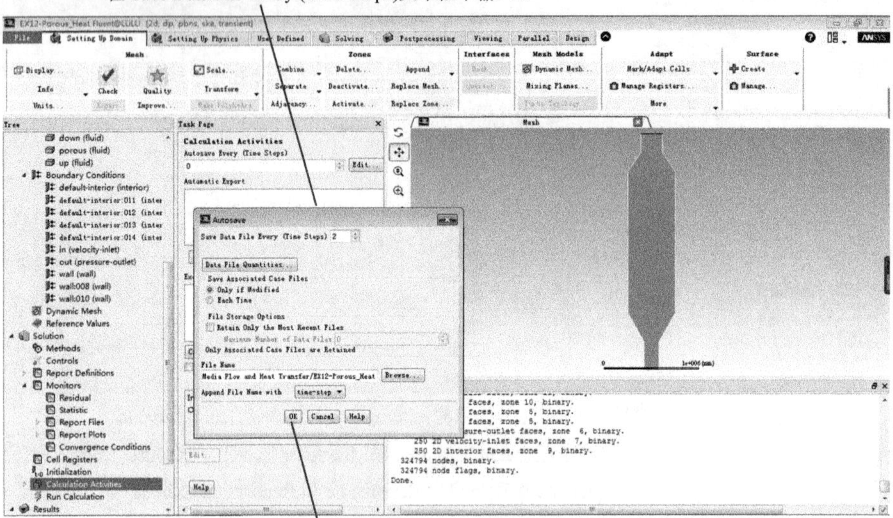

② 单击 OK 按钮

图 12-34 设置自动保存

Step16 瞬态求解计算，如图 12-35 所示。

① 选择 Run Calculation 选项，进入 Run Calculation 选项卡，在 Time Step Size (s)文本框中输入 0.001，在 Number of Interation 文本框中输入 10000

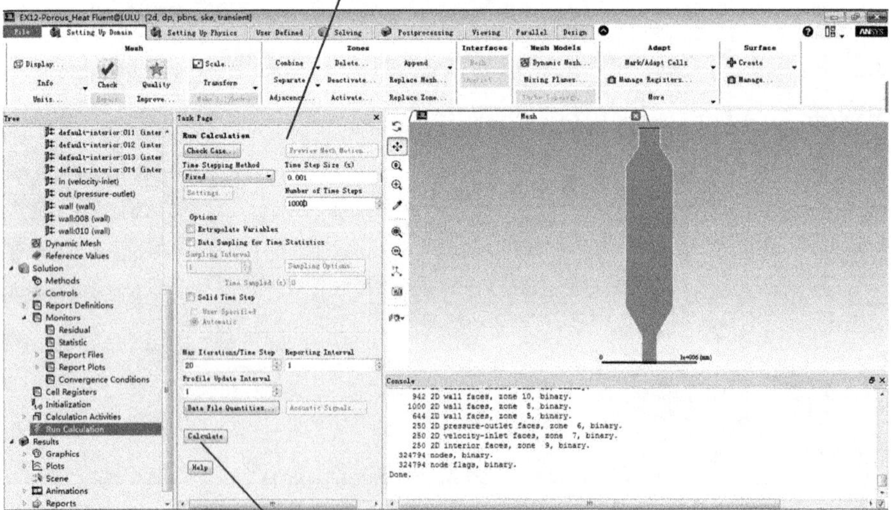

② 单击 Calculate 按钮，开始计算，计算完成后会自动停止

图 12-35 瞬态求解计算

Step17 保存计算结果，如图 12-36、图 12-37 所示。

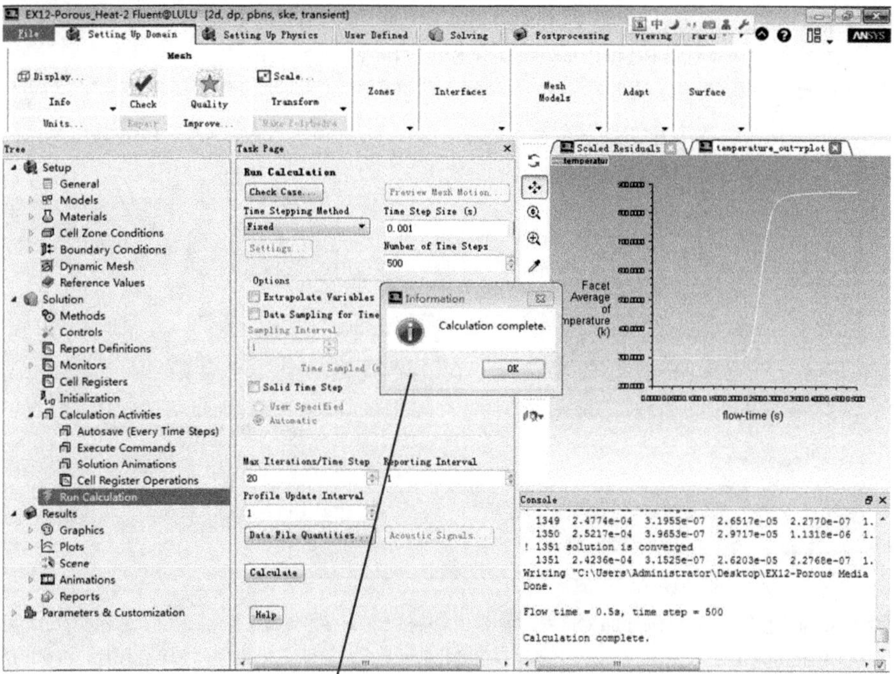

① 计算完成之后，在图中所示的界面上单击 OK

图 12-36 保存计算结果（1）

② 选择 File|Write|Case & Data...选项，打开 Select File 对话框。在 Case/Data File 文本框中输入 EX12-Porous_Heat

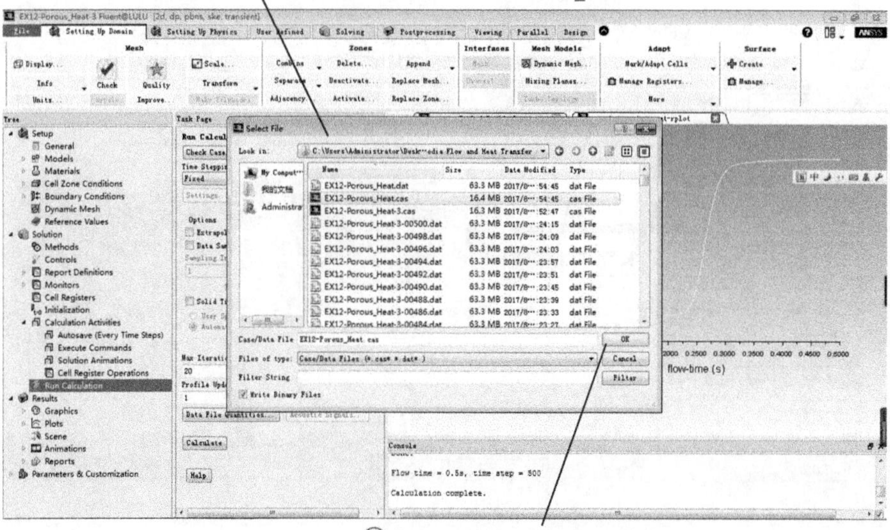

③ 单击 OK 按钮，保存结果文件并退出

图 12-37 保存计算结果（2）

Step18 保存出口温度变化曲线和残差曲线，如图 12-38 所示。

① 选择 File|Save Picture...选项，打开 Save Picture 对话框。在 Fromat 选项下选择 JPEG，Coloring 选项下选择 Color，Options 选项下启用 White Backgruond

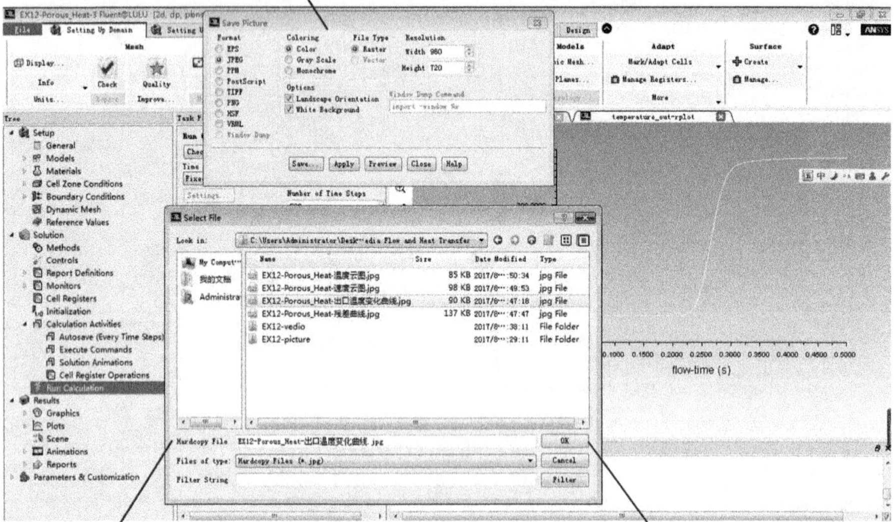

② 单击 Save 按钮，打开 Select File 对话框，在 Hardcopy File 文本框中输入名称 EX12-Porous_Heat-出口温度变化曲线

③ 单击 OK 按钮，保存出口温度变化曲线，此时保存的出口温度变化曲线是白色前景下 JPEG 格式的彩色图片。将窗口切换到残差曲线显示窗口，重复前述步骤亦可保存残差曲线

图 12-38 保存出口流量变化曲线和残差曲线

Step19 速度分布云图，如图 12-39 所示。

①在 Contours 对话框的 Options 选项下启用 Filled；在 Contours of 选项下选择 Velocity 和 Velocity Magnitude；其余保持默认

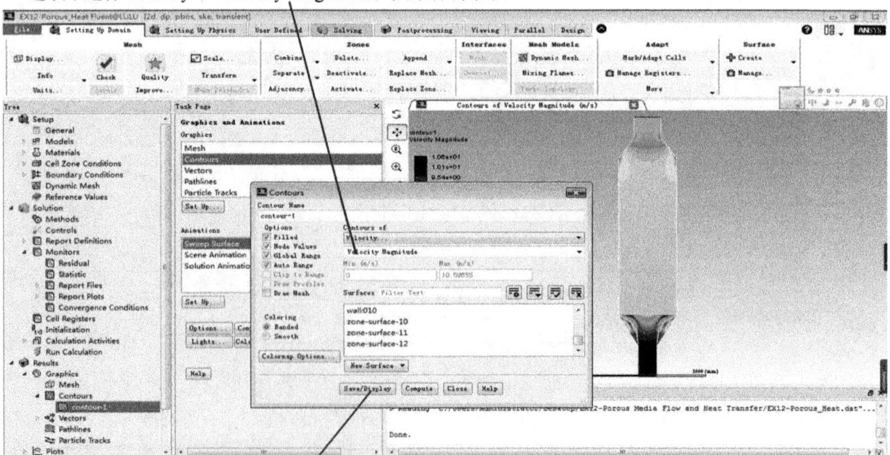

② 单击 Save/Display 按钮，按照 Step18 的方法保存速度云图

图 12-39 速度分布云图

Step20 温度云图，如图 12-40 所示。

① 在 Contours 对话框的 Options 选项下启用 Filled；在 Contours of 选项下选择 Temperature

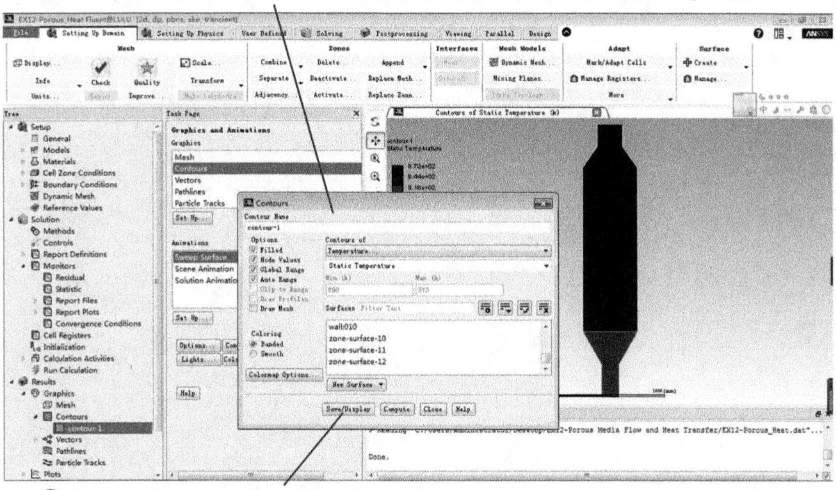

② 单击 Save/Display 按钮，按照 Step18 的方法保存温度云图

图 12-40　温度云图

12.2.4　输出动画文件

为了得到温度和速度整体的动态变化情况，可以使用 CFD-POST18.0 输出动画文件。

Step1 打开 CFD-POST18.0 并导入结果文件，如图 12-41 所示。

① 选择 File|Load Results...菜单命令，打开 Load Result Files 对话框

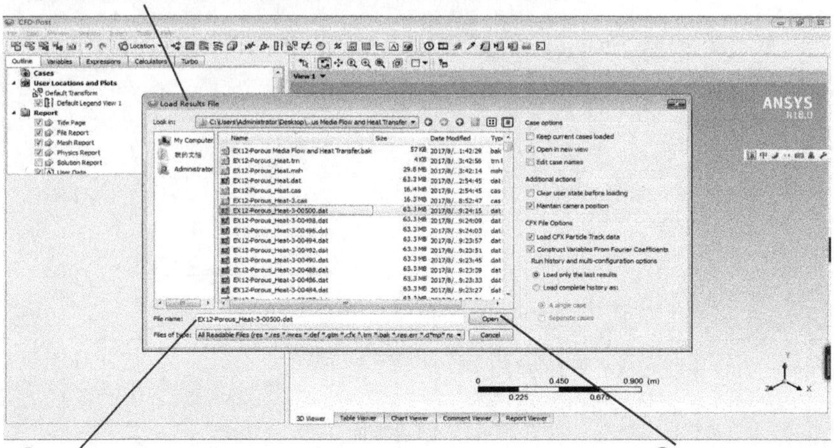

② 在 Look In 中将目录切换到 C:\Administrator\Desktop\ EX12-Porous Media Flow and Heat Transfer；选中并单击 EX12-Porous_Heat-3-00500.dat，此时 File Name 文本框中会显示 EX12-Porous_Heat-3-00500.dat

③ 单击 Open 按钮，读入结果文件

图 12-41　导入结果文件

Step2 创建平面，如图 12-42、图 12-43 所示。

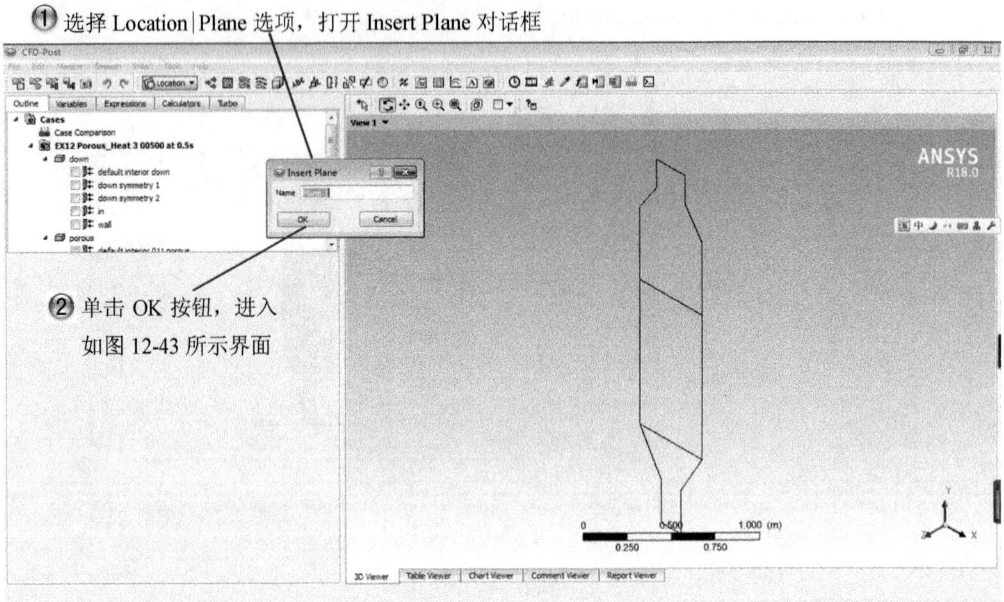

图 12-42　创建平面（1）

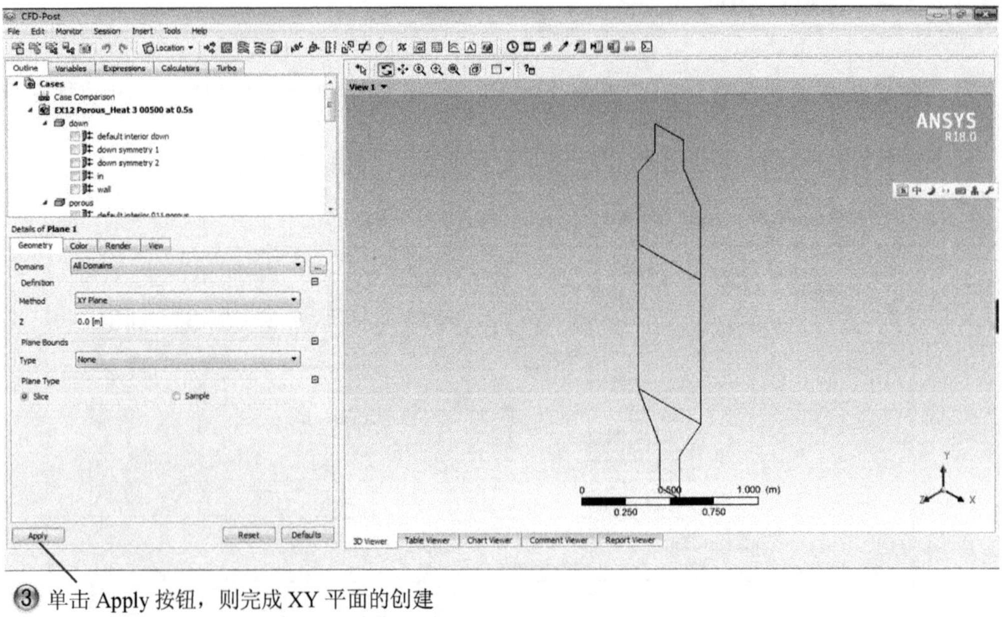

图 12-43　创建平面（2）

Step3 创建速度云图，如图 12-44、图 12-45 所示。

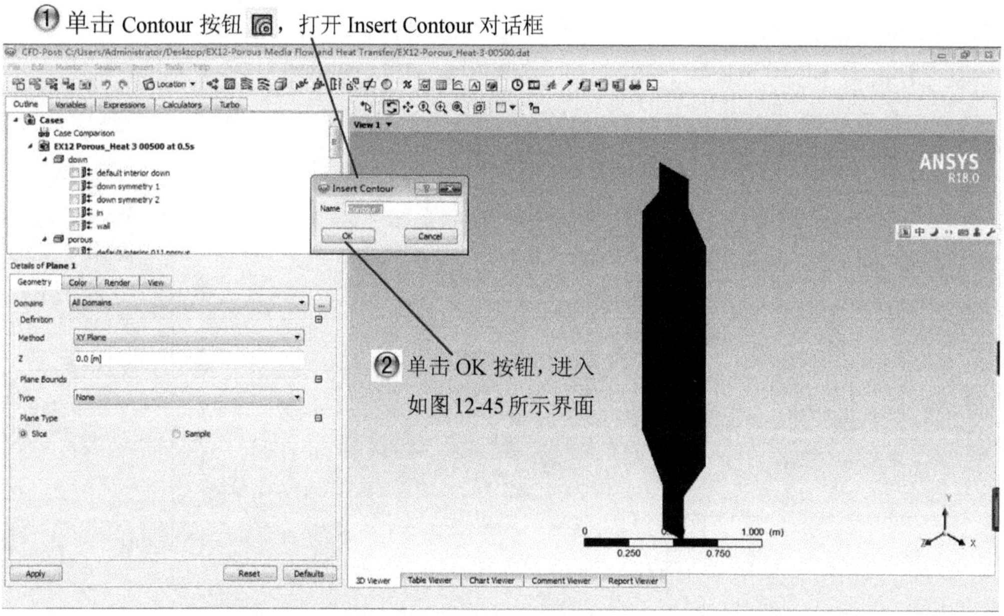

图 12-44　创建速度云图（1）

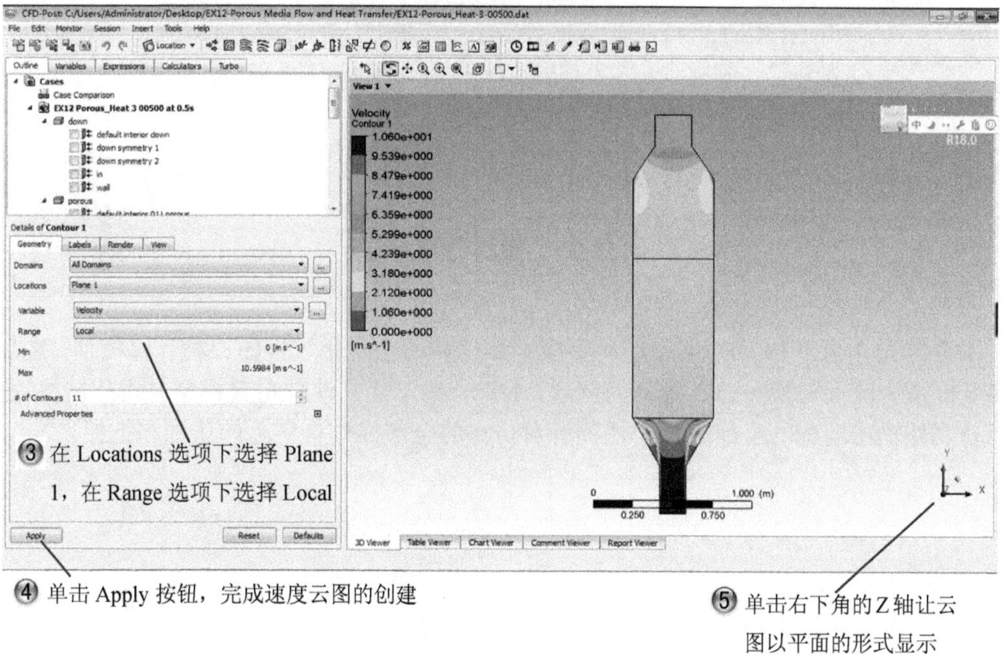

图 12-45　创建速度云图（2）

Step4 生成速度变化动画，如图 12-46 所示。

① 单击 Timestep Selector 按钮，打开 Timestep Selector 对话框

② 在选择栏中选择最后一个文件，然后单击视频生成按钮，弹出 Animation 对话框，设置参数

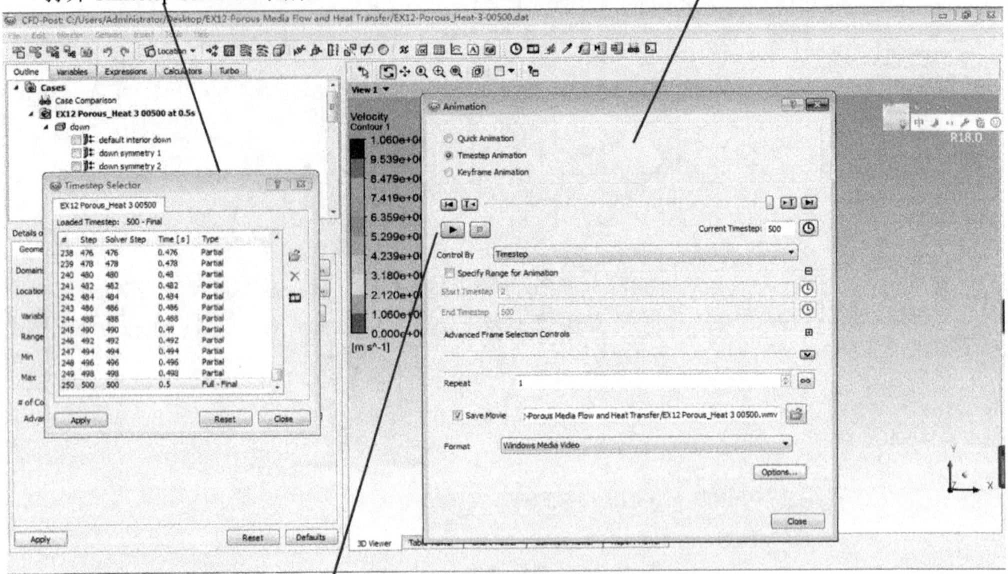

③ 单击视频播放按钮并等待视频播放完成，播放完成后会自动保存最终的视频文件，保存好的文件名为 EX12-Porous_Heat 3 00500.wmv。同理，重复 Step3-Step4 的步骤，并在 Step3 中的 Variable 选项下选择 Temperature，即可得到温度变化的动画

图 12-46　生成速度变化动画

12.3　案例小结

本章首先介绍了 FLUENT 中动网格模型知识和动态变化过程的三种计算模型，之后通过多孔介质内流动与换热仿真案例的创建，着重介绍了建立流体仿真模型并进行网格划分，然后仿真并输出动画的全部过程，使读者对仿真的全部操作有实际的认知和把握。